住房城乡建设部土建类学科专业“十三五”规划教材
高等学校土木工程专业应用型人才培养规划教材

# 土木工程造价

姜　慧　殷惠光　主　编
李学田　吕慧慧　副主编
陆惠民　主　审

中国建筑工业出版社

图书在版编目（CIP）数据

土木工程造价/姜慧，殷惠光主编. —北京：中国建筑工业出版社，2018.8（2024.2重印）
住房城乡建设部土建类学科专业“十三五”规划教材
高等学校土木工程专业应用型人才培养规划教材
ISBN 978-7-112-22379-4

Ⅰ.①土… Ⅱ.①姜… ②殷… Ⅲ.①土木工程-建筑造价管理-高等学校-教材 Ⅳ.①TU723.3

中国版本图书馆CIP数据核字（2018）第126985号

本书是住房城乡建设部土建类学科专业“十三五”规划教材、高等学校土木工程专业应用型人才培养规划教材，主要研究工程造价的基本原理、程序及方法。通过本课程的学习，使应用型本科院校学生获得工程造价的基本理论和计算方法，熟悉工程计价规范，运用工程造价原理进行一般土木工程项目的决策阶段、设计阶段、施工阶段造价的确定与控制，并可进行竣工决算的编制与竣工后费用的控制，进行全过程的工程造价管理。

本书内容包括：概述；工程造价构成；工程造价计价依据；设计概算；施工图预算与工程量清单计价；工程造价的结算与决算。书末附有按照《建设工程工程量清单计价规范》GB 50500—2013 编写的某建筑工程投标报价编制实例。

本书体系完整，内容全面，思路清晰，案例丰富，难易适当，既可作为土木工程专业学生的教材，也可作为土建类其他相关专业学生的教材或工程技术、管理人员的工作参考书。

为了更好地支持教学，我社向采用本书作为教材的教师提供课件，有需要者可与出版社联系，索取方式如下：建工书院 http://edu.cabplink.com，邮箱 jckj@cabp.com.cn，电话（010）58337285。

责任编辑：仕 帅 吉万旺 王 跃
责任校对：刘梦然

住房城乡建设部土建类学科专业“十三五”规划教材
高等学校土木工程专业应用型人才培养规划教材
**土木工程造价**
姜 慧 殷惠光 主 编
李学田 吕慧慧 副主编
陆惠民 主 审
*
中国建筑工业出版社出版、发行（北京海淀三里河路9号）
各地新华书店、建筑书店经销
霸州市顺浩图文科技发展有限公司制版
建工社（河北）印刷有限公司印刷
*
开本：787×1092毫米 1/16 印张：17½ 插页：4 字数：459千字
2018年8月第一版 2024年2月第四次印刷
定价：**38.00**元（赠教师课件）
ISBN 978-7-112-22379-4
（32263）

# 高等学校土木工程专业应用型人才培养规划教材
# 编委会成员名单

（按姓氏笔画排序）

# 出版说明

近年来，我国高等教育教学改革不断深入，高校招生人数逐年增加，对教材的实用性和质量要求越来越高，对教材的品种和数量的需求不断扩大。随着我国建设行业的大发展、大繁荣，高等学校土木工程专业教育也得到迅猛发展。江苏省作为我国土木建筑大省、教育大省，无论是开设土木工程专业的高校数量还是人才培养质量，均走在了全国前列。江苏省各高校土木工程专业教育蓬勃发展，涌现出了许多具有鲜明特色的应用型人才培养模式，为培养适应社会需求的合格土木工程专业人才发挥了引领作用。

中国土木工程学会教育工作委员会江苏分会（以下简称江苏分会）是经中国土木工程学会教育工作委员会批准成立的，其宗旨是为了加强江苏省具有土木工程专业的高等院校之间的交流与合作，提高土木工程专业人才培养质量，促进江苏省建设事业的蓬勃发展。中国建筑工业出版社是住房城乡建设部直属出版单位，是专门从事住房城乡建设领域的科技专著、教材、标准规范、职业资格考试用书等的专业科技出版社。作为本套教材出版的组织单位，在教材编审委员会人员组成、教材主参编确定、编写大纲审定、编写要求拟定、计划出版时间以及教材特色体现和出版后的营销宣传等方面都做了精心组织和协调，体现出了其强有力的组织协调能力。

经过反复研讨，《高等学校土木工程专业应用型人才培养规划教材》定位为以普通应用型本科人才培养为主的院校通用课程教材。本套教材主要体现适用性，充分考虑各学校土木工程专业课程开设特点，选择20种专业基础课、专业课组织编写相应教材。本套教材主要特点为：抓住应用型人才培养的主线；编写中采用先引入工程背景再引入知识，在教材中插入工程案例等灵活多样的方式；尽量多用图、表说明，减少篇幅；编写风格统一；体现绿色、节能、环保的理念；注重学生实践能力的培养。同时，本套教材编写过程中既考虑了江苏的地域特色，又兼顾全国，教材出版后力求能满足全国各应用型高校的教学需求。为满足多媒体教学需要，我们要求所有教材在出版时均配有多媒体教学课件。

本套《高等学校土木工程专业应用型人才培养规划教材》是中国建筑工业出版社成套出版区域特色教材的首次尝试，对行业人才培养具有非常重要的意义。今年正值我国“十三五”规划的开局之年，本套教材有幸整体入选《住房城乡建设部土建类学科专业“十三五”规划教材》。我们也期待能够利用本套教材策划出版的成功经验，在其他专业、其他地区组织出版体现区域特色的教材。

希望各学校积极选用本套教材，也欢迎广大读者在使用本套教材过程中提出宝贵意见和建议，以便我们在重印再版时得以改进和完善。

**中国土木工程学会教育工作委员会江苏分会**
**中国建筑工业出版社**
**2016 年 12 月**

# 前　言

《土木工程造价》是高等学校土木工程专业应用型人才培养规划教材之一。本教材立足于土木工程全过程工程造价，结合目前我国最新的工程造价计价方法，按照高等学校土木工程学科专业指导委员会编制的《高等学校土木工程本科指导性专业规范》的基本要求，全面介绍了工程造价概述、工程造价构成、工程造价计价依据、设计概算、施工图预算与工程量清单计价、工程造价的结算与决算，并在本书最后附有按照《建设工程工程量清单计价规范》GB 50500—2013 编写的建筑工程投标报价案例。

本书在选择、消化与吸收多年来已有应用型人才培养探索与实践成果的基础上，按照高校应用型本科人才培养工作的实际需要，根据国家最新颁布的相关法规，在进行理论研究的基础上，侧重于提高学生的实践应用能力。在编写过程中努力保证全书的系统性、完整性、应用性。为使学生在学习过程中能真正掌握各种分析方法，培养学生独立分析和解决问题的能力，在进行了理论讲解后还配有适量的例题，进行案例教学。

全书共分 6 章，由姜慧、殷惠光任主编，李学田、吕慧慧任副主编，由姜慧、殷惠光统稿。其中第 1、2、4 章由徐州工程学院殷惠光编写，第 3、5 章由徐州工程学院李学田编写，第 6 章由徐州工程学院李学田、宿迁学院吕慧慧编写，附录由殷惠光、李学田编写。本书在编写过程中，参阅了许多专家和学者的论著，刘伟庆、刘荣桂、朱炯、曹露春、朱士永对本书的编写提供了很多宝贵意见和建议，全书脱稿后由东南大学陆惠民教授审阅，作者在此表示衷心的感谢。

由于编者的水平所限，不足之处，在所难免，敬请广大读者予以批评和指正。

编者

2018 年 7 月

# 目　　录

# 第1章　概　　述

## 本章要点及学习目标

本章要点：

了解建设项目特点及基本建设程序；了解工程建设项目的组成、工程建设项目的建设程序及各阶段工程造价的形成；了解工程造价的发展历史；理解工程造价的含义及特点。

学习目标：

建设项目和工程造价的特点；工程造价的相关概念；工程造价的分类；工程计价的特点及其作用；我国造价管理经历的几个阶段；工程量清单计价方式在我国的实施情况。

工程造价是指进行一个工程项目的建造所需要花费的全部费用，即从工程项目确定建设意向直至建成、竣工验收为止的整个建设期间所支出的总费用。它是根据建设项目的工程设计，按照设计文件的要求和国家的有关规定，在工程建设之前，以货币的形式计算和确定的，是保证工程项目建造正常进行的必要资金以及工程项目投资中最主要的部分。

## 1.1　工程建设基本概念

### 1.1.1　建设项目的概念

建设项目是指具有独立的行政组织机构并实行独立的经济核算，具有设计任务书，并按一个总体设计组织施工的一个或几个单项工程所组成的建设工程，建成后具有完整的系统，可以独立的形成生产能力或使用价值的建设工程。

在我国，通常以建设一个企业单位或一个独立工程作为一个建设项目。凡属于一个总体设计中分期分批进行建设的主体工程、附属配套工程、综合利用工程、供水供电工程，都作为一个建设项目。不能把不属于一个总体设计、按各种方式结算的工程，作为一个建设项目，也不能把同一个总体设计内的工程按地区或施工单位分为几个建设项目。

### 1.1.2　建设项目的特点

建设项目，是通过建筑业的勘察设计、施工活动以及其他有关部门的经济活动来实现的。它包括从项目意向、项目策划、可行性研究、项目决策，到地质勘察、工程设计、建筑施工、安装施工、生产准备、竣工验收、联动试车等一系列非常复杂的技术经济活动，既有物质生产活动，又有非物质生产活动。它具有以下特点：

1. 具有明确的建设目标

每个项目都具有确定的目标，包括成果性目标和约束性目标。成果性目标是指对项目的功能性要求，也是项目的最终目标；约束性目标是指对项目的约束和限制，如时间、质量、投资等量化的条件。

2. 具有特定的对象

任何项目都具有具体的对象，它决定了项目的最基本特性，是项目分类的依据。

3. 一次性

项目都是具有特定目标的一次性任务，有明确的起点和终点，任务完成即告结束，所有项目没有重复。

4. 生命周期性

项目的一次性决定了项目具有明确的起止点，即任何项目都具有诞生、发展和结束的时间，也就是项目的生命周期。

5. 有特殊的组织和法律条件

项目的参与单位之间主要以合同作为纽带相互联系，并以合同作为分配工作、划分权力和责任关系的依据。项目参与方之间在此建设过程中的协调主要通过合同、法律和规范实现。

6. 涉及面广

一个建设项目涉及建设规划、计划、土地管理、银行、税务、法律、设计、施工、材料供应、设备、交通、城管等诸多部门，因而项目组织者需要做大量的协调工作。

7. 作用和影响具有长期性

每个建设项目的建设周期、运行周期、投资回收周期都很长，因此其影响面大、作用时间长。

8. 环境因素制约多

每个建设项目都受建设地点的气候条件、水文地质、地形地貌等多种环境因素的制约。

### 1.1.3 工程建设项目构成

工程建设项目是一个系统的工程，根据工程建设项目的组成内容和层次不同，从大到小，依次可划分为：

1. 建设项目

它是指按一个总体设计或初步设计进行施工，行政上有独立组织形式，经济上实行统一核算，有法人资格的建设工程实体。建设项目一般针对一个企、事业单位（即建设单位）的建设而言，如某工（矿）企业、某学校、某商厦、某住宅小区等。

2. 单项工程

它是指具有单独的设计文件，建成后能够独立发挥生产能力或效益的工程，如工（矿）企业中的车间，学校中的一幢教学楼、图书馆、实验楼等。一个建设项目，可以同时是一个单项工程，也可以包括多个单项工程。单项工程具有独立存在意义，它由许多单位工程组成。

3. 单位工程

它是指具有独立的设计文件，可以独立组织施工，但竣工后不能独立发挥生产能力或效益的工程，如住宅楼中的土建工程、水暖工程、电气照明工程等；生产车间中的厂房建筑（土建工程）、管道工程、电气工程等。

4. 分部工程

它是单位工程的组成部分，分部工程是单项或单位工程的组成部分，是按结构部位、路段长度及施工特点或施工任务将单项或单位工程划分为若干分部的工程。如土建工程中的土石方工程、地基与防护工程、砌筑工程、门窗工程、屋面工程、装饰工程等；电气工程中的变配电工程、电缆工程、配管配线、照明器具等。

5. 分项工程

它是分部工程的组成部分，是建筑工程的基本构成要素，是按不同施工方法、材料、工序及路段长度等将分部工程划分为若干个分项或项目的工程。分项工程是可以通过较为简单的施工过程生产出来，并可用适当的计量单位测算或计算其消耗的假想建筑产品。如一般基础工程中的开挖基槽、做垫层等分项工程。照明器具中的普通电器安装、荧光灯具安装、开关插销安装等。分项工程没有独立存在的实用意义，它只是建筑或安装工程构成的一种基本部分，是建筑工程预算中所取定的最小计算单元，是为了确定建筑或安装工程项目造价而划分出来的假定性产品。

综上所述，一个建设项目由一个或几个工程项目所组成，一个工程项目由几个单位工程组成，一个单位工程又可划分为若干个分部、分项工程。工程预算的编制工作就是从分项工程开始，计算不同专业的单位工程造价，汇总各单位工程造价得单项工程造价，进而综合成为建设项目总造价。建设项目的这种划分，既有利于编制概预算文件，也有利于项目的组织管理。因此，分项工程是组织施工作业和编制施工图预算的最基本单元，单位工程是各专业计算造价的对象，单项工程造价是各专业造价汇总。

### 1.1.4 工程建设项目建设程序

1. 项目建设程序的含义

项目建设程序是指建设项目从策划、评估、决策、设计、施工到竣工验收、投入生产等的整个工作必须遵循的先后次序。它是按照建设项目发展的内在程序分为的若干阶段，这些发展阶段有严格的先后次序，是建设项目科学决策和顺利进行的重要保证。

2. 项目建设程序的主要阶段

基本建设程序的主要阶段有：项目建议书阶段，可行性研究报告阶段，设计工作和建设准备阶段，建设实施阶段，竣工验收阶段和项目后评估阶段。这些阶段和环节各有其不同的工作内容。

1）项目建议书阶段

项目建议书是建设单位向国家提出的要求建设某一建设项目的建议文件，即投资者对拟兴建项目的建设必要性、可行性以及建设的目的、要求、计划等进行论证写成报告，建议上级批准。

2）可行性研究报告阶段

（1）可行性研究。项目建议书一经批准，即可着手进行可行性研究，对项目在技术上是否可行、经济上是否合理进行科学分析和论证。我国从 20 世纪 80 年代初将可行性研究正式纳入基本建设程序和前期工作计划，规定大中型项目、利用外资项目、引进技术和设备进口项目都要进行可行性研究，其他项目有条件的也要进行可行性研究。

(2) 可行性研究报告的编制。可行性研究报告是确定建设项目、编制设计文件的重要依据。所有基本建设都要在可行性研究通过的基础上，选择经济效益最好的方案编制可行性研究报告。由于可行性研究报告是项目最终决策和进行初步设计的重要文件，因此，要求它有相当的深度和准确性。

(3) 可行性研究报告审批。1988 年国务院颁布的投资管理体制改革方案对可行性研究报告的审批权限做了规定，属中央投资、中央和地方合资的大中型和限额以上（总投资 2 亿以上）项目的可行性研究报告要送国家计委审批。可行性研究报告批准后，不得随意修改和变更。如果在建设规模、产品方案、建设地区、主要协作关系等方面有变动以及突破投资控制数时，应经原批准机关同意。经批准的可行性研究报告，是确定建设项目、编制设计文件的依据。

3) 设计工作阶段

设计是对拟建工程的实施在技术上和经济上所进行的全面而详尽的安排，是建设计划的具体化，是组织施工的依据，是整个工程的决定性环节，它直接关系着工程质量和将来的使用效果。可行性研究报告经批准后的建设项目可通过招标投标选择设计单位，按照已批准的内容和要求进行设计，编制设计文件。如果初步设计提出的总概算超过可行性研究报告确定的总投资估算 10%以上或其他主要指标需要变更时，要重新报批可行性研究报告。

4) 建设准备阶段

项目在开工建设之前要切实做好各项准备工作，主要内容有：征地、拆迁和场地平整；完成施工用水、电、路；组织设备、材料订货；准备必要的施工图纸；组织施工招标，择优选定施工单位。项目在报批开工之前，根据批准的总概算和建设工期，合理编制建设项目的建设计划和建设年度计划，计划内容要与投资、材料、设备相适应，配套项目要同时安排，相互衔接。

5) 建设施工阶段

建设项目经批准开工建设，项目即进入了施工阶段，建设工期从开工时算起。项目开工时间，是指建设项目设计文件中规定的任何一项永久性工程第一次破土、正式打桩的时间。

施工项目投产前进行的一项重要工作是生产准备。它是项目建设程序中的重要环节，是衔接基本建设和生产的桥梁，是建设阶段转入生产经营的必要条件。建设单位应当根据建设项目或主要单项工程生产技术的特点，适时组成专门班子或机构，做好各项生产准备工作，如招收和培训人员、生产组织准备、生产技术准备、生产物质准备等。

6) 竣工验收阶段

竣工验收是工程建设过程的最后一环，是全面考核建设成果、检验设计和工程质量的重要步骤，也是项目建设转入生产或使用的标志。通过竣工验收，一是检验设计和工程质量，保证项目按设计要求的技术经济指标正常生产；二是有关部门和单位可以总结经验教训；三是建设单位对验收合格的项目可以及时移交固定资产，使其由建设系统转入生产系统或投入使用。凡符合竣工条件而不及时办理竣工验收的，一切费用不准再由投资中支出。

7）项目后评估阶段

建设项目后评估是工程项目竣工投产、生产运营一段时间后，对项目的立项决策、设计施工、竣工投产、生产运营等全过程进行系统评价的一种技术经济活动，通过建设项目后评价达到肯定成绩、总结经验、研究问题、吸取教训、提出建议、改进工作、不断提高项目决策水平和投资效果的目的。

工程建设是社会化大生产，其规模大、内容多、工作量浩繁、牵涉面广、内外协作关系错综复杂，各项工作必须集中在特定的建设地点、范围进行，在活动范围上受到严格限制，因而要求各有关单位密切配合，在时间和空间的延续和伸展上合理安排。各建设工程必需的一般历程是先调查、规划、评价，而后确定项目、确定投资；先勘察、选址，而后设计；先设计，而后施工；先安装试车，而后竣工投产；先竣工验收，而后交付使用。这是工程建设内在的客观规律。上述程序中，以可行性研究报告得以批准作为一个重要的"里程碑"，通常称之为批准立项，此前的建设程序可视为建设项目的决策阶段，此后的建设程序可视为建设项目的实施阶段。大、中型和限额以上建设项目建设程序如图 1-1所示。

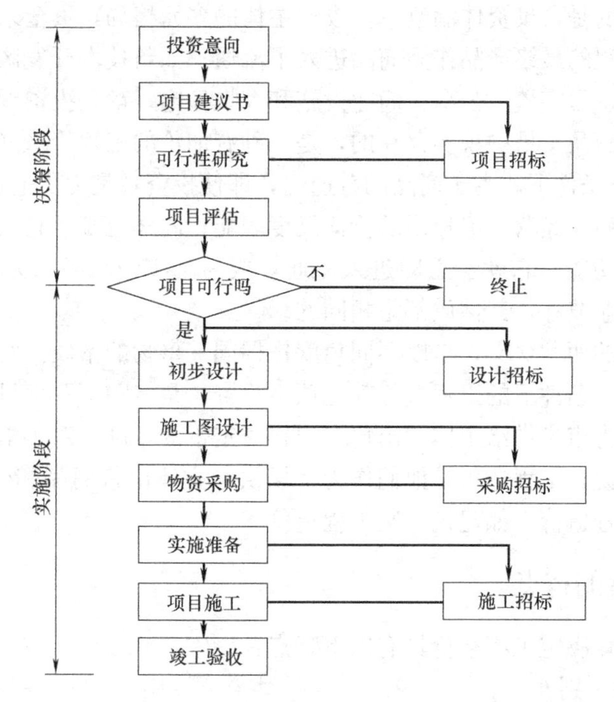


图 1-1 大、中型和限额以上的建设项目建设程序示意图

## 1.2 工程造价的基本概念

### 1.2.1 工程造价的概念

工程造价的直意就是工程的建造价格，它的范围和内涵具有比较大的不确定性。工程造价有如下两种含义。

第一种含义：工程造价是指建设一项工程预期开支或实际开支的全部固定资产投资费用。显然，这一含义是从投资者——业主的角度来定义的。投资者选定一个投资项目，为了获得预期的效益，就要通过项目评估进行决策，然后进行设计招标、工程招标，直至竣工验收等一系列投资管理活动。在投资活动中所支付的全部费用形成了固定资产和无形资产，所有这些开支就构成了工程造价。从这个意义上说，工程造价就是工程投资费用，建设项目工程造价就是建设项目固定资产投资。

第二种含义：工程造价是指工程价格。即为建成一项工程，预计或实际在土地市场、设备市场、技术劳务市场以及承包市场等交易活动中所形成的建筑安装工程的价格和建设工程总价格。显然，工程造价的第二种含义是以工程这种特定的商品形式作为交易对象，通过招投标或其他交易方式，在进行多次预估的基础上，最终由市场形成的价格。在这里，工程的范围和内涵既可以是涵盖范围很大的一个建设项目，也可以是一个单项工程，甚至可以是整个建设工程中的某个阶段，如土地开发工程、建筑安装工程、装饰工程，或者其中的某个组成部分。随着经济发展中技术的进步、分工的细化和市场的完善，工程建设中的中间产品也会越来越多，商品交换会更加频繁，工程价格的种类和形式也会更为丰富。尤其应该了解的是，投资体制改革，投资主体的多元格局，资金来源的多种渠道，使相当一部分建设工程的最终产品作为商品进入了流通。如新技术开发区和住宅开发区的普通工业厂房、仓库、写字楼、公寓、商业设施和大批住宅，都是投资者为销售而建造的工程，它们的价格是商品交易中现实存在的，是一种有加价的工程价格（通常被称为商品房价格）。在市场经济条件下，由于商品的普遍性，即使投资者是为了追求工程的使用功能，如用于生产产品或商业经营，但货币的价值尺度职能，同样也赋予它以价格，一旦投资者不再需要它的使用功能，它就会立即进入流通，成为真实的商品。无论是采取抵押、拍卖、租赁，还是企业兼并，其性质都是相同的。

所谓工程造价的两种含义，是以不同角度把握同一事物的本质。对建设工程的投资者来说，面对市场经济条件下的工程造价就是项目投资，是“购买”项目要付出的价格；同时也是投资者在作为市场供给主体“出售”项目时定价的基础。对于承包商，供应商和规划、设计等机构来说，工程造价是他们作为市场供给主体出售商品和劳务的价格的总和，或是特指范围的工程造价，如建筑安装工程造价。

### 1.2.2　工程造价的特点

建设项目的特点决定工程造价具有以下特点：

1. 工程造价的个别性

由于任一建设项目都有特定的功能、用途、规模，其结构、使用材料、施工技术、设备配置、所处地区和位置各不相同，因此，工程内容和实物形态都具有个别性、差异性。产品的差异性决定了工程造价的个别性差异。

2. 工程造价的大额性

能够发挥投资效用的建设工程项目，一般来说造价较高、体积较大。工程造价的大额性涉及有关各方面的重大经济利益，对宏观经济产生重大影响。因此采取科学合理的造价管理方法，可以有效节约资金，提高经济效益。

3. 工程造价的层次性

造价的层次性取决于工程的层次性。一个建设项目往往含有多个单项工程、单位工程。与此相适应，工程造价有建设项目总造价、单项工程造价和单位工程造价 3 个层次。如果专业分工更细，分部分项工程也可作为交换对象，工程造价的层次就增加分部工程和分项工程而成为 5 个层次。可见，工程造价的层次性是非常明显的。

4. 工程造价的动态性

任何一项工程从决策到竣工交付使用，都要经历较长的建设期，在此期间，会发生许多变化，如工程设备材料价格调整，工程变更，标准以及费率、利率、汇率会发生变化，工程造价在整个建设期中处于不确定状态，会随之变动。因此工程的实际造价直至竣工决算后才能最终确定。

5. 工程造价的兼容性

工程造价涉及的内容非常广泛，资金来源、成本构成、赢利组成复杂，且与政府的宏观经济政策（如产业政策）联系密切，兼容性很强。

### 1.2.3 工程造价计价特点

工程造价费用计算的主要特点是单个性计价、多次性计价、组合性计价。

1. 单个性计价

每一项建设工程都有指定的专门用途，所以也就有不同的结构、造型和装饰，不同的体积面积，建设时要采用不同的工艺设备和建筑材料。即使是用途相同的建设工程，其技术水平、建筑等级和建筑标准也有差别。建设工程还必须在结构、造型等方面适应工程所在地气候、地质、地震、水文等自然条件，适应当地的风俗习惯。这就使建设工程的实物形态千差万别；再加上不同地区构成投资费用的各种价值要素的差异，最终导致建设工程造价的千差万别。因此，对于建设工程，就不能像对工业产品那样按品种、规格、质量成批地定价，只能通过特殊的程序（编制估算、概算、预算、合同价、结算价及最后确定竣工决算价等），就各个工程项目计算工程造价，即单个计价。

2. 多次性计价

建设工程周期长、规模大、造价高，因此按建设程序要分阶段进行，相应地也要在不同阶段多次性计价，以保证工程造价确定与控制的科学性。多次性计价是个逐步深化、逐步细化和逐步接近实际造价的过程。其过程如图 1-2 所示。

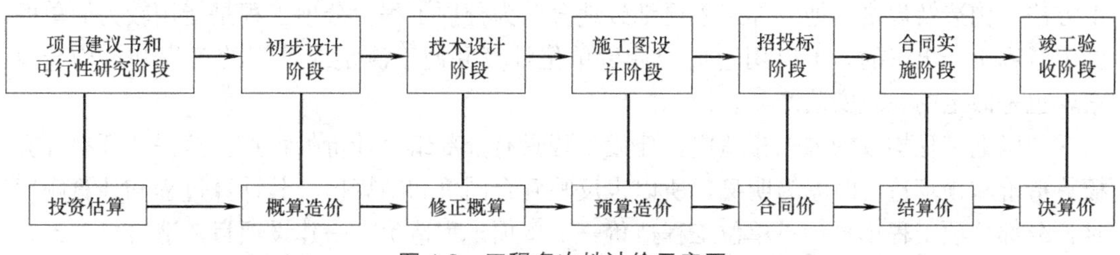


图 1-2 工程多次性计价示意图

注：连线表示对应关系，箭头表示多次计价流程及逐步深化过程。

1）投资估算。在编制项目建议书和可行性研究阶段，必须对投资需要量进行估算。投资估算是指在项目建议书和可行性研究阶段对拟建项目所需投资，通过编制估算文件预先测算和确定的过程，亦即估算造价。投资估价是决策、筹资和控制造价的主要依据。

2）概算造价，指在初步设计阶段，根据设计意图，通过编制工程概算文件预先测算和确定的工程造价。概算造价较投资估价造价准确性有所提高，但它受估算造价的控制。概算造价的层次性十分明显，分建设项目概算总造价、各个单项工程概算综合造价、各个单位工程概算造价。

3）修正概算造价，指在采用三阶段设计的技术设计阶段，根据技术设计的要求，通过编制修正概算文件预先测算和确定的工程造价。它对初步设计概算进行修正调整，比概算造价准确，但受概算造价控制。

4）预算造价，指在施工图设计阶段，根据施工图纸通过编制预算文件，预先测算和确定的工程造价。它同样受前一阶段所确定的工程造价的控制，但比概算造价或修正概算造价更为详尽和准确。

5）合同价，指在工程投标阶段通过签订总承包合同、建筑安装工程承包合同、设备材料采购合同，以及技术和咨询服务合同确定的价格。现行规定的三种合同形式是固定合同价、可调合同价和工程成本加酬金确定合同价。合同价属于市场价格的性质，它是由承包双方，也即商品和劳务买卖双方根据市场行情共同议定和认可的成交价格，但它并不等同于实际工程造价。

6）结算价，是指在合同实施阶段，在工程结算时按合同调价范围和调价方法，对实际发生的工程量增减、设备和材料价差等进行调整后计算和确定的价格。结算价是该工程的实际价格。

7）实际造价，是指竣工决算阶段，通过为建设项目编制竣工决算，最终确定的实际工程造价。

工程造价的多次性计价是一个由粗到细、由浅入深、由概略到精确的计价过程，是一个复杂而重要的管理系统。计价过程各环节之间相互衔接，前者制约后者，后者补充前者。

3. 组合性计价

在建设项目中，凡是具有独立的设计文件、竣工后可以独立发挥生产能力或工程效益的工程被称为单项工程，也可将其理解为具有独立存在意义的完整的工程项目。各单项工程又可分解为各个能独立施工的单位工程。考虑到组成单位工程的各部分是由不同工人用不同工具和材料完成的，可以把单位工程进一步分解为分部工程。然后还可按照不同的施工方法、构造及规格，把分部工程更细致地分解为分项工程。分项工程是能用较为简单的施工过程生产出来的，可以用适量的计量单位计算并便于测定或计算的工程基本构造要素，也是假定的建筑安装产品。

与以上工程构成的方式相适应，建设工程具有分部组合计价的特点。这一特征在计算概算造价和预算造价时尤为明显，所以也反映到合同价和结算价。其计算过程和计算顺序是：分部分项工程单价——单位工程造价——单项工程造价——建设项目总造价。

## 1.3　我国工程造价管理经历的几个阶段

19 世纪末 20 世纪上半叶，在当时外国资本侵入的一些口岸和沿海城市，工程投资的规模有所扩大，出现了招投标承包方式，建筑市场开始形成。适应这一形势，国外工程造价管理方法和经验逐步传入，而我国自身经济发展虽然落后，但民族工业也有了发展。民族新兴工业项目的建设，也要求对工程造价进行管理。这样工程造价管理在我国产生。

新中国成立后，我国工程造价管理体制的历史，大体可分为五个阶段。

第一阶段，从1950年到1957年，是与计划经济相适应的概预算定额制度建立时期。为合理确定工程造价，用好有限的基本建设资金，我国在全面引进、消化和吸收苏联建设项目造价管理概预算定额制度的基础上，于1957年颁布了《关于编制工业与民用建设预算的若干规定》，规定各不同设计阶段都应编制概算和预算，明确了概预算的作用。另外，当时的国务院和国家计划委员会还先后颁布了《基本建设工程设计和预算文件审核批准暂行办法》《工业与民用建设设计及预算编制暂行办法》《工业与民用建设预算编制暂行细则》等文件。为加强概预算的管理工作，国家先后成立标准定额局（处），1956年又单独成立建筑经济局。同时，各地分支定额管理机构也相继成立。可见，从建国到1957年是我国计划经济条件下建设项目造价管理体制和管理方法基本确立的阶段。

第二阶段，从1958年到1966年，是概预算定额管理逐渐被削弱的阶段。各级基建管理机构的概预算部门被精简，设计单位概预算人员减少，概预算控制投资作用被削弱。

第三阶段，从1967年到1976年，是概预算定额管理工作遭到严重破坏的阶段。我国建设项目造价管理与概预算编制单位和定额管理机构被撤销，建设项目造价管理人员改行，大量基础资料被销毁，形成了设计无概算，施工无预算，竣工无决算，投资大敞口，造成了当时很多建设项目的造价处于无人管理和无法管理的混乱局面。

第四阶段，从1976年到20世纪90年代初，是我国建设项目造价管理工程工作逐渐恢复、整顿和发展的时期。从1977年起，国家恢复重建造价管理机构，至1983年8月成立基本建设标准定额局，组织制定工程建设概预算定额、费用标准及工作制度。概预算定额统一归口，1988年将国家基本建设标准定额局从国家计委划归给国家建设部，成立了建设部标准定额司，各省市、各部委建立了定额管理站，全国颁布一系列推动概预算管理和定额管理发展的文件和指标。我国完成了传统建设项目造价管理体制和方法的恢复工作。

第五阶段，从20世纪90年代初至今，随着国家体制从计划经济向市场经济的全面转移，各种市场经济下管理新理论和新方法的引进，使得建设项目造价管理的范式、理论和方法等方面也开始了全面的改革。传统的与计划经济相适应的概预算定额管理方式已越来越无法适应社会主义市场经济的需要，因此自1992年全国工程建设标准定额工作会议以后，我国的工程造价管理体制逐步从“量、价统一”的工程造价定额管理模式，开始向“量、价分离”并逐步实现以市场机制为主导，由政府职能部门实行协调监督的建设项目造价管理方式的转变。

## 1.4　工程量清单计价

工程量清单计价方法是指建设工程招标投标中，招标人按照国家统一的工程量计算规则，自行或委托具有资质的中介机构编制反映工程实体消耗和措施性消耗的工程量清单，并作为招标文件的一部分提供给投标人。投标人根据招标文件（含工程量清单）、拟建工程的施工方案，结合本企业实际情况并考虑风险后自主报价，招标方按照经评审的合理低价确定中标价，招标投标双方据此签订合同价款，进行工程结算的一种计价活动。在工程招标中采用工程量清单计价是国际上较为通行的做法。

2003年2月17日，建设部以第119号公告批准发布了国家标准《建设工程工程量清单计价规范》GB 50500—2003（以下简称“03规范”），自2003年7月1日起实施。“03规范”的实施，使我国工程造价从传统的以预算定额为主的计价方式向国际上通行的工程量清单计价模式转变，是我国工程造价管理政策的一项重大措施，在工程建设领域受到了广泛的关注与积极的响应。“03规范”实施以来，在各地和有关部门的工程建设中得到了有效推行，积累了宝贵的经验，取得了丰硕的成果。但在执行中，也反映出一些不足之处。因此，为了完善工程量清单计价工作，建设部标准定额司从2006年开始，组织有关单位和专家对“03规范”的正文部分进行修订。

2008年7月9日，住房城乡建设部以第63号公告，发布了《建设工程工程量清单计价规范》GB 50500—2008（以下简称“08规范”），从2008年12月1日起实施。“08规范”的出台，对巩固工程量清单计价改革的成果，进一步规范工程量清单计价行为具有十分重要的意义。

“08规范”实施以来，对规范工程实施阶段的计价行为起到了良好作用，但由于附录修订较少，还存在有待完善的地方。2013年，我国制定了《建设工程工程量清单计价规范》GB 50500—2013。

工程量清单计价的实施是我国工程造价计价方式适应社会主义市场经济发展的一次重大变革，也是我工程造价计价工作逐步实现向“政府宏观调控、企业自主报价、市场形成价格”的目标迈出坚实的一步。

## 本章小结

建设项目的特点，决定了工程计价单个性计价、多次性计价、组合性计价等特点。本章主要介绍了建设阶段与建设项目组成、工程造价的基本概念、工程造价的特点。

作为将来的工程造价从业人员，必须正确理解建筑产品（建筑工程）价格的形成规律，全面掌握和建筑产品价格有关的专业知识，才能合理地确定价格，使价格的职能得以充分发挥，为我国工程建设事业的发展做出贡献。

## 思考与练习题

1-1 什么是基本建设？

1-2 基本建设包括哪些内容？

1-3 基本建设程序有哪些？

1-4 工程造价的特点有哪些？

1-5 基本建设项目是如何划分的？

1-6 工程造价按工程建设不同阶段编制文件划分为哪几种？

# 第 2 章　工程造价构成

## 本章要点及学习目标

本章要点：

了解工程造价的构成内容、建筑安装工程各种费用的构成内容、设备和工器具费用以及工程建设其他费用的构成内容，正确认识工程造价费用的确定，掌握工程造价费用的计算方法。

学习目标：

建筑安装工程费和工程建设其他费构成与计算；预备费、固定资产投资方向调节税、建设期贷款利息、流动资金的内容。

## 2.1　工程造价构成概述

我国投资构成包含固定资产投资和流动资产投资，建设项目总投资中的固定资产投资与建设项目的工程造价在量上相等。工程造价是工程项目按照规定的建设内容、建设标准、建设规模、功能要求和使用要求等建造完成并验收合格交付使用所需的全部费用，其

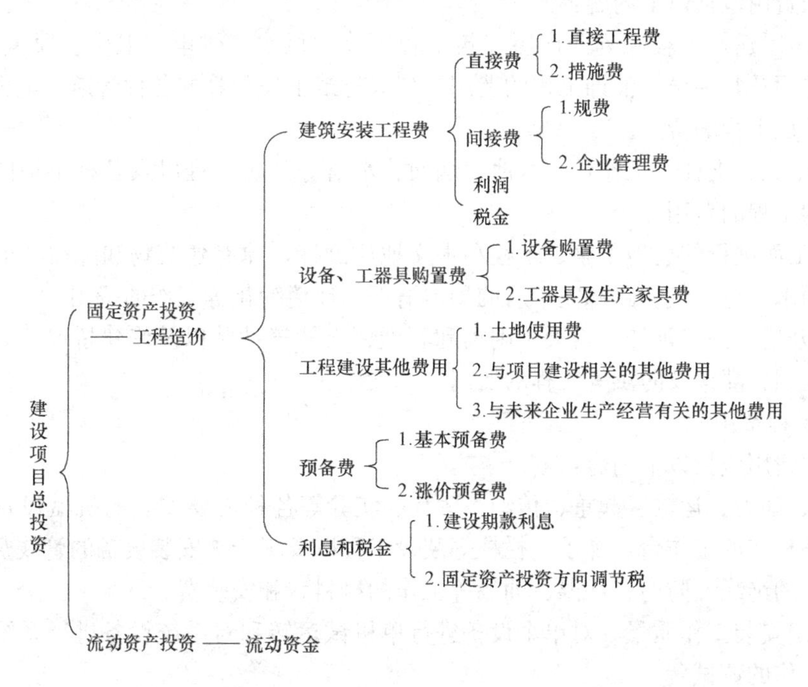


图 2-1　我国现行投资及工程造价构成

构成包括用于购置土地所需费用，用于委托工程勘察设计所需费用，用于购买工程项目所含各种设备的费用，用于建筑安装施工所需费用，用于建设单位自身项目进行项目筹建和项目管理所花费费用等。总之，工程造价是工程项目按照确定的建设内容、建设规模、建设标准、功能要求和使用要求等全部建成并验收合格交付使用所需的全部费用。目前我国工程造价是由设备及工（器）具购置费用、建筑安装工程费用、工程建设其他费用、预备费、建设期贷款利息、固定资产投资方向调节税等项构成。具体构成如图 2-1 所示。

## 2.2　建筑安装工程造价的构成

根据《建筑安装工程费用项目组成》（建标〔2013〕44 号文件），建筑安装工程费用项目按费用构成要素组成划分为人工费、材料费、施工机具使用费、企业管理费、利润、规费和税金。按工程造价形成顺序划分为分部分项工程费、措施项目费、其他项目费、规费和税金。

### 2.2.1　建筑安装工程费用概述

建筑安装工程造价是指修建建筑物或构筑物、对需要安装设备的装配、单机试运转以及附属于安装设备的工作台、梯子、栏杆和管线铺设等工程所需要的费用，由建筑工程费用和安装工程费用两部分组成。例如：土建、给水排水、电气照明、采暖通风、各类工业管道安装和各类设备安装等单位工程的造价均称为建筑安装工程造价。

1. 建筑工程费用

建筑工程费用包括以下内容：

1）各类房屋建筑工程和列入房屋建筑工程预算的供水、供电、卫生、通风、供暖、煤气等设备费用及其装设、油饰工程的费用，列入建筑工程预算的各种管道、电力、电信和电缆导线敷设工程的费用。

2）设备基础、支柱、工作台、水池、烟囱、水塔等建筑工程以及各种窑炉的砌筑工程和金属结构工程的费用。

3）为施工而进行的场地平整、工程和水文地质勘探，原有建筑物和障碍物的拆除以及施工临时用水、电、气、路和完工后的场地清理、环境绿化等工作的费用。

4）矿井开凿、井巷延伸、露天矿剥离和石油、天然气钻井以及修建桥梁、公路、铁路、水库、堤坝、灌渠及防洪等工程的费用。

2. 安装工程费用

安装工程费用包括以下内容：

1）生产、动力、运输、起重、传动、医疗、实验等各种需要安装的机械设备的装配费用，与设备相连的工作台、梯子、栏杆等装设工程以及附于被安装设备的管线敷设工程和被安装设备的绝缘、防腐、保温、油漆等工作的材料费和安装费。

2）为测定安装工作质量，对单个设备进行单机试运转和对系统设备进行系统联动无负荷试运转工作的调试费。

建筑安装工程费用具体组成如图 2-2 所示。

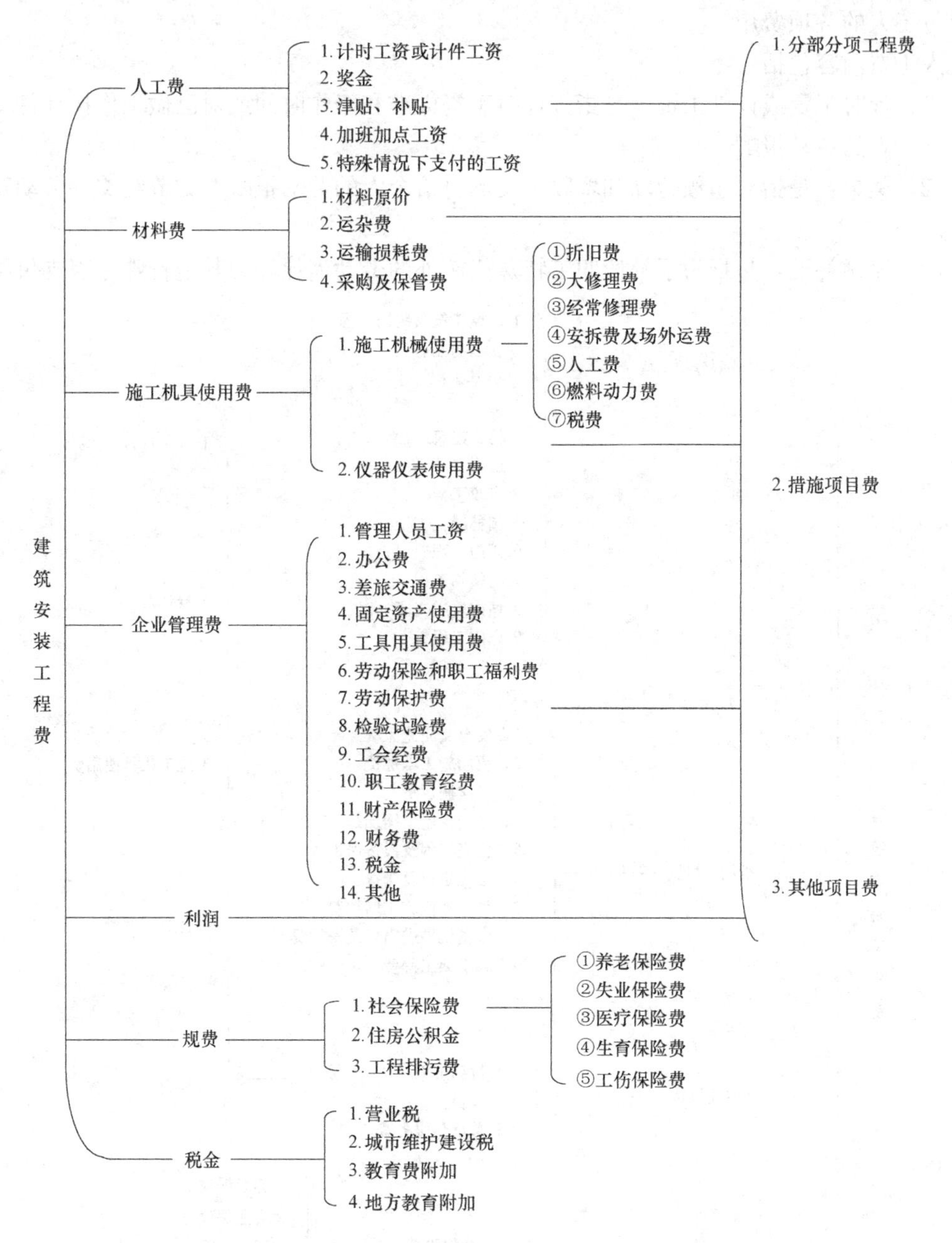

图 2-2 建筑安装工程费用项目组成（按费用构成要素）

## 2.2.2 按构成要素划分工程费用

建筑安装工程费按照费用构成要素划分：由人工费、材料（包含工程设备，下同）费、施工机具使用费、企业管理费、利润、规费和税金组成。其中人工费、材料费、施工机具使用费、企业管理费和利润包含在分部分项工程费、措施项目费、其他项目费中。如图 2-3 所示。

1. 人工费

人工费是指按工资总额构成规定，支付给从事建筑安装工程施工的生产工人和附属生产单位工人的各项费用。

人工费内容包括：

（1）计时工资或计件工资：是指按计时工资标准和工作时间或对已做工作按计件单价支付给个人的劳动报酬。

（2）奖金：是指对超额劳动和增收节支支付给个人的劳动报酬。如节约奖、劳动竞赛奖等。

（3）津贴补贴：是指为了补偿职工特殊或额外的劳动消耗和因其他特殊原因支付给个

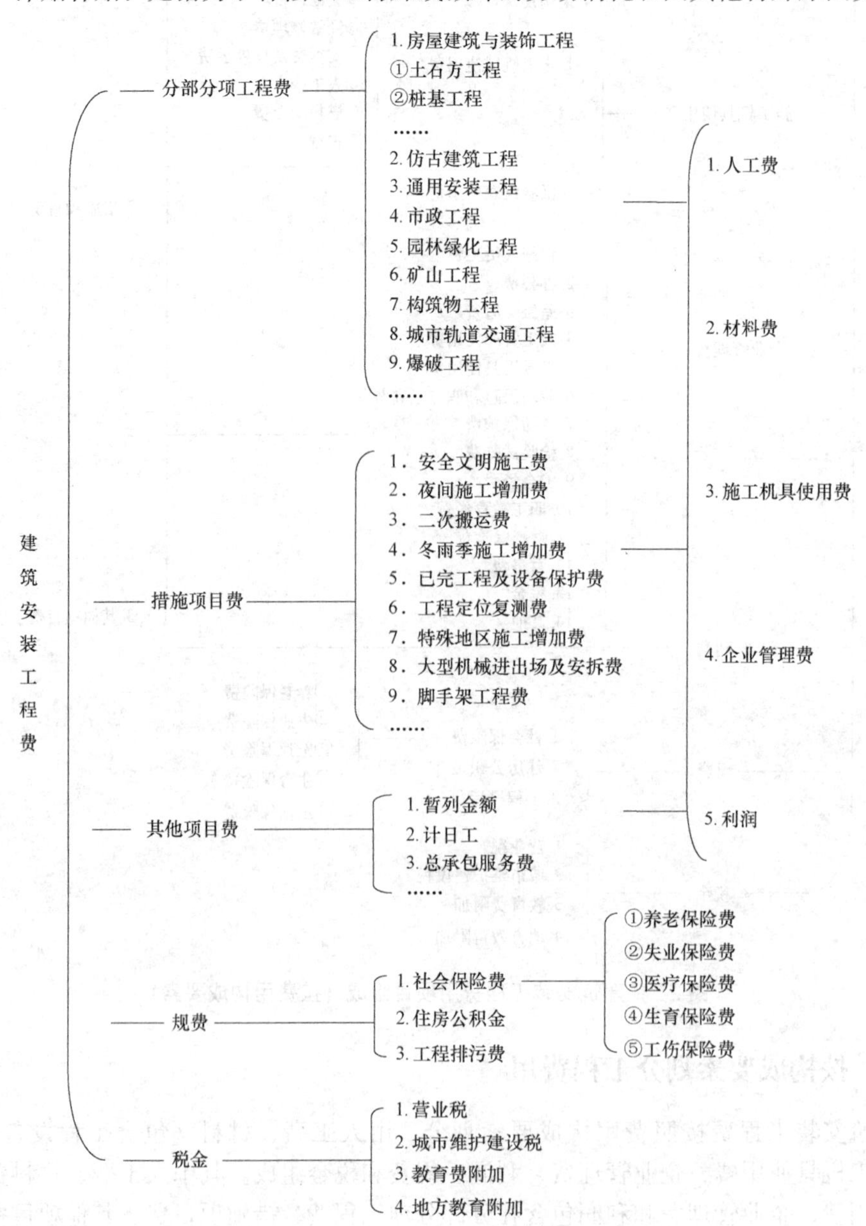


图2-3 建筑安装工程费用项目组成（按造价形成划分）

人的津贴，以及为了保证职工工资水平不受物价影响支付给个人的物价补贴。如流动施工津贴、特殊地区施工津贴、高温（寒）作业临时津贴、高空津贴等。

（4）加班加点工资：是指按规定支付的在法定节假日工作的加班工资和在法定日工作时间外延时工作的加点工资。

（5）特殊情况下支付的工资：是指根据国家法律、法规和政策规定，因病、工伤、产假、计划生育假、婚丧假、事假、探亲假、定期休假、停工学习、执行国家或社会义务等原因按计时工资标准或计时工资标准的一定比例支付的工资。

人工费的计算公式为：

$$人工费=\sum(工日消耗量\times 日工资单价) \tag{2-1}$$

$$日工资单价=\frac{生产工人平均月工资(计时、计件)+平均月(奖金+津贴补贴+特殊情况下支付的工资)}{年平均每月法定工作日} \tag{2-2}$$

2. 材料费

材料费是指施工过程中耗费的原材料、辅助材料、构配件、零件、半成品或成品、工程设备的费用。

材料费内容包括：

（1）材料原价：是指材料、工程设备的出厂价格或商家供应价格。

（2）运杂费：是指材料、工程设备自来源地运至工地仓库或指定堆放地点所发生的全部费用。

（3）运输损耗费：是指材料在运输装卸过程中不可避免的损耗。

（4）采购及保管费：是指为组织采购、供应和保管材料、工程设备的过程中所需要的各项费用。包括采购费、仓储费、工地保管费、仓储损耗。

工程设备是指构成或计划构成永久工程一部分的机电设备、金属结构设备、仪器装置及其他类似的设备和装置。

材料费的计算公式为：

$$材料费=\sum(材料消耗量\times 材料单价) \tag{2-3}$$

$$材料单价=[(材料原价+运杂费)\times〔1+运输损耗率(\%)〕]\times[1+采购保管费率(\%)] \tag{2-4}$$

$$工程设备费=\sum(工程设备量\times 工程设备单价) \tag{2-5}$$

$$工程设备单价=(设备原价+运杂费)\times[1+采购保管费率(\%)] \tag{2-6}$$

3. 施工机具使用费

施工机具使用费是指施工作业所发生的施工机械、仪器仪表使用费或其租赁费。

施工机械使用费：以施工机械台班耗用量乘以施工机械台班单价表示，施工机械台班单价应由下列七项费用组成。

（1）折旧费：指施工机械在规定的使用年限内，陆续收回其原值的费用。

（2）大修理费：指施工机械按规定的大修理间隔台班进行必要的大修理，以恢复其正常功能所需的费用。

（3）经常修理费：指施工机械除大修理以外的各级保养和临时故障排除所需的费用。

包括为保障机械正常运转所需替换设备与随机配备工具附具的摊销和维护费用，机械运转中日常保养所需润滑与擦拭的材料费用及机械停滞期间的维护和保养费用等。

（4）安拆费及场外运费：安拆费指施工机械（大型机械除外）在现场进行安装与拆卸所需的人工、材料、机械和试运转费用以及机械辅助设施的折旧、搭设、拆除等费用；场外运费指施工机械整体或分体自停放地点运至施工现场或由一施工地点运至另一施工地点的运输、装卸、辅助材料及架线等费用。

（5）人工费：指机上司机（司炉）和其他操作人员的人工费。

（6）燃料动力费：指施工机械在运转作业中所消耗的各种燃料及水、电等。

（7）税费：指施工机械按照国家规定应缴纳的车船使用税、保险费及年检费等。

仪器仪表使用费是指工程施工所需使用的仪器仪表的摊销及维修费用。

施工机具使用费的计算公式为：

$$施工机械使用费=\sum(施工机械台班消耗量\times机械台班单价) \tag{2-7}$$

$$\begin{aligned}机械台班单价=&台班折旧费+台班大修费+台班经常修理费+台班安拆费及\\&场外运费+台班人工费+台班燃料动力费+台班车船税费\end{aligned} \tag{2-8}$$

$$仪器仪表使用费=工程使用的仪器仪表摊销费+维修费 \tag{2-9}$$

4. 企业管理费

企业管理费是指建筑安装企业组织施工生产和经营管理所需的费用。

企业管理费内容包括：

（1）管理人员工资：是指按规定支付给管理人员的计时工资、奖金、津贴补贴、加班加点工资及特殊情况下支付的工资等。

（2）办公费：是指企业管理办公用的文具、纸张、账表、印刷、邮电、书报、办公软件、现场监控、会议、水电、烧水和集体取暖降温（包括现场临时宿舍取暖降温）等费用。

（3）差旅交通费：是指职工因公出差、调动工作的差旅费、住勤补助费，市内交通费和误餐补助费，职工探亲路费，劳动力招募费，职工退休、退职一次性路费，工伤人员就医路费，工地转移费以及管理部门使用的交通工具的油料、燃料等费用。

（4）固定资产使用费：是指管理和试验部门及附属生产单位使用的属于固定资产的房屋、设备、仪器等的折旧、大修、维修或租赁费。

（5）工具用具使用费：是指企业施工生产和管理使用的不属于固定资产的工具、器具、家具、交通工具和检验、试验、测绘、消防用具等的购置、维修和摊销费。

（6）劳动保险和职工福利费：是指由企业支付的职工退职金、按规定支付给离休干部的经费，集体福利费、夏季防暑降温补贴、冬季取暖补贴、上下班交通补贴等。

（7）劳动保护费：是企业按规定发放的劳动保护用品的支出。如工作服、手套、防暑降温饮料以及在有碍身体健康的环境中施工的保健费用等。

（8）检验试验费：是指施工企业按照有关标准规定，对建筑以及材料、构件和建筑安装物进行一般鉴定、检查所发生的费用，包括自设试验室进行试验所耗用的材料等费用。不包括新结构、新材料的试验费，对构件做破坏性试验及其他特殊要求检验试验的费用和建设单位委托检测机构进行检测的费用，对此类检测发生的费用，由建设单位在工程建设其他费用中列支。但对施工企业提供的具有合格证明的材料进行检测不合格的，该检测费用由施工企业支付。

(9) 工会经费：是指企业按《工会法》规定的全部职工工资总额比例计提的工会经费。

(10) 职工教育经费：是指按职工工资总额的规定比例计提，企业为职工进行专业技术和职业技能培训，专业技术人员继续教育、职工职业技能鉴定、职业资格认定以及根据需要对职工进行各类文化教育所发生的费用。

(11) 财产保险费：是指施工管理用财产、车辆等的保险费用。

(12) 财务费：是指企业为施工生产筹集资金或提供预付款担保、履约担保、职工工资支付担保等所发生的各种费用。

(13) 税金：是指企业按规定缴纳的房产税、车船使用税、土地使用税、印花税等。

(14) 其他：包括技术转让费、技术开发费、投标费、业务招待费、绿化费、广告费、公证费、法律顾问费、审计费、咨询费、保险费等。

企业管理费以规定基数乘以相应费率计算，《建筑安装工程费用项目组成》对管理费费率规定如下

当以以分部分项工程费为计算基础时：

$$企业管理费费率(\%)=\frac{生产工人年平均管理费}{年有效施工天数\times人工单价}\times人工费占分部分项工程费比例(\%) \tag{2-10}$$

当以人工费和机械费合计为计算基础时：

$$企业管理费费率(\%)=\frac{生产工人年平均管理费}{年有效施工天数\times(人工单价+每一工日机械使用费)}\times100\% \tag{2-11}$$

当以人工费为计算基础时：

$$企业管理费费率(\%)=\frac{生产工人年平均管理费}{年有效施工天数\times人工单价}\times100\% \tag{2-12}$$

《江苏省建设工程费用定额 2014》规定，建筑工程企业管理费以“人工费＋施工机具使用费”为计算基数，根据不同工程类别分别乘以不同费率计算。

5. 利润

利润是指施工企业完成所承包工程获得的盈利。

《建筑安装工程费用项目组成》规定：施工企业根据企业自身需求并结合建筑市场实际自主确定，列入报价中；工程造价管理机构在确定计价定额中利润时，应以定额人工费或（定额人工费＋定额机械费）作为计算基数，其费率根据历年工程造价积累的资料，并结合建筑市场实际确定，以单位（单项）工程测算，利润在税前建筑安装工程费的比重可按不低于5%且不高于7%的费率计算。利润应列入分部分项工程和措施项目中。

《江苏省建设工程费用定额 2014》规定，建筑工程利润以“人工费＋施工机具使用费”为计算基数，乘以利润率计算。

6. 规费

规费是指按国家法律、法规规定，由省级政府和省级有关权力部门规定必须缴纳或计取的费用。

规费内容包括：

1) 社会保险费

(1) 养老保险费：是指企业按照规定标准为职工缴纳的基本养老保险费。

(2) 失业保险费：是指企业按照规定标准为职工缴纳的失业保险费。

(3) 医疗保险费：是指企业按照规定标准为职工缴纳的基本医疗保险费。

(4) 生育保险费：是指企业按照规定标准为职工缴纳的生育保险费。

(5) 工伤保险费：是指企业按照规定标准为职工缴纳的工伤保险费。

2) 住房公积金：是指企业按规定标准为职工缴纳的住房公积金。

3) 工程排污费：是指按规定缴纳的施工现场工程排污费。

其他应列而未列入的规费，按实际发生计取。

《建筑安装工程费用项目组成》规定：社会保险费和住房公积金应以定额人工费为计算基础，根据工程所在地省、自治区、直辖市或行业建设主管部门规定费率计算。

$$社会保险费和住房公积金=\sum(工程定额人工费\times社会保险费和住房公积金费率) \quad (2\text{-}13)$$

工程排污费等其他应列而未列入的规费应按工程所在地环境保护等部门规定的标准缴纳，按实计取列入。

《江苏省建设工程费用定额 2014》规定，社会保险费和住房公积金以“分部分项工程费＋措施项目费＋其他项目费－工程设备费”为计算基础，根据不同工程类别分别乘以相应费率计算；工程排污费按工程所在地环境保护等部门规定的标准缴纳，按实计取。

7. 税金

税金是指国家税法规定的应计入建筑安装工程造价内的营业税、城市维护建设税、教育费附加以及地方教育附加。税金按有权部门规定计取。

计算公式为：

$$税金=(税前造价+利润)\times税率 \quad (2\text{-}14)$$

营业税的税额为营业额乘以税率。其中营业额是指从事建筑、安装、修缮、装饰及其他工程作业收取的全部收入，还包括建筑、修缮、装饰工程所用原材料及其他物资和动力的价款。当安装的设备价值作为安装工程产值时，亦包括所安装设备的价款。但建筑业的总承包人将工程分包给他人的，其营业额中不包括付给分包人的价款。

城乡维护建设税是国家为了加强城乡的维护建设，扩大和稳定城市、乡镇维护建设资金来源，而对有经营收入的单位和个人征收的一种税。城乡维护建设税按纳税人所在地为市区、县镇、农村分别按不同的税率记取。

教育费附加及地方教育费附加，是为发展地方教育事业，扩大教育经费来源而征收的税种，以营业税的税额为计征基数。税额为营业税乘以税率，与营业税同时缴纳。

### 2.2.3 按造价形成划分工程费用

建筑安装工程费按照工程造价形成由分部分项工程费、措施项目费、其他项目费、规费、税金组成，分部分项工程费、措施项目费、其他项目费包含人工费、材料费、施工机具使用费、企业管理费和利润。

1. 分部分项工程费

分部分项工程费是指各专业工程的分部分项工程应予列支的各项费用。

专业工程是指按现行国家计量规范划分的房屋建筑与装饰工程、仿古建筑工程、通用安装工程、市政工程、园林绿化工程、矿山工程、构筑物工程、城市轨道交通工程、爆破工程等各类工程。

分部分项工程指按现行国家计量规范对各专业工程划分的项目。如房屋建筑与装饰工程划分的土石方工程、地基处理与桩基工程、砌筑工程、钢筋及钢筋混凝土工程等。

各类专业工程的分部分项工程划分见现行国家或行业计量规范。

分部分项工程费计算可参考以下公式：

$$分部分项工程费=\sum(分部分项工程量\times 综合单价) \tag{2-15}$$

式中，综合单价包括人工费、材料费、施工机具使用费、企业管理费和利润以及一定范围的风险费用。

2. 措施项目费

措施项目费是指为完成建设工程施工，发生于该工程施工前和施工过程中的技术、生活、安全、环境保护等方面的费用。

措施项目费内容包括：

1）安全文明施工费：

（1）环境保护费：是指施工现场为达到环保部门要求所需要的各项费用。

（2）文明施工费：是指施工现场文明施工所需要的各项费用。

（3）安全施工费：是指施工现场安全施工所需要的各项费用。

（4）临时设施费：是指施工企业为进行建设工程施工所必须搭设的生活和生产用的临时建筑物、构筑物和其他临时设施费用。包括临时设施的搭设、维修、拆除、清理费或摊销费等。

2）夜间施工增加费：是指因夜间施工所发生的夜班补助费、夜间施工降效、夜间施工照明设备摊销及照明用电等费用。

3）二次搬运费：是指因施工场地条件限制而发生的材料、构配件、半成品等一次运输不能到达堆放地点，必须进行二次或多次搬运所发生的费用。

4）冬雨期施工增加费：是指在冬期或雨期施工需增加的临时设施、防滑、排除雨雪，人工及施工机械效率降低等费用。

5）已完工程及设备保护费：是指竣工验收前，对已完工程及设备采取的必要保护措施所发生的费用。

6）工程定位复测费：是指工程施工过程中进行全部施工测量放线和复测工作的费用。

7）特殊地区施工增加费：是指工程在沙漠或其边缘地区、高海拔、高寒、原始森林等特殊地区施工增加的费用。

8）大型机械设备进出场及安拆费：是指机械整体或分体自停放场地运至施工现场或由一个施工地点运至另一个施工地点，所发生的机械进出场运输及转移费用及机械在施工现场进行安装、拆卸所需的人工费、材料费、机械费、试运转费和安装所需的辅助设施的费用。

9）脚手架工程费：是指施工需要的各种脚手架搭、拆、运输费用以及脚手架购置费的摊销（或租赁）费用。

措施项目及其包含的内容详见各类专业工程的现行国家或行业计量规范。

措施项目费按计费方式分为两类。

第一类：国家计量规范规定应予计量的措施项目，其计算公式为：

$$措施项目费=\sum(措施项目工程量\times综合单价) \tag{2-16}$$

第二类：国家计量规范规定不宜计量的措施项目，如安全文明施工费、夜间施工增加费、冬雨期施工增加费、已完工程及设备保护费等，以计算基数乘以费率的方法计算。

3. 其他项目费

1）暂列金额：是指建设单位在工程量清单中暂定并包括在工程合同价款中的一笔款项。用于施工合同签订时尚未确定或者不可预见的所需材料、工程设备、服务的采购，施工中可能发生的工程变更、合同约定调整因素出现时的工程价款调整以及发生的索赔、现场签证确认等的费用。

暂列金额由建设单位根据工程特点，按有关计价规定估算，施工过程中由建设单位掌握使用，扣除合同价款调整后如有余额，归建设单位。

2）计日工：是指在施工过程中，施工企业完成建设单位提出的施工图纸以外的零星项目或工作所需的费用。

计日工由建设单位和施工企业按施工过程中的签证计价。

3）总承包服务费：是指总承包人为配合、协调建设单位进行的专业工程发包，对建设单位自行采购的材料、工程设备等进行保管以及施工现场管理、竣工资料汇总整理等服务所需的费用。

总承包服务费由建设单位在招标控制价中根据总包服务范围和有关计价规定编制，施工企业投标时自主报价，施工过程中按签约合同价执行。

4. 规费

定义与计算见 2.2.2 节。

5. 税金

定义与计算见 2.2.2 节。

## 2.2.4 营改增模式下建筑安装工程费用计算

2016 年 3 月 24 日发布的《关于全面推开营业税改征增值税试点的通知（财税[2016] 36 号)》规定，自 2016 年 5 月 1 日起，中国将全面推开营改增试点，将建筑业、房地产业、金融业、生活服务业全部纳入营改增试点。建筑业实施“营改增”后，建设工程计价方式进行了调整。

1. 营改增概念

营业税是对在我国境内提供应税劳务、转让无形资产和销售不动产的单位和个人，就其从事经营活动取得的营业额征收的税种。增值税是对货物和服务流转过程中产生的增值额征收的税种。

增值税和营业税的主要区别在于：增值税为价外税，不计入企业收入和成本；以货物和服务的增值额为税基，应纳税额为销项税额抵减进项税额的余额。营业税是价内税，对全部营业额收取，按照应税劳务或应税行为的营业额或转让额、销售额依法定的税率计算缴纳。

我国 1979 年引入增值税，又于 1984 年设立营业税。1994 年，我国通过分税制改革，确立了增值税和营业税两税并存的税制格局。其中，增值税的征税范围覆盖了除建筑业之外的第二产业，第三产业的大部分行业则课征营业税。

随着市场经济的建立和发展，这种划分行业分别适用不同税制的做法，日渐显现出其内在的不合理性和缺陷，对经济运行造成扭曲，不利于经济结构优化。

其一，从税制完善性的角度看，两税并行，抵扣中断，影响了增值税作用的发挥。为避免重复征税，我国对工商业采取增值征税方法，实施增值征税的基本要求是环环相扣，而增值税和营业税两税并存使增值税抵扣中断。具体表现在：第一，从工商业看，由于征收增值税时外购服务缴纳的营业税不能在产品增值税中抵扣，使抵扣中断。第二，从服务业看，由于征收营业税时外购产品缴纳的增值税不能在营业税中抵扣，使抵扣中断。第三，从产业流程看，当处于中间环节的服务业征收营业税时，不但服务业从上一环节外购产品服务的增值税和营业税不能抵扣，而且服务业为下一环节提供服务的营业税也不能抵扣，使抵扣中断。

其二，从产业发展和经济结构调整的角度来看，将我国大部分第三产业排除在增值税的征税范围之外，对服务业的发展造成了不利影响。这种影响主要表现在由于营业税是对营业额全额征税，且无法抵扣，不可避免地会使企业为避免重复征税而倾向于"小而全""大而全"模式，进而扭曲企业在竞争中的生产和投资决策。比如，由于企业外购服务所含营业税无法得到抵扣，企业更愿意自行提供所需服务而非外购服务，导致服务生产内部化，不利于服务业的专业化细分和服务外包的发展。同时，出口适用零税率是国际通行的做法，但由于我国服务业适用营业税，在出口时无法退税，导致服务含税出口。与其他对服务业课征增值税的国家相比，我国的服务出口由此易在国际竞争中处于劣势。

其三，从税收征管的角度看，两套税制并行造成了税收征管实践中的一些困境。随着多样化经营和新的经济形式不断出现，税收征管也面临着新的难题。比如，在现代市场经济中，商品和服务捆绑销售的行为越来越多，形式越来越复杂，要准确划分商品和服务各自的比例也越来越难，这给两税的划分标准提出了挑战。再如，随着信息技术的发展，某些传统商品已经服务化了，商品和服务的区别愈益模糊，二者难以清晰界定，是适用增值税还是营业税的难题也就随之产生。

其四，从我国的发展战略上来看，我国当前的增值税制度与我国开发西部的地区发展战略不适应。从区域经济结构来看，由于内陆地区是资源等原材料的主要供应地，这些基础产业资本有机构成高，一般属于资本密集型企业，而沿海一些省份主要发展的是加工工业，资本有机构成低，属于劳动密集型企业，两者的增值税税负不平衡。税负的不平衡不利于缩小中西部内陆地区与东部沿海地区的差距。

其五，从全球经济发展的角度看，两套税制并行不利于进出口贸易的发展，阻碍了我国经济全球化的进程。出口适用零税率是国际通行的做法，但由于我国服务业适用营业税，在出口时无法退税，导致服务含税出口。由于绝大多数实行增值税的国家，都是对商品和服务共同征收增值税，与这些对服务业课征增值税的国家相比，我国的服务出口由此易在国际竞争中处于劣势。

上述分析无不说明，在新形势下，逐步将增值税征税范围扩大至全部的商品和服务，以增值税取代营业税，符合国际惯例，是深化我国税制改革的必然选择。

2. 营改增后建设工程计价方法

营改增后，建设工程计价分为一般计税方法和简易计税方法。除清包工程、甲供工程、合同开工日期在2016年4月30日前的建设工程可采用简易计税方法外，其他一般纳税人提供建筑服务的建设工程，采用一般计税方法。

1）简易计税方法

简易计税模式下，税金计算和计价程序与营业税模式基本相同，税金包括增值税应缴纳税额、城市建设维护税、教育费附加及地方教育附加：

（1）增值税应纳税额＝包含增值税可抵扣进项税额的税前工程造价×适用税率，税率为3%；

（2）城市建设维护税＝增值税应纳税额×适用税率，税率：市区7%、县镇5%、乡村1%；

（3）教育费附加＝增值税应纳税额×适用税率，税率为3%；

（4）地方教育附加＝增值税应纳税额×适用税率，税率为2%。

以上四项合计，以包含增值税可抵扣进项额的税前工程造价为计费基础，税金费率为：市区3.36%、县镇3.30%、乡村3.18%。

简易计税方法计价程序见表2-1。

**简易计税方法计价程序**　　　　**表2-1**

| 序号 | 费用名称 | | 计算公式 |
|---|---|---|---|
| 一 | 分部分项工程费 | | 清单工程量×综合单价 |
| | 其中 | 1. 人工费 | 人工消耗量×人工单价 |
| | | 2. 材料费 | 材料消耗量×材料单价 |
| | | 3. 施工机具使用费 | 机械消耗量×机械单价 |
| | | 4. 管理费 | (1+3)×费率或(1)×费率 |
| | | 5. 利　润 | (1+3)×费率或(1)×费率 |
| 二 | 措施项目费 | | |
| | 其中 | 单价措施项目费 | 清单工程量×综合单价 |
| | | 总价措施项目费 | (分部分项工程费+单价措施项目费－工程设备费)×费率或以项计费 |
| 三 | 其他项目费 | | |
| 四 | 规费 | | |
| | 其中 | 1. 工程排污费 | (一+二+三－工程设备费)×费率 |
| | | 2. 社会保险费 | |
| | | 3. 住房公积金 | |
| 五 | 税金 | | [一+二+三+四－(甲供材料费+甲供设备费)/1.01]×费率 |
| 六 | 工程造价 | | 一+二+三+四－(甲供材料费+甲供设备费)/1.01+五 |

2）一般计税方法

一般计税模式下，增值税应纳税额，是指当期销项税额抵扣当期进项税额后的余额，应纳税额计算公式：

$$增值税应纳税额＝销项税额－进项税额 \quad (2\text{-}17)$$

其中，销项税额＝销售额×税率（提供建筑、不动产租赁服务，销售不动产，转让土地使用权，税率为11%）。

为了贯彻落实建筑业“营改增”，各地工程计价规则均对接财税36号文做了相应调整，调整的思路和方法不尽相同。大部分省市采用“价税分离”法，从工程计价的前端起将各要素成本进行价税分离，从而得到税前工程造价，计算销项税额，汇总得出工程造价。

价税分离的基本思路是：

工程造价＝含税成本＋利润＋增值税应纳税额
＝（除税成本＋进项税额）＋利润＋增值税应纳税额
＝除税成本＋利润＋（进项税额＋增值税应纳税额）
＝除税成本＋利润＋销项税额　　(2-18)

根据该思路，采用一般计税方法的建设工程费用组成中的分部分项工程费、措施项目费、其他项目费、规费中均不包含增值税可抵扣进项税额。

国家税法规定的应计入建筑安装工程造价内的城市建设维护税、教育费附加及地方教育附加等附加税，并入企业管理费，计价时，管理费费率相应调高。

甲供材料和甲供设备费用应在计取现场保管费后，在税前扣除。

**一般计税方法计价程序（包工包料）**　　表 2-2

<table>
<tr><th>序号</th><th colspan="2">费用名称</th><th>计算公式</th></tr>
<tr><td rowspan="6">一</td><td colspan="2">分部分项工程费</td><td>清单工程量×除税综合单价</td></tr>
<tr><td rowspan="5">其中</td><td>1. 人工费</td><td>人工消耗量×人工单价</td></tr>
<tr><td>2. 材料费</td><td>材料消耗量×除税材料单价</td></tr>
<tr><td>3. 施工机具使用费</td><td>机械消耗量×除税机械单价</td></tr>
<tr><td>4. 管理费</td><td>(1+3)×费率或(1)×费率</td></tr>
<tr><td>5. 利　润</td><td>(1+3)×费率或(1)×费率</td></tr>
<tr><td rowspan="3">二</td><td colspan="2">措施项目费</td><td></td></tr>
<tr><td rowspan="2">其中</td><td>单价措施项目费</td><td>清单工程量×除税综合单价</td></tr>
<tr><td>总价措施项目费</td><td>（分部分项工程费＋单价措施项目费－除税工程设备费）×费率或以项计费</td></tr>
<tr><td>三</td><td colspan="2">其他项目费</td><td></td></tr>
<tr><td rowspan="4">四</td><td colspan="2">规费</td><td></td></tr>
<tr><td rowspan="3">其中</td><td>1. 工程排污费</td><td rowspan="3">（一＋二＋三－除税工程设备费）×费率</td></tr>
<tr><td>2. 社会保险费</td></tr>
<tr><td>3. 住房公积金</td></tr>
<tr><td>五</td><td colspan="2">税金</td><td>[一＋二＋三＋四－(除税甲供材料费＋除税甲供设备费)/1.01]×费率</td></tr>
<tr><td>六</td><td colspan="2">工程造价</td><td>一＋二＋三＋四－(除税甲供材料费＋除税甲供设备费)/1.01＋五</td></tr>
</table>

## 2.3　设备及工、器具购置费用的构成

设备及工、器具购置费用是由设备购置费和工具、器具及生产家具购置费组成的，它是固定资产投资中的重要部分。

### 2.3.1　设备购置费的构成及计算

设备购置费是指为建设项目购置或自制的达到固定资产标准的各种国产或进口设备、

工具、器具的购置费用。它由设备原价和设备运杂费构成。

$$设备购置费=设备原价+设备运杂费 \tag{2-19}$$

上式中，设备原价指国产设备或进口设备的原价；设备运杂费指除设备原价之外的关于设备采购、运输、途中包装、装卸及仓库保管等方面支出费用的总和。

1. 国产设备原价的构成及计算

国产设备原价一般指的是设备制造厂的交货价，即出厂价或订货合同价。它一般根据生产厂或供应商的询价、报价、合同价确定，或采用一定的方法计算确定。国产设备原价分为国产标准设备原价和国产非标准设备原价。

1）国产标准设备原价。国产标准设备是指按照主管部门颁布的标准图纸和技术要求，由我国设备生产厂批量生产的，符合国家质量检测标准的设备。有的国产标准设备原价有两种，即带有备件的原价和不带有备件的原价。在计算时，一般采用带有备件的原价。

2）国产非标准设备原价。国产非标准设备是指国家尚无定型标准，各设备生产厂不可能工艺过程中采用批量生产，只能按一次订货，并根据具体的设计图纸制造的设备。非标准设备原价有多种不同的计算方法，如成本计算估价法、系列设备插入估价法、分部组合估价法、定额估价法等。但无论采用哪种方法都应该使非标准设备计价接近实际出厂价，并且计算方法要简便。按成本计算估价法，非标准设备的原价由以下各项组成：

（1）材料费。其计算公式如下：

$$材料费=材料净重\times(1+加工损耗系数)\times每吨材料综合价 \tag{2-20}$$

（2）加工费：包括生产工人工资和工资附加费、燃料动力费、设备折旧费、车间经费等。其计算公式如下：

$$加工费=设备总重量(吨)\times设备每吨加工费 \tag{2-21}$$

（3）辅助材料费（简称辅材费）：包括焊条、焊丝、氧气、氩气、氮气、油漆、电石等费用。其计算公式如下：

$$辅助材料费=设备总重量\times辅助材料费指标 \tag{2-22}$$

（4）专用工具费。按（1）～（3）项之和乘以一定百分比计算。

（5）废品损失费。按（1）～（4）项之和乘以一定百分比计算。

（6）外购配套件费。按设备设计图纸所列的外购配套件的名称、型号、规格、数量、重量，根据相应的价格加运杂费计算。

（7）包装费。按以上（1）～（6）项之和乘以一定百分比计算。

（8）利润。可按（1）～（5）项加第（7）项之和乘以一定利润率计算。

（9）税金：主要指增值税。计算公式为：

$$增值税=当期销项税额-当期进项税额 \tag{2-23}$$

$$当期销项税额=销售额\times适用增值税率 \tag{2-24}$$

（10）非标准设备设计费：按国家规定设计费收费标准计算。

综上所述，单台非标准设备原价可用下面的公式表达为：

$$\begin{aligned}单台非标准设备原价=\{[&(材料费+加工费+辅助材料费)\times(1+专用工具费率)\times\\&(1+废品损失费率)+外购配套件费]\times(1+包装费率)-外购配套件费\}\times\\&(1+利润率)+销项税金+非标准设备设计费+外购配套件费\end{aligned} \tag{2-25}$$

2. 进口设备原价的构成及计算

进口设备的原价是指进口设备的抵岸价，即抵达买方边境港口或边境车站，且交完关税为止形成的价格。进口设备抵岸价由进口设备货价和进口从属费用组成。

1）设备的交货类别

可分为内陆交货类、目的地交货类、装运港交货类。不同的交货方式下买卖双方承担的风险不同。

内陆交货类，即卖方在出口国内陆的某个地点交货。在交货地点，卖方及时提交合同规定的货物和有关凭证，并负担交货前的一切费用和风险；买方按时接受货物，交付货款，负担接货后的一切费用和风险，并自行办理出口手续和装运出口。货物的所有权也在交货后由卖方转移给买方。

目的地交货类，即卖方在进口国的港口或内地交货，有目的港船上交货价、目的港船边交货价（FOS）和目的港码头交货价（关税已付）及完税后交货价（进口国的指定地点）等几种交货价。它们的特点是：买卖双方承担的责任、费用和风险是以目的地约定交货点为分界限，只有当卖方在交货点将货物置于买方控制下才算交货，才能向买方收取货款。这种交货类别对卖方来说承担的风险较大，在国际贸易中卖方一般不愿采用。

装运港交货类，即卖方在出口国装运港交货，主要有装运港船上交货价（FOB），习惯称离岸价格；运费在内价和运费、保险费在内价（CIF），习惯称到岸价格。它们的特点是：卖方按照约定的时间在装运港交货，只要卖方把合同规定的货物装船后提供货运单据便完成交货任务，可凭单据收回货款。

装运港船上交货价（FOB）是我国进口设备采用最多的一种货价。采用船上交货价时卖方的责任是：在规定的期限内，负责在合同规定的装运港口将货物装上买方指定的船只，并及时通知买方；负担货物装船前的一切费用和风险；负责办理出口手续；提供出口国政府或有关方面签发的证件；负责提供有关装运单据。买方的责任是：负责租船或订舱，支付运费，并将船期、船名通知卖方；负担货物装船后的一切费用和风险；负责办理保险及支付保险费，办理在目的港的进口和收货手续；接受卖方提供的有关装运单据，并按合同规定支付货款。

2）进口设备抵岸价格构成及计算

通常，进口设备采用最多的是装运港船上交货价（FOB），其抵岸价构成可概括如下：

$$\text{进口设备抵岸价}=\text{货价}+\text{国际运费}+\text{运输保险费}+\text{银行财务费}+\text{外贸手续费}+\text{关税}+\text{增值税}+\text{消费税} \tag{2-26}$$

（1）货价。进口设备的货价一般可采用下列公式计算：

$$\text{货价}=\text{离岸价（FOB）}\times\text{银行牌价(卖价)} \tag{2-27}$$

式中，外币金额一般是指引进设备装运港船上交货价（FOB）。

（2）国际运费。即从装运港（站）到达我国抵达港（站）的运费，进口设备的装运费。我国进口设备大部分采用海洋运输方式，亦有采用铁路运输方式或航空运输方式。进口设备国际运费计算公式为：

$$\text{国际运费}=\text{离岸价（FOB）}\times\text{运费率} \tag{2-28}$$

或

$$\text{国际运费}=\text{运量}\times\text{单位运价}$$

（3）运输保险费。对外贸易货物运输保险是由保险人（保险公司）与被保险人（出口人或进口人）订立保险契约，在被保险人交付议定的保险费后，保险人根据保险契约的规定对货物在运输过程中发生的承保责任范围内的损失给予经济上的补偿。

$$运输保险费=\frac{原币货价+国际运费}{1-保险费率}\times保险费率 \tag{2-29}$$

其中，保险费率按保险公司规定的进口货物保险费率计算。

（4）银行财务费。一般指中国银行手续费，一般为4‰～5‰。

$$银行财务费=离岸价\times人民币外汇牌价(FOB)\times银行财务费率 \tag{2-30}$$

（5）外贸手续费。外贸手续费是指按对外经济贸易部（现商务部）规定的外贸手续费率计取的费用，外贸手续费率一般取1.5%。可按下式简化计算：

$$外贸手续费=[离岸价(FOB)+国际运费+运输保险费]\times外贸手续费率 \tag{2-31}$$

（6）关税。关税是由海关对进出国境或关境的货物和物品征收的一种税，属于流转性课税。对进口设备征收的进口关税实行最低和普通两种税率。普通税率适用于产自与我国未订有关税互惠条款的贸易条约或协定国家与地区的进口设备；最低税率适用于产自与我国订有关税互惠条款的贸易条约或协定国家与地区的进口设备。进口设备的完税价格是指设备运抵我国口岸的到岸价格。

$$关税=到岸价格(CIF)\times进口关税税率 \tag{2-32}$$

其中，到岸价格（CIF）包括离岸价格（FOB）、国际运费、运输保险等费用，它作为关税完税价格。

（7）增值税。增值税是我国政府对从事进口贸易的单位和个人，在进口商品报关进口后征收的税种。我国增值税条例规定，进口应税产品均按组成计税价格，依率直接计算应纳税额，不扣除任何项目的金额或已纳税额。即：

$$进口产品增值税额=组成计税价格\times增值税税率 \tag{2-33}$$

$$组成计税价格=到岸价格+关税+消费税 \tag{2-34}$$

增值税税率根据规定的税率计算，一般增值税基本税率为17%。

（8）消费税。对部分进口设备（如轿车、摩托车等）征收，一般计算公式为：

$$应纳消费税额=\frac{到岸价+关税}{1-消费税税率}\times消费税税率 \tag{2-35}$$

其中，消费税税率根据规定的税率计算。

**【例2-1】** 从某国进口设备，质量1000t，装运港船上交货价为400万美元，工程建设项目位于国内某省会城市。如果，国际运费标准为300美元/t，海上运输保险费率为3‰，中国银行费率为5‰，外贸手续费率为1.5%，关税税率为22%，增值税的税率为17%，消费税税率10%，银行外汇牌价为1美元=6.8元人民币，对该设备的原价进行估算。

**【解】** 进口设备原价列表计算，见表2-3。

**进口设备原价计算表** **表2-3**

| 序号 | 项目 | 说明 | 符号 | 购置费计算式 | 购置费（万元） |
|---|---|---|---|---|---|
| 1 | 外币支付部分 | | | | |
| 1.1 | 货价 | FOB价 | A | 400×6.8 | 2720.00 |
| 1.2 | 国外运输费 | | B | A×海运费率或货物净重×毛重系数×运费单价<br>本例中300×1000×6.8 | 204 |

续表

| 序号 | 项目 | 说明 | 符号 | 购置费计算式 | 购置费（万元） |
|---|---|---|---|---|---|
| 1.3 | 国外运输保险费 | | C | (A+B)÷(1－保险费率)×保险费率＝(2720＋204)÷(1－0.003)×0.003 | 8.8 |
| | 小计 | CIF | D | A+B+C | 2932.8 |
| 2 | 人民币支付部分 | | | | |
| 2.1 | 银行财务费 | | H | A×银行财务费率＝2720×5‰ | 13.6 |
| 2.2 | 外贸手续费 | | I | D×外贸手续费率＝2932.8×1.5% | 43.99 |
| 2.3 | 关税 | | E | D×关税率＝2932.8×22% | 645.22 |
| 2.4 | 消费税 | 仅用于应纳消费税货物 | F | (D＋E)÷(1－消费税率)×消费税率＝(2932.8＋645.22)÷(1－10%)×10% | 397.56 |
| 2.5 | 增值税 | | G | (D+E+F)×增值税率＝(2932.8＋645.22＋397.56)×17% | 675.85 |
| 3 | 进口设备原价 | | J | D+E+F+G+H+I＝2932.8＋13.6＋43.99＋645.22＋397.56＋675.85 | 4709.02 |

3. 设备运杂费的构成及计算

1）设备运杂费的构成

设备运杂费通常由下列各项构成：

（1）运费和装卸费。国产设备由设备制造厂交货地点至工地仓库（或施工组织设计指定的需要安装设备的堆放地点）止所发生的运费和装卸费；进口设备则由我国到港口或边境车站起至工地仓库（或施工组织设计指定的需安装设备的堆放地点）止所发生的运费和装卸费。

（2）包装费。在设备原价中没有包含的，为运输而进行的包装支出的各种费用。

（3）设备供销部门的手续费。按有关部门规定的统一费率计算。

（4）采购与仓库保管费。指采购、验收、保管和收发设备所发生的各种费用，包括设备采购人员、保管人员和管理人员的工资、工资附加费、办公费、差旅交通费，设备供应部门办公和仓库所占固定资产使用费、工具用具使用费、劳动保护费、检验实验费等。这些费用可按主管部门规定的采购与保管费费率计算。

2）设备运杂费的计算

设备运杂费按设备原价乘以设备运杂费计算，其公式为：

设备运杂费＝设备原价×设备运杂费率　　(2-36)

## 2.3.2 工具、器具及生产家具购置费的构成及计算

设备及工具、器具购置费，是指新建或扩建项目初步设计规定的，保证初期正常生产必须购置的没有达到固定资产标准的设备、仪器、工卡模具、器具、生产家具和备品备件等的购置费用。一般以设备购置费为计算基础，按照部门或行业规定的工具、器具及生产家具费率计算。计算公式为：

工具、器具及生产家具购置费＝设备购置费×定额费率　　(2-37)

## 2.4 工程建设其他费用的构成

工程建设其他费用是指从工程筹建起到工程竣工验收交付使用止的整个建设期间，除建筑安装工程费用和设备、工器具购置费以外的，为保证工程建设顺利完成和交付使用后能够正常发挥效用而发生的各项费用的总和。

工程建设其他费用，按内容大体可分为土地使用费、与项目建设有关的其他费用和与企业未来生产经营有关的其他费用。

### 2.4.1 土地使用费

土地使用费是指通过划拨方式取得土地使用权而支付的土地征用及迁移补偿费，或通过土地使用权出让方式取得土地使用权而支付的土地使用权出让金。征收土地使用费是国家土地所有权的经济体现，是政府加强土地管理，合理配置土地资源的经济手段。土地使用费由土地租用费和土地开发费构成。土地租用费是我国土地所有权在经济上的实现形式，体现的是土地使用权的转让关系。土地开发费是国家对土地开发投资在经济上的补偿形式，体现的是土地投资的所有权的转让关系。土地使用费的标准可根据场地的位置、周围的开发程度、公共设施的完善情况等因素加以确定；也可参照当地相同条件土地的批租单价和开发费用加以估算。根据《中华人民共和国土地管理法》等法规的规定，土地使用费用由以下几个部分构成：

1. 土地征用及迁移补偿费

土地征用及迁移补助费，是指经营性建设项目通过出让方式购置的土地使用权（或建设项目通过划拨方式取得无限期的土地使用权），依照《中华人民共和国土地管理法》等规定支付的费用。其内容包括：

1）土地补偿费

征用耕地（包括菜地）的补偿标准，为该耕地被征收前三年平均年产值的6～10倍，具体补偿标准由省、自治区、直辖市人民政府在此范围内制定。征用园地、鱼塘、藕塘、苇塘、宅基地、林地、牧场、草原等的补偿标准，由省、自治区、直辖市人民政府制定。征收无收益的土地，不予补偿。

2）地上附着物和青苗补偿费

这些补偿费的标准由省、自治区、直辖市人民政府制定。

3）安置补助费

征用耕地、菜地的每个农业人口的安置补助费为该耕地被征收前三年平均年产值的4～6倍，每公顷耕地的安置补助费最高不得超过被征收前三年平均年产值的15倍。

4）新菜地开发建设基金

新菜地开发基金是指国家为保证城市人民生活需要，向被批准使用城市郊区的用地单位征收的一种建设基金。它是在征地单位向原土地所有者缴纳的征地补偿费、安置补助费、地上建设物和青苗补偿费等费用外，用地单位按规定向国家缴纳的一项特殊用地费用。《中华人民共和国土地管理法》第四十七条第五款“征用城市郊区的菜地，用地单位应当按照国家有关规定缴纳新菜地开发建设基金”。

支付土地补偿费和安置补助费，尚不能使需要安置的农民保持原有生活水平的，经省、自治区、直辖市人民政府批准，可以增加安置补助费。

2. 土地使用权出让金

土地使用权出让金是指建设项目通过土地使用权出让方式，取得有限期的土地使用权，依照《中华人民共和国城镇国有土地使用权出让和转让暂行条例》规定支付的土地使用权出让金。其内容包括：

1）明确国家是土地的唯一所有者，并分层次、有偿、有限期地出让、转让城市土地。第一层次是城市政府将国有土地使用权出让给用地者，该层次由城市政府垄断经营。出让对象可以是有法人资格的企事业单位，也可以是外商。第二层次及以下层次的转让则发生在使用者之间。

2）城市土地的出让和转让可采用协议、招标、公开拍卖等方式。

（1）协议方式适用于市政工程、公益事业用地及机关部队和需要重点扶持、优先发展的产业用地；

（2）招标方式适用于一般工程建设用地；

（3）公开拍卖适用于盈利高的行业用地。

3）关于政府有偿出让土地使用权的年限，各地可根据时间、区位等各种条件做不同规定，一般可在30～70年之间，按照地面附属建筑物的折旧年限来看，以50年为宜。

### 2.4.2 与项目建设有关的其他费用

根据项目的不同，与项目建设有关的其他费用构成不完全相同，一般包含下列内容：

1. 建设单位管理费

建设单位管理费是指建设项目从立项、筹建、建设、联合试运转、竣工验收交付使用及后评估等全过程管理所需费用。内容包括：

1）单位建设开办费。指新建项目为保证筹建和建设工作正常进行所需办公设备、生活家具、用具、交通工具等购置费用。

2）建设单位经费。包括工作人员的基本工资、工资性补贴、职工福利费、劳动保护费、劳动保险费、办公费、差旅交通费、工会经费、职工教育经费、固定资产使用费、工具用具使用费、技术图书资料费、生产人员招募、工程招标费、合同契约公证费、工程质量监督检测费、工程咨询费、法律顾问费、审计费、业务招待费、排污费、竣工交付使用清理及竣工验收费、后评估等费用。

$$\text{建设单位管理费}=\text{工程费用}\times\text{建设单位管理费指标} \tag{2-38}$$

$$\text{工程费用}=\text{建筑安装工程费用}+\text{设备及工、器具购置费用} \tag{2-39}$$

2. 勘察设计费

勘察设计费是指为本建设项目提供项目建议书、可行性研究报告及设计文件所需费用。内容包括：

1）编制项目建议书、可行性研究报告及投资估算、工程咨询、评价以及为编制上述文件所进行勘察、设计、研究试验等所需费用。

2）委托勘察、设计单位进行初步设计、施工图设计及概预算编制等所需费用。

3）在规定范围内由建设自行完成的勘察、设计及工作所需费用。

勘察设计费中，项目建议书、可行性研究报告按国家颁布的收费标准计算；设计费按国家颁布的工程设计收费标准计算。

3. 研究实验费

研究试验费是指为建设项目提供和验证设计参数、数据、资料等所进行的必要的试验费用以及设计规定在施工中必须进行试验、验证所需费用。包括自行或委托其他部门研究试验所需人工费、材料费、试验设备及仪器使用费等。这项费用按照设计单位根据本工程项目的需要提出的研究试验内容和要求计算。

4. 工程监理费

工程监理费是指建设单位委托工程监理单位对工程实施监理工作所需费用。根据《关于发布工程建设监理费用有关规定的通知》等相关文件规定计算。

5. 工程保险费

工程保险费是指建设项目在建设期间根据需要实施工程保险所需的费用，包括以各种建筑工程及其在施工过程中的物料、机器设备为保险标的建筑工程一切险，以安装工程中的各种机器、机械设备为保险标的安装工程一切险，以及机器损坏保险等。根据不同的工程类别，分别以其建筑、安装工程费乘以建筑、安装工程保险费率计算。民用建筑占建筑工程费的2‰～4‰；安装工程占建筑工程费的3‰～6‰；其他建筑占建筑工程费的3‰～6‰。

6. 建设单位临时设施费

建设单位临时设施费是指建设期间建设单位所需临时设施的搭设、维修、摊销费用或租赁费用。临时设施包括临时宿舍、文化福利及公用事业房屋及构筑物、仓库、办公室、加工厂以及规定范围内的道路、水、电、管线等临时设施和小型临时设施。

7. 工程承包费

工程承包费是指具有总承包条件的工程公司，对工程建设项目从开始建设至竣工投产全过程的总承包所需的管理费用。具体内容包括组织勘察设计、设备材料采购、非标设备设计制造与销售、施工招标、发包、工程预决算、项目管理、施工质量监督、隐蔽工程检查、验收和试车直至竣工投产的各种管理费用。该费用按国家主管部门或省、自治区、直辖市协调规定的工程总承包费取费标准计算。如无规定时，一般工业建设项目为投资估算的6%～8%，民用建筑（包括住宅建设）和市政项目为4%～6%。不实行工程承包的项目不计算本项费用。

8. 引进技术和进口设备其他费用

引进技术及进口设备其他费用，包括出国人员费用、国外工程技术人员来华费用、技术引进费、分期或延期付款利息、担保费以及进口设备检验鉴定费。

1）出国人员费用，指为引进技术和进口设备派出人员在国外培训和进行设计联络，设备检验等的差旅费、制装费、生活费等。这项费用根据设计规定的出国培训和工作的人数、时间及派往国家，按财政部、外交部规定的临时出国人员费用开支标准及中国民用航空公司现行国际航线票价等进行计算，其中使用外汇部分应计算银行财务费用。

2）国外工程人员来华费用，指为安装进口设备，引进国外技术等聘用外国工程技术人员进行技术指导工作所发生的费用，包括技术服务费、国外技术人员的在华工资、生活补贴、差旅费、医药费、住宿费、交通费、宴请费、参观游览等招待费用。这项费用按每人每月费用指标计算。

3）技术引进费，指为引进国外先进技术而支付的费用。包括专利费、专有技术费（技术保密费）、国外设计及技术资料费、计算机软件费等。这项费用根据合同或协议的价格计算。

4）分期或延期付款利息，指利用出口信贷引进技术或进口设备采取分期或延期付款的办法所支付的利息。

5）担保费，指国内金融机构为买方出具保函的担保费。这项费用按有关金融机构规定的担保费率计算（一般可按承保金额的5‰计算）。

6）进口设备检验鉴定费用，指进口设备按规定付给商品检验部门的进口设备检验鉴定费。这项费用按进口设备货价的3‰～5‰计算。

### 2.4.3　与未来企业生产经营有关的其他费用

1. 联合试运转费

联合试运转费是指新建企业或新增加生产工艺过程的扩建企业在竣工验收前，按照设计规定的工程质量标准，进行整个车间的负荷或无负荷联合试运转发生的费用支出大于试运转收入的亏损部分，不包括应由设备安装工程费项目开支的单台设备调试费及试车费用。以“单项工程费用”总和为基础，按照工程项目的不同规模分别规定的试运转费率计算或试运转费的总金额包干使用。

2. 生产准备费

生产准备费是指新建企业或新增生产能力的企业，为保证竣工交付使用进行必要的生产准备所发生的费用。费用内容包括：

1）生产人员培训费、自行培训、委托其他单位培训人员的工资、工资性补贴、职工福利费、差旅交通费、学习资料费、学习费、劳动保护费。

2）生产单位提前进厂参加施工、设备安装、调试以及熟悉工艺流程与设备性能等人员的工资、工资性补助、职工福利费、差旅交通费、劳动保护费等。

3. 办公和生活家具购置费

办公和生活家具购置费是指为保证新建、改建、扩建项目如期正常生产、使用和管理所必需购置的办公和生活家具、用具的费用。这项费用按照设计定员人数乘以综合指标计算。

## 2.5　预备费的构成

预备费又称不可预见费，包括基本预备费和工程造价调整所引起的涨价预备费。

### 2.5.1　基本预备费

基本预备费是指在项目实施中可能发生的难以预料的工程费用，主要指设计变更及施工过程中可能增加的工程量的费用。具体包括：

1）在批准的初步设计范围内，技术设计、施工图设计及施工过程中所增加的工程费用；设计变更、局部地基处理等增加的费用。

2）一般自然灾害造成的损失和预防自然灾害所采取的措施费用。实行工程保险的工程项目费用应适当降低。

3）竣工验收时为鉴定工程质量对隐蔽工程进行必要的挖掘和修复费用。

计算公式为：

$$基本预备费=(设备及工器具购置费+建筑安装工程费+工程建设其他费)\times 基本预备费率 \tag{2-40}$$

### 2.5.2 涨价预备费

涨价预备费是指建设项目在建设期内由于价格等变化引起工程造价变化的预测预留费用。费用内容包括：人工、设备、材料、施工机械的价差费，建筑安装工程费及工程建设其他费用调整，利率、汇率调整等增加的费用。其计算方法，一般根据国家规定的投资综合价格指数，按估算年份价格水平的投资额为基数，采用复利方法计算。计算公式为：

$$PF=\sum_{t=0}^{n} I_t[(1+f)^t-1] \tag{2-41}$$

式中 $PF$——涨价预备费估算额；

$I_t$——建设期中第 $t$ 年的投资计划额；

$n$——建设期年份数；

$f$——年平均价格预计上涨指数。

**【例 2-2】** 某建设项目，建设期为 3 年，各年投资计划额如下：第一年贷款 100 万元，第二年 200 万元，第三年 100 万元，年均投资价格上涨率为 10%，计算建设项目建设期间涨价预备费。

**【解】** 第一年涨价预备费为：

$$PF_1=I_1[(1+f)-1]=100\times 0.1=10 \text{ 万元}$$

第二年涨价预备费为：

$$PF_2=I_2[(1+f)^2-1]=200\times(1.1^2-1)=42 \text{ 万元}$$

第三年涨价预备费为：

$$PF_3=I_3[(1+f)^3-1]=100\times(1.1^3-1)=33.1 \text{ 万元}$$

所以，建设期涨价预备费为：

$$PF=PF_1+PF_2+PF_3=10+42+33.1=85.1 \text{ 万元}$$

## 2.6 建设期贷款利息和固定资产投资方向调节税

### 2.6.1 建设期贷款利息

建设期投资贷款利息是指建设项目使用银行或其他金融机构的贷款，在建设期应归还的借款的利息。建设项目筹建期间借款的利息，按规定可以计入构建资产的价值或开办费。贷款机构在贷出款项时，一般都是按复利考虑的。作为投资者来说，在项目建设期间，投资项目一般没有还本付息的资金来源，即使按要求还款，其资金也可能是通过再申请借款来支付。当项目建设期长于一年时，为简化计算，可假定借款发生当年均在年中支用，按半年计息，年初欠款按全年计息，这样，建设期投资贷款的利息可按下式计算：

当年应计利息=(年初借款本息累计+本年借款额/2)×年利率

$$q_j=\left(P_{j-1}+\frac{1}{2}A_j\right)\times i \tag{2-42}$$

式中 $q_j$——建设期第 $j$ 年应计利息；

$P_{j-1}$——建设期第（$j-1$）年末贷款累计金额与利息累计金额之和；

$A_j$——建设期第 $j$ 年贷款金额；

$i$——年利率。

**【例 2-3】** 某项目建设期为 3 年，分年均衡进行贷款，第一年贷款 100 万元，第二年 200 万元，第三年 400 万元，年利率为 10%，计算建设期贷款利息。

**【解】** 在建设期，各年利息计算如下：

$$q_1=\frac{1}{2}A_1\times i=\frac{1}{2}\times 100\times 10\%=5\text{ 万元}$$

$$q_2=\left(P_1+\frac{1}{2}A_2\right)\times i=\left(100+5+\frac{1}{2}\times 200\right)\times 10\%=20.5\text{ 万元}$$

$$q_3=\left(P_2+\frac{1}{2}A_3\right)\times i=\left(100+5+200+20.5+\frac{1}{2}\times 400\right)\times 10\%=52.55\text{ 万元}$$

所以，建设期贷款利息$=q_1+q_2+q_3=5+20.5+52.55=78.05$ 万元

### 2.6.2 固定资产投资方向调节税

为了贯彻国家产业政策，控制投资规模，引导投资方向，调整投资结构，加强重点建设，促进国民经济持续、稳定、协调发展，国务院 1991 年 4 月颁布了固定资产投资方向调节税暂行条例。

固定资产投资方向调节税的税目分为基本建设项目和更新改造项目两大系列。

1. 基本建设项目

1）对国家急需发展的项目投资，如农业、林业、水利、能源、交通、通信、原材料、科教。地质、勘探、矿山开采等基础产业和薄弱环节的部门项目投资，适用零税率，予以优惠扶持照顾的政策。

2）对国家鼓励发展但受能源、交通等制约的项目投资，如钢铁、化工、石油化工、水泥等部分重要原材料，以及一些重要机械、电子、轻工工业和新型建材等项目投资，实行 5%的轻税政策。

3）对城乡个人修建住宅和职工住宅（包括商品房住宅的建设投资），分别实行从优化低政策。为了改善职工、农民居住条件，配合住房制度改革，对城乡个人修建、购买住宅的投资实行零税率；对单位修建、购买一般性住宅投资，实行 5%的低税率；对单位用公款修建、购买高标准独门独院、别墅式住宅投资，实行 30%的高税率。

4）对楼堂馆所以及国家严格限制发展的项目投资，课以重税，税率为 30%。

5）对不属于上述四类的其他项目投资，实行中等税负政策，税率为 15%。对基本建设投资项目按经济规模设置差别税率，主要是对符合经济合理规模的项目，在适用税率上予以鼓励。反之，则予以限制。比如对某些单位为过多追求局部利益和本单位利益而盲目建设规模小、技术水平低、耗能高、污染严重、效益差的项目，采取高税率加以限制。

2. 更新改造项目

为了鼓励企事业单位进行设备更新和技术改造，促进技术进步，体现基本建设从严、更新改造从宽的政策精神，对国家急需发展的项目投资（与基本建设项目投资相同），给予优惠扶持，适用零税率；对除此以外的更新改造项目投资，一律按建筑工程投资额征收10%的投资方向调节税，但由于其计税依据仅限于建筑工程投资额，因此，税负将大大低于基本建设项目，这就有利于鼓励企业走内涵扩大再生产的道路，提高投资效益。

为了利于投资者降低投资成本，增加预期的投资效益，从而积极拉动投资需求，促进经济较快增长，自2000年1月1日起新发生的投资额，暂停征收该税种。2012年11月9日公布的《国务院关于修改和废止部分行政法规的决定》（国务院令第628号）废止了《中华人民共和国固定资产投资方向调节税暂行条例》。

## 本章小结

研究分析工程造价的构成，是计算和确定工程造价的基础，是建设项目投资控制的前提，也是提高建设项目投资效率的依据。我国现行的建设项目工程造价是由建筑安装工程费用、设备及工（器）具购置费用、工程建设其他费用、预备费、建设期贷款利息、固定资产投资方向调节税等项构成，其中，建筑安装工程费用、设备及工（器）具购置费用、工程建设其他费用和基本预备费构成了工程造价的静态部分，涨价预备费、建设期贷款利息、固定资产投资方向调节税构成了工程造价的动态部分。

2003年发布的建标206号文中规定，建筑安装工程费由直接费、间接费、利润和税金组成。直接费是指建筑安装过程中直接消耗在工程项目上的人工费、材料费、施工机械使用费，包括直接工程费和措施费。间接费是指建筑安装企业为组织施工和经营管理以及间接为建筑安装生产服务的各项费用，包括规费和企业管理费。为适应深化工程计价改革的需要，住房城乡建设部2013年对《建筑安装工程费用项目组成》进行了修订，将建筑安装工程费用按费用构成要素组成划分为人工费、材料费、施工机具使用费、企业管理费、利润、规费和税金，为指导工程造价专业人员计算建筑安装工程造价，又将建筑安装工程费用按工程造价形成顺序划分为分部分项工程费、措施项目费、其他项目费、规费和税金。

## 思考与练习题

2-1 什么是建筑安装工程造价？

2-2 我国现行投资和工程造价由哪些部分构成？世界银行的工程造价由哪些部分构成？

2-3 设备及工器具购置费用由哪些部分构成？

2-4 我国建筑安装工程费用的构成有哪些？国外建筑安装工程费用的构成有哪些？

2-5 工程建设其他费用的构成有哪些？

2-6 工程造价有哪些计价特点？

# 第3章　工程造价计价依据

本章要点及学习目标

本章要点：

熟练掌握建筑工程定额的概念、分类，掌握建筑工程预算定额、概算定额的编制及应用。

学习目标：

工程定额体系；施工定额及其编制原理；预算定额编制及其应用；概算定额及概算指标；工程量清单计价规范。

## 3.1　概述

### 3.1.1　定额的概念

定额是一种规定的额度，是指在正常的施工条件下，以及合格的劳动组织下，用科学方法测定出的完成单位合格产品所必须消耗的人工、材料、机械台班及资金的标准数量。定额广泛存在于社会经济生活中，是经济管理的重要手段。建筑工程定额是工程造价的主要计价依据。

定额水平是规定一定时期完成单位合格产品所需消耗的资源数量的多少，它是一定时期社会生产力水平的反映，随生产力变化而变化。定额水平其实质是反映劳动生产率水平，反映劳动和物质消耗水平，定额水平与劳动生产率水平变动方向一致，而与劳动和物质消耗水平变动方向相反。一定时期的定额水平应坚持平均先进原则，即在已经正常施工条件下，大多数生产者经过努力能够达到甚至可以超过的水平。

### 3.1.2　定额的产生与发展

定额作为现代科学管理的一门重要学科始于19世纪末，与企业由传统管理到科学管理的转变是密切相关的。19世纪末20世纪初，资本主义国家为了最大限度的攫取利润，一方面日益扩大生产，提高技术水平，使得劳动分工与协作越来越细；另一方面千方百计降低单位产品上的活劳动及物化劳动的消耗。因而加强对生产消耗的科学研究和管理就更加迫切，由此，定额作为现代科学管理中的一门重要学科就出现了。

19世纪末的美国工程师泰罗（F. W. Taylor 1856—1915）为提高工人的劳动效率，把对工作时间的研究放在首位，把工作时间分为若干组成部分。然后用秒表测定各个组成部分工作内容所消耗的时间，从而制定出工时消耗定额作为衡量工人工作效率的尺度。同时还重视研究工人的换算方法，实际标准的操作手法、工具、设备和作业环境，并采用有差别的计件工资，这就是著名的泰罗制。泰罗制的推行对提高劳动效率方面取得了显著成果，也给资本主义企业管理带来根本性变革和深远影响。

继泰罗之后定额的研究和应用又不断向前发展。第二次世界大战期间，在欧美出现了运筹学系统工程、电子计算机等新成果，在各工业发达国家中得到迅速发展，对生产效率和定额水平的提高起到促进作用。

我国建筑工程定额是在新中国成立后，随国民经济恢复和发展建立起来的，最初吸取苏联的经验，20 世纪 70 年代后，又参考欧、美、日等国家有关定额方面的管理内容，结合我国实际情况编制了适合我国的切实可行的定额。1951 年编定了东北地区统一劳动定额。其他地区也相继编制了劳动定额或工料消耗定额。从此，定额正式开始实施。

### 3.1.3　定额的特性及作用

1. 定额的特性

1）定额的科学性

定额的科学性是指制定定额有其科学的理论基础和科学的技术方法。首先，表现在用科学的态度制定定额，尊重客观实际，排除主观臆断，力求定额水平合理。其次，表现在制定定额的技术方法上，利用现代科学管理，形成一套系统、完整、行之有效的方法。再者，表现在定额的制定与贯彻一体化，制定为执行和控制提供科学依据，执行和控制为实现提供保证以及信息反馈。

2）定额的权威性

定额的权威性表现在主管部门对按法定程序审批颁发的定额具有很强的权威性。它在一定情况下具有经济法规性质的执行强制性；权威性反映统一意志和要求，也反映信义和信赖程度；强制性反映刚性的约束和定额的严肃性。权威性与强制性是以定额的科学性为基础确保定额的贯彻实施。

3）定额的群众性

定额的群众性表现在定额的拟订与执行有着广泛的群众基础。首先，定额水平是建筑安装工人所创造的劳动生产力水平的综合反映。其次，定额的编制需是职工群众直接参与下进行的，反映群众的要求和愿望。再者，定额的执行要依靠广大群众。总之，定额来源于群众，贯彻于群众。

4）定额的时效性

定额的时效性表现在任何一种定额都是一定时期技术发展和管理的反映，因此在一段时期内都表现出稳定状态，稳定时间长短不一，因而，这种稳定是相对的，它只是反映一定时期的生产力发展水平，当生产条件发生变化、技术水平提高、生产力向前发展，而原定额就会与已经发展的生产力水平不相适应，这时原定额的作用就会逐步减弱以致消失，就应该制定出与该时期生产力相适应的定额。因此，定额在具有相当稳定性的同时，更具时效性。

2. 定额的作用

建筑工程定额的作用主要有两方面：一是组织施工；二是决定分配。其作用如下：

1）建筑工程定额是计算工程造价，确定和控制项目投资，建筑工程造价，编制工程标底和报价的基础。

2）建筑工程定额是进行设计方案技术经济比较、分析的依据。

3）建筑工程定额是编制施工组织设计的依据。

4）建筑工程定额是进行工程结算的依据。

5）建筑工程定额是企业进行经济核算，总结经验教训的重要依据。

### 3.1.4 定额的分类

建筑工程定额是工程建设中各类定额的总称，它包括的种类很多，根据土木工程发展的现状，按定额的用途、内容和执行范围等可作如下分类：

1. 按定额的用途分

1）生产性定额：典型的生产性定额有施工定额，它是施工企业为组织生产和加强管理在企业内部使用的一种定额，是工程建设中的基础性定额。

2）计价性定额：典型的计价性定额有概算定额、预算定额等，它是控制项目投资以及确定工程造价的主要依据。

2. 按生产要素分类

1）劳动定额（人工定额）

2）材料消耗定额

3）机械台班消耗定额

3. 按定额编制程序和作用分类

1）施工定额

2）预算定额

3）综合预算定额

4）概算定额

5）概算指标

6）估算指标

4. 按专业不同分类

1）建筑工程定额（土建定额）

2）装饰工程定额

3）安装工程定额（包括电气工程、给水排水工程、采暖工程、通风工程、工艺管道工程、通信工程等）

4）市政工程定额

5）国防工程定额

6）园林、绿化工程定额

7）沿海港口建设工程定额

8）水利工程定额

5. 按编制单位和执行范围分类

1）全国统一定额，是由国家建设行政主管部门组织编制，综合全国基本建设的生产技术、施工管理和生产劳动一般情况编制，并在全国范围内执行对，它反映了全国建设工程生产力的一般状况。如《全国统一建筑工程预算定额》《全国统一安装工程劳动定额》等。

2）行业统一定额，是由国务院行业主管部门发布，针对各行业部门专业工程技术特点，以及施工生产和管理水平编制的，一般只在本行业部门内和相同专业性质的范围内使用。如铁路建设工程定额，矿井建设工程定额等。

3）地区统一定额，是由省、市、自治区在考虑本地的特点和全国统一定额水平的条件下编制的，是对全国统一定额水平做适当调整补充编制的，有较强的地区特点，只限于在所规定的地区、范围内执行。如：江苏省建筑工程综合预算定额只能在本行政区内使用。

4）企业定额，是施工企业根据自身的条件和生产技术的实际水平、组织管理等具体情况，参照全国统一定额，主管部门定额，地方定额的水平编制，只在企业内部使用。企业定额水平一般高于国家定额，这样有利于促进企业生产技术发展，提高管理水平和市场竞争力。

## 3.2 施工定额及其编制原理

### 3.2.1 概述

1. 施工定额的概念

施工定额是指在正常的施工条件下，为完成单位合格产品所消耗的人工、材料、机械台班的数量标准。施工定额由三部分组成，它包括劳动定额、材料消耗定额和机械台班使用定额。其中，劳动定额实行全国统一指导并分级管理，而材料消耗定额和机械台班使用定额则由地方和企业根据需要进行编制和管理。

施工定额是建筑安装企业直接用于施工管理中的一种生产定额。它反映企业的施工水平、装备水平和管理水平，是考核建安企业劳动生产力水平、管理水平的标准和控制工程成本、投标报价的依据；也是编制预算定额的基础。

施工定额的项目划分很细，是工程建设定额中分项最细、子目最多的一种定额。它反映的是平均先进水平，是一种基础性定额。

2. 施工定额的作用

施工定额在企业管理中的基础作用表现如下：

1）施工定额是企业计划管理工作的基础。施工定额是编制施工组织设计、施工作业计划、人材机使用计划的依据。施工组织设计是指导拟建工程进行施工准备和施工生产的技术经济文件。其内容是：根据招标文件和合同的规定，确定经济合理的施工方案，在人力和物力、时间和空间、技术和组织上对工程作出最好的安排。施工作业计划是施工企业进行计划管理的重要环节，它能计算材料的需要量和对施工中劳动力的需要量和施工机械的使用进行平衡。所有的这些工作都必须以施工定额为依据。

2）施工定额是编制施工预算，加强企业成本和经济核算的依据。根据施工定额编制施工预算，确定拟定工程的人材机数量，有效控制人材机数量，达到控制成本的目的。同时企业可以依据施工定额进行成本核算，提高生产率。

3）施工定额是施工队向班组签发施工任务书和限额领料单的依据。施工任务书是下达施工任务的技术文件，对班组工人的工资进行结算。

限额领料单是施工队随任务书同时签发的领取材料的凭证。它是根据施工任务和施工的材料定额填写的。其中的领取的材料的数量，是班组依据施工任务领取材料的最高限额，也是评价班组完成施工任务情况的一项指标。

4）施工定额是编制预算定额和单位估价表的基础。建筑工程预算定额的编制是以施工定额为基础的，这样才能符合现实的施工生产和管理的要求。随着社会的发展，新材料、新工艺不断应用到施工中，这样就会使预算定额缺项，这时就必须以施工定额为依据，及时对预算定额和单位估价表进行补充。

5）施工定额是衡量企业工人劳动生产率，实行按劳分配的依据。企业可以通过施工定额实行内部经济包干、签发包干合同，衡量施工队组及工人的工作成绩，计算劳动报酬与奖励，奖勤罚懒。调动劳动者的积极性，不断提高劳动生产率。

由此可见，施工定额在建安企业管理的各个环节中都是不可缺少的，施工定额管理是企业的基础性工作。编制和执行好施工定额并充分发挥作用，对于促进施工企业内部施工组织管理水平的提高，加强经济核算，提高劳动生产率，降低工程成本，具有十分重要的意义。

### 3.2.2 劳动定额

1. 劳动定额的表现形式

劳动定额也称人工定额，指在正常的施工技术、组织条件下，为完成一定量的合格产品，或完成一定量的工作所预先预定的人工消耗的标准。根据表达方式劳动定额可分为时间定额和产量定额，两者互为倒数。

1）时间定额。时间定额又叫工时定额，是指生产单位合格产品或完成一定工作任务的劳动时间消耗的限额。时间定额以“工日”为单位，每一工日根据现行规定按八小时计算。用公式表示如下：

单位产品的时间定额(工日)=1/每工产量 (3-1)

或 单位产品的时间定额(工日)=消耗的工日数/生产的产品数量

2）产量定额。产量定额是在单位时间内生产合格产品的数量或完成工作任务量的限额。产量定额的单位以产品的计量单位来表示，如立方米、个、件等。用公式表示如下：

每工产量=1/单位产品的时间定额 (3-2)

或 单位时间的产量定额=生产的产品数/消耗的工日数

从上面可以看出，时间定额×产量定额=1。

在传统的统一劳动定额的表达式中，一般采用复式同时表示，即时间定额/产量定额。自 1995 年 1 月 1 日实施的《全国建筑安装工程统一劳动定额》推行标准化管理，其劳动消耗量均以时间定额表示。现行《建设工程劳动定额——建筑工程》LD/T 72.1-11—2008 仍沿用了 1995 年全通定额表示方法，如表 3-1 所示。

2. 劳动定额的作用

1）是编制施工定额、预算定额和概算定额的基础。

2）是计划管理的基础。施工企业单位编制生产计划、施工进度计划、劳动力的消耗量的确定，是以劳动定额为基础的。

3）是衡量工人劳动生产率的主要尺度。

4）是确定定员标准和合理组织生产的依据。

**砖基础劳动定额**　　　　**表 3-1**

工作内容：包括清理地槽，砌垛、角，抹防潮砂浆等操作过程。　　（工日/m³）

| 定额编号 | AD0001 | AD0002 | AD0003 | AD0004 | AD0005 | 序号 |
|---|---|---|---|---|---|---|
| 项目 | 带形基础 | | | 圆、弧形基础 | | |
| | 厚度 | | | | | |
| | 1砖 | 3/2砖 | 2砖、＞2砖 | 1砖 | ＞1砖 | |
| 综合 | 0.937 | 0.905 | 0.876 | 1.080 | 1.040 | 一 |
| 砌砖 | 0.39 | 0.354 | 0.325 | 0.470 | 0.425 | 二 |
| 运输 | 0.449 | 0.449 | 0.449 | 0.500 | 0.500 | 三 |
| 调制砂浆 | 0.098 | 0.102 | 0.102 | 0.110 | 0.114 | 四 |

注1:墙基无大放脚者,其砌砖部分执行混水墙相应定额。

注2:带形基础亦称条形基础。

编制说明:①砖基础:砖与砂浆运距均为50m。由于基槽边堆积土方,单双轮车不能充分发挥效能,故按人力运输确定的。

②毛(乱)石、毛料石基础:毛(乱)石及砂浆运输运距均为50m。定额水平是按人力和架子车各半确定的。

5）是推行经济责任制的依据。施工单位实行计件工资等均以劳动定额为依据，贯彻按劳分配原则。

6）施工单位实行经济核算的依据。施工单位在核算时，要分析劳动力的消耗量和人工成本，这必须以劳动定额为依据，以便降低生产中的人工费用。

3. 劳动定额的制定

1）施工中工人工作时间的分类。工人在工作班内消耗的工作时间，按其消耗的性质可以分为两大类：定额时间和非定额时间。

（1）定额时间。它是工人在正常施工条件下，为完成一定产品所消耗的时间。它是制定定额的主要依据。

① 准备与结束工作时间。它是执行任务前或任务完成后所消耗的工作时间。如工作地点、劳动工具和劳动对象的准备工作时间、工作结束后的整理工作时间等。准备与结束工作时间的长短和所负担的工作量的大小无关，但往往和工作内容有关。这项时间消耗可分为班内的准备与结束工作时间和任务的准备与结束工作时间。

② 基本工作时间。它是工人完成基本工作所消耗的时间，也就是完成能生产一定产品的施工工艺过程所消耗的时间。基本工作时间长短与工作量的大小成正比例。

③ 辅助工作时间是为保证基本工作能顺利完成所做的辅助性工作消耗的时间。如工作过程中工具校正和小修、机械的调整、工作过程中机器上油、搭设小型脚手架等所消耗的工作时间。辅助工作时间的长短与工作量的大小有关。

④ 休息时间。它是工人在工作过程中为恢复体力所必需的短暂休息和生理需要的时间消耗，在额定时间中必须进行计算。

⑤ 不可避免的中断所消耗的时间。它是由于施工工艺特点引起的工作中断所必需的时间。如汽车司机在汽车装卸货时消耗的时间、起重机吊预制构件时安装工等待的时间。与施工过程工艺特点有关的工作中断时间，应包括在额定时间内；与工艺特点无关的工作中断所占用的时间，是由于劳动组织不合理引起的，属于损失时间，不能计入额定时间。

(2) 非定额时间。它是和产品生产无关，而和施工组织和技术上的缺点有关，与工人在施工过程中个人过失或某些偶然因素有关的时间消耗。

① 多余和偶然工作时间。所谓多余工作，就是工人进行了任务以外的工作而又不能增加产品数量的工作。如重砌质量不合格的墙体、对已磨光的水磨石进行多余的磨光等。多余工作的工时损失不应计入额定时间中。偶然工作也是工人在任务以外的工作，但能够获得一定产品。如电工铺设电缆时需要临时在墙上开洞、抹灰工不得不补上偶然遗漏的墙洞等。在拟定额定时，可适当考虑偶然工作时间的影响。

② 停工时间。可分为施工本身造成的停工时间和非施工本身造成的停工时间两种。施工本身造成的停工时间，是由于施工组织不善、材料供应不及时、工作面准备工作做得不好、工作地点组织不良等情况引起的停工时间。非施工本身造成的停工时间，是由于气候条件以及水源、电源中断引起的停工时间。后一类停工时间在额定中可适当考虑。

③ 违背劳动纪律造成的工作时间的损失，是指工人迟到、早退、擅自离开工作岗位、工作时间内聊天等造成的工时损失。这类时间在额定中不予考虑。

**【例 3-1】** 人工挖土方（土壤系潮湿的黏性土，二类土）测时资料表明，挖 $1m^3$ 消耗基本工作时间 60min，辅助工作时间占工作班延续时间 2%，准备与结束工作时间占 2%，不可避免中断时间占 1%，休息占 20%。确定时间定额。

**【解】** 设时间定额为 $x$，则

$60+0.02x+0.02x+0.01x+0.2x=x$

$x=8\text{min/m}^3$

2) 劳动定额的编制方法。劳动定额的制定方法有经验估计法、统计分析法、比较类推法和技术测定法四种。

(1) 经验估计法是由定额人员、工程技术人员和工人三结合，根据实践经验，通过座谈讨论反复平衡而制定定额的一种方法。这种方法的优点是简便及时，工作量小，速度快；缺点是其准确程度受主观因素和局限性影响。所以一般作为一次性定额使用。

为了提高这种方法的精确度，可据统筹法原理，进行优化确定平均先进的定额时间。其经验公式如下：

$$t=\frac{(a+4m+b)}{6} \tag{3-3}$$

式中 $t$——定额时间；

$a$——先进的作业时间；

$m$——一般作业时间；

$b$——后进作业时间。

(2) 统计分析法是把过去施工中同类型工程的或生产同类产品的工时消耗统计资料，结合当前的生产技术和组织条件进行分析研究制定定额的方法。

这种方法的优点是简单易行，与经验估计法比较有较多的原始资料。但是，只有在施工条件正常、产品稳定、批量大、统计制度健全的条件下才能使用该方法。由于统计资料反映的是工人过去的水平，可能偏于保守。为了保持定额的平均先进水平，可采用二次平均值法进行计算：

① 去掉统计资料中特别偏高、偏低的一些明显不合理的数据；

② 计算出一次平均值；

③ 在工时统计数组中，取小于上述平均值的数组，再计算其平均值（二次平均值），即为所求平均先进值。

**【例 3-2】** 有工时消耗统计资料数组：20，40，50，50，60，60，50，50，60，60，40，95。试求该产品的平均先进值。

**【解】** 首先删除偏高、偏低值 20，95。

$$算术平均值=\frac{40+50+50+60+60+50+50+60+60+40}{10}=52$$

选数组中小于算术平均值的数求平均先进值：

$$平均先进值=\frac{40\times2+50\times4}{6}=46.7$$

（3）比较类推法也称典型定额法，它是以同类型工序或产品的典型定额为依据，经过分析比较类推出同一种定额中各相邻项目定额的方法。这种方法简便，工作量小。它主要适用于同类型产品规格多、批量小的施工过程。

常用的比较类推法有两种，比例数示法和图示坐标法。

① 比例数示法又叫比例推导法，它利用下面的公式计算：

$$t=p\cdot t_0 \tag{3-4}$$

式中　$t$——要计算的相邻定额项目的时间定额；

$p$——各相邻项目耗用工时的比例；

$t_0$——典型项目的时间定额。

**【例 3-3】** 已知人工挖地槽一类土在 1.5m 以内和不同上口宽的时间定额以及二、三、四类土的比例，求二、三、四类土的相应的时间定额。

**【解】** 当地槽上口宽在 1.5m 以内时各类土的时间定额为：

二类土　$t=p\cdot t_0=1.43\times0.144=0.205$（工日/$m^3$）

三类土　$t=p\cdot t_0=2.5\times0.144=0.357$（工日/$m^3$）

四类土　$t=p\cdot t_0=3.75\times0.144=0.538$（工日/$m^3$）

**挖地槽时间定额用比例数示法确定**　　**表 3-2**

| 项目 | 比例系数 | 挖地槽在 1.5m 以内 | | |
|---|---|---|---|---|
| | | 上口宽 | | |
| | | 0.8m 以内 | 1.5m 以内 | 3m 以内 |
| 一类土 | 1.00 | 0.167 | 0.144 | 0.133 |
| 二类土 | 1.43 | 0.238 | 0.205 | 0.192 |
| 三类土 | 2.50 | 0.417 | 0.357 | 0.338 |
| 四类土 | 3.75 | 0.629 | 0.538 | 0.500 |

② 图示坐标法又叫图表法，是用坐标图的形式制定劳动定额。它是以影响因素为横坐标，以对应的工时或产量消耗为纵坐标建立坐标系。根据确定的已知点连点成线，可求其他项目的定额水平。

（4）技术测定法是指在正常的施工条件下，对施工过程中的各工作进行现场观察，科学详细的测定出各工时消耗和完成产品的数量，将结果进行整理、分析、计算而制定劳动定额的方法。这种方法具有科学性，准确度较高，但是技术要求高，工作量较大。一般情况下，在技术测定机构健全或力量充足时，常用来制定新定额或典型定额。

技术测定法可分为测时法、写实记录法、工作日写实法和简易测定法四种。

测时法主要研究施工过程中个循环组成部分的工作时间的消耗。写实记录法研究所有种类的工作时间消耗，包括基本工作时间、辅助工作时间、不可避免中断时间、准备与结束时间、休息时间和各种损失时间。工作日写实法就是对工人全部工作时间中各类工时的消耗进行研究，分析哪些工时消耗是合理的、哪些是无效的，找出工时损失的原因，提出改进措施。简易测定法是对前面几种方法予以简化，但是仍应保持现场实地观察的基本原则。

### 3.2.3 材料消耗定额

1. 材料消耗定额的概念和作用

材料消耗定额是指在节约和合理使用材料的条件下，生产单位质量合格的建筑产品，必需消耗的建筑材料（包括半成品，燃料，水，电等）的数量。

材料消耗定额是企业编制材料需要量和储备量计划的依据；是签发限额领料单和实行经济核算的根据；是实行经济责任制，进行经济活动分析，促进材料合理使用的重要资料。制定合理的材料消耗定额，是组织材料的正常供应，保证生产顺利进行，以及合理利用资源，减少积压，浪费的必要前提。

2. 材料消耗定额的组成

直接消耗在建筑产品实体上的材料用量称为材料净用量，不可避免的施工废料和施工操作损耗称为材料损耗量。

材料消耗定额即材料总耗用量，用公式表示如下：

$$\left.\begin{aligned}&\text{材料总耗用量}=\text{材料净量}+\text{材料损耗量}\\&\text{材料损耗量}=\text{材料净用量}\times\text{材料损耗率}\\&\text{材料总耗用量}=\text{材料净用量}\times(1+\text{损耗率})\end{aligned}\right\}\quad(3\text{-}5)$$

部分材料的损耗率参见表 3-3。

**部分建筑材料、成品、半成品损耗率参考表** 表 3-3

| 材料名称 | 工程项目 | 损耗率(%) | 材料名称 | 工程项目 | 损耗率(%) |
|---|---|---|---|---|---|
| 普通黏土砖 | 地面、屋面、空花(斗)墙 | 1.5 | 水泥砂浆 | 抹墙及墙裙 | 2 |
| 普通黏土砖 | 基础 | 0.5 | 水泥砂浆 | 地面、屋面、构筑物 | 1 |
| 水泥 | | 2 | 木材 | 封檐板 | 2.5 |
| 砌筑砂浆 | 砖、毛方石砌体 | 1 | 模板制作 | 各种混凝土结构 | 5 |
| 砌筑砂浆 | 空斗墙 | 5 | 模板安装 | 工具性钢模板 | 1 |
| 砌筑砂浆 | 泡沫混凝土块墙 | 2 | 模板安装 | 支撑系统 | 1 |
| 砌筑砂浆 | 多孔砖墙 | 10 | 模板制作 | 圆形储仓 | 3 |
| 混合砂浆 | 抹墙及墙裙 | 2 | 石油沥青 | | 1 |

3. 非周转性材料消耗定额的制定

1）现场技术测定法。现场技术测定法，是在合理使用材料的条件下，在施工现场对施工过程中实际完成产品的数量与所消耗的各种材料数量的观察和测定，然后进行分析计算制定材料消耗定额的方法。

现场技术测定法的首要任务是选择的工程项目要典型，具有代表性；其施工技术、组织及产品质量，均要符合技术规范的要求；材料的规格、质量也应符合要求；被测对象在合理使用材料和保证产品质量有较好的成绩。在观测前要做好充分准备工作，如研究运输方法、运输条件、选用标准的运输工具、采取减少材料损耗措施等。

2）试验法。试验法是指材料在试验室中通过专门的仪器进行试验和测定数据而制定材料消耗定额的一种方法。一般用于测定塑性材料和液性材料，例如：先测得不同程度等级混凝土的配合比，从而计算出每立方米混凝土中的各种材料耗用量。

试验室试验必须符合国家有关标准规范，计量要使用标准容器和称量设备，质量要符合施工与验收规范要求，以保证获得可靠的定额编制依据。

在实验室中通过试验，能够研究材料强度与各种原材料消耗的数量的关系，得到多种配合比，为编制材料消耗定额提供有技术根据的、比较精确的计算数据。但是，试验法不能充分估计到施工现场中某些外界因素对材料消耗的影响，它是该法的不足之处。

3）统计法。统计法是指在施工过程中，通过对现场进料、用料的大量统计资料进行整理分析及计算而获得材料消耗的数据。这种方法简单易行，但是由于不能分清材料消耗的性质，因而不能作为确定材料净用量定额和材料损耗定额的精确依据。

4）理论计算法。理论计算法是根据施工图，运用理论公式，直接计算出单位产品的材料净用量，材料的损耗量仍要在现场通过实测取得。这是一般块状、棉状、条状类材料常用的计算方法。如砖砌体、镶贴面料等。

$1m^3$标准砖（普通黏土砖）墙的材料净用量计算公式为：

$$\frac{1(m^3)}{\text{砌体厚(标准砖长+灰缝厚)(标准砖厚+灰缝厚)}}\times 2\times \text{砌体厚度的砖数} \quad (3\text{-}6)$$

$$1m^3\text{砌体砂浆净用量}=1-0.0014628\times\text{砖净用量} \quad (3\text{-}7)$$

式中：标准砖长、宽、厚均以米为单位；

砌体厚度的砖数——半砖墙为0.5；一砖墙为1；一砖半墙为1.5等；灰缝厚—0.01m。

**【例3-4】** 计算标准砖一砖厚的砖墙$1m^3$的标准砖、砂浆净用量。

$$\text{标准砖净用量}=\frac{1}{0.240\times(0.24+0.01)\times(0.053+0.01)}\times 2\times 1.0=529.1\text{块}$$

$$\text{砂浆净用量}=1-529.1\times 0.0014628=0.226m^3$$

4. 周转性材料的消耗量计算

周转性材料在施工过程中是可多次周转使用而逐渐消耗的工具材料，如模板、脚手架等。周转性材料消耗的定额量是指每使用一次摊销的数量。

1）现浇构件模板摊销量计算

（1）一次使用量的计算。一次使用量是指周转性材料一次使用的基本量。周转性材料的一次使用量根据施工图计算。

例如：现浇钢筋混凝土构件模板的一次使用量的计算，需先求构件混凝土与模板的接触面积，再乘以该构件每平方米模板接触面积所需要的材料数量。计算公式如下：

一次使用量

=(10m³混凝土模板接触面积×1m²接触面积需模量)/(1+制作损耗率)　(3-8)

一定计量单位的混凝土构件所需的模板接触面积又称为含模量，即：

$$含模量=\frac{混凝土模板接触面积}{按规定计量单位计算的混凝土构件工程量} \quad (3-9)$$

(2) 周转使用量的计算。周转使用量是指周转性材料每周转一次的平均需用量。

周转次数是指周转性材料从第一次使用起可重复使用的次数。周转次数的确定要经现场调查、观测及统计分析，取平均合理的水平。

损耗量是周转性材料使用一次后由于损坏而需补损的数量，又称“补损量”，按一次使用量的百分数（损耗率）计算。

投入使用总量为：

$$投入使用总量=一次使用量+一次使用量\times(周转次数-1)\times损耗率 \quad (3-10)$$

因此，周转使用量根据下列公式计算：

$$周转使用量=\frac{投入使用总量}{周转次数}$$

$$=\frac{一次使用量+一次使用量\times(周转次数-1)\times损耗率}{周转次数} \quad (3-11)$$

(3) 周转回收量计算。周转回收量是指周转材料平均到每周转一次的模板回收量。其计算式为：

$$周转回收量=\frac{一次使用总量-(一次使用量\times损耗率)}{周转次数}$$

$$=一次使用量\times\frac{1-损耗率}{周转次数} \quad (3-12)$$

(4) 摊销量的计算。周转性材料摊销量是指周转性材料使用一次，在单位产品上的消耗量。

$$摊销量=周转使用量-周转回收量\times回收系数 \quad (3-13)$$

$$回收系数=\frac{回收折价率}{1+间接费率} \quad (3-14)$$

现行《全国统一建筑工程基础定额》中有关木模板计算数据见表3-4。

**木模板计算数据　　表3-4**

| 项目名称 | 周转次数 | 补损率% | 摊销量系数 | 备　注 |
|---|---|---|---|---|
| 圆柱 | 3 | 15 | 0.2917 | 施工制作损耗率均取为5% |
| 异形梁 | 5 | 15 | 0.2350 | |
| 整体楼梯、阳台、栏板等 | 4 | 15 | 0.25603 | |
| 小型构件 | 3 | 15 | 0.2917 | |
| 支撑材、垫板、拉杆 | 15 | 10 | 0.13 | |
| 木楔 | 2 | — | — | |

2) 预制构件模板及其他定型模板计算

预制混凝土构件的模板，由于损耗很少，按照多次使用平均摊销的方法计算。计算公式如下：

$$预制构件模板摊销量=\frac{一次使用量}{周转次数} \quad (3-15)$$

其他定型模板，如组合式钢模板、复合木模板亦按上式计算摊销量。

### 3.2.4　机械台班消耗定额

1. 施工机械台班消耗定额的概念

施工机械台班消耗定额，是指在正常施工条件、合理劳动组织、合理使用材料的条件下，完成单位合格产品所需消耗机械台班的数量标准。施工机械台班消耗定额以台班为单位，每一台班按 8 小时计算。

2. 施工机械台班消耗定额的表现形式

施工机械台班消耗额定的表现形式有时间定额和产量定额两种，两者互为倒数。

1）机械时间定额。机械时间定额是指在正常的施工条件下，生产合格单位产品所消耗的台班数量，用公式表示如下：

$$机械时间定额=\frac{1}{机械台班产量定额} \tag{3-16}$$

2）机械台班产量定额。机械台班产量定额是指在正常的施工条件下，单位时间内完成合格产品的数量。用公式表示如下：

$$机械台班产量定额=\frac{1}{机械时间定额} \tag{3-17}$$

3. 机械和工人共同工作的人工时间定额

由于机械必须由工人来操作，所以必须列出完成单位合格产品的人工时间定额。用公式如下：

$$单位合格产品人工时间定额=\frac{小组定员人数}{机械台班产量} \tag{3-18}$$

4. 机械台班消耗定额的制定

1）机械工作时间消耗的分类

机械的工作时间分为必需消耗的时间和损失时间两部分。

（1）必需消耗的工作时间

必需消耗的工作时间包括有效工作、不可避免的无负荷工作和不可避免的中断 3 项时间消耗。

有效工作时间包括正常负荷下有根据地降低负荷下和低负荷下的工时消耗。

不可避免的无负荷的工作时间，是由施工过程的特点和机械结构的特点造成的机械无负荷工作时间。例如，载重汽车在工作班时间的单程“放空车”，筑路机在工作区末端调头等，都属于此项工作时间的消耗。

不可避免的中断工作时间有 3 种，分为与工艺过程的特点有关、与机器的使用和保养有关及与工人的休息有关。

（2）损失的工作时间

它包括多余工作时间、停工和违背劳动纪律所消耗的工作时间。

多余工作时间，是机械进行任务和工艺过程内未包括的工作而延续的时间。如搅拌机灰浆超出了规定的时间，工人没有及时供料而使机械空运转的时间。

停工时间，按其性质可分为施工本身造成的停工和非施工本身造成的停工。前者是由于施工组织的不好而引起的停工现象，如由于未及时供给机器水、电、燃料而引起的停工；后者是由于气候条件所引起的停工现象，如下暴雨时压路机的停工。

违反劳动纪律引起的机械时间损失，是指操作人员迟到早退或擅离岗位等原因引起的机械停工时间。

2）施工机械台班定额的编制方法

（1）拟定施工机械工作的正常条件

拟定施工机械工作的正常条件，包括施工现场的合理组织和合理的工人编制。

施工现场的合理组织，是对施工地点机械和材料的放置位置、工人从事操作的场所，做出科学合理的平面布置和空间安排。

拟定合理的工人编制，是根据施工机械的性能和设计能力、工人的专业分工和劳动工效，合理确定操纵机械的工人和直接参加机械化施工过程的工人人数，确定维护机械的工人人数及配合机械施工的工人人数。工人的编制往往要通过计时观察、理论计算和经验资料来合理确定，应保持机械的正常生产率和工人正常的劳动效率。

（2）确定机械纯工作 1h 正常生产率

机械纯工作时间，包括在满载和有根据地降低负荷的工作时间、不可避免的无负荷工作时间和不可避免的中断时间。

机械纯工作 1h 正常生产率，是在正常工作条件下，由具有必需的知识和技能的技术工人操纵机械工作 1h 的生产率。

机械工作可以分为循环动作和连续动作两种类型。按照同样次序、定期重复固定的工作与非工作组成部分的为循环动作；连续动作是指机械工作时无规律性的周期界线而是不停地做某一种动作。这两种机械纯工作 1h 正常生产率的确定有不同的方法。

① 对于循环动作机械，机械纯工作 1h 正常生产率的计算公式如下：

$$\text{机械一次循环的正常延续时间(s)}=\text{循环各组成部分正常延续时间之和减去重叠时间} \tag{3-19}$$

$$\text{机械纯工作 1h 正常循环次数}=\frac{3600(\text{s})}{\text{一次循环的正常延续时间}}$$

$$\text{机械纯工作 1h 正常生产率}=\text{机械纯工作 1h 正常循环次数}\times\text{每一次循环生产的产品数量} \tag{3-20}$$

每一次循环生产的产品数量，可以通过计时观察求得。

② 对于施工作业中只做某一动作的连续机械，确定机械纯工作 1h 正常生产率时，要根据机械性能，以及工作过程的特点，计算公式如下：

$$\text{连续动作机械纯工作 1h 正常生产率}=\frac{\text{工作时间内完成的产品数量}}{\text{工作时间(h)}} \tag{3-21}$$

工作时间内完成的产品数量和工作时间的消耗，要通过多次现场观测或试验和机械说明书来取得数据。

如果同一机械从事作业性质不同的工作过程，则需分别确定其纯工作 1h 的正常生产率。例如挖掘机挖得是不同类别的土壤，碎石机所破碎得是硬度和粒径都不同的石块。

（3）确定施工机械的正常利用系数

施工机械定额时间包括机械纯工作时间，机械维护时间，机械台班准备与结束时间。

施工机械的正常利用系数指机械纯工作时间对定额时间的利用率。施工机械的正常利用系数用$K_B$来表示，如每班工作7小时，则$K_B=7/8=87.5\%$。

$$机械正常利用系数=\frac{机械在一个工作班内纯工作时间}{一个工作班延续时间(8h)} \tag{3-22}$$

一般来说，推土机，$K_B=0.8\sim0.85$；起重机，$K_B=0.8\sim0.9$；铲土机，$K_B=0.75\sim0.80$；翻斗车$K_B=0.85$。

机械的利用系数与机械在工作班内的工作状况有着密切的关系。例如要保证合理利用工时等。

(4) 计算建筑机械台班消耗定额

确定了机械工作正常条件、机械纯工作1h正常生产率和机械正常利用系数之后，采用下列公式计算建筑机械台班消耗定额：

$$\begin{aligned}施工机械台班产量定额=&机械纯工作1h正常生产率\times\\&工作班延续时间\times机械正常利用系数\end{aligned} \tag{3-23}$$

对于某些一次循环时间大于1h的机械施工过程，则按下列公式计算：

$$机械台班产量定额=\frac{工作班延续时间}{机械一次循环时间}\times机械每次循环产量\times机械正常利用系数 \tag{3-24}$$

$$施工机械时间定额=\frac{1}{机械台班产量定额指标} \tag{3-25}$$

### 3.2.5 施工定额

1. 施工定额的编制原则

保证定额的质量是施工定额的关键。确保定额质量就是要合理确定定额水平并确定定额内容与形式。因此，在编制定额的过程中必须贯彻以下原则：

1）定额编制时必须遵循平均先进原则。施工定额水平是指定额规定的人、材、机数量的消耗标准。定额水平是当时的社会生产力水平的反映。平均先进水平是指在正常的施工（生产）条件下，大多数施工班组或生产者经过努力可以达到，少数班组可以超过的水平。一般来说，它低于先进水平，略高于平均水平。平均先进水平是一种鼓励先进、勉励中间、鞭策后进的定额水平。

2）施工定额应简明适用。所谓简明适用是定额的内容和形式要方便定额的贯彻执行。简明适用原则，要求施工定额项目划分合理、粗细适度，适当的步距，计量单位要适当，系数使用要恰当，说明和附注要明确，反映已成熟和推广的新材料、新技术、新工艺，能满足施工组织管理，计算工人劳动报酬等多方面的要求，同时要简明扼要，便于查阅、计算。

3）编制时以专业人员为主。施工定额的编制要求有一支经验丰富、技术和管理知识全面的专家队伍，有专门的机构负责，掌握方针政策，注重资料和经验的积累。定额的编制还要有工人群众的支持和配合。

2. 施工定额的编制依据

1）全国统一劳动定额及地方补充劳动定额和材料消耗定额和机械台班使用定额；

2）现行的建筑安装工程施工验收规范，质量检查评定标准，技术安全操作规程；

3）现场测定的技术资料和有关历史资料；

4）混凝土等配合比资料和建筑工人技术等级资料；

5）有关建筑安装工程标准图。

3. 施工定额的编制方法

施工定额的编制方法，有实物法和实物单价法两种。实物法是由人工、材料和机械台班消耗量汇总而成；实物单价法是人工、材料和机械台班消耗量乘以相应的单价并汇总得出单位总价。

4. 施工定额手册的内容

目前全国还没有一套现行的施工定额，地方的施工定额是以全国统一劳动定额为基础，结合现行的质量标准、规范及本地区的技术组织资料并参照历史资料进行调整补充而编制的。

施工定额手册是施工定额的汇编，主要内容有三个部分：

1）文字说明部分。文字说明部分包括总说明、分册说明和分节说明。

总说明的基本内容包括：定额手册中所包括的工种、定额的编制依据、编制原则、适用范围、工程质量及安全要求、人材机消耗指标的计算方法和其他的一些规定。

分册说明的基本内容包括：分册所包括的定额项目和工作内容、施工方法、质量及安全要求、工程量计算规则、有关规定和计算方法的说明。

分节说明指分节定额的表头文字的说明。包括：工作内容、质量要求、施工说明、小组成员等。

2）分节定额部分。包括定额表的文字说明、定额表和附注。

（1）文字说明上面已作介绍。

（2）定额表是分节定额中的核心部分，也是定额手册的核心部分。它包括劳动定额表，材料定额表和机械定额表，见表 3-5。

**建筑安装施工定额表** **表 3-5**

墙 基

① 工作内容：包括砌砖、铺灰、递砖、挂线、吊直、找平、检查皮数杆、清扫落地灰及工作前清扫灰尘等工作。

② 质量要求：墙基两侧所出宽度必须相等，灰缝必须平正均匀，墙基中线位移不得超过 10mm。

③ 施工说明：使用铺灰或铺灰器，实行双手挤浆。

| 每 $1m^3$ 砌体之劳动定额与单价 | | | | | | | |
|---|---|---|---|---|---|---|---|
| 项 目 | 单位 | 1 砖墙 | 1.5 砖墙 | 2 砖墙 | 2.5 砖墙 | 3 砖墙 | 3.5 砖墙 |
| | | 1 | 2 | 3 | 4 | 5 | 6 |
| 小组成员 | 人 | 三-1<br>五-1 | 三-2<br>五-1 | 三-2 四-1<br>五-1 | 三-3 四-1<br>五-1 | | |
| 时间定额 | 工日 | 0.294 | 0.224 | 0.222 | 0.213 | 0.204 | 0.918 |
| 每日小组产量 | $m^3$ | 6.80 | 12.3 | 18.0 | 23.5 | 24.5 | 25.3 |
| 计件单价 | 元 | | | | | | |
| 每 $1m^3$ 砌体之材料消耗定额 | | | | | | | |
| 砖 | 块 | 527 | 521 | 518.8 | 517.3 | 516.2 | 515.4 |
| 砂浆 | $M^3$ | 0.2522 | 0.2604 | 0.2640 | 0.2663 | 0.2680 | 0.2692 |

注：① 垫基以下为墙基（无防潮层者一室内地坪以下为准），其厚度按防潮层处墙厚为标准。放脚部分已考虑在内，其工程量按平均厚度计算。

② 墙基深度按地面以下 1.5m 深以内为准，超过 1.5m 至 2.5m 者，其时间定额及单价乘以 1.2。超过 2.5m 以上这者，其时间定额及单价乘以 1.25。但砖、灰浆能直接运入地槽者不另加工。

③ 墙基之墙角、墙垛及砌地沟（暖气沟）等内外出檐不另加工。

④ 本定额以回黑砂浆及白灰砂浆为准，使用水泥浆者，其时间定额及单价乘以 1.11。

⑤ 砌墙基弧形部分，其时间定额及单价乘以 1.43。

(3) 附注列于定额表的下面，主要是根据施工内容及施工条件的变更，规定人工、材料、机械台班用量的增减变化。它是对定额表的补充。

3) 附录部分。附录一般列于分册的最后，作为使用定额的参考。内容主要包括：

(1) 名词解释。

(2) 先进经验及先进工具的介绍。

(3) 计算材料用量及确定材料用量等参考资料。如砂浆、混凝土配合比表钢筋理论重量表及使用说明等。

## 3.3 预算定额

### 3.3.1 预算定额的概述

1. 预算定额的含义

建筑工程预算定额是指在正常的施工条件下，规定消耗在一定计量单位的分项工程或结构构件所必须消耗的人工、材料、和机械台班的数量标准。建筑工程预算定额是由国家主管部门或授权单位组织并颁发执行。预算定额在各地区的具体价格表现是估价表和综合预算定额。

2. 预算定额的作用

1) 预算定额是编制施工图预算、确定建筑安装工程造价、编制工程标底和投标报价的依据。施工图预算是确定建筑工程预算造价的文件。其编制的主要依据有施工图设计文件和预算定额施工图设计决定各分项工程的工程量。而预算定额则决定了各分项工程的人工、材料和机械消耗的数量标准及价格。工程造价的准确与否取决于工程量计算的准确度和预算定额水平。

2) 预算定额是对设计方案进行经济比较，进行技术分析的依据。工程设计方案要从技术和经济两个方面着手，既要技术先进、美观适用，又要经济合理。设计单位在进行设计方案的技术经济分析评价时是依据预算定额中的工料消耗指标来进行的。

3) 预算定额是编制施工组织设计的依据。施工组织设计是确定施工过程所需人力、物力和供求量，并作出最佳安排，施工单位根据预算定额确定的劳动力、建筑材料、成品、半成品施工机械台班的消耗量来组织材料的供应，劳动力和施工机械的调配，提供可靠的依据。

4) 预算定额是工程竣工结算的依据。工程竣工结算是建设单位和施工单位按照工程进度对已完成的分部、分项工程实现货币支付的行为。单位工程竣工验收后，再按竣工工程量，预算定额和施工合同规定进行结算，以保证建设单位建设资金的合理使用和施工单位的经济收入。

5) 预算定额是施工企业进行经济核算，考核工程成本的依据。预算定额规定的活劳动的消耗指标，是施工单位在生产经营中允许消耗的最高标准。施工企业依据预算定额来衡量企业的劳动生产率及工效，同时也可以通过预算定额来改善企业经营管理，加强经济核算，提高劳动者素质，取得更好的经济效益。

6) 预算定额是编制概算定额的基础。概算定额是确定一定计量的扩大分项工程的人工、材料、施工机械台班消耗量的指标，是在预算定额的基础上综合扩大编制的。这样，既可以节约编制时间，又可以让概算定额和预算定额水平保持一致。

3. 预算定额编制的依据

1）现行全国统一劳动定额，全国或地区材料消耗定额，机械台班定额和施工定额。预算定额是现行劳动定额及施工定额的基础上编制的。预算定额中、人工、材料、机械台班的消耗量水平，需以劳动定额和施工定额为取定依据；预算量单位的选择也需以施工定额为参考。一方面可以保证两者的协调的可比性，另一方面也可以减轻预算定额的编制工作量，缩短编制时间。

2）现行设计规范，施工及验收规范，质量平定标准和安全操作规程。预算定额在确定人工、材料、机械台班消耗数量时，必须考虑上述各法规的要求和规范。

3）现行通用的标准图集，具有代表性的设计施工图纸，这些图纸是计算工程数量，选择合理施工方法，确定定额含量的依据。

4）先进施工工艺，新技术，新材料等。这类资料对于调整定额水平，增加新定额项目是必需的依据。

5）有关科学试验，技术测定和统计，经验资料。这些资料是确定定额水平的重要依据。

6）现行预算定额，工资标准，材料预算价格和施工机械台班价格及有关参考文件规定等。

4. 预算定额的编制原则

在预算定额的编制工作中，应注意保证其质量；同时又能充分发挥定额的作用并且便于使用，应遵循以下原则：

1）社会平均合理的原则。社会平均合理是指在社会正常的中等生产条件下，在社会平均劳动熟悉程度，平均劳动强度，平均技术装备条件下完成某一分项工程或结构构件所需要的劳动时间作为定额水平，是多数企业能够达到和超过少数企业经过努力可以达到的水平。定额水平与劳动生产率成正比，与各项消耗成反比。预算定额水平体现了社会必须的劳动时间要求。

2）简明适用性原则。预算定额在确保质量，充分发挥作用的同时，应注意其使用的简便。因此在社会平均合理水平的条件下，其内容和形式既要满足不同用户的需要，又要简单明了，易于掌握应用。在编制时对于有些主要的、常用的、价值量大的项目分项工程划分应细，而次要的、不常用的、价值量相对较小的项目可稍微粗一些，做到结构合理，形式内容简单，文字表达准确，项目清晰，划分步距应大小适宜，确保其精确度，且做到适用面广，方便计算。

预算定额中，应采用新技术、新材料、新工艺中出现的新定额项目进行补充；在确定计量单位时，既要合理综合，简化计算，又要尽可能避免一量多用或多量一用的情况，尽量减少附注和换算系数等。

为稳定定额水平，除对设计和施工影响较大的因素允许换算外，定额在编制中尽量不留或少留活口，以减少换算工作量，即在定额中规定当符合一定条件时，才允许该定额另行调整。

3）一切在内原则。预算定额是计价性定额，因此，按预算定额计算的消耗量必须包括施工现场内一切直接消耗，只有这样在能确保在计算造价时所有消耗不至于漏算。

5. 预算定额的编制步骤

1）准备工作阶段

本阶段主要工作是拟定编制方案，抽调专业人员组织编制机构，普遍收集各项所需资料，包括：各种标准设计图纸图集，相关现行规定、规范、政策法规和专业管理的专业资料，专业人员的意见、看法，以及专项资料和试验资料等。

2）定额编制阶段

确定好编制原则：包括统一编制表格，编制方法，统一计算口径，计算单位，统一专业术语，文字符号代码等工作。再确定定额的项目划分和工程量计量规则，然后进行人工、材料、机械台班耗用量的计算、复核和测算。

3）定额报批阶段

预算定额初稿编制确定后，必须进行定额水平计算，对新编预算定额与先行预算定额进行对比测算，分析定额水平升降的原因，并在此基础之上对定额初稿进行必要的修订。

4）修改定稿和送审阶段

定额编制初稿完成并经水平测定后，征求各方面建议，统一汇总分类，指定出修改方案，按顺序修改，修改定稿后，撰写编制说明及送审报告，报送领导机关审批，经上级主管部门批准后才可正式使用，同时为修编定额提供的历史资料应建立技术档案保存。

### 3.3.2　消耗指标的确定

1. 人工消耗指标的确定

预算定额中人工工日消耗量是指在正常施工条件下生产单位合格产品所必须消耗的人工工日数量，它由基本用工、其他用工及人工幅度差三部分组成。

1）基本用工。基本用工是指完成单位合格产品所必须消耗的技术工种用工。分别以不同工种列出定额工业，其计算公式如下：

基本用工＝∑(综合取定的工程量×时间定额)　(3-26)

2）其他用工。其他用工是指不包括在技术工种劳动定额内而预算定额又必需考虑的工时常用包括：

(1) 超运距用工。超运距用工是指当预算定额中的材料半成品的取定运距大于劳动定额中材料半成品定额的运距，这部分超距离运输增加的用工，而这段超出的距离称之为超运距。其计算公式如下：

超运距＝预算定额取定运距—劳动定额取定运距　(3-27)

超运距用工＝∑(超运距材料数量×运距时间定额)　(3-28)

(2) 辅助用工。辅助用工是指施工配合的用工和材料加工的用工，如材料加工（筛砂，洗石等）机械土方工程配合用工等。其计算公式如下：

辅助用工＝∑(材料加工数量×相应的加工时间定额)　(3-29)

3）人工幅度差。人工幅度差是指预算定额劳动定额的差额是在劳动定额中未包括，而在预算定额中有必须考虑的用工。它是在正常施工的条件下所必须发生的但又很难准确计量的各种零星工序用工。其内容包括：

（1）各工种间的搭接及交差作业相配合或影响所发生的停歇用工；

（2）质量检查和隐蔽工程验收工作的影响；

（3）临时水电线路所造成的停工；

（4）施工机械在各单位工程之间的转移所造成的停工；

（5）工序交接时对前一工序的休整用工；

（6）施工班组操作地点的转移用工；

（7）施工中不可避免的其他用工。

其计算公式如下：

人工幅度差用工＝(基本用工＋超运距用工＋辅助用工)×人工幅度差系数 (3-30)

人工幅度差系数一般为10%～15%。

4）人工消耗指标，其计算公式如下：

预算定额用工＝基本用工＋超运距用工＋辅助用工＋人工幅度差用工 (3-31)

**【例 3-5】** 预算定额砖石工程分部中一砖厚标准砖内墙人工工日消耗量计算（编制一砖厚标准砖内墙的预算定额先选择有代表性的各类典型工程施工图）。

1）基本要素

（1）项目名称：标准砖一砖内墙。

（2）项目内容：调运砂浆、运砌砖（包括双面清水墙、单面清水墙和混水墙）、砌附墙、烟囱、垃圾道、砌窗台虎头砖、腰线、砖过梁（最好应扣除梁头、板头的体积和所占的比重）等。

（3）计量单位：$10m^3$。

（4）施工方法：砌砖采用手工操作，砂浆采用砂浆搅拌机，垂直运输采用塔吊，水平运输采用双轮手推车。根据施工组织设计确定材料的现场运输距离：砂子为80m，石灰膏为150m，砖为170m，砂浆为180m（表3-6）。

**预算定额砌砖工程材料超运距计算表** **表 3-6**

| 材料名称 | 预算定额规定运距 | 劳动定额规定运距 | 超运距 |
|---|---|---|---|
| 砂子 | 80 | 50 | 30 |
| 石灰膏 | 150 | 100 | 50 |
| 标准砖 | 170 | 50 | 120 |
| 砂浆 | 180 | 50 | 130 |

（5）有关含量：根据所选择的6个典型工程测定，确定双面清水墙和单面清水墙各占20%，混水墙占60%的$10m^3$一砖内墙中，双面清水墙的工程量是$2m^3$，单面清水墙的工程量是$2m^3$，混水墙工程量是$6m^3$，附墙烟囱孔有$0.34m/m^3$，弧形及圆形碹有$0.06m/m^3$，垃圾道$0.03m/m^3$，预留抗震柱孔$0.3m/m^3$，墙顶抹灰找平$0.0625m/m^3$，壁橱0.002个$/m^3$，吊柜0.002个$/m^3$。

2）计算人工工日

（1）$10m^3$一砖内墙的基本用工（根据1985年全国统一劳动定额）

单面清水墙 $2.0m^3 \times 1.16$ 工日$/m^3 = 2.32$ 工日

| | |
|---|---|
| 双面清水墙 | $2.0m^3\times1.20$ 工日/$m^3$=2.400 工日 |
| 混水墙 | $6.0m^3\times0.972$ 工日/$m^3$=5.832 工日 |
| 附墙烟囱孔 | $10m^3\times0.34m/m^3\times0.05$ 工日/$m^3$=0.170 工日 |
| 弧形及圆形碹 | $10m^3\times0.006m/m^3\times0.03$ 工日/$m^3$=0.002 工日 |
| 垃圾道 | $10m^3\times0.03m/m^3\times0.06$ 工日/$m^3$=0.018 工日 |
| 预留抗震柱孔 | $10m^3\times0.3m/m^3\times0.05$ 工日/$m^3$=0.15 工日 |
| 墙顶抹灰找平 | $10m^3\times0.0625m/m^3\times0.08$ 工日/$m^3$=0.050 工日 |
| 壁橱 | $10m^3\times0.02$ 个/$m^3\times0.32$ 工日/个=0.006 工日 |
| 吊柜 | $10m^3\times0.002$ 个/$m^3\times0.15$ 工日/个=0.003 工日 |
| 主体工程及增加的基本用工合计 | 10.951 工日 |

(2) 材料超运距用工

根据超运距用工数量，计算超运距用工如下：

| | |
|---|---|
| 砂子 | $2.43m^3\times0.0453$ 工日/$m^3$=0.110 工日 |
| 石灰膏 | $0.19m^3\times0.128$ 工日/$m^3$=0.024 工日 |
| 标准砖 | $10m^3\times0.139$ 工日/$m^3$=1.390 工日 |
| 砂浆 | $10m^3\times$（0.0516+0.00816）工日/$m^3$=0.598 工日 |
| 合计 | 2.122 工日 |

(3) 辅助用工数量

根据劳动定额其一砖内墙辅助用工计算如下：

| | |
|---|---|
| 筛砂子 | $2.43m^3\times0.111$ 工日/$m^3$=0.27 工日 |
| 淋石灰膏 | $0.19m^3\times0.50$ 工日/$m^3$=0.095 工日 |
| 合计 | 0.365 工日 |

(4) 人工幅度差用工数量计算

按国家规定：人工幅度差系数取 10%

据其计算公式如下：

(10.951 工日+2.122 工日+0.365 工日)×10%=1.344 工日

$10m^3$一砖内墙人工消耗指标计算如下：

10.951 工日+2.122 工日+0.365 工日+1.344 工日=14.782 工日

2. 材料消耗指标的确定

1) 预算定额中材料的组成

预算定额中材料由以下三部分组成：

(1) 主要材料和辅助材料：是指直接构成工程实体的材料。该材料的定额消耗量是材料总消耗量，包括材料的净用量和损耗量。

(2) 周转性材料：是指在施工中多次使用但又不构成实体的材料。最常用的如：脚手架模板等。该类材料的定额消耗量是在多次使用中逐次分摊而形成的摊销量。

(3) 次要材料：是指用量较小、价值不大，又不便于计算的零星材料。该类材料一般计算其消耗量，一般将其价值转换为人民币“元”累计。以其他材料费形式出现。

2) 材料消耗量确定方法

先根据工程量计算出所需要材料的净用量，再根据材料消耗规定确定其损耗量，计算出材料的总消耗量。其计算公式如下：

$$材料的消耗量=材料净用量\times材料损耗率 \tag{3-32}$$

$$材料总消耗用量=材料净用量+材料损耗量 \tag{3-33}$$

**【例 3-6】** 预算定额砖石工程分部 $1m^3$ 一砖外墙。

标准砖和砂浆的消耗量计算：

1）$1m^3$ 砌体标准砖消耗量按材料消耗定额中的计算公式计算

$$标准砖净用量=\frac{1}{0.24(0.24+0.01)(0.053+0.01)}\times 2=529块$$

2）$1m^3$ 砌筑砂浆净用量

$$砂浆净用量=1-529\times(0.24\times0.115\times0.053)=0.226m^3$$

**部分建筑材料、成品、半成品损耗率参考表** 表 3-7

| 材料名称 | 工程项目 | 损耗率/% | 材料名称 | 工程项目 | 损耗率/% |
|---|---|---|---|---|---|
| 普通黏土砖 | 地面、屋面、空花(斗)墙 | 1.5 | 水泥砂浆 | 抹墙及墙群 | 2 |
| 普通黏土砖 | 基础 | 0.5 | 水泥砂浆 | 地面、屋面、构筑物 | 1 |
| 普通黏土砖 | 实砖墙 | 2 | 素水泥浆 | | 1 |
| 普通黏土砖 | 方砖柱 | 3 | 混凝土(预制) | 柱、基础梁 | 1 |
| 普通黏土砖 | 圆砖柱 | 7 | 混凝土(预制) | 其他 | 1.5 |
| 普通黏土砖 | 烟囱 | 4 | 混凝土(现浇) | 二次灌浆 | 3 |
| 普通黏土砖 | 水塔 | 3.0 | 混凝土(现浇) | 地面 | 1 |
| 白瓷砖 | | 3.5 | 混凝土(现浇) | 其余部分 | 1.5 |
| 面砖、缸砖 | | 2.5 | 细石混凝土 | | 1 |
| 水磨石板 | | 1.5 | 轻质混凝土 | | 2 |
| 大理石板 | | 1.5 | 钢筋(预应力) | 后张吊车梁 | 13 |
| 混凝土板 | | 1.5 | 钢筋(预应力) | 先张高强丝 | 9 |
| 砂 | 混凝土、砂浆 | 3 | 钢材 | 其他部分 | 6 |
| 白石子 | | 4 | 铁件 | 成品 | 2 |
| 砾石(碎石) | | 3 | 电焊条 | | 12 |
| 方整石 | 砌体 | 3.5 | 小五金 | 成品 | 1 |
| 方整石 | 其他 | 1 | 木材 | 窗扇、筐(包括材料) | 6 |
| 碎砖、炉渣 | | 1.5 | 木材 | 镶板门芯板制作 | 13.1 |
| 珍珠岩粉 | | 4 | 木材 | 镶板门企口板制作 | 22 |
| 生石膏 | | 2 | 木材 | 木屋架、檩、椽圆木 | 5 |
| 滑石粉 | 油漆工程用 | 5 | 木材 | 木屋架、檩、椽方木 | 6 |
| 水泥 | | 2 | 木材 | 屋面板平口制作 | 4.4 |
| 砌筑砂浆 | 砖、毛方石砌体 | 1 | 木材 | 屋面板平口安装 | 3.3 |
| 砌筑砂浆 | 空斗墙 | 5 | 木材 | 木栏杆及扶手 | 4.7 |
| 砌筑砂浆 | 泡沫混凝土块墙 | 2 | 木材 | 封檐板 | 2.5 |
| 砌筑砂浆 | 多孔砖墙 | 10 | 模板制作 | 各种混凝土结构 | 5 |
| 砌筑砂浆 | 加气混凝土块 | 2 | 模板安装 | 工具式钢模板 | 1 |
| 混合砂浆 | 抹天棚 | 3.0 | 模板安装 | 支撑系统 | 1 |
| 混合砂浆 | 抹墙及墙群 | 2 | 模板制作 | 圆形储仓 | 3 |
| 石灰砂浆 | 抹天棚 | 1.5 | 胶合板、纤维板 | 天棚、间壁 | 5 |
| 石灰砂浆 | 抹墙及墙群 | 1 | 石油沥青 | | 1 |
| 水泥砂浆 | 抹天棚、梁柱腰线、挑檐 | 2.5 | 玻璃 | 配件 | 15 |

3）测定理论工程量与实际工程量的差异

经过对6个有代表性的典型工程的测算，其中：未扣除梁头、板头所占砖墙体积为

梁头　　0.52%

板头　　2.29%

合计　　2.81%

4）扣除梁头、板头后标准砖及砂浆净用量

扣除梁头、板头后标准砖净用量：

529×(1－2.81%)＝514块

扣除梁头、板头后砂浆净用量：

$0.226\times(1-2.81\%)=0.220m^3$

5）$1m^3$一砖内墙标准砖及砂浆消耗量指标按公式计算

标准砖消耗量＝材料净用量＋材料损耗量

＝材料净用量（1＋材料损耗率）

＝514×(1＋2%)＝524块

砂浆总耗用量$=0.220\times(1+2\%)=0.224m^3$

以上计算公式中的材料损耗率见表3-7。

3. 机械台班消耗量指标的确定

预算定额中的机械台班消耗量指标由施工定额中规定的机械台班消耗量和劳动定额与预算定额的机械台班幅度差组成。

1）定额机械台班消耗量是指在施工过程中，如机械化打桩工程、机械化运输工程等所用的各种机械在正常生产条件下，必须消耗的台班数量。

$$综合机械台班使用量=\sum(各工序实物工程量\times相应施工机械台班定额使用量) \tag{3-34}$$

2）机械台班幅度差是指定额中没有实际包括，而在实际的施工过程中必须考虑增加的机械台班。如正常施工情况下施工机械不可避免的周转时间；施工机械转移工作面及配合机械相互影响损失时间；因临时水电故障、线路移动检修造成的不可避免的工序间歇时间；配合机械施工的工人与其他工种交叉造成的间歇时间。

幅度差系数一般由测定和统计资料取定。大型机械幅度差系数为：土方机械1.25；打桩机械1.33；吊桩机械1.30；其他分部工程中如钢筋加工、木材等各项专用机械幅度差均为1.10。以手工操作为主工人班组所配备的施工机械，如砂浆，混凝土搅拌机等为小组配用，以小组产量计算机械台班产量，不另外加机械调度差。

计算公式为：

按机械台班产量定额计算：

$$预算定额机械台班总使用量=综合机械台班使用量\times机械幅度差系数 \tag{3-35}$$

按工人小组日产量计算：

$$分项定额机械台班使用量=\frac{分项定额计量单位}{小组总产量} \tag{3-36}$$

$$小组总产量=小组总人数\times劳动定额的综合产量定额 \tag{3-37}$$

**【例3-7】** 预算定额砖石工程分部一砖厚内墙，每$10m^3$塔吊台班使用量的计算砌$10m^3$标准砖一砖内墙，时间定额为10.522工日，则其产量定额为$0.095m^3$。

【解】 小组日产量＝22×0.0956＝2.09$m^3$

塔吊机械台班使用量＝1/2.09＝0.48台班/10$m^3$

### 3.3.3 基础单价的确定

预算的基础单价都由人工费、材料费、机械费三部分组成。其计算公式为：

人工费＝$\sum$(某定额项目的人工消耗量×地区相应人工工日单价) (3-38)

材料费＝$\sum$(某定额项目的材料消耗量×地区相应人材料预算定额) (3-39)

机械费＝$\sum$(某定额项目的机械台班消耗量×地区相应机械台班预算价格) (3-40)

1. 人工工日单价

人工工日单价即人工工资标准，是指一个建筑工人一个工作日在预算中应计入的全部人工费。其组成内容见下表：

**人工单价组成内容** **表3-8**

| | |
|---|---|
| 基本工资 | 岗位工资 |
| | 技能工资 |
| | 年功工资 |
| 工资性津贴 | 流动施工津贴 |
| | 交通补贴 |
| | 住房补贴 |
| | 物价补贴 |
| | 工资附加 |
| | 地区津贴 |
| 辅助工资 | |
| 职工福利费 | |
| 劳动保护费 | 劳动保护 |
| | 洗理费 |
| | 书报费 |
| | 取暖费 |

人工工日单价组成的具体内容和单价的高低，各部门各地区并不完全相同。但计入预算定额的人工单价是根据有关法规政策的精神，按某一平均技术等级为标准的日工资单价。

例：《江苏省建筑与装饰工程计价定额》中，人工工资分别按一类工85.00元/工日；二类工82.00元/工日；三类工77.00元/工日计算。

2. 材料预算价格

材料费用工程直接费的主要组成部分均占工程总造价的70%左右，是根据材料消耗量和材料预算价格确定的。

1) 材料预算价格的组成

材料预算价格是材料（包括构件、成品、半成品等）由从其来源地（或交货地点）到达工地仓库后的出库价格，一般由材料原价、供销部门手续费、包装费、运杂费和采购及保管费组成。为方便应用，通常将材料原价、采购及保管费三项合并称为材料供应价，则材料预算价格就由材料供应价运杂费和采购及保管费三项构成。

（1）材料原价

材料原价是指材料的出厂价格，或者是销售部门的批发牌价和市场价格。

在确定材料原价时，同一材料因其来源地、交货地点、生产厂家和供货单位不同，有几种原材料价格。根据不同来源地供货数量比例，采用加数平均的计算方法确定其综合原价。计算公式如下：

$$\text{加数平均材料原价}=\frac{k_1c_1+k_2c_2+\cdots+k_nc_n}{k_1+k_2+\cdots+k_n} \tag{3-41}$$

式中　$c_1$、$c_2\cdots c_n$——不同供货地点的原价；

$k_1$、$k_2\cdots k_n$——不同供货地点的供应量或不同使用地点的需求量。

（2）供销部门手续费

供销部门手续费是根据国家现行的物资供应体制，不能直接向生产厂采购、订货，而需通过物资部门供应而发生的经营管理费。若不经过物资供应部门则不需计供销手续费。计算公式如下：

$$\text{供销部门手续费}=\text{材料净重}\times\text{供销部门单位重量手续费率} \tag{3-42}$$

或　　$$\text{供销部门手续费}=\text{材料原价}\times\text{供销部门手续费率}$$

（3）包装费

包装费是指为了便于材料运输，减小运输损坏以及保护材料而进行包装所需的一切费用，包括水运、陆运的支撑、篷布、包装箱、包装袋等费用。材料到达现场或使用后，要对包装进行回收，回收价值冲减材料预算价格。

在计算包装费时，应区别不同情况：

① 材料出厂时已经包装者，其包装费已计入原价的，不再另计算包装费，但应扣除包装品的回收价值；若其未计入原价的，应计算包装费。

② 租赁包装品时，其包装费按资金计算。

③ 自备包装者，其包装按包装品价值按正常使用次数分摊计算。

计算公式如下：

$$\text{包装费}=\sum(\text{包装材料原价}\times\text{单价}) \tag{3-43}$$

容器包装：

$$\text{包装费回收价值}=\frac{\text{包装材料原价}\times\text{回收率}\times\text{回收价值率}}{\text{包装材料标准容量}} \tag{3-44}$$

简易包装：

$$\text{包装费回收价值}=\text{包装材料原价}\times\text{回收量比例}\times\text{回收价值比例} \tag{3-45}$$

**包装品回收标准**　　**表 3-9**

| 包装材料名称 | 回收率(%) | 回收价值率(%) | 使用次数 | 残值回收率(%) |
|---|---|---|---|---|
| 铁桶 | 95 | 50 | 10 | 3 |
| 铁皮 | 50 | 50 | | |
| 铁丝 | 20 | 50 | | |
| 木桶、木箱 | 70 | 20 | 4 | 5 |
| 木杆 | 70 | 20 | 5 | 3 |

续表

| 包装材料名称 | 回收率(%) | 回收价值率(%) | 使用次数 | 残值回收率(%) |
|---|---|---|---|---|
| 竹制品 | | | | 10 |
| 纸袋、纤维袋 | 60 | 50 | | |
| 麻袋 | 60 | 50 | 5 | |
| 玻璃、陶瓷制品 | 30 | 60 | | |
| 塑料、纤维桶 | | | 8 | |

(4) 运杂费

运杂费是指材料由采购地区或发货地点起到达工地仓库或施工现场存放点全部运输过程中所支付的一切费用，包括材料运输费和运输损耗费。若同一品种的材料有若干来源地，材料运杂费应加权平均计算。

① 运输费包括材料运输过程中发生的车船费、调车费、装卸费、保险费等。运输费一般占材料预算价格的10%～20%。

② 运输损耗费是材料在装卸和运输过程中所发生的合理损耗。计算公式如下：

$$运输损耗=材料原价\times相应材料损耗率 \tag{3-46}$$

(5) 材料采购及保管费

材料采购及保管费是指材料供应部门在组织采购、供应和保管材料过程中所需的各项费用。它包括材料采购、供应及保管人员的工资、职工福利费、办公费、交通差旅费、固定资产使用费、工具器具使用费、劳动保护费、检验试验费、材料储存损耗等费用。其计算公式如下：

$$采购及保管费=(材料原价+供销部门手续费+包装费+运杂费)\times采购及保管费率 \tag{3-47}$$

2) 材料预算价格

材料预算价格是综合以上五项而计算得到的。计算公式：

$$材料预算价格=(材料原价+供销部门手续费+包装费+运杂费)\times(1+采购及保管费率)-包装材料回收价值 \tag{3-48}$$

3. 机械台班预算价格

机械台班预算计算价格又称机械台班单价，是指一台施工机械在正常条件下运转一个工作班所需支付及分摊的各项费用之和。

1) 机械台班预算价格由折旧费、大修理费、经常修理费、按拆费及场外运费、燃料动力费、人工费、养路费及车船使用费七项组成。

(1) 拆旧费。拆旧费是指机械设备在规定的使用年限内，陆续收回其使用原值及所支付贷款利息的费用。计算公式如下：

$$台班折旧费=\frac{机械预算价格\times(1-残值率)}{耐用总台班} \tag{3-49}$$

① 机械预算价格是机械到达使用单位机械管理部门的全部应支付的费用。

② 残值率是机械报废时其残余价值与其原价值的百分比，国家规定施工机械残值率

在 3%～5%范围内。

③ 耐用总台班＝机械使用年限×年平均工作台班＝耐用周期数×大修理间隔台班

是新机械从使用至报废前的总使用台班数。

（2）大修理费。大修理费是指机械设备按规定的大修理间隔台班必须进行大修理，以恢复机械正常功能所需的费用。其计算公式如下：

$$台班大修理费用=\frac{一次大修理费\times寿命期内大修理次数}{耐用总台班} \tag{3-50}$$

① 一次大修理费是指机械设备按规定的大修理范围内进行一次全面修理所需消耗的工时、配件、辅助材料等全部材料。

② 寿命周期内在修理次数$=\frac{耐用总台班}{大修理间隔台班}-1$

（3）经常修理费是指机械设备除大修理以外的各种保养（包括一、二、三级保养）以及排除临时故障所需的费用。为保障机械正常运转所需替换设备，随机用工具、附件摊销和维护的费用、机械运转与日常保养所需的油脂、擦拭材料费用、机械停置时间的维护保养费用等。计算公式如下：

$$台班经常修理费=\frac{\sum(各级保养一次费用\times各级保养次数)+临时故障排除费}{耐用总台班}+替换设备台班摊消费+工具附具台班摊消费+辅料费 \tag{3-51}$$

或用简化计算，计算公式如下：

$$台班经常修理费=台班大修理费\times\frac{机械台班经常修理费}{台班大修理费} \tag{3-52}$$

（4）安拆费及场外运费。安拆费是指机械在施工现场进行安装、拆卸所需的人工、材料、机械、试运转以及安装所需的辅助设施的费用，包括安装机械的基础、底座、固定锚桩、行走轨道、枕木等的折旧费及其搭设、拆除费。

$$台和安拆费=\frac{一次安装拆卸费\times年安装拆卸次数}{年工作台班}+台班辅助设施摊消费 \tag{3-53}$$

其中：$台班辅助设施摊消费=\frac{辅助设施一次费用\times（1-残值率）}{辅助设施耐用台班} \tag{3-54}$

场外运输费是指机械整体或分件自停放场地运至施工现场或出场运输及转移、运距在25km以内的费用包括机械的装卸、运输、辅助材料及架线费用等。

$$台班场外运费=\frac{(一次运输费+一次装卸费+一次摊消费)\times年平均运输次数}{年工作台班} \tag{3-55}$$

（5）燃料动力费。燃料动力费是指机械在运转施工作业中所耗用的电力、固体燃料、液体燃料、水和风力等的费用。其计算公式如下：

$$台班燃料动力费=台班燃料动力消耗量\times相应单价 \tag{3-56}$$

(6) 人工费。人工费是指机上司机、司炉及其他操作人员的工作日工资及上述人员在机械规定工作台班以外的基本工资和工资性津贴。

(7) 养路费及车船使用税。养路费及车船使用税是指部分机械按照国家有关规定应交纳的养路费及车船使用税。

$$台班养路费(使用税)=\frac{核定吨位\times年工作月数\times每吨月养路费(使用税)}{年工作台班数} \quad (3\text{-}57)$$

### 3.3.4 工程计价定额

1. 工程计价定额的概念

工程计价定额是以货币的形式确定定额计量单位某分部分项工程或结构构件费用的文件，是根据预算定额所确定的人工、材料和机械台班消耗数量乘以人工工资单价，材料预算价格和机械台班预算价格组成，即人工费材料费、机械费以及管理费和利润汇总而成。

地区工程计价定额是根据建筑工程预算定额所编制的适合各城市、各地区范围内计算当地建筑工程造价的基础资料。

工程计价定额是各建筑企业采用工程量清单计算工程造价的主要依据。

2. 工程计价定额的编制依据

地区工程计价定额应按本地区工程建设的需要和本地区的特点进行编制，其主要编制依据有：

1) 全国统一建筑工程基础定额。

2) 全国统一建设工程劳动定额。

3) 该地区现行预算建筑工人工资标准。

4) 该地区现行材料预算价格。

5) 该地区现行施工机械台班预算价格。

6) 该地区现行费用标准。

3. 工程计价定额的作用

1) 编制工程招标控制价的依据。招标底、招标工程结算核算的指导。

2) 编制工程标底、结算审核的指导。

3) 计价表是一般工程（依法可不招标工程）编制与审核工程预结算的依据。

4) 工程投标报价、企业进行内部核算、制订企业定额的参考。

5) 建设行政主管部门调解工程造价纠纷、合理确定工程造价的依据。

4. 地区工程计价表的构成

现以《江苏省建筑与装饰计价定额》为例，进行说明。

工程计价表是按照建筑结构，工程内容和使用材料等共分为土石方工程、地基处理及边坡支护、桩基工程、砌筑工程、钢筋工程、混凝土工程、金属结构工程、构件运输及安装工程、木结构工程、屋面及防水工程、保温隔热防腐工程、厂区道路及排水工程、楼地面工程、墙柱面工程、天棚工程、门窗工程、油漆涂料裱糊工程其他零星工程，建筑物超高增加费用、脚手架工程、模板工程、施工排水降水、建筑工程垂直运输、场内二次搬运共二十四章。

工程计价定额一般由总说明、目录、各章节说明、工程量计算规则、工程项目表及附录组成。

1）总说明。总说明介绍了工程计价表的使用范围，编制依据，计价表的作用，编制时已考虑和没考虑的因素，并且指出了在计价表的具体应用中注意的事项和各项有关规定。

2）各章说明及各章工程量计算规则。各章说明介绍了各章节的一般规定及各分项工程在施工工艺、材料以及计价表套用的各项具体规定。各章工程量计算规则介绍各分项工程量计算规定。

3）工程项目表。由工作内容、计量单位和项目表组成。工作内容是指各分项所包含的施工内容。

项目表是工程计价表的主要组成部分，反映了一定计量单位分项工程的综合单价以及综合单价的人工费、材料费、机械费、管理费、利润以及人工、材料、机械台班消耗量标准，有的项目表下列有附注，说明当设计项目与计价表不符合时该如何换算。

表 3-10 是工程计价表第四章砌筑工程柱中的砌砖中砖基础、砖柱项目的项目表。项目表上方介绍了砖基础、砖柱的项目工作内容。表中反映了一般的砖基础、砖柱工程各子项目工程的综合的单价以及人工、材料、机械台班消耗量指标。如：砌 $1m^3$ 直形砖基础，其综合单价为 406.25 元，其中人工费 98.40 元，材料费 263.38 元，机械费 5.89 元，管理费 26.07 元，利润 12.51 元，其中需消耗二类工工日 1.2 工日，二类工单价为 82.00 元/工日；240×115×53mm 标准砖 5.22 百块，单价为 42.00 元/百块；水 $0.104m^3$，单价为 4.70 元/$m^3$；灰浆拌合机 200L，0.048 台班，单价为 122.64 元/台班。M5 水泥砂浆 $0.242m^3$，单价为 180.37 元/$m^3$，表下注中说明若基础深度自设计室外地面至砖基础底表面超过 1.5m，其超过部分每立方米应增加人工 0.041/工日。

**砖基础、砖柱项目的项目表** **表 3-10**

一、砌砖

1. 砖基础、砖柱

工作内容：1. 砖基础：运料、调铺砂浆、清理基槽坑、砌砖等。

2. 砖柱：清理地槽、运料、调铺砂浆、砌砖。

| 定额编号 | | | | 4-1 | | 4-2 | | 4-3 | | 4-4 | |
|---|---|---|---|---|---|---|---|---|---|---|---|
| 项目 | | 单位 | 单价 | 砖基础 | | | | 砖柱 | | | |
| | | | | 直形 | | 圆、弧形 | | 方形 | | 圆形 | |
| | | | | 数量 | 合价 | 数量 | 合价 | 数量 | 合价 | 数量 | 合价 |
| 综合单价 | | 元 | | 406.25 | | 429.85 | | 500.48 | | 600.15 | |
| 其中 | 人工费 | 元 | | 98.40 | | 115.62 | | 158.26 | | 167.28 | |
| | 材料费 | 元 | | 263.38 | | 263.38 | | 275.93 | | 362.07 | |
| | 机械费 | 元 | | 5.89 | | 5.89 | | 5.64 | | 6.50 | |
| | 管理费 | 元 | | 26.07 | | 30.38 | | 40.98 | | 43.45 | |
| | 利润 | 元 | | 12.51 | | 14.58 | | 19.67 | | 20.85 | |
| 二类工 | | 工日 | 82.00 | 1.20 | 98.40 | 1.41 | 115.62 | 1.93 | 158.26 | 2.04 | 167.28 |

续表

| | | | | | | | | | | | | |
|---|---|---|---|---|---|---|---|---|---|---|---|---|
| 材料 | 04135500 | 标准砖240 | 百块 | 42.00 | 5.22 | 219.24 | 5.22 | 219.24 | 5.46 | 229.32 | 7.35 | 308.70 |
| | 80010104 | 水泥砂浆M5 | $m^3$ | 180.37 | 0.242 | 43.65 | 0.242 | 43.65 | | | | |
| | 80010105 | 水泥砂浆M7.5 | $m^3$ | 182.23 | (0.242) | (44.10) | (0.242) | (44.10) | | | | |
| | 80010106 | 水泥砂浆M10 | $m^3$ | 191.53 | (0.242) | (46.35) | (0.242) | (46.35) | | | | |
| | 80050104 | 混合砂浆M5 | $m^3$ | 193.00 | | | | | (0.231) | (44.58) | (0.264) | (50.95) |
| | 80050105 | 混合砂浆M7.5 | $m^3$ | 195.20 | | | | | (0.231) | (45.09) | (0.264) | (51.53) |
| | 80050106 | 混合砂浆M10 | $m^3$ | 199.56 | | | | | 0.231 | 46.10 | 0.264 | 52.68 |
| | 31150101 | 水 | $m^3$ | 4.70 | 0.104 | 0.49 | 0.104 | 0.49 | 0.109 | 0.51 | 0.147 | 0.69 |
| 机械 | 99050503 | 灰浆拌合机200L | 台班 | 122.64 | 0.048 | 5.89 | 0.048 | 5.89 | 0.046 | 5.64 | 0.053 | 6.50 |

注：基础深度自设计室外地面至砖基础底表面超过1.5m，其超过部分每立方米砌体增加人工0.041工日。

## 3.4 概算定额

### 3.4.1 概算定额的概念

概算定额是指完成单位合格的扩大的建筑工程结构构件或分部分项工程所需要的人工、材料和机械台班的消耗数量限额标准。它是介于预算定额和概算指标之间的一种定额。

概算定额是在综合预算定额或预算定额的基础上，进行综合、扩大和合并而成。建筑工程概算定额，亦称“扩大结构定额”。例如，砖墙概算项目定额，就是以砖墙为主，综合了砌砖，钢筋混凝土过梁制作、安装、运输，勒脚，内外墙面抹灰，内墙面刷涂料等预算定额的分项工程项目。

编制概算定额时，应考虑到能适应规划、设计、施工各阶段的要求。概算定额应反映大多数企业的设计、生产及施工管理水平。

### 3.4.2 概算定额的作用

概算定额的作用表现如下：

1）概算定额是初步设计阶段编制概算和技术设计阶段编制修正概算的依据。

2）快速编制施工图预算、工程标底和投标报价参考之用。

3）概算定额为设计人员在初步设计阶段做设计方案比较时之用。所谓设计方案比较的目的是选择出技术先进可靠、经济合理的方案，在满足使用功能的条件下，达到降低成本的目的。

4）概算定额是编制概算指标和投资估算指标的依据。

因此，建筑工程概算定额的正确性和合理性，对提高概算准确性，合理使用建设资金，加强建设管理，控制工程造价及充分发挥投资效果起着积极的作用。

### 3.4.3 概算定额的内容

建筑工程概算定额的内容由于专业特点和地区特点的不同，概算定额的内容也不尽相同。但基本内容由文字说明和定额项目表组成。

1）文字说明部分。文字说明包括总说明和各分部说明。总说明中主要说明定额的编制目的、编制范围、定额作用、使用方法、取费计算基础以及其他有关规定等。各分部说明中主要阐述本分部综合分项工程内容、使用方法、工程量计算规则以及其他有关规定等。

2）定额项目表。定额项目表是概算定额手册的主要内容，由若干分节定额组成。各节定额由工程内容、定额表及附注说明组成。定额项目表主要反映用货币表现的人工费、材料费和机械费及各地区的基价。定额表中列有定额编号、计量单位、概算价格、人工、材料、机械台班消耗量指标。

表3-11是某建筑工程概算定额中带形基础概算定额，该定额是由计价定额（预算定额）为基础综合而成。从该表可以看出：标准砖基础和毛石基础均综合了挖基础土方、挖土装车、土方外运、回填土挖土装车、回填土运回、回填、砌筑等工作内容；砖基础还综合了水平防潮层，毛石基础综合了细石混凝土找平层。

**带形基础概算定额** **表3-11**

工作内容：土方挖、运、回填、砌筑；砖基础水平防潮层，毛石基础细石混凝土找平 计量单位：$m^3$

| 概算定额编号 | | | | 2-1 | | 2-2 | |
|---|---|---|---|---|---|---|---|
| 定额编号 | 项目名称 | 综合单价 | 单位 | 带形基础 | | | |
| | | | | 标准砖 | | 毛石 | |
| | | | | 数量 | 合价 | 数量 | 合计 |
| 基准价 | | 元 | 元 | 803.86 | | 710.01 | |
| 其中 | 人工费 | | 元 | 382.33 | | 388.27 | |
| | 材料费 | | 元 | 268.61 | | 163.41 | |
| | 机械费 | | 元 | 8.34 | | 10.67 | |
| | 管理费 | | 元 | 97.70 | | 99.78 | |
| | 利润 | | | 46.88 | | 47.88 | |
| 1-1 | 人工挖一类干土深1.5m内(运回) | 10.55 | $m^3$ | 1.80 | 18.99 | 1.80 | 18.99 |
| 1-1 | 人工挖一类干土深1.5m内(运出) | 10.55 | $m^3$ | 2.80 | 29.54 | 2.90 | 30.60 |
| 1-92换 | 人力车运土150m内(运出) | 28.49 | $m^3$ | 2.80 | 79.77 | 2.90 | 82.62 |
| 1-92换 | 人力车运土150m内(运回) | 28.49 | $m^3$ | 1.80 | 51.28 | 1.80 | 51.28 |

续表

| 1-104 | | 基槽回填土(夯填) | 31.17 | $m^3$ | 1.80 | 56.11 | 1.80 | 56.11 |
|---|---|---|---|---|---|---|---|---|
| 1-27 | | 人工挖地槽深度 1.5m 以内(干土) | 47.47 | $m^3$ | 1.3 | 61.71 | 1.00 | 47.47 |
| 1-29 | | 人工挖地槽深度 4m 以内(干土) | 59.07 | $m^3$ | 1.3 | 76.79 | 1.00 | 59.07 |
| 1-43 | | 人工挖地槽深度 1.5m 以内(湿土) | 56.97 | $m^3$ | 0.10 | 5.70 | 0.40 | 22.79 |
| 1-45 | | 人工挖地槽深度 4m 以内(湿土) | 72.79 | $m^3$ | 0.10 | 7.28 | 0.50 | 36.40 |
| 4-52 | | 墙基防水砂浆防潮层 | 173.94 | $10m^2$ | 0.06 | 10.44 | | |
| 4-1 | | 标准砖基础 M5 水泥砂浆砌筑 | 406.25 | $m^3$ | 1.00 | 406.25 | | |
| 4-59 | | 毛石基础 M5 水泥砂浆砌筑 | 296.41 | $m^3$ | | | 1.00 | 296.41 |
| 13-18 | | 细石混凝土找平层 40 厚 | 206.97 | $10m^2$ | | | 0.04 | 8.28 |
| 人工及主要材料 | 00010301 | 二类工 | 工日 | | 1.243 | | 1.154 | |
| | 00010401 | 三类工 | 工日 | | 3.642 | | 3.814 | |
| | 04135500 | 标准砖 240 * 115 * 53 | 百块 | | 5.22 | | | |
| | 04010611 | 水泥 32.5 级 | kg | | 59.53 | | 80.32 | |
| | 04030107 | 中砂 | t | | 0.41 | | 0.56 | |
| | 31150101 | 水 | $m^3$ | | 0.18 | | 0.19 | |
| | C00010 | 防水剂 | kg | | 0.35 | | | |
| | 04110200 | 毛石 | t | | | | 1.95 | |
| | 04050203 | 碎石 5～16mm | t | | | | 0.02 | |

## 3.4.4 概算定额的编制

1. 概算定额的编制依据

建筑工程概算定额的编制依据是：

1）现行的设计标准、规范和施工技术规范、规程等。

2）现行的建筑安装预算定额和概算定额。

3）有代表性的设计图纸和标准设计图集。

4）现行的人工工资标准、材料预算价格、机械台班预算价格。

5）有关的施工图预算或工程决算等经济资料。

2. 概算定额的编制原则

1）概算定额项目划分应简明适用

概算定额的项目的粗细程度要适应初步设计深度的要求，在保证一定准确性的前提下，以主体结构分部工程为主，合并相关联的子项，并考虑应用电子计算机编制概算的要求，应简明和便于计算，要求计算简单和项目齐全，但它只能综合，而不能漏项。

2）概算定额水平应与预算定额水平一致

概算定额水平应反映正常条件下大多数地区和企业的生产力水平。但概算定额是在预算定额的基础上综合扩大的，因此，应使概算定额与预算定额两者之间的幅度差应控制在5%以内，这样才能使设计概算起到控制施工图预算的作用。

3. 概算定额的编制步骤

概算定额编制一般分三个阶段：

1）准备阶段：成立编制机构，确定机构人员，进行调查研究，明确编制目的，了解现行概算定额执行情况及存在问题，明确编制方法、编制范围及编制内容，制定概算定额的编制细则和划分定额项目。

2）编制阶段：包括收集、整理各种编制依据，根据已制定的编制细则、定额项目划分和工程量计算规则，对收集到的设计图纸、技术资料进行细致的测算和分析，根据所制定的方法和定额项目编制出概算定额初稿。将该初稿的定额总水平与预算定额水平相比较；如果水平差距较大时，则应进行必要的调整。

3）审查定稿阶段：在征求意见修改之后，形成审批稿，再经批准后即可交付印刷；包括对概预算定额水平进行测算，以保证两者在水平上的一致性。

4. 概算定额的编制方法

概算定额的编制方法与预算定额的编制方法是一致的，只是编制的基础不同，预算定额以施工定额为编制基础，而概算定额以预算定额为基础。在编制概算定额时，首先应根据选定的有代表性的图纸，按工程量规则计算出定额项目的工程量，再根据该项目所综合的预算定额分项工程，分别套用预算定额中的人材机的消耗量，得出概算定额中的项目的人材机的消耗指标。

## 3.5　概算指标

### 3.5.1　概算指标的概念

概算指标相对于概算定额更为综合和概括，它是一种对各类建筑物用建筑面积、体积或万元造价为计算单位，以整个建筑物为依据所整理的造价和人工、主要材料用量的指标。

概算指标通常以 $100m^3$、$100m^2$ 为计量单位，构筑物以座为计量单位，所以估算工程造价较为简便。

### 3.5.2　概算指标的作用

建筑工程概算指标的作用是：

1）在初步设计阶段，在没有条件计算工程量时，可作为编制建筑工程设计概算的依据。

2）设计单位在建筑方案设计阶段，进行方案设计技术经济分析和估算的依据。

3）编制基本建设投资计划和计算材料需要量的依据。

4）投资估算指标的编制依据。

### 3.5.3　概算指标的内容

概算指标是指整个房屋或建筑物单位面积（或单位体积）的消耗指标。概算指标内容包括总说明、经济指标、结构特征等。

1）总说明，主要总体上说明概算指标的用途、编制依据、适用范围、工程量计算规则等。

2）经济指标，说明该单项工程和其中土建、给水排水等单位工程的单价指标。

3）结构特征，说明概算指标的使用条件。示例如表 3-12 所示。

### 3.5.4 概算指标的编制

单位工程概算指标中的构成数据，主要来自各种工程的概算、预算和决算资料。在编制时，首先是选择典型工程和图纸，根据施工图和现行预算计价表编出预算书，求出每 100$m^2$ 建筑面积和预算造价、人工、材料、机械费、主要材料消耗量指标。如每 10$m^2$ 框架工程中的梁、柱混凝土体积的概算指标，是根据现行国家标准图集，各地区设计通用图集以及历年来建设工程中比较常用的工程项目的结构形式，构造和建筑要求进行预算。对所得的大量数据加以整理、分析、归纳计算而得。

**某 3 层框架工业厂房的经济技术指标** **表 3-12**

<table>
<tr><td>项目名称</td><td colspan="3">多层厂房</td><td rowspan="7">每 $m^2$ 主要材料及其他指标</td><td colspan="2">水泥</td><td>$kg/m^2$</td><td>282</td></tr>
<tr><td>檐高/m</td><td>10.8</td><td>建筑占地面积/$m^2$</td><td>466</td><td colspan="2">钢材</td><td>$kg/m^2$</td><td>44</td></tr>
<tr><td>层数/层</td><td>3</td><td>总建筑面积/$m^2$</td><td>1042</td><td colspan="2">钢模</td><td>$kg/m^2$</td><td>2.90</td></tr>
<tr><td>层高/m</td><td>3.6</td><td>其中：地上面积/$m^2$</td><td>1042</td><td colspan="2">原木</td><td>$m^3/m^2$</td><td>0.020</td></tr>
<tr><td>开间/m</td><td>3.5</td><td>地下面积/$m^2$</td><td></td><td rowspan="3">混凝土折厚</td><td>地上</td><td>$cm/m^2$</td><td>19</td></tr>
<tr><td>进深/m</td><td>11.6</td><td>总造价/万元</td><td>64.4</td><td>地下</td><td>$cm/m^2$</td><td>13</td></tr>
<tr><td>间</td><td></td><td>单位造价/(元·$m^2$)</td><td>618</td><td>桩基</td><td>$cm/m^2$</td><td></td></tr>
<tr><td>工程特征</td><td colspan="8">框架结构，钢筋混凝土有梁带形基础，铝合金弹簧门，木门，钢窗，外墙玻璃马赛克，内墙 803 涂料，水磨石地面</td></tr>
<tr><td>设备选型</td><td colspan="8">50 门共电式交换机 1 套，3 台立式冷风机，1 台窗式空调器</td></tr>
</table>

### 3.5.5 概算指标的应用

概算指标的应用具有很大的灵活性。由于它的综合性比较强，在应用的时候，不可能与设计对象的建筑特征、结构特征等完全对应，所以使用应慎重，如果设计对象的建筑特征、结构特征与概算指标的规定有局部的不同时，应先调整后套用，以提高准确性。

## 3.6 建设工程工程量清单计价规范

2003 年 2 月 17 日，建设部 119 号令颁布了国家标准《建设工程工程量清单计价规范》GB 50500—2003，并于 2003 年 7 月 1 日正式实施。2008 年 7 月 9 日，住房城乡建设部以第 63 号公告发布了《建设工程工程量清单计价规范》GB 50500—2008，自 2008 年 12 月 1 日起实施。2012 年 12 月 25 日，公布了《建设工程工程量清单计价规范》GB 50500—2013（以下简称“2013 版计价规范”）和九部专业工程工程量计算规范（以下简称“计算规范”），自 2013 年 7 月 1 日起实施。这是我国工程造价计价方式适应社会主义市场经济发展的一次重大变革，也是我国工程造价计价工作逐步实现向“政府宏观调控、企业自主报价、市场形成价格”的目标迈出坚实的一步。

### 3.6.1 工程量清单概念及其作用

工程量清单是指在工程量清单计价中载明建设工程分部分项工程项目、措施项目、其他项目的名称和相应数量以及规费、税金项目等内容的明细清单。在建设工程发承包及实施过程的不同阶段，又可分别称为“招标工程量清单”及“已标价工程量清单”。

招标工程量清单是指招标人依据国家标准、招标文件、设计文件以及施工现场实际情况编制的，随招标文件发布供投标人投标报价的工程量清单，包括其说明和表格。招标工程量清单应以单位（项）工程为单位编制，应由分部分项工程项目清单、措施项目清单、其他项目清单、规费和税金项目清单组成。

已标价工程量清单是指构成合同文件组成部分的投标文件中已标明价格，经算术性错误修正（如有）且承包人已确认的工程量清单，包括其说明和表格。

1. 工程量清单的主要作用

1）工程量清单是编制工程预算或招标人编制招标控制价的依据。

2）工程量清单是供投标者报价的依据。

3）工程量清单是确定和调整合同价款的依据。

4）工程量清单是计算工程量以及支付工程款的依据。

5）工程量清单是办理工程结算和工程索赔的依据。

2. 工程量清单编制的一般规定

1）招标工程量清单的编制人：招标工程量清单应由具有编制能力的招标人或受其委托、具有相应资质的工程造价咨询人编制。

2）招标工程量清单的编制责任：采用工程量清单计价方式，招标工程量清单必须作为招标文件的组成部分，其准确性和完整性应由招标人负责，投标人依据工程量清单进行投标报价，对工程量清单不负有核实的义务，更不具有修改和调整的权力。

3）编制招标工程量清单应依据：计价规范和相关工程的国家计算规范；国家或省级、行业建设主管部门颁发的计价定额和办法；建设工程设计文件及相关资料；与建设工程有关的标准、规范、技术资料；拟定的招标文件；施工现场情况、地勘水文资料、工程特点及常规施工方案；其他相关资料。

### 3.6.2 工程量清单计价概述

1. 工程量清单计价的基本原理

工程量清单计价是指投标人完成由招标人提供的工程量清单所需的全部费用，包括分部分项工程费、措施项目费、其他项目费和规费、税金。工程量清单计价的基本原理就是以招标人提供的工程量清单为依据，投标人根据自身的技术、财务、管理能力进行投标报价，招标人根据具体的评标细则进行优选。这种计价方式是市场定价体系的具体表现形式。工程量清单计价采取综合单价计价。

2. 工程量清单计价的基本方法和程序

工程量清单计价的基本过程可以描述为：在统一的工程量计算规则的基础上，制定工程量清单项目设置规则，根据具体工程的施工图纸计算出各个清单项目的工程量，再根据各种渠道所获得的工程造价信息和经验数据计算得到工程造价。这一基本的计算过程如图3-1所示。

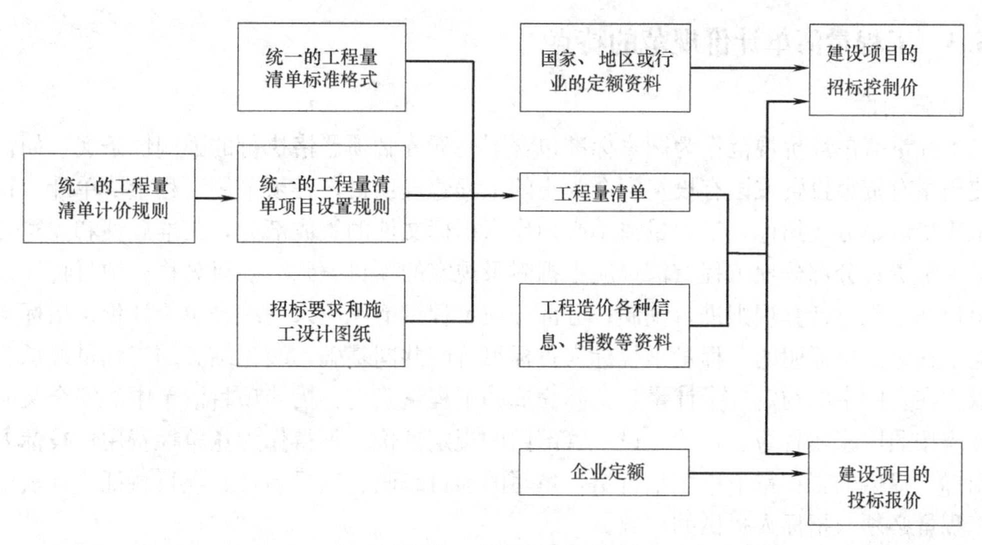


图3-1 工程造价工程量清单计价过程示意

从图3-1中可以看出，其编制过程可以分为两个阶段：工程量清单格式的编制和利用工程量清单来编制招标控制价或投标报价。投标报价是在业主提供的工程量计算结果的基础上，根据企业自身所掌握的各种信息、资料，结合企业定额编制出来的。

3. 工程量清单计价中的计价风险

在工程施工阶段发承包双方都面临许多计价风险，但不是所有的风险都应由某一方承担，而是应按风险共担的原则对风险进行合理分摊。其具体体现在招标文件，合同中对计价风险内容及其范围进行界定和明确。明确计价中的风险内容及其范围，不得采用无限风险、所有风险或类似语句规定计价中的风险内容及范围。根据我国工程建设特点，投标人应完全承担技术风险和管理风险，如管理费和利润；应有限度承担市场风险，如材料价格、施工机械使用费；应完全不承担法律、法规、规章和政策变化的风险。应由发包人承担的风险有：国家法律、法规、规章和政策发生变化；省级或行业建设主管部门发布的人工费调整，但承包人对人工费或人工单价的报价高于发布的除外；由政府定价或政府指导价管理的原材料等价格进行了调整。

由于市场物价波动影响合同价款的，应由发承包双方合理分摊。由于承包人使用机械设备、施工技术以及组织管理水平等自身原因造成施工费用增加的，应由承包人全部承担。

因不可抗力事件导致的人员伤亡、财产损失及其费用增加，发承包双方应按下列原则分别承担并调整合同价款和工期：

（1）合同工程本身的损害、因工程损害导致第三方人员伤亡和财产损失以及运至施工场地用于施工的材料和待安装的设备的损害，应由发包人承担。

（2）发包人、承包人人员伤亡应由其所在单位负责，并应承担相应费用。

（3）承包人的施工机械设备损坏及停工损失，应由承包人承担。

（4）停工期间，承包人应发包人要求留在施工场地的必要的管理人员及保卫人员的费用应由发包人承担。

(5) 工程所需清理、修复费用，应由发包人承担。

### 3.6.3 工程量清单计价规范的特点

1. 强制性

工程量清单计价规范作为国家标准包含了一部分必须严格执行的强制性条文，如：全部使用国有资金投资或国有投资资金为主的工程建设项目，必须采用工程量清单计价；采用工程量清单方式招标，工程量清单必须作为招标文件的组成部分，其准确性和完整性由招标人负责；分部分项工程量清单应根据附录规定的项目编码、项目名称、项目特征、计量单位和工程量计算规则进行编制；分部分项工程量清单应采用综合单价计价；招标文件中的工程量清单标明的工程量是投标人投标报价的共同基础，竣工结算的工程量按承、发包双方在合同中的约定应予计量且实际完成的工程量确定；措施项目清单中的安全文明施工费应按照国家或省级、行业建设主管部门的规定计价，不得作为竞争性费用；投标人应按招标人提供的工程量清单填报价格，填写的项目编码、项目名称、项目特征、计量单位和工程量必须与招标人提供的一致。

2. 实用性

主要表现在计价规范的附录中，工程量清单及其计算规则的项目名称表现的是工程实体项目，项目名称明确清晰，工程量计算规则简洁明了。特别还列有项目特征和工作内容，易于编制工程量清单时确定具体项目名称和投标报价。

3. 竞争性

一方面，表现在工程量清单计价规范中从政策性规定到一般内容的具体规定，充分体现了工程造价由市场竞争形成价格的原则。工程量清单计价规范中的措施项目，在工程量清单中只列“措施项目”一栏，具体采用什么措施由投标企业的施工组织设计，视具体情况报价。另一方面，工程量清单计价规范中人工、材料和施工机械没有具体的消耗量，投标企业可以依据企业定额、市场价格或参照建设主管部门发布的社会平均消耗量定额、价格信息进行报价，为企业报价提供了自主的空间。

4. 通用性

表现在我国工程量清单计价是与国际惯例接轨的，符合工程量计算方法标准化、工程量清单计算规则统一化、工程造价确定市场化的要求。

### 3.6.4 工程量清单计价规范主要内容

2013版计价规范主要内容包括：总则、术语、一般规定、工程量清单编制、招标控制价、投标报价、合同价款约定、工程计量、合同价款调整、合同价款中期支付、竣工结算与支付、合同解除的价款结算与支付、合同价款争议的解决、工程造价鉴定、工程计价资料与档案、计价表格等。

计算规范是在2008版计价规范附录A、B、C、D、E、F的基础上制订的，内容包括：房屋建筑与装饰工程、仿古建筑工程、通用安装工程、市政工程、园林绿化工程、矿山工程、构筑物工程、城市轨道交通工程、爆破工程九个专业。

各专业工程量计算规范包括总则、术语、工程计量、工程量清单编制、附录等。

### 3.6.5 总则

1）为规范建设工程造价计价行为，统一建设工程计价文件的编制原则和计价方法，根据《中华人民共和国建筑法》《中华人民共和国合同法》《中华人民共和国招标投标法》等法律法规，制定本规范。

2）本规范适用于建设工程发承包及实施阶段的计价活动。

3）建设工程发承包及实施阶段的工程造价应由分部分项工程费、措施项目费、其他项目费、规费和税金组成。

4）招标工程量清单、招标控制价、投标报价、工程计量、合同价款调整、合同价款结算与支付以及工程造价鉴定等工程造价文件的编制与核对，应由具有专业资格的工程造价人员承担。

5）承担工程造价文件的编制与核对的工程造价人员及其所在单位，应对工程造价文件的质量负责。

6）建设工程发承包及实施阶段的计价活动应遵循客观、公正、公平的原则。

7）建设工程发承包及实施阶段的计价活动，除应符合本规范外，尚应符合国家现行有关标准的规定。

### 3.6.6 术语

1. 工程量清单

载明建设工程分部分项工程项目、措施项目、其他项目的名称和相应数量以及规费、税金项目等内容的明细清单。

2. 招标工程量清单

招标人依据国家标准、招标文件、设计文件以及施工现场实际情况编制的，随招标文件发布供投标报价的工程量清单，包括其说明和表格。

3. 已标价工程量清单

构成合同文件组成部分的投标文件中已标明价格，经算术性错误修正（如有）且承包人已确认的工程量清单，包括其说明和表格。

4. 分部分项工程

分部工程是单项或单位工程的组成部分，是按结构部位、路段长度及施工特点或施工任务将单项或单位工程划分为若干分部的工程；分项工程是分部工程的组成部分，是按不同施工方法、材料、工序及路段长度等将分部工程划分为若干个分项或项目的工程。

5. 措施项目

为完成工程项目施工，发生于该工程施工准备和施工过程中的技术、生活、安全、环境保护等方面的项目。

6. 项目编码

分部分项工程和措施项目清单名称的阿拉伯数字标识。

7. 项目特征

构成分部分项工程项目、措施项目自身价值的本质特征。

8. 综合单价

完成一个规定清单项目所需的人工费、材料和工程设备费、施工机具使用费和企业管理费、利润以及一定范围内的风险费用。

9. 风险费用

隐含于已标价工程量清单综合单价中，用于化解发承包双方在工程合同中约定内容和范围内的市场价格波动风险的费用。

10. 工程成本

承包人为实施合同工程并达到质量标准，在确保安全施工的前提下，必须消耗或使用的人工、材料、工程设备、施工机械台班及其管理等方面发生的费用和按规定缴纳的规费和税金。

11. 单价合同

发承包双方约定以工程量清单及其综合单价进行合同价款计算、调整和确认的建设工程施工合同。

12. 总价合同

发承包双方约定以施工图及其预算和有关条件进行合同价款计算、调整和确认的建设工程施工合同。

13. 成本加酬金合同

承包双方约定以施工工程成本再加合同约定酬金进行合同价款计算、调计算、调整和确认的建设工程施工合同。

14. 工程造价信息

工程造价管理机构根据调查和测算发布的建设工程人工、材料、工程设备、施工机械台班的价格信息，以及各类工程的造价指数、指标。

15. 工程造价

指数反映一定时期的工程造价相对于某一固定时期的工程造价变化程度的比值或比率，包括按单位或单项工程划分的造价指数，按工程造价构成要素划分的人工、材料、机械等价格指数。

16. 工程变更

合同工程实施过程中由发包人提出或由承包人提出经发包人批准的合同工程任何一项工作的增、减、取消或施工工艺、顺序、时间的改变；设计图纸的修改；施工条件的改变；招标工程量清单的错、漏从而引起合同条件的改变或工程量的增减变化。

17. 工程量偏差

承包人按照合同工程的图纸（含经发包人批准由承包人提供的图纸）实施，按照现行国家计量规范规定的工程量计算规则计算得到的完成合同工程项目应予计量的工程量与相应的招标工程量清单项目列出的工程量之间出现的量差。

18. 暂列金额

招标人在工程量清单中暂定并包括在合同价款中的一笔款项。用于工程合同签订时尚未确定或者不可预见的所需材料、工程设备、服务的采购，施工中可能发生的工程变更、合同约定调整因素出现时的合同价款调整以及发生的索赔、现场签证确认等的费用。

19. 暂估价

招标人在工程量清单中提供的用于支付必然发生但暂时不能确定价格的材料、工程设备的单价以及专业工程的金额。

20. 计日工

在施工过程中，承包人完成发包人提出的工程合同范围以外的零星项目或工作，按合同中约定的单价计价的一种方式。

21. 总承包服务费

总承包人为配合协调发包人进行的专业工程发包，对发包人自行采购的材料、工程设备等进行保管以及施工现场管理、竣工资料汇总整理等服务所需的费用。

22. 安全文明施工费

在合同履行过程中，承包人按照国家法律、法规、标准等规定，为保证安全施工、文明施工，保护现场内外环境和搭拆临时设施等所采用的措施而发生的费用。

23. 索赔

在工程合同履行过程中，合同当事人一方因非己方的原因而遭受损失，按合同约定或法律法规规定承担责任，从而向对方提出补偿的要求。

24. 现场签证

发包人现场代表（或其授权的监理人、工程造价咨询人）与承包人现场代表就施工过程中涉及的责任事件所做的签认证明。

25. 提前竣工（赶工）费

承包人应发包人的要求而采取加快工程进度措施，使合同工程工期缩短，由此产生的应由发包人支付的费用。

26. 误期赔偿费

承包人未按照合同工程的计划进度施工，导致实际工期超过合同工期（包括经发包人批准的延长工期），承包人应向发包人赔偿损失的费用。

27. 不可抗力

发承包双方在工程合同签订时不能预见的，对其发生的后果不能避免，并且不能克服的自然灾害和社会性突发事件。

28. 工程设备

工程设备指构成或计划构成永久工程一部分的机电设备、金属结构设备、仪器装置及其他类似的设备和装置。

29. 缺陷责任期

缺陷责任期指承包人对已交付使用的合同工程承担合同约定的缺陷修复责任的期限。

30. 质量保证金

发承包双方在工程合同中约定，从应付合同价款中预留，用以保证承包人在缺陷责任期内履行缺陷修复义务的金额。

31. 费用

承包人为履行合同所发生或将要发生的所有合理开支，包括管理费和应分摊的其他费用，但不包括利润。

32. 利润

承包人完成合同工程获得的盈利。

33. 企业定额

施工企业根据本企业的施工技术、机械装备和管理水平而编制的人工、材料和施工机械台班等消耗标准。

34. 规费

根据国家法律、法规规定，由省级政府或省级有关权力部门规定施工企业必须缴纳的，应计入建筑安装工程造价的费用。

35. 税金

国家税法规定的应计入建筑安装工程造价内的营业税、城市维护建设税、教育费附加和地方教育附加。

36. 发包人

具有工程发包主体资格和支付工程价款能力的当事人以及取得该当事人资格的合法继承人，本规范有时又称招标人。

37. 承包人

被发包人接受的具有工程施工承包主体资格的当事人以及取得该当事人资格的合法继承人，本规范有时又称投标人。

38. 工程造价咨询人

取得工程造价咨询资质等级证书，接受委托从事建设工程造价咨询活动的当事人以及取得该当事人资格的合法继承人。

39. 造价工程师

取得造价工程师注册证书，在一个单位注册、从事建设工程造价活动的专业人员。

40. 造价员

取得全国建设工程造价员资格证书，在一个单位注册、从事建设工程造价活动的专业人员。

41. 单价项目

工程量清单中以单价计价的项目，即根据合同工程图纸（含设计变更）和相关工程现行国家计量规范规定的工程量计算规则进行计量，与已标价工程量清单相应综合单价进行价款计算的项目。

42. 总价项目

工程量清单中以总价计价的项目，即此类项目在相关工程现行国家计量规范中无工程量计算规则，以总价（或计算基础乘费率)计算的项目。

43. 工程计量

发承包双方根据合同约定，对承包人完成合同工程的数量进行的计算和确认。

44. 工程结算

发承包双方根据合同约定，对合同工程在实施中、终止时、已完工后进行的合同价款计算、调整和确认，包括期中结算、终止结算、竣工结算。

45. 招标控制价

招标人根据国家或省级、行业建设主管部门颁发的有关计价依据和办法，以及拟定的招标文件和招标工程量清单，结合工程具体情况编制的招标工程的最高投标限价。

46. 投标价

投标人投标时响应招标文件要求所报出的对已标价工程量清单汇总后标明的总价。

47. 签约合同价（合同价款）

发承包双方在工程合同中约定的工程造价，即包括了分部分项工程费、措施项目费、其他项目费、规费和税金的合同总金额。

48. 预付款

在开工前，发包人按照合同约定，预先支付给承包人用于购买合同工程施工所需的材料、工程设备，以及组织施工机械和人员进场等的款项。

49. 进度款

在合同工程施工过程中，发包人按照合同约定对付款周期内承包人完成的合同价款给予支付的款项，也是合同价款期中结算支付。

50. 合同价款调整

在合同价款调整因素出现后，发承包双方根据合同约定，对合同价款进行变动的提出、计算和确认。

51. 竣工结算价

发承包双方依据国家有关法律、法规和标准规定，按照合同约定确定的，包括在履行合同过程中按合同约定进行的合同价款调整，是按合同约定完成了全部承包工作后，发包人应付给承包人的合同总金额。

52. 工程造价鉴定

工程造价咨询人接受人民法院、仲裁机关委托，对施工合同纠纷案件中的工程造价争议，运用专门知识进行鉴别、判断和评定，并提供鉴定意见的活动，也称为工程造价司法鉴定。

### 3.6.7 一般规定

1. 计价方式

使用国有资金投资的建设工程发承包，必须采用工程量清单计价。

非国有资金投资的建设工程，宜采用工程量清单计价。

不采用工程量清单计价的建设工程，应执行本规范除工程量清单等专门性规定外的其他规定。

工程量清单应采用综合单价计价。

措施项目中的安全文明施工费必须按国家或省级、行业建设主管部门的规定计算，不得作为竞争性费用。

规费和税金必须按国家或省级、行业建设主管部门的规定计算，不得作为竞争性费用。

2. 发包人提供材料和工程设备

发包人提供的材料和工程设备（以下简称甲供材料）应在招标文件中按照本规范附录L.1的规定填写《发包人提供材料和工程设备一览表》，写明甲供材料的名称、规格、数量、单价、交货方式、交货地点等。

承包人投标时，甲供材料单价应计入相应项目的综合单价中，签约后，发包人应按合同约定扣除甲供材料款，不予支付。

承包人应根据合同工程进度计划的安排，向发包人提交甲供材料交货的日期计划。发包人应按计划提供。

发包人提供的甲供材料如规格、数量或质量不符合合同要求，或由于发包人原因发生交货日期延误、交货地点及交货方式变更等情况的，发包人应承担由此增加的费用和(或）工期延误，并应向承包人支付合理利润。

发承包双方对甲供材料的数量发生争议不能达成一致的，应按照相关工程的计价定额同类项目规定的材料消耗量计算。

若发包人要求承包人采购已在招标文件中确定为甲供材料的，材料价格应由发承包双方根据市场调查确定，并应另行签订补充协议。

### 3.6.8 工程量清单编制

1. 一般规定

招标工程量清单应由具有编制能力的招标人或受其委托、具有相应资质的工程造价咨询人编制。

招标工程量清单必须作为招标文件的组成部分，其准确性和完整性应由招标人负责。

招标工程量清单是工程量清单计价的基础，应作为编制招标控制价、投标报价、计算或调整工量、索赔等的依据之一。

招标工程量清单应以单位（项）工程为单位编制，应由分部分项工程项目清单、措施项目清单、其他项目清单、规费和税金项目清单组成。

编制招标工程量清单应依据：

1）本规范和相关工程的国家计量规范；

2）国家或省级、行业建设主管部门颁发的计价定额和办法；

3）建设工程设计文件及相关资料；

4）与建设工程有关的标准、规范、技术资料；

5）拟定的招标文件；

6）施工现场情况、地勘水文资料、工程特点及常规施工方案；

7）其他相关资料。

2. 分部分项工程项目

分部分项工程项目清单必须载明项目编码、项目名称、项目特征、计量单位和工程量。

分部分项工程项目清单必须根据相关工程现行国家计量规范规定的项目编码、项目名称、项目特征、计量单位和工程量计算规则进行编制。

3. 措施项目

措施项目清单必须根据相关工程现行国家计量规范的规定编制。

措施项目清单应根据拟建工程的实际情况列项。

4. 其他项目

其他项目清单应按照下列内容列项：暂列金额；暂估价，包括材料暂估单价、工程设备暂估单价、专业工程暂估价；计日工；总承包服务费。

暂列金额应根据工程特点按有关计价规定估算。

暂估价中的材料、工程设备暂估单价应根据工程造价信息或参照市场价格估算，列出明细表；专业工程暂估价应分不同专业，按有关计价规定估算，列出明细表。

计日工应列出项目名称、计量单位和暂估数量。

总承包服务费应列出服务项目及其内容等。

出现本规范未列的项目，应根据工程实际情况补充。

5. 规费

规费项目清单应按照下列内容列项：

1）社会保险费：包括养老保险费、失业保险费、医疗保险费、工伤保险费、生育保险费；

2）住房公积金；

3）工程排污费。

出现本规范未列的项目，应根据省级政府或省级有关部门的规定列项。

6. 税金

1）税金项目清单应包括下列内容：营业税；城市维护建设税；教育费附加；地方教育附加。

2）出现本规范未列的项目，应根据税务部门的规定列项。

### 3.6.9 招标控制价

招标控制价应根据下列依据编制与复核：

1）本规范；

2）国家或省级、行业建设主管部门颁发的计价定额和计价办法；

3）建设工程设计文件及相关资料；

4）拟定的招标文件及招标工程量清单；

5）与建设项目相关的标准、规范、技术资料；

6）施工现场情况、工程特点及常规施工方案；

7）工程造价管理机构发布的工程造价信息，当工程造价信息没有发布时，参照市场价；

8）其他的相关资料。

综合单价中应包括招标文件中划分的应由投标人承担的风险范围及其费用。招标文件中没有明确的，如是工程造价咨询人编制，应提请招标人明确；如是招标人编制，应予明确。

分部分项工程和措施项目中的单价项目，应根据拟定的招标文件和招标工程量清单项目中的特征描述及有关要求确定综合单价计算。

措施项目中的总价项目应根据拟定的招标文件和常规施工方案计价。

其他项目应按下列规定计价：

1）暂列金额应按招标工程量清单中列出的金额填写；

2）暂估价中的材料、工程设备单价应按招标工程量清单中列出的单价计入综合单价；

3）暂估价中的专业工程金额应按招标工程量清单中列出的金额填写；

4）计日工应按招标工程量清单中列出的项目根据工程特点和有关计价依据确定综合单价计算；

5）总承包服务费应根据招标工程量清单列出的内容和要求估算；

6）规费和税金应按本规范规定计算。

### 3.6.10 投标报价

投标报价应根据下列依据编制和复核：

1）本规范；

2）国家或省级、行业建设主管部门颁发的计价办法；

3）企业定额，国家或省级、行业建设主管部门颁发的计价定额和计价办法；

4）招标文件、招标工程量清单及其补充通知、答疑纪要；

5）建设工程设计文件及相关资料；

6）施工现场情况、工程特点及投标时拟定的施工组织设计或施工方案；

7）与建设项目相关的标准、规范等技术资料；

8）市场价格信息或工程造价管理机构发布的工程造价信息；

9）其他的相关资料。

综合单价中应包括招标文件中划分的应由投标人承担的风险范围及其费用，招标文件中没有明确的，应提请招标人明确。

分部分项工程和措施项目中的单价项目，应根据招标文件和招标工程量清单项目中的特征描述确定综合单价计算。

措施项目中的总价项目金额应根据招标文件及投标时拟定的施工组织设计或施工方案，按本规范规定自主确定。

其他项目应按下列规定报价：

1）暂列金额应按招标工程量清单中列出的金额填写；

2）材料、工程设备暂估价应按招标工程量清单中列出的单价计入综合单价；

3）专业工程暂估价应按招标工程量清单中列出的金额填写；

4）计日工应按招标工程量清单中列出的项目和数量，自主确定综合单价并计算计日工金额；

5）总承包服务费应根据招标工程量清单中列出的内容和提出的要求自主确定。

规费和税金应按本规范规定确定。

投标总价应当与分部分项工程费、措施项目费、其他项目费和规费、税金的合计金额一致。

## 本章小结

本章主要介绍了工程造价计价依据的种类和编制原理，分别介绍了施工定额、预算定额、概算定额、概算指标和工程量清单计价规范等内容。

施工定额是工程建设定额体系中的基础性定额，用于企业内部的施工管理，属于企业定额；预算定额是计价性定额，是以施工定额为基础综合、扩大并考虑人工和机械的幅度差和材料的损耗率差异编制而成，是施工图预算的主要依据；概算定额一般是在预算定额的基础上综合扩大而成，每一个概算定额子目都包含了若干项预算定额，是编制设计概算和修正概算的依据；概算指标虽然同概算定额一样是设计概算的依据，主要应用于初步设计阶段，因此概算指标的设定与初步设计的深度相适应，以建筑面积、体积等作为计量单位确定人材机消耗标准和造价指标。

## 思考与练习题

3-1　什么是建筑工程定额？试述建筑工程定额有哪些性质和作用？

3-2　什么叫定额水平？试述定额水平和生产力之间的关系？

3-3　简述施工定额的概念、内容和主要作用。

3-4　劳动定额、材料消耗定额和机械台班消耗定额的基本概念是什么？

3-5　简述时间定额、产量定额的概念、两者的关系如何？

3-6　简述制定劳动定额的几种方法及各自的优缺点？

3-7　材料消耗定额的编制方法有哪些？

3-8　什么叫预算定额？预算定额有何作用？

3-9　简述基本用工、超运距用工、辅助用工、人工幅度差、机械幅度差的概念。

3-10　试述人工工资单价和材料预算价格的组成及计算。

3-11　什么叫工程计价表？试述工程计价表的基本形式。

3-12　什么叫工程量清单？试述工程量清单的基本组成内容。

3-13　试计算标准砖一砖半厚墙所需要的标准砖和砂浆的净用量。

3-14　阐述概算定额和概算指标的定义和作用。

# 第4章　设计概算

## 本章要点及学习目标

本章要点：

了解设计概算的基本内容，掌握单位工程设计概算的编制方法与步骤。

学习目标：

设计概算概念；设计概算内容；设计概算编制方法。

据资料统计，工程初步设计阶段影响项目造价的可能性为75%～95%，而施工图设计阶段影响项目造价的可能性只为5%～35%。很显然，工程造价控制的关键在于施工以前的设计阶段，因此设计阶段是建设全过程工程造价控制的重点。国家规定，初步设计阶段必须编制设计概算。该阶段编制的设计概算应当控制在投资估算以内。经投资主管部门审批或者核准的国有资金投资项目设计概算是该建设项目投资和造价控制的最高限额，未经原项目审批部门批准不得随意调整或者突破。

## 4.1　设计概算的含义

根据国家有关文件的规定，一般工业项目设计可按初步设计和施工图设计两个阶段进行，称为“两阶段设计”；对于技术上复杂、在设计时有一定难度的工程，根据项目相关管理部门的意见和要求，可以按初步设计、技术设计和施工图设计三个阶段进行，称为“三阶段设计”；小型工程建设项目、技术上较简单的项目，经项目相关管理部门同意，可以简化为施工图设计一阶段进行。

设计概算是以初步设计文件为依据，按照规定的程序、方法和依据，对建设项目总投资及其构成进行的概略计算。具体而言，设计概算是在投资估算的控制下由设计单位根据初步设计或扩大初步设计的图纸及说明，利用国家或地区颁发的概算指标、概算定额、综合指标预算定额、各项费用定额或取费标准（指标）、建设地区自然、技术经济条件和设备、设备材料预算价格等资料，按照设计要求，对建设项目从筹建至竣工交付使用所需全部费用进行的预计。设计概算的成果文件称作设计概算书，也简称设计概算。设计概算书是初步设计文件的重要组成部分，其特点是编制工作相对简略，无须达到施工图预算的准确程度，采用两阶段设计的建设项目，初步设计阶段必须编制设计概算；采用三阶段设计的，扩大初步设计阶段必须编制修正概算。

设计概算的编制内容包括静态投资和动态投资两个层次，静态投资作为考核工程设计和施工图预算的依据，动态投资作为项目筹措、供应和控制资金使用的限额。

设计概算经批准后，一般不得调整。如果由于下列原因需要调整概算时，应由建设单位调查分析变更原因，报主管部门审批同意后，由原设计单位核实编制调整概算，并按有关审批程序报批。当影响工程概算的主要因素查明且工程量完成了一定量后，方可对其进行调整。一个工程只允许调整一次概算。允许调整概算的原因包括：一是超出原设计范围的重大变更；二是超出基本预备费规定的范围不可抗拒的重大自然灾害引起的工程变动和费用增加；三是超出工程造价价差预备费的国家重大政策性的调整。

## 4.2　设计概算的作用

1. 设计概算是编制建设项目投资计划、确定和控制建设项目投资的依据

国家规定：编制年度固定资产投资计划，确定计划投资总额及其构成数额，要以批准的初步设计概算为依据，没有批准的初步设计及其概算的建设工程不能列入年度固定资产投资计划。经批准的建设项目设计总概算的投资额，是该工程建设投资的最高限额。

2. 设计概算是签订建设工程合同和贷款合同的依据

《中华人民共和国合同法》（以下简称“《合同法》”）明确规定，建设工程合同是承包人进行工程建设、发包人支付价款的合同。合同价款的多少是以设计概算为依据的，而且总承包合同不得超过设计总概算的投资额。

设计概算是银行拨款或签订贷款合同的最高限额，建设项目的全部拨款或贷款以及各单项工程的拨款或贷款的累计总额，不能超过设计概算。

3. 设计概算是控制施工图设计和施工图预算的依据

经批准的设计概算是建设项目投资的最高限额，设计单位必须按照批准的初步设计和总概算进行施工图设计，施工图预算不得突破设计概算。如确需突破总概算时，应按规定程序报经审批。

4. 设计概算是衡量设计方案技术经济合理性和选择最佳设计方案的依据

设计概算是设计方案技术经济合理性的综合反映，据此可以用来对不同的设计方案进行技术与经济合理性比较，以便选择最佳的设计方案。

5. 设计概算是工程造价管理及编制招标标底和投标报价的依据

设计总概算一经批准，就作为工程造价管理的最高限额，并据此对工程造价进行严格的控制。以设计概算进行招投标的工程，招标单位编制标底是以设计概算造价为依据的，并以此作为评标定标的依据。

6. 设计概算是考核建设项目投资效果的依据

通过设计概算与竣工决算对比，可以分析和考核投资效果的好坏，同时还可以验证设计概算的准确性，有利于加强设计概算管理和建设项目的造价管理工作。

## 4.3　设计概算的内容

设计概算可分单位工程概算、单项工程综合概算和建设项目总概算三级。单位工程概算是确定各单位工程建设费用的文件，是编制单项工程综合概算的基础，是单项工程综合概算的组成部分。单项工程综合概算是确定一个单项工程所需建设费用的文件，是由单项工程中的各单位工程概算汇总编制而成的，是建设项目总概算的组成部分。建设项目总概算是确定整个建设项目从筹建到竣工验收所需要全部费用的文件，它是由各单项工程综合概算、工程建设其他费用概算、预备费、投资方向调节税概算、建设期贷款利息概算、经

营性项目铺底流动资金等汇总编制而成的。

1. 单位工程概算

单位工程概算是以初步设计文件为依据，按照规定的程序、方法和依据，计算单位工程费用的成果文件，是编制单项工程综合概算的依据，是单项工程综合概算的组成部分。单位工程概算按其工程性质分为建筑工程概算和设备及安装工程概算两大类。

建筑工程概算包括土建工程概算，给水排水、采暖工程概算，通风、空调工程概算，电气照明工程概算，弱电工程概算，特殊构筑物工程概算和工业管道工程概算等。设备及安装工程概算包括机械设备及安装工程概算，电气设备及安装工程概算，以及工具、器具及生产家具购置费概算等。

2. 单项工程综合概算

单项工程综合概算是以初步设计文件为依据，在单位工程概算的基础上汇总单项工程费用的成果文件，由单项工程中的各单位工程概算汇总编制而成的，是建设项目总概算的组成部分。单项工程综合概算的组成内容如图 4-1 所示。

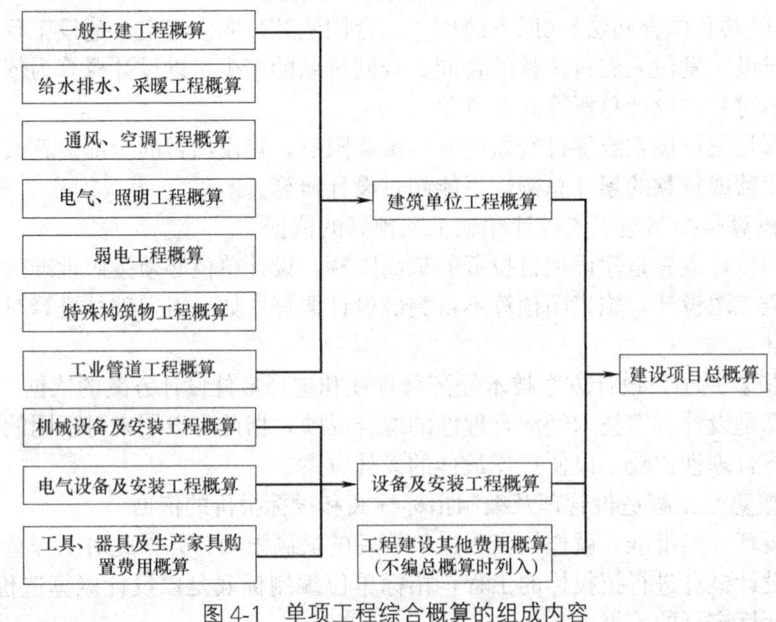


图 4-1 单项工程综合概算的组成内容

3. 建设项目总概算

建设项目总概算是以初步设计文件为依据，在单项工程综合概算的基础上计算建设项目概算总投资的成果文件，包含整个建设项目从筹建到竣工验收所需要全部的费用，它是由各单项工程综合概算、工程建设其他费用概算、预备费、投资方向调节税概算和建设期贷款利息概算和经营性项目铺底流动资金等汇总编制而成的。

## 4.4 设计概算的编制原则和依据

### 4.4.1 设计概算的编制原则

为提高建设项目设计概算编制质量，科学合理地确定建设项目投资，设计概算编制应坚持以下原则：

1）严格执行国家的建设方针和经济政策的原则。设计概算是一项重要的技术经济工作，要严格按照党和国家的方针、政策办事，坚决执行勤俭节约的方针，严格执行规定的设计标准。

2）要完整、准确地反映设计内容的原则。编制设计概算时，要认真了解设计意图，根据设计文件、图纸准确计算工程量，避免重算和漏算。设计修改后，要及时修正概算。

3）要坚持结合拟建工程的实际，反映工程所在地当时价格水平的原则。为提高设计概算的准确性，要实事求是地对工程所在地的建设条件、可能影响造价的各种因素进行认真的调查研究。在此基础上正确使用定额、指标、费率和价格等各项编制依据，按照现行工程造价的构成，根据有关部门发布的价格信息及价格调整指数，考虑建设期的价格变化因素，使概算尽可能地反映设计内容、施工条件和实际价格。

### 4.4.2 设计概算的编制依据

1）国家发布的有关法律、法规、规章、规程等。

2）批准的可行性研究报告及投资估算、设计图纸等有关资料。

3）有关部门颁布的现行概算定额、概算指标、费用定额等和建设项目设计概算编制办法。

4）有关部门发布的人工、设备材料价格造价指数等。

5）有关合同、协议等。

6）其他有关资料。

## 4.5 设计概算的编制方法

### 4.5.1 单位工程概算及编制方法

单位工程概算分建筑和设备及安装工程概算两大类，应根据单项工程中所属的每个单体按专业分别编制，一般分为土建、装饰、采暖通风、给水排水、照明、工艺安装、自控仪表、通信、道路等专业或工程分别编制。单位工程概算分建筑工程建筑工程概算的编制方法有概算定额、概算指标法、类似工程预算法等；设备及安装工程概算的编制方法有预算单价法、概算指标法、设备价值百分比法和综合吨位指标法等。

1. 建筑工程概算的编制方法

1）概算定额法（扩大单价法）

概算定额法又称扩大单价法或扩大结构定额法。它是采用概算定额编制建筑工程概算的方法。

当初步设计建设项目达到一定深度，建筑结构比较明确，基本上能按初步设计图纸计算出楼面、地面、墙体、门窗和屋面等分部工程的工程量时，可采用这种方法编制建筑工程概算。在采用扩大单价法编制概算时，首先根据概算定额编制成扩大单位估价表，作为概算定额基价，然后用算出的扩大分部分项工程的工程量乘以单位估价，进行具体计算。扩大单位估价表是确定单位工程中各扩大分部分项工程或完整的结构件所需全部材料费、人工费、施工机械使用费之和的文件，计算公式为：

概算定额基价＝概算定额单位材料费＋概算定额单位人工费＋概算定额单位施工机械使用费＝∑（概算定额中材料消耗量×材料预算价格）＋

∑（概算定额中人工工日消耗量×人工工资单价）＋

∑（概算定额中施工机械台班消耗量×机械台班费用单价） （4-1）

2）概算指标法

概算指标法是用拟建的厂房、住宅的建筑面积或体积乘以技术条件相同或基本相同的概算指标得出人工、材料、机械费，然后按规定计算出企业管理费、利润、规费和税金等，得出单位工程概算的方法。当初步设计深度不够、不能准确地计算工程量，但工程设计采用的技术比较成熟而又有类似概算指标可以利用时，可采用概算指标法来编制概算。

3）类似工程预算法

当建设工程对象尚无完整的初步设计方案，而建设单位又急需上报设计概算时，可采用此法。类似工程预算法是利用技术条件与设计对象相类似的已完工程或在建工程的工程造价资料来编制拟建工程设计概算的方法。类似工程预算法就是以原有的相似工程的预算为基础，按编制概算指标方法求出单位工程的概算指标，再按概算指标法编制建筑工程概算。

2. 设备及安装工程概算的编制方法

单位设备及安装工程概算包括单位设备及工器具购置费概算和单位设备安装工程费概算两大部分。

1）设备购置费概算

设备购置费是根据初步设计的设备清单计算出设备原价，并汇总出设备总原价，然后按有关规定的设备运杂费率乘以设备总原价，设备原价和运杂费两项汇总之后再考虑工器具及生产家具购置费，即为设备及工器具购置费概算。可按下式计算：

设备购置概算价值＝设备原价＋设备运杂费＝设备原价×(1＋设备运杂费率) (4-2)

2）设备安装工程概算

应按初步设计的设计深度和要求所明确的程度而采用，设备安装工程概算造价的编制方法有：

(1) 预算单价法。当初步设计较深，有详细的设备清单时，可直接按安装工程预算定额单价编制设备安装单位工程概算，概算程序基本上与安装工程施工图预算相同，就是根据计算的设备安装工程量乘以安装工程预算综合单价，经汇总求得。用此法编制概算，计算比较具体，精确性较高。

(2) 扩大单价法。当初步设计深度不够，设备清单不完备，只有主体设备或仅有成套设备的数量时，可采用主体设备、成套设备或工艺线的综合扩大安装单价来编制概算。

(3) 概算指标法。当初步设计的设备清单不完备，或安装预算单价及扩大综合单价不全，无法采用预算单价法和扩大单价法时，可采用概算指标编制概算。

### 4.5.2 单项工程综合概算

单项工程综合概算是以其所辖的建筑工程概算表和设备安装概算表为基础汇总编制

的，是确定单项工程建设费用的综合文件，是由该单项工程的各专业单位工程概算汇总而成的，是建设项目总概算的组成部分。当建设项目只有一个单项工程时，单项工程综合概算（实为总概算）还应包括工程建设其他费用，含建设期贷款利息、预备费等的概算。

### 4.5.3 建设项目总概算

建设项目总概算是设计文件的重要组成部分，是确定整个建设项目从筹建到建成竣工交付使用所预计花费的全部费用的总文件。它是由各单项工程综合概算、工程建设其他费用、建设期贷款利息、预备费和经营性项目的铺底流动资金，按照主管部门规定的统一表格进行编制而成的。建筑工程项目总概算书的内容一般应包括：封面及目录、编制说明、总概算表、工程建设其他费用概算表、单项工程综合概算表、单位工程概算表、工程量计算表、分年度投资汇总表与分年度资金流量汇总表，以及主要材料汇总表与工日数量表等。

## 本章小结

设计概算是设计文件的重要组成部分，是确定和控制建设项目投资的依据，也是评价设计方案的依据。根据设计深度等有关资料的齐备程度不同，通常可以采用概算定额法、概算指标法以及类似工程法等方法进行。

当拟建工程初步设计文件具有一定的深度，能根据初步设计文件并结合概算定额的项目划分计算出各主要分部分项工程量时，应采用概算定额法编制概算；当初步设计深度不够，不能准确计算工程量，但工程采用的技术较成熟而又有类似概算指标可以利用时，可采用概算指标编制概算，这种方法的关键是要合理地选用概算指标及正确地调整和换算有差异的地方并修正概算指标；如果拟建工程尚无完整的初步设计方案，或概算定额和概算指标不全，而拟建工程与已建或在建工程相似，可以采用类似工程预算法编制概算，用类似工程预决算编制概算，需根据建设地点、建筑结构上的差异，地区材料价格及工资差异等因素对概算进行调整。

## 思考与练习题

4-1 设计概算的作用是什么？

4-2 设计概算编制的依据有哪些？

4-3 单位工程概算有几种编制方法，各适用于什么条件？

4-4 什么是单项工程综合概算？它包括哪些内容？

4-5 什么是建设项目总概算？它包括哪些内容？

# 第5章　施工图预算与工程量清单计价

## 本章要点及学习目标

本章要点：

了解施工图预算概念，掌握了解建筑工程施工图预算的作用、编制依据及方法，熟悉建筑面积的概念及计算规则，掌握建筑工程的工程量计算规则，掌握建筑工程清单编制方法及组价方法。

学习目标：

建筑面积计算；主要分部分项工程工程量清单项目设置、项目特征描述的内容、计量单位及工程量计算规则；清单计价注意事项；措施项目与其他项目计价方法。

施工图预算是根据批准的施工图设计文件、计价定额、施工组织设计以及费用定额等有关计价依据编制的工程造价文件，施工图预算应当控制在概算范围内，是在施工图设计阶段对工程建设所需资金做出较精确计算的造价文件。在实行工程量清单计价方式以前，大多是采用编制施工图预算方式控制工程造价。实行工程量清单计价后，招标工程的施工图预算表现为招标控制价（标底）；施工企业的施工图预算表现为投标报价。依法不实行招标的建设工程和部分民营、外资投资建设项目，一般采用编制施工图预算控制工程造价。施工图预算有单位工程预算、单项工程预算和建设项目总预算。建设项目总预算是反映施工图设计阶段建设项目投资总额的造价文件，是施工图预算文件的主要组成部分，由组成该建设项目的各个单项工程综合预算和相关费用组成，具体包括建筑安装工程费、设备及器具购置费、工程建设其他费用、预备费、建设期利息及辅底流动资金。施工图总预算应控制在已批准的设计总概算投资范围以内。

## 5.1　建筑面积

建筑面积是指房屋建筑各层水平面积相加后的总面积。建筑面积包括使用面积、辅助面积和结构面积三个部分：

1）使用面积：建筑物各层平面布置中可直接为生产或生活使用的净面积的总和。如居住生活间、工作间和生产间的净面积。

2）辅助面积：建筑物各层平面布置中为辅助生产或生活所占的净面积的总和。如楼梯间、走道间、电梯井等所占面积。

3）结构面积：建筑物各层平面布置中的墙柱体等结构所占面积。

建筑面积是工程估价工作中的一个重要基本参数，其作用主要表现为以下四个方面：

1）建筑面积是国家控制基本建设规模的主要指标；

2）建筑面积是初步设计阶段选择概算指标的重要依据之一；

3）建筑面积在施工图预算阶段是校对某些分部分项工程的依据；如场地平整、楼地面、屋面的工程量可以用建筑面积来校对；

4）建筑面积是计算面积利用系数、土地利用系数及单位建筑面积经济指标的依据。

我国的《建筑面积计算规则》是在20世纪70年代依据苏联的做法结合我国的情况制订的。1982年国家经委基本建设办公室（82）经基设字58号印发的《建筑面积计算规则》是对20世纪70年代制订的《建筑面积计算规则》的修订。1995年建设部发布《全国统一建筑工程预算工程量计算规则》（土建工程GJDGZ-101-95），是对1982年的《建筑面积计算规则》的修订。

目前，住房城乡建设部和国家质量监督检验检疫总局颁发的《房产测量规范》的房产面积计算，以及《住宅设计规范》中有关面积的计算，均依据的是《建筑面积计算规则》。随着我国建筑市场的发展，建筑的新结构、新材料、新技术、新的施工方法层出不穷，为了解决建筑技术的发展产生的面积计算问题，使建筑面积的计算更加科学合理，完善和统一建筑面积的计算范围和计算方法，对建筑市场发挥更大的作用，因此，2005年对《建筑面积计算规则》予以修订。将修订的《建筑面积计算规则》改为《建筑工程建筑面积计算规范》，并于2005年7月1日起开始施行。自2014年7月1日起，住房城乡建设部批准《建筑工程建筑面积计算规范》为国家标准，编号为GB/T 50353—2013，自2014年7月1日起实施。《建筑工程建筑面积计算规范》GB/T 50353—2005同时废止。本教材以《建筑工程建筑面积计算规范》GB/T 50353—2013为标准。

### 5.1.1 相关术语

1）建筑面积：建筑物（包括墙体）所形成的楼地面面积。

2）自然层：按楼地面结构分层的楼层。

3）结构层高：楼面或地面结构层上表面至上部结构层上表面之间的垂直距离。

4）围护结构：围合建筑空间的墙体、门、窗。

5）建筑空间：以建筑界面限定的、供人们生活和活动的场所。

6）结构净高：楼面或地面结构层上表面至上部结构层下表面之间的垂直距离。

7）围护设施：为保障安全而设置的栏杆、栏板等围挡。

8）地下室：室内地平面低于室外地平面的高度超过室内净高的1/2的房间。

9）半地下室：室内地平面低于室外地平面的高度超过室内净高的1/3，且不超过1/2的房间。

10）架空层：仅有结构支撑而无外围护结构的开敞空间层。

11）走廊：建筑物中的水平交通空间。

12）架空走廊：专门设置在建筑物的二层或二层以上，作为不同建筑物之间水平交通的空间。

13）结构层：整体结构体系中承重的楼板层。

14）落地橱窗：突出外墙面且根基落地的橱窗。

15）凸窗（飘窗）：凸出建筑物外墙面的窗户。

16）檐廊：建筑物挑檐下的水平交通空间。

17）挑廊：挑出建筑物外墙的水平交通空间。

18）门斗：建筑物入口处两道门之间的空间。

19）雨篷：建筑出入口上方为遮挡雨水而设置的部件。

20）门廊：建筑物入口前有顶棚的半围合空间。

21）楼梯：由连续行走的梯级、休息平台和维护安全的栏杆（或栏板）、扶手以及相应的支托结构组成的作为楼层之间垂直交通使用的建筑部件。

22）阳台：附设于建筑物外墙，设有栏杆或栏板，可供人活动的室外空间。

23）主体结构：接受、承担和传递建设工程所有上部荷载，维持上部结构整体性、稳定性和安全性的有机联系的构造。

24）变形缝：防止建筑物在某些因素作用下引起开裂甚至破坏而预留的构造缝。

25）骑楼：建筑底层沿街面后退且留出公共人行空间的建筑物。

26）过街楼：跨越道路上空并与两边建筑相连接的建筑物。

27）建筑物通道：为穿过建筑物而设置的空间。

28）露台：设置在屋面、首层地面或雨篷上的供人室外活动的有围护设施的平台。

29）勒脚：在房屋外墙接近地面部位设置的饰面保护构造。

30）台阶：联系室内外地坪或同楼层不同标高而设置的阶梯形踏步。

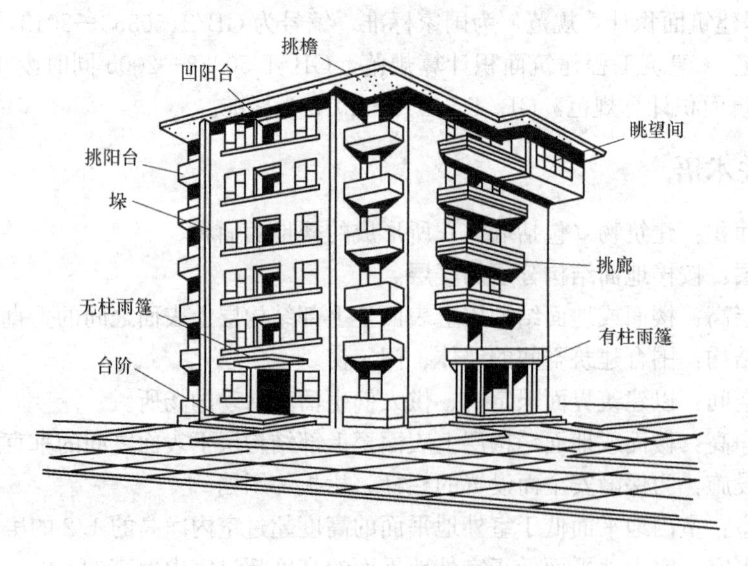


图5-1　建筑物三维视图

## 5.1.2　计算建筑面积的规定

1）建筑物的建筑面积应按自然层外墙结构外围水平面积之和计算。结构层高在2.20m及以上的，应计算全面积；结构层高在2.20m以下的，应计算1/2面积。

2）建筑物内设有局部楼层时，对于局部楼层的二层及以上楼层，有围护结构的应按其围护结构外围水平面积计算，无围护结构的应按其结构底板水平面积计算，且结构层高在2.20m及以上的，应计算全面积，结构层高在2.20m以下的，应计算1/2面积。

3）对于形成建筑空间的坡屋顶，结构净高在2.10m及以上的部位应计算全面积；结

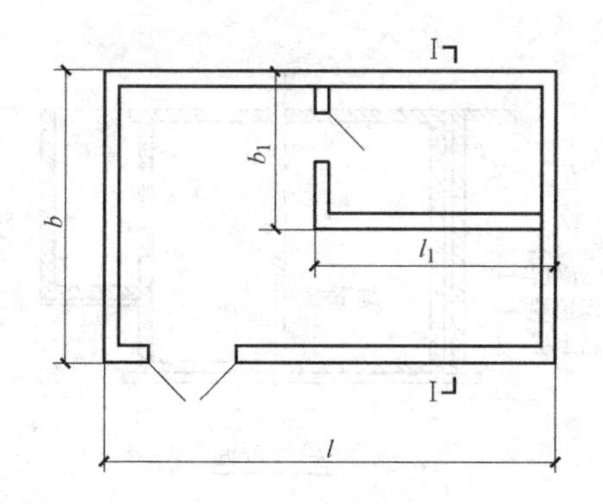


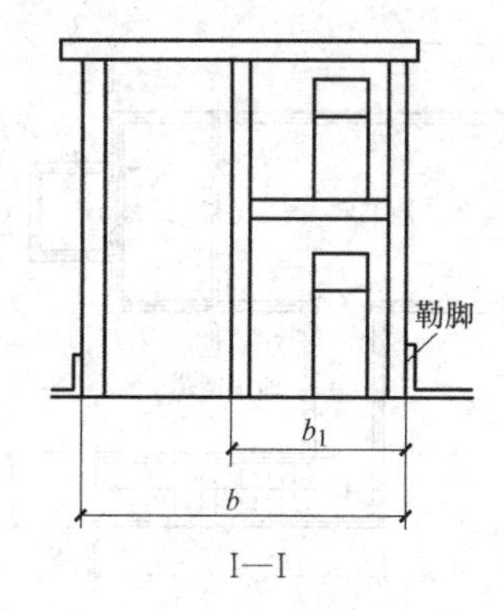


图 5-2 局部楼层示意图

构净高在 1.20m 及以上至 2.10m 以下的部位应计算 1/2 面积；结构净高在 1.20m 以下的部位不应计算建筑面积。

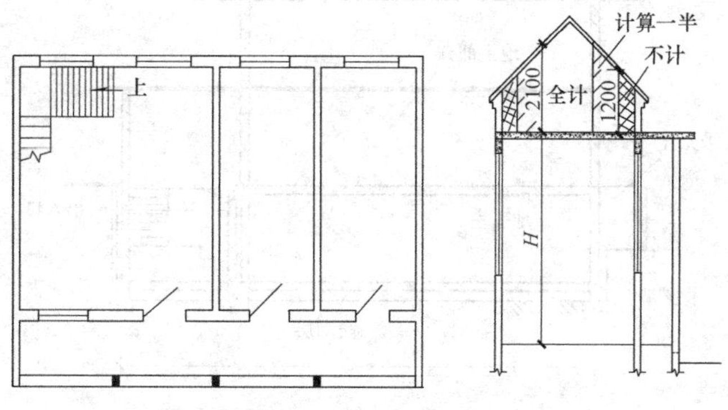


图 5-3 坡屋顶内空间示意图

4）对于场馆看台下的建筑空间，结构净高在 2.10m 及以上的部位应计算全面积；结构净高在 1.20m 及以上至 2.10m 以下的部位应计算 1/2 面积；结构净高在 1.20m 以下的部位不应计算建筑面积。室内单独设置的有围护设施的悬挑看台，应按看台结构底板水平投影面积计算建筑面积。有顶盖无围护结构的场馆看台应按其顶盖水平投影面积的 1/2 计算面积。

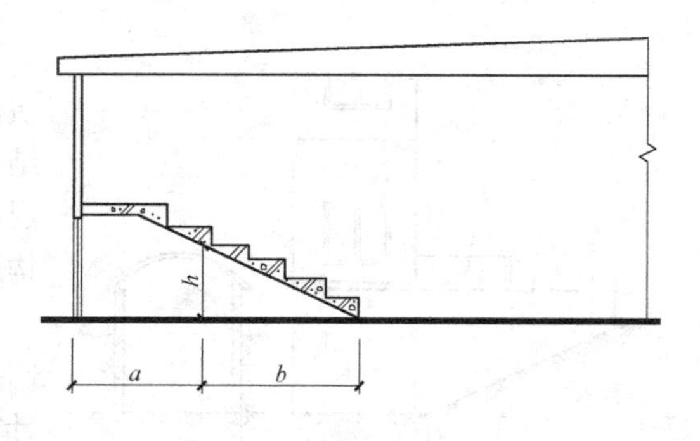


图 5-4 看台下空间

5）地下室、半地下室（车间、商店、车站、车库、仓库等）应按其结构外围水平面积计算。结构层高在 2.20m 及以上的，应计算全面积；结构层高在 2.20m 以下的，应计算 1/2 面积。

6）出入口外墙外侧坡道有顶盖的部位，应按其外墙结构外围水平面积的 1/2 计算面积。

7）建筑物架空层及坡地建筑物吊脚架空层，应按其顶板水平投影计算建筑面积。结构层高在 2.20m 及以上的，应计算全面积；结构层高在 2.20m 以下的，应计算 1/2 面积。

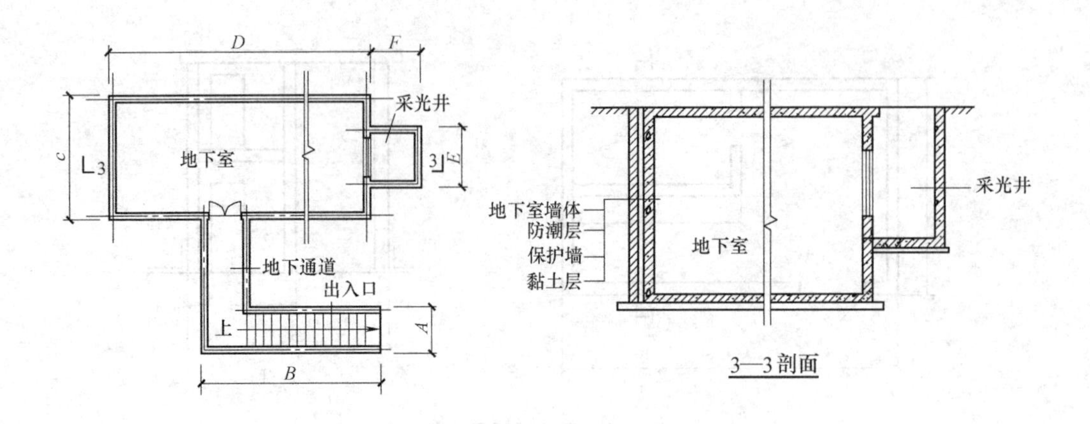


图5-5 地下室示意图一

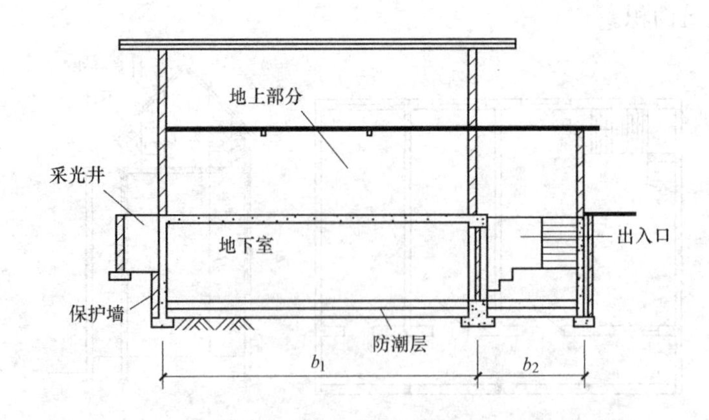


图5-6 地下室示意图二

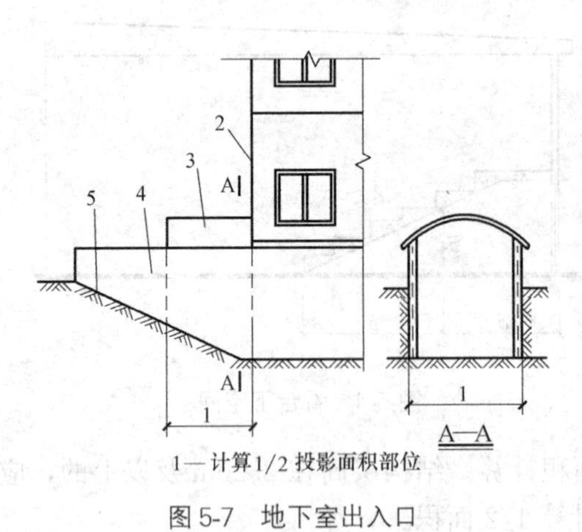


图5-7 地下室出入口

8）建筑物的门厅、大厅应按一层计算建筑面积，门厅、大厅内设置的走廊应按走廊结构底板水平投影面积计算建筑面积。结构层高在2.20m及以上的，应计算全面积；结构层高在2.20m以下的，应计算1/2面积。

9）对于建筑物间的架空走廊，有顶盖和围护设施的，应按其围护结构外围水平面积计算全面积；无围护结构、有围护设施的，应按其结构底板水平投影面积计算1/2面积。

10）对于立体书库、立体仓库、立体车库，有围护结构的，应按其围护结构外围水平面积计算建筑面积；无围护结构、有围护设施的，应按其结构底板水平投影面积计算建筑面积。无结构层的应按一层计算，有结构层的应按其结构层面积分别计算。结构层高在2.20m及以上的，应计算全面积；结构层高在2.20m以下的，应计算1/2面积。

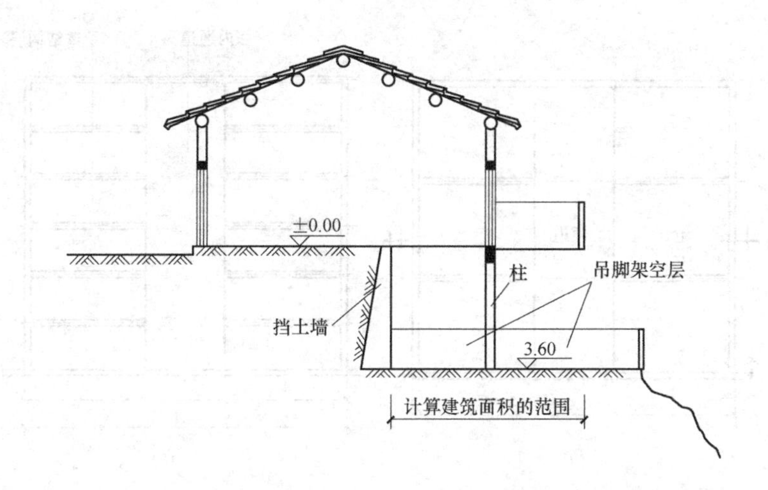


图 5-8 吊脚架空层示意图

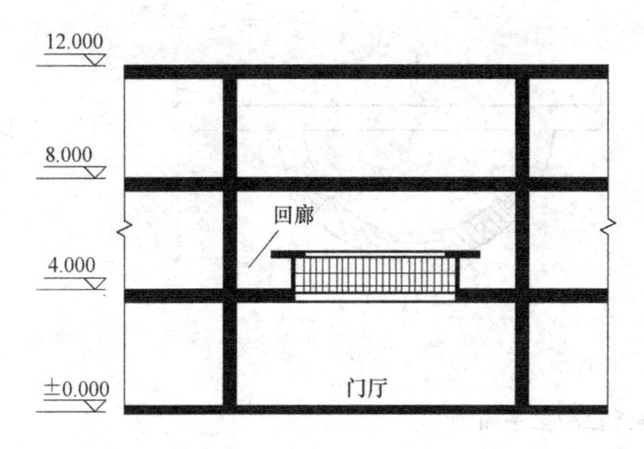


图 5-9 建筑物门厅及走廊

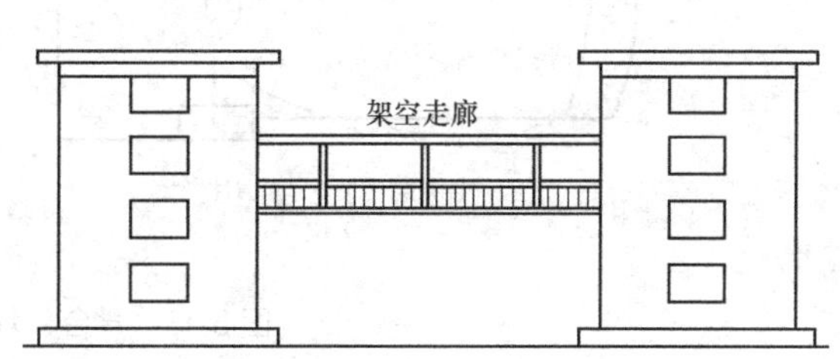


图 5-10 无围护结构的架空走廊立面图

11）有围护结构的舞台灯光控制室，应按其围护结构外围水平面积计算。结构层高在 2.20m 及以上的，应计算全面积；结构层高在 2.20m 以下的，应计算 1/2 面积。

12）附属在建筑物外墙的落地橱窗，应按其围护结构外围水平面积计算。结构层高在 2.20m 及以上的，应计算全面积；结构层高在 2.20m 以下的，应计算 1/2 面积。

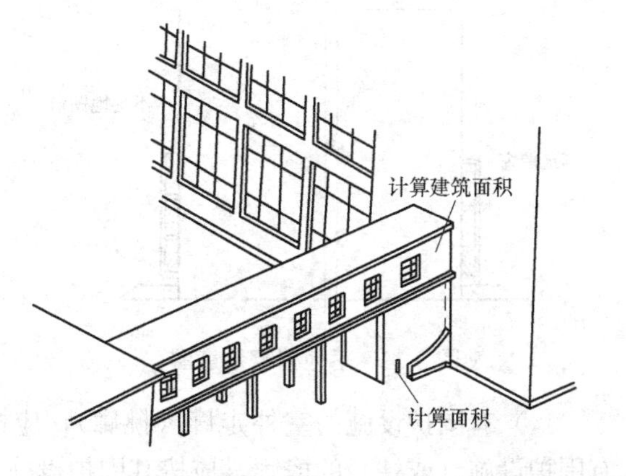


图 5-11 有围护结构的架空走廊三维视图

13）窗台与室内楼地面高差在 0.45m 以下且结构净高在 2.10m 及以上的凸（飘）窗，应按其围护结构外围水平面积计算 1/2 面积。

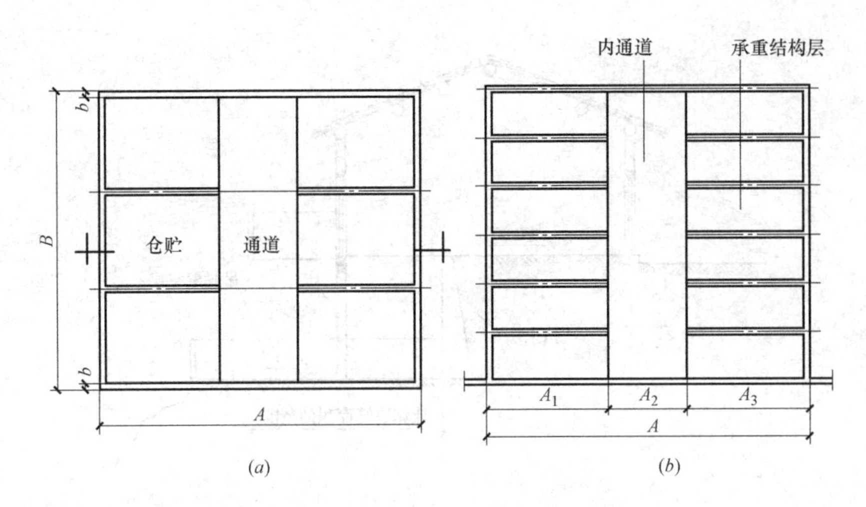


图 5-12 立体仓库
(a) 仓库平面图；(b) 仓库剖面图

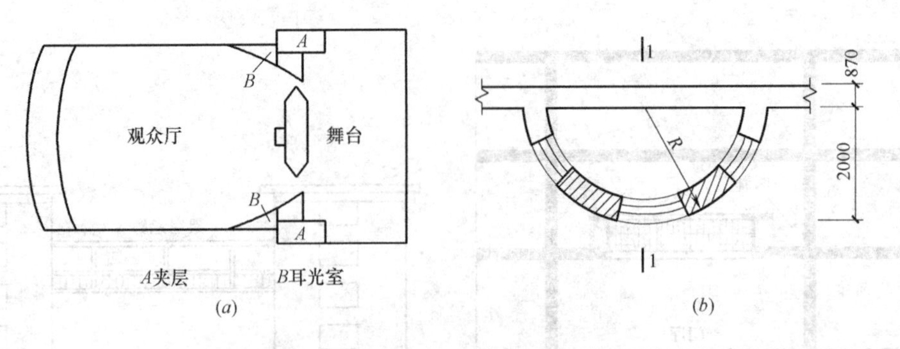


图 5-13 舞台、灯光控制室平面图
(a) 舞台平面图；(b) 灯光控制室平面图

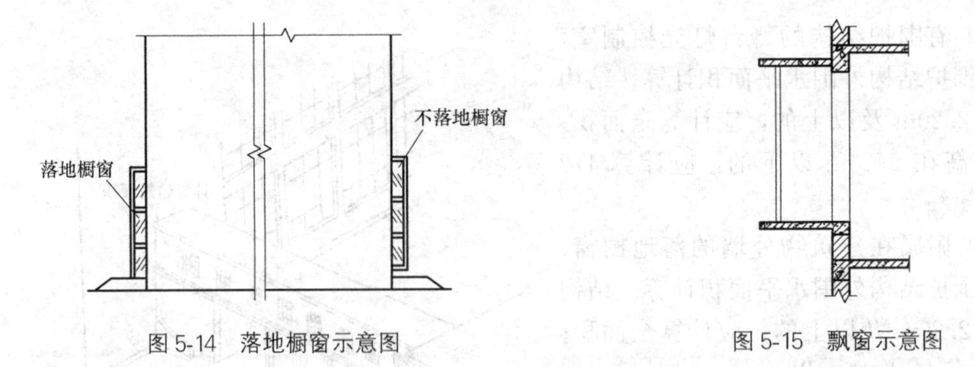


图 5-14 落地橱窗示意图　　图 5-15 飘窗示意图

14）有围护设施的室外走廊（挑廊），应按其结构底板水平投影面积计算 1/2 面积；有围护设施（或柱）的檐廊，应按其围护设施（或柱）外围水平面积计算 1/2 面积。

15）门斗应按其围护结构外围水平面积计算建筑面积，且结构层高在 2.20m 及以上的，应计算全面积；结构层高在 2.20m 以下的，应计算 1/2 面积。

16）门廊应按其顶板的水平投影面积的 1/2 计算建筑面积；有柱雨篷应按其结构板水

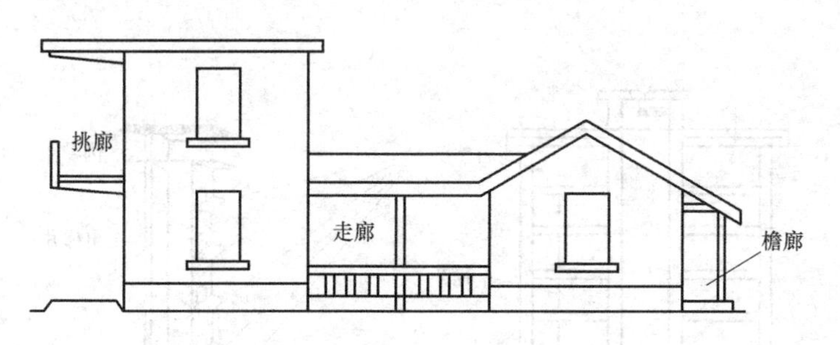


图 5-16 走廊、挑廊、檐廊示意图

平投影面积的 1/2 计算建筑面积；无柱雨篷的结构外边线至外墙结构外边线的宽度在 2.10m 及以上的，应按雨篷结构板的水平投影面积的 1/2 计算建筑面积。

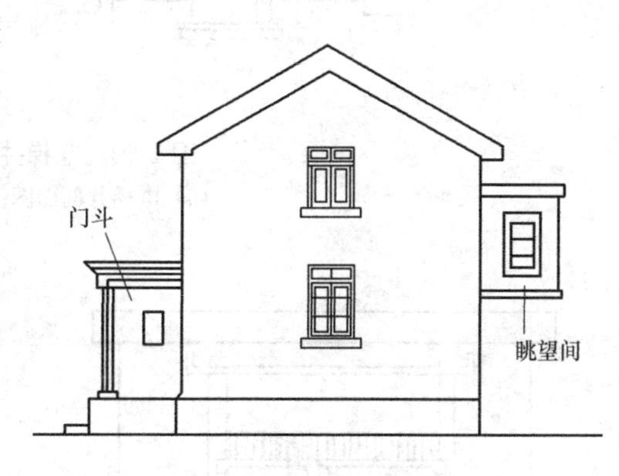


图 5-17 门斗示意图

17）设在建筑物顶部的、有围护结构的楼梯间、水箱间、电梯机房等，结构层高在 2.20m 及以上的应计算全面积；结构层高在 2.20m 以下的，应计算 1/2 面积。

18）围护结构不垂直于水平面的楼层，应按其底板面的外墙外围水平面积计算。结构净高在 2.10m 及以上的部位，应计算全面积；结构净高在 1.20m 及以上至 2.10m 以下的部位，应计算 1/2 面积；结构净高在 1.20m 以下的部位，不应计算建筑面积。

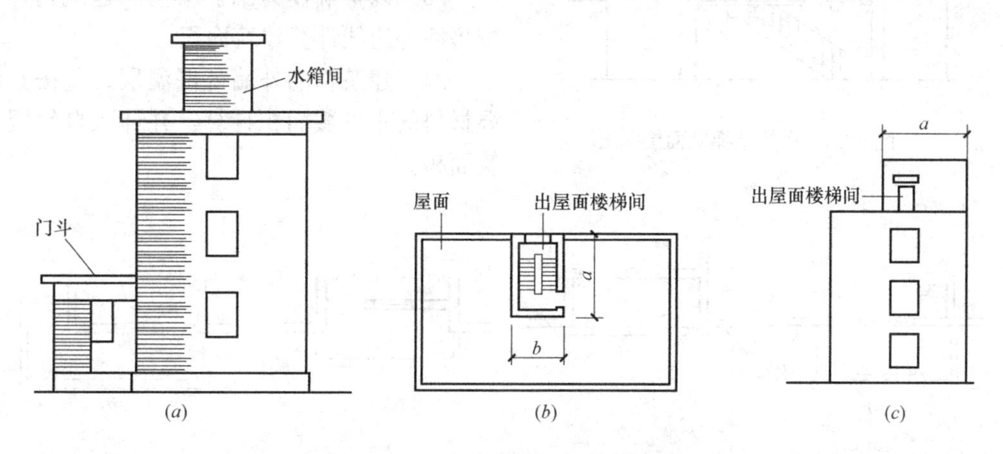


图 5-18 屋面水箱间、楼梯间示意图

(a) 屋顶水箱示意图；(b) 出屋面楼梯平面图；(c) 出屋面楼梯立面图

19）建筑物的室内楼梯、电梯井、提物井、管道井、通风排气竖井、烟道，应并入建筑物的自然层计算建筑面积。有顶盖的采光井应按一层计算面积，且结构净高在 2.10m 及以上的，应计算全面积；结构净高在 2.10m 以下的，应计算 1/2 面积。

20）室外楼梯应并入所依附建筑物自然层，并应按其水平投影面积的 1/2 计算建筑面积。

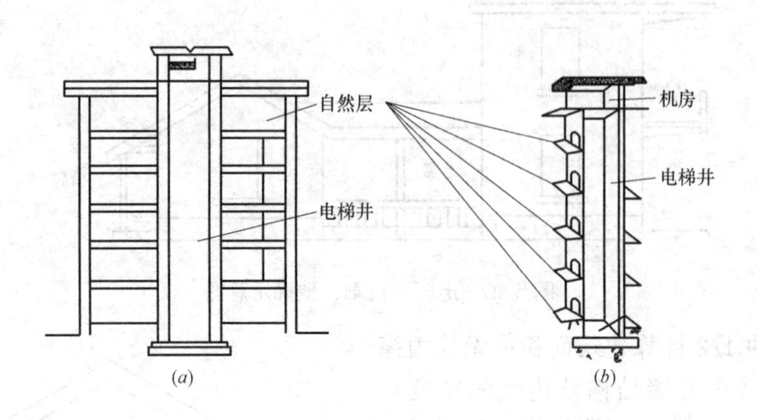


图 5-19 电梯井剖面图和透视图

（a）电梯井剖面图；（b）电梯井透视图

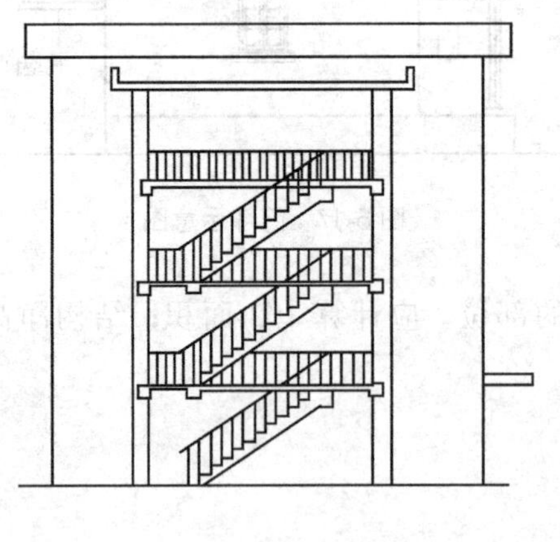

图 5-20 室外楼梯剖面图

21）在主体结构内的阳台，应按其结构外围水平面积计算全面积；在主体结构外的阳台，应按其结构底板水平投影面积计算1/2面积。

22）有顶盖无围护结构的车棚、货棚、站台、加油站、收费站等，应按其顶盖水平投影面积的 1/2 计算建筑面积。

23）以幕墙作为围护结构的建筑物，应按幕墙外边线计算建筑面积。

24）建筑物的外墙外保温层，应按其保温材料的水平截面积计算，并计入自然层建筑面积。

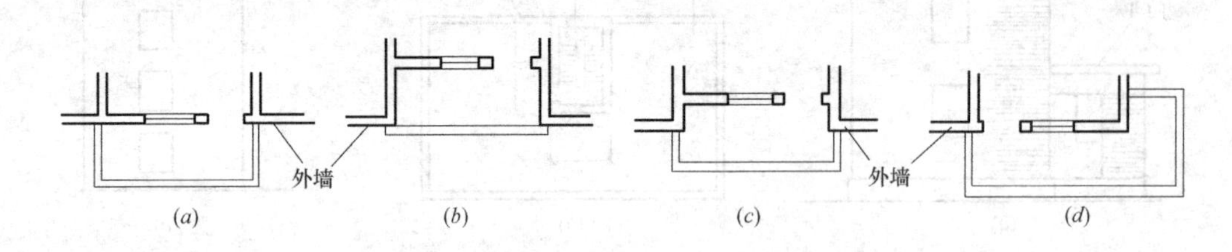


图 5-21 阳台示意图

（a）挑阳台；（b）凹阳台；（c）半凹半挑阳台；（d）转角阳台

25）与室内相通的变形缝，应按其自然层合并在建筑物建筑面积内计算。对于高低联跨的建筑物，当高低跨内部连通时，其变形缝应计算在低跨面积内。

26）对于建筑物内的设备层、管道层、避难层等有结构层的楼层，结构层高在 2.20m 及以上的，应计算全面积；结构层高在 2.20m 以下的，应计算 1/2 面积。

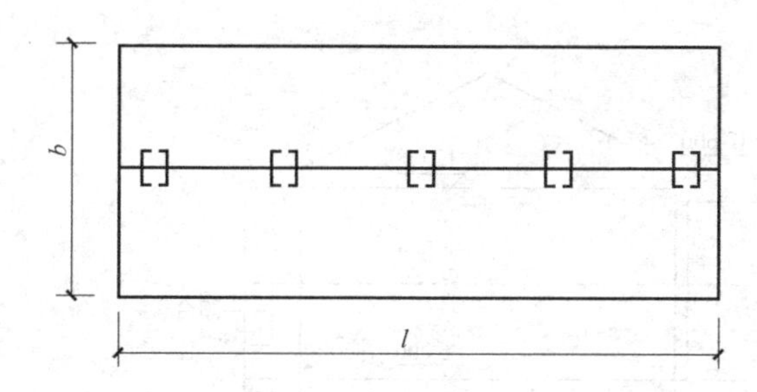


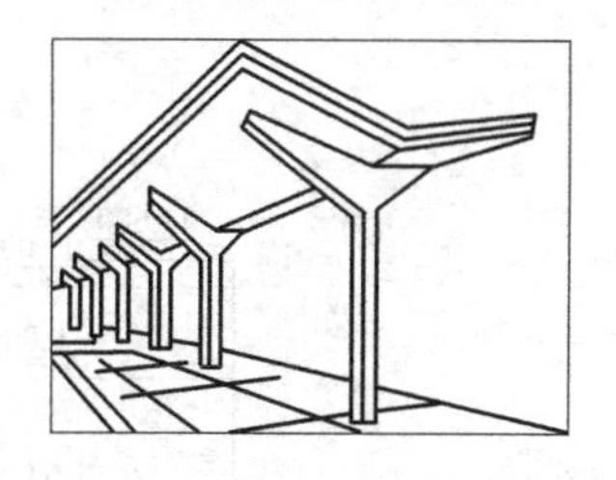

图 5-22 货棚示意图

### 5.1.3 不计算建筑面积规定

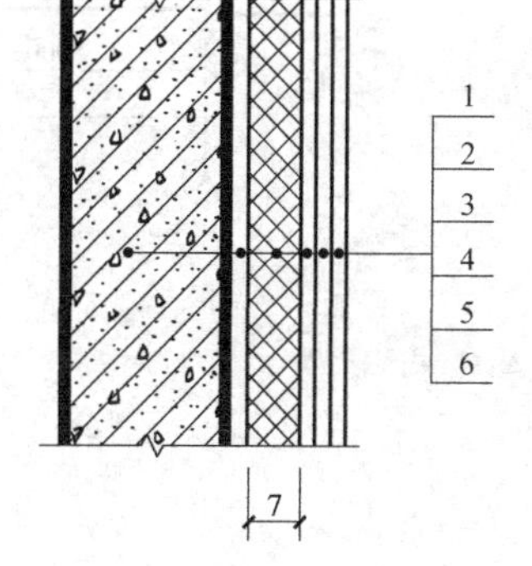


图 5-23 建筑外墙外保温

1—墙体；2—粘结胶浆；3—保温材料；4—标准网；5—加强网；6—抹面砂浆；7—计算建筑面积部位

1）与建筑物内不相连通的建筑部件；

2）骑楼、过街楼底层的开放公共空间和建筑物通道；

3）舞台及后台悬挂幕布和布景的天桥、挑台等；

4）露台、露天游泳池、花架、屋顶的水箱及装饰性结构构件；

5）建筑物内的操作平台、上料平台、安装箱和罐体的平台；

6）勒脚、附墙柱、垛、台阶、墙面抹灰、装饰面、镶贴块料面层、装饰性幕墙，主体结构外的空调室外机搁板（箱）、构件、配件，挑出宽度在 2.10m 以下的无柱雨篷和顶盖高度达到或超过两个楼层的无柱雨篷；

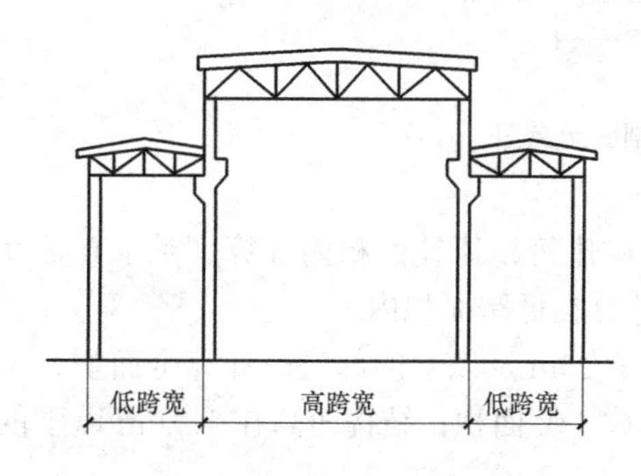


图 5-24 高低连跨结构示意图

7）窗台与室内地面高差在 0.45m 以下且结构净高在 2.10m 以下的凸（飘）窗，窗台与室内地面高差在 0.45m 及以上的凸（飘）窗；

8）室外爬梯、室外专用消防钢楼梯；

9）无围护结构的观光电梯；

10）建筑物以外的地下人防通道，独立的烟囱、烟道、地沟、油（水）罐、气柜、水塔、贮油（水）池、贮仓、栈桥等构筑物。

**【例 5-1】** 如图 5-25 所示，某多层住宅变形缝宽度为 0.20m，阳台水平投影尺寸为 1.80m×3.60m（共 18 个），雨篷水平投影尺寸为 2.60m×4.00m，坡屋面阁楼室内净高最高点为 3.65m，坡屋面坡度为 1∶2；平屋面女儿墙顶面标高为 11.60m。请按《建筑工程建筑面积计算规范》GB/T 50353—2013 计算图示的建筑面积。

相关知识：

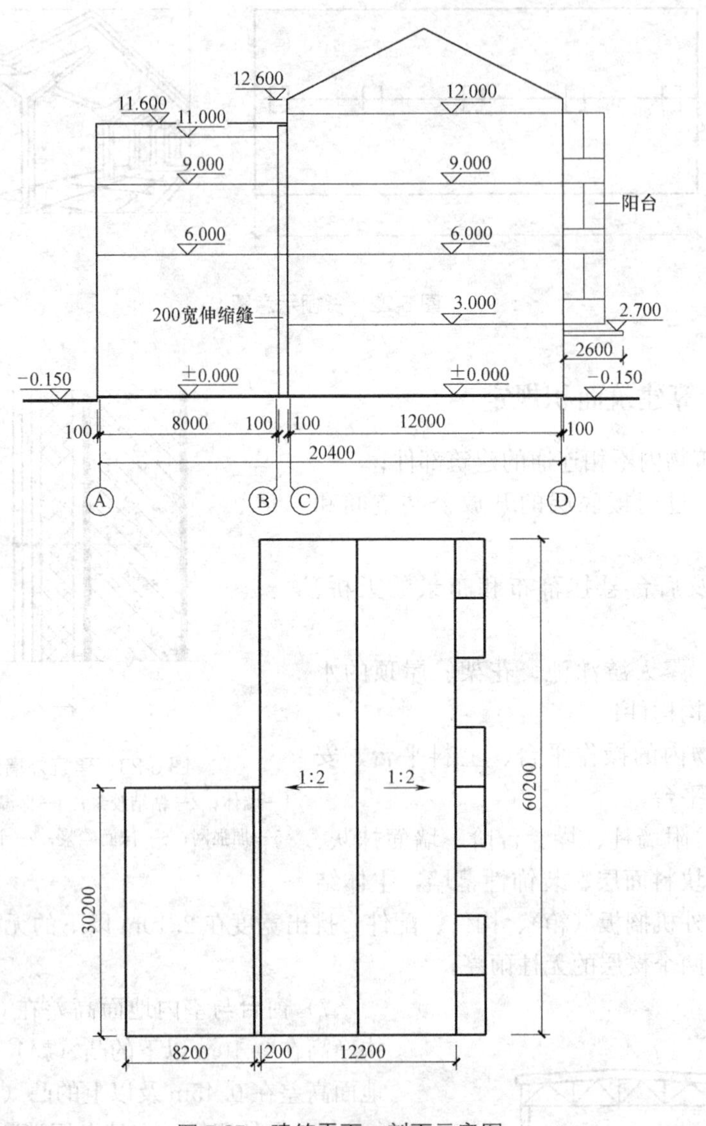


图5-25 建筑平面、剖面示意图

1）与室内相通的变形缝，应按其自然层合并在建筑物建筑面积内计算。对于高低联跨的建筑物，当高低跨内部连通时，其变形缝应计算在低跨面积内。

2）对于形成建筑空间的坡屋顶，结构净高在 2.10m 及以上的部位应计算全面积；结构净高在 1.20m 及以上至 2.10m 以下的部位应计算 1/2 面积；结构净高在 1.20m 以下的部位不应计算建筑面积。

3）有柱雨篷应按其结构板水平投影面积的 1/2 计算建筑面积；无柱雨篷的结构外边线至外墙结构外边线的宽度在 2.10m 及以上的，应按雨篷结构板的水平投影面积的 1/2 计算建筑面积。

4）在主体结构内的阳台，应按其结构外围水平面积计算全面积；在主体结构外的阳台，应按其结构底板水平投影面积计算 1/2 面积。

**【解】** 1）变形缝与左侧部分合并计算，A～C 轴，30.20×（8.40×2＋8.40×1/2)＝634.20m$^2$

2）C～D 轴，60.20×12.20×4＝2937.76m$^2$

3）坡屋面：60.20×（6.20＋1.80×2×1/2）＝481.60m$^2$

4）雨篷：2.60×4.00×1/2＝5.20m$^2$

5）阳台：18×1.80×3.60×1/2＝58.32m$^2$

合计：4117.08m$^2$

## 5.2 土石方工程

### 5.2.1 土石方工程清单编制

1. 清单计算规则

《房屋建筑与装饰工程计量规范》GB 500854—2013 规定，挖土应按自然地面测量标高至设计地坪标高的平均厚度确定。竖向土方、山坡切土开挖深度应按基础垫层底表面标高至交付施工现场地标高确定，无交付施工场地标高时，应按自然地面标高确定。土方体积应按挖掘前的天然密实体积计算。如需按天然密实体积折算时，应按表 5-1 系数计算。

**土方体积折算表** **表 5-1**

| 虚方体积 | 天然密实体积 | 夯实后体积 | 松填体积 |
|---|---|---|---|
| 1.00 | 0.77 | 0.67 | 0.83 |
| 1.20 | 0.92 | 0.80 | 1.00 |
| 1.30 | 1.00 | 0.87 | 1.08 |
| 1.50 | 1.15 | 1.00 | 1.25 |

注：虚方指未经碾压、堆积时间不长于 1 年的土壤。

建筑物场地厚度不大于±300mm 的挖、填、运、找平，应按本表中平整场地项目编码列项。厚度大于±300mm 的竖向布置挖土或山坡切土应按本表中挖一般土方项目编码列项。

沟槽、基坑、一般土方的划分为：底宽不大于 7m、底长大于 3 倍底宽为沟槽；底长不大于 3 倍底宽、底面积不大于 150m$^2$ 为基坑；超出上述范围则为一般土方。

1）平整场地工程量

按设计图示尺寸以建筑物首层建筑面积计算，即计算到外墙外边线。

2）挖一般土方工程量

按设计图示尺寸以体积计算。

3）挖沟槽、基坑土方工程量

按设计图示尺寸以基础垫层底面积乘以挖土深度计算。《建设工程工程量清单计价规范》GB 50500—2013 规定，挖沟槽、基坑、一般土方因工作面和放坡增加的工程量（管沟工作面增加的工程量），是否并入各土方工程量中，按各省、自治区、直辖市或行业建设主管部门的规定实施，如并入各土方工程量中，办理工程结算时，按经发包人认可的施工组织设计规定计算。放坡高度、比例、基础施工所需工作面宽度按表 5-2、表 5-3 计算。

放坡高度、比例确定表　　表 5-2

| 土壤类别 | 放坡深度规定(m) | 高与宽之比 | | | |
|---|---|---|---|---|---|
| | | 人工挖土 | 机械挖土 | | |
| | | | 坑内作业 | 坑上作业 | 顺沟槽在坑上作业 |
| 一、二类土 | 超过 1.20 | 1∶0.5 | 1∶0.33 | 1∶0.75 | 1∶0.5 |
| 三类土 | 超过 1.50 | 1∶0.33 | 1∶0.25 | 1∶0.67 | 1∶0.33 |
| 四类土 | 超过 2.0 | 1∶0.25 | 1∶0.10 | 1∶0.33 | 1∶0.25 |

注：1. 沟槽、基坑中土类别不同时，分别按其土壤类别、放坡比例以不同土类别厚度分别计算。
2. 计算放坡时，在交接处的重复工程量不扣除。原槽、坑作基础垫层时，放坡自垫层上表面开始计算。

基础施工所需工作面宽度表　　表 5-3

| 基础材料 | 每边各增加工作面宽度(mm) |
|---|---|
| 砖基础 | 200 |
| 浆砌毛石、条石基础 | 150 |
| 混凝土基础垫层支模板 | 300 |
| 混凝土基础支模板 | 300 |
| 基础垂直面做防水层 | 1000(防水层面) |

沟槽工程量按沟槽长度乘以沟槽截面积计算。

(1) 长度计算

外墙沟槽长度按外墙中心线计算；

内墙沟槽长度按图示基础底面之间净长线长度计算；内外突出部分（垛、附墙烟囱等）体积并入沟槽土方工程量。

(2) 深度计算

挖土深度从设计室外标高至槽（坑）底（图 5-26）。

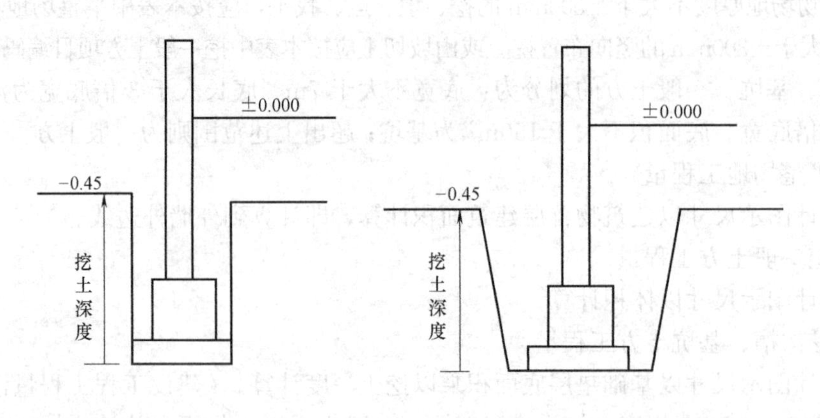


图 5-26　挖基槽

(3) 条形基础沟槽土方的计算公式

① 不放坡，不支挡土板，不留工作面，如图 5-27 所示。

$$V=a\times H\times L \tag{5-1}$$

式中 $a$——垫层宽度（m）；

$H$——挖土深度（m）；

$L$——沟槽长度（m）。

② 不放坡，不支挡土板，留工作面，如图 5-28 所示。

$$V=(a+2c)\times H\times L \tag{5-2}$$

式中 $a$——垫层宽度（m）；

$H$——挖土深度（m）；

$L$——沟槽长度（m）；

$c$——工作面宽（m）。

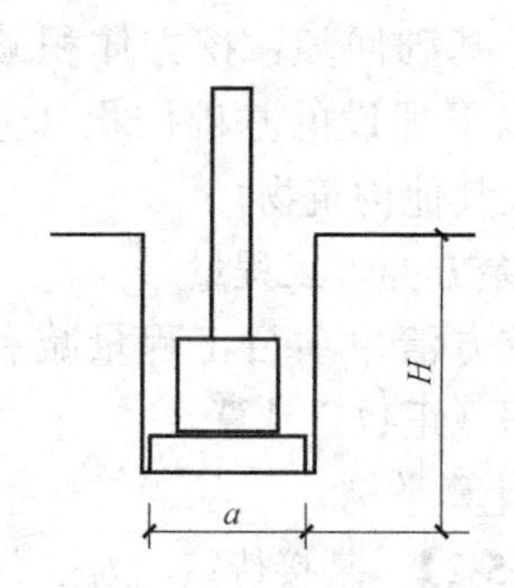


图 5-27 不放坡不支挡土板不留工作面开挖

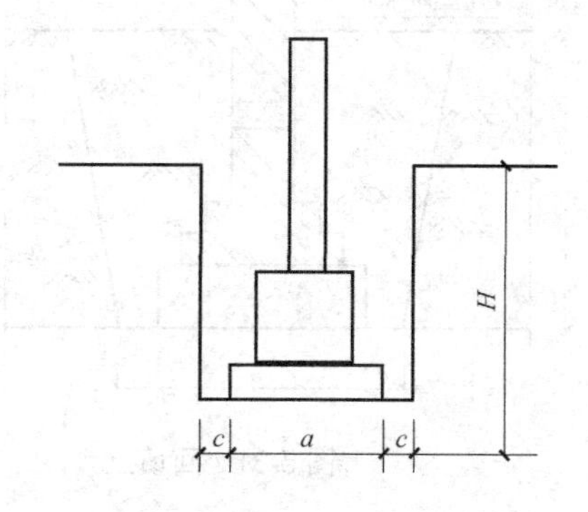


图 5-28 不放坡不支挡土板留工作面开挖

③ 不放坡，双面支挡土板，留工作面，如图 5-29 所示。

$$V=(a+2c+0.1\times 2)\times H\times L \tag{5-3}$$

式中 $a$——垫层宽度（m）；

$H$——挖土深度（m）；

$L$——沟槽长度（m）；

$c$——工作面宽（m）。

④ 双面放坡（垫层下表面），不支挡土板，留工作面，如图 5-30 所示。

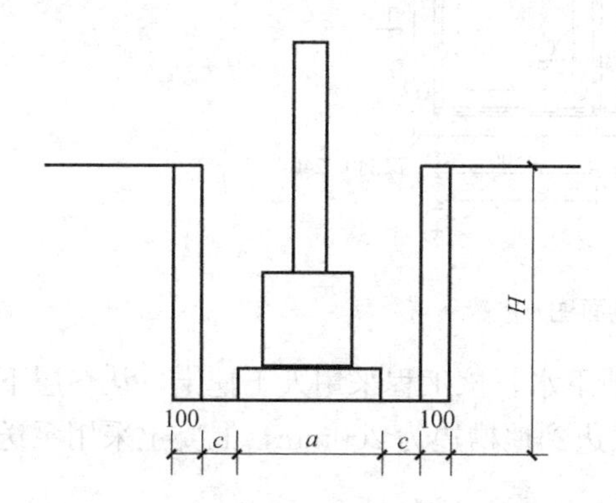


图 5-29 不放坡双面支挡土板留工作面开挖

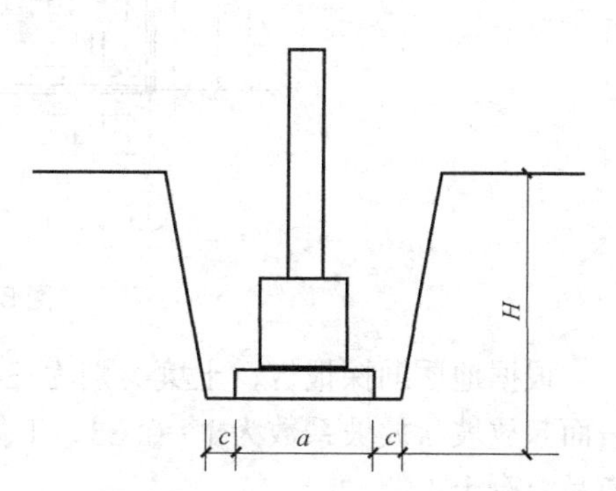


图 5-30 双面放坡不支挡土板留工作面开挖

$$V=(a+2c+KH)\times H\times L \tag{5-4}$$

式中 $a$——垫层宽度（m）；

$H$——挖土深度（m）；

$L$——沟槽长度（m）；

$K$——坡度系数。

4）回填方工程量

按设计图 5-31 示尺寸以体积计算。

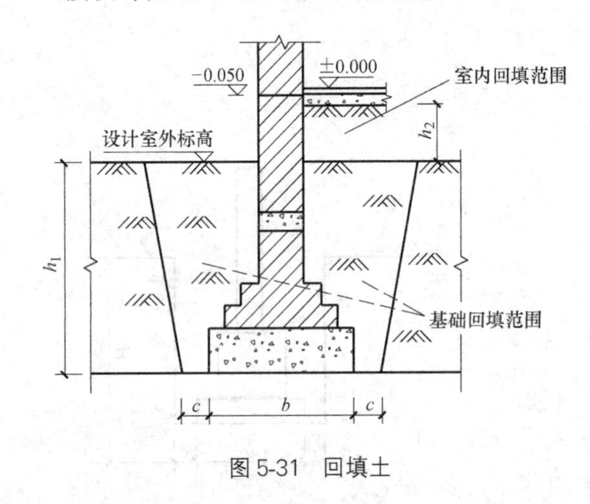


图 5-31 回填土

（1）场地回填：回填面积乘平均回填厚度。

（2）室内回填：主墙间面积乘回填厚度，不扣除间隔墙。

（3）基础回填：挖方体积减去自然地坪以下埋设的基础体积（包括基础垫层及其他构筑物）。

5）余方弃置工程量

按挖方清单项目工程量减利用回填方体积（正数）计算。

2. 计算举例

**【例 5-2】** 某接待室，为三类工程，其基础平面图、剖面图如图 5-32、图 5-33 所示。基础为 C20 钢筋混凝土条形基础，C10 素混凝土垫层，±0.00m 以下墙身采用混凝土标准砖砌筑，设计室外地坪为−0.150m。

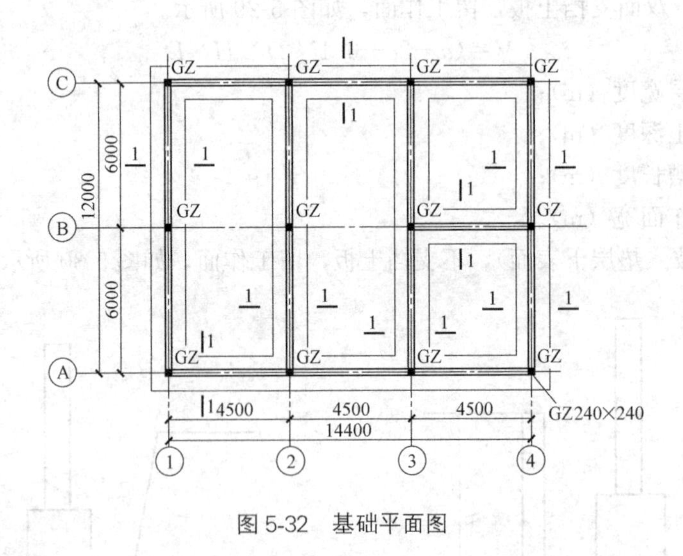


图 5-32 基础平面图

根据地质勘探报告，土壤类别为三类土，无地下水。该工程采用人工挖土，从垫层下表面起放坡，放坡系数为 1∶0.33，工作面从垫层边到地槽边为 200mm，混凝土采用泵送商品混凝土。

请计算该工程的基槽土方清单工程量。

相关知识：

1）沟槽长度（m），外墙按图示基础中心线长度计算；内墙按图示基础底宽加工作宽度之间净长度计算。沟槽宽（m）按设计宽度加基础施工所需工作面宽度计算。

2）放坡系数按题意规定，挖土高度从垫层底标高算至室外地坪标高。

**【解】** 工程量计算

挖土深度：1.7+0.1−0.15=1.65m

挖基槽土方：

下底 $a$=1.4+2×0.3=2.0m　　上底 $A$=2+1.65×0.33×2=3.09m

$$S=1/2\times(2.0+3.09)\times1.65=4.2m^2$$

外墙长　$L$=(14.4+12)×2=52.8m

内墙长　$L$=(12−2)×2+4.8−2=22.8m

$V$=4.2×(52.8+22.8)=317.52$m^3$

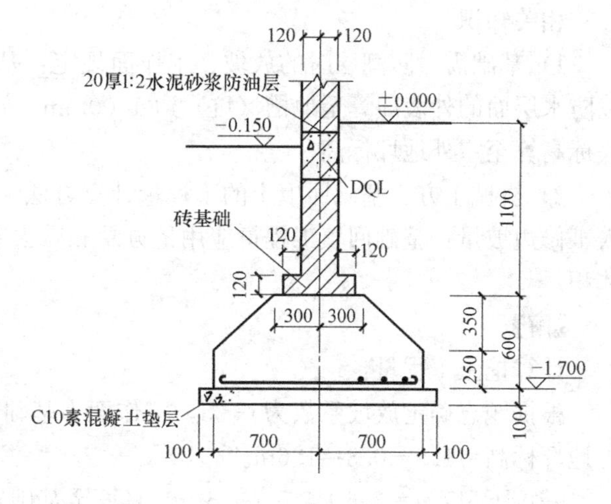


图 5-33　1-1 基础剖面图

**【例 5-3】** 某办公楼，为三类工程，其地下室如图 5-34、图 5-35 所示。设计室外地坪标高为−0.30m，地下室的室内地坪标高为−1.50m。现某土建单位投标该办公楼土建工程。已知该工程采用满堂基础，C30 钢筋混凝土，垫层为 C10 素混凝土，垫层底标高为−1.90m。垫层施工前原土打夯，所有混凝土均采用商品混凝土。地下室墙外壁做防水层。施工组织设计确定用人工平整场地，反铲挖掘机（斗容量 1$m^3$）挖土装车，自卸汽车运土，运距 1km 以内，深度超过 1.5m 起放坡，放坡系数为 1：0.33，土壤为三类干土，机械挖土坑上作业，人工修边坡按总挖方量的 10%计算。请计算该工程的基坑土方清单工程量和回填土清单工程量。

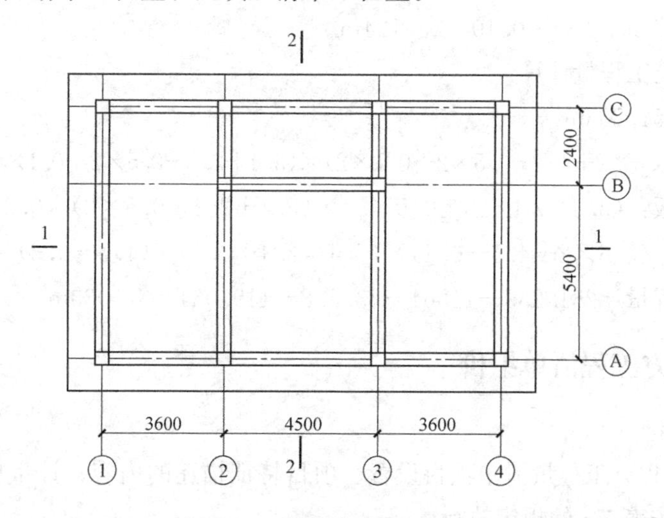


图 5-34　满堂基础平面图

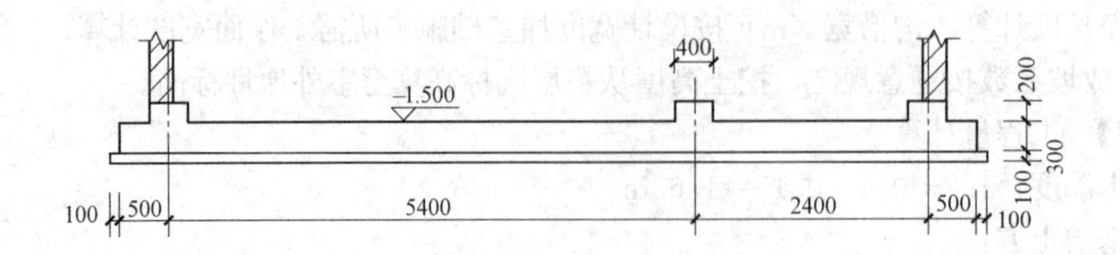


图 5-35 2-2 断面图

相关知识：

1）基础需做防潮层时的放坡、工作面规定：基础垂直面做防水层时，工作面宽度应以防水层面的外表面算至地槽（坑）边 1000mm。放坡系数按题意规定，挖土高度从垫层底标高算至室外地坪标高。

2）机械土方、基础回填土的工程量计算方法，机械挖土按题意区分机械挖土方量和人工修边坡量，基础回填工程量应用挖方总和减去室外地坪以下混凝土构件及地下室所占体积。

**【解】**

计算挖土工程量：

根据题意确定放坡系数为 0.33，工作面为基础面 1.0m，挖土深度：垫层底标高－室外地坪标高＝1.9－0.3＝1.6m。

基坑下口：$a$＝3.6＋4.5＋3.6＋0.4(算至基础外墙外边线)＋1.0×2＝14.1m

$b$＝5.4＋2.4＋0.4(算至基础外墙外边线)＋1.0×2＝10.2m

基坑上口：$A$＝14.1＋1.6×0.33×2＝15.156m

$B$＝10.2＋1.6×0.33×2＝11.256m

挖土体积＝$1/6\times H[a\times b+(A+a)\times(B+b)+A\times B]$＝251.235m$^3$

根据题意，其中机械挖土工程量：251.235×0.90＝226.112m$^3$

人工修边坡 251.235×0.10＝25.124m$^3$

基础回填土工程量计算：

挖土方：251.235m$^3$

扣垫层：(3.6×2＋4.5＋0.5×2＋0.1×2)×(5.4＋2.4＋0.5×2＋0.1×2)×0.1＝11.61m$^3$

扣基础底板：(3.6×2＋4.5＋0.5×2)×(5.4＋2.4＋0.5×2)×0.3＝33.528m$^3$

扣地下室：(3.6×2＋4.5＋0.4)×(5.4＋2.4＋0.4)×(1.5－0.3)＝119.064m$^3$

回填土工程量＝251.235－11.61－33.528－119.064＝87.033m$^3$

## 5.2.2 土石方工程清单组价

1. 工作内容

1）土方工程。工程量清单项目设置、项目特征描述的内容、计量单位及组价时应包含工作内容，按表 5-4 的规定执行。

**土方工程（编号：010101）　　表 5-4**

| 项目编码 | 项目名称 | 项目特征 | 计量单位 | 工作内容 |
|---|---|---|---|---|
| 010101001 | 平整场地 | 1. 土壤类别<br>2. 弃土运距<br>3. 取土运距 | $m^2$ | 1. 土方挖填<br>2. 场地找平<br>3. 运输 |
| 010101002 | 挖一般土方 | 1. 土壤类别<br>2. 挖土深度 | $m^3$ | 1. 排地表水<br>2. 土方开挖<br>3. 围护(挡土板)、支撑<br>4. 基底钎探<br>5. 运输 |
| 010101003 | 挖沟槽土方 | | | |
| 010101004 | 挖基坑土方 | | | |
| 010101005 | 冻土开挖 | 冻土厚度 | | 1. 爆破<br>2. 开挖<br>3. 清理<br>4. 运输 |
| 010101006 | 挖淤泥、流砂 | 1. 挖掘深度<br>2. 弃淤泥、流砂距离 | | 1. 开挖<br>2. 运输 |
| 010101007 | 管沟土方 | 1. 土壤类别<br>2. 管外径<br>3. 挖沟深度<br>4. 回填要求 | 1. m<br>2. $m^3$ | 1. 排地表水<br>2. 土方开挖<br>3. 围护(挡土板)、支撑<br>4. 运输<br>5. 回填 |

2）石方工程。工程量清单项目设置、项目特征描述的内容、计量单位及组价时应包含工作内容，按表 5-5 的规定执行。

**石方工程（编号：010102）　　表 5-5**

| 项目编码 | 项目名称 | 项目特征 | 计量单位 | 工作内容 |
|---|---|---|---|---|
| 010102001 | 挖一般石方 | 1. 岩石类别<br>2. 开凿深度<br>3. 弃碴运距 | $m^3$ | 1. 排地表水<br>2. 凿石<br>3. 运输 |
| 010102002 | 挖沟槽石方 | | | |
| 010102003 | 挖基坑石方 | | | |
| 010102004 | 基底摊座 | | $m^2$ | |
| 010102005 | 管沟石方 | 1. 岩石类别<br>2. 管外径<br>3. 挖沟深度 | 1. m<br>2. $m^3$ | 1. 排地表水<br>2. 凿石<br>3. 回填<br>4. 运输 |

3）土石方回填工程。工程量清单项目设置、项目特征描述的内容、计量单位及组价时应包含工作内容，按表 5-6 的规定执行。

**回填（编号：010103）　　表 5-6**

| 项目编码 | 项目名称 | 项目特征 | 计量单位 | 工作内容 |
|---|---|---|---|---|
| 010103001 | 回填方 | 1. 密实度要求<br>2. 填方材料品种<br>3. 填方粒径要求<br>4. 填方来源、运距 | $m^3$ | 1. 运输<br>2. 回填<br>3. 压实 |

续表

| 项目编码 | 项目名称 | 项目特征 | 计量单位 | 工作内容 |
|---|---|---|---|---|
| 010103002 | 余方弃置 | 1. 废弃料品种<br>2. 运距 | $m^3$ | 余方点装料运输至弃置点 |
| 010103003 | 缺方内运 | 1. 填方材料品种<br>2. 运距 | $m^3$ | 取料点装料运输至缺方点 |

2. 定额计算规则及运用要点

1）人工土、石方

（1）计算土、石方工程量前，应确定下列各项资料：

① 土壤及岩石类别的确定。土壤及岩石类别的划分，应依工程地质勘察资料与“土壤分类表及岩石分类表”对照后确定。

**土壤分类表** **表 5-7**

| 土壤分类 | 土壤名称 | 开挖方法 |
|---|---|---|
| 一、二类土 | 粉土、砂土（粉砂、细砂、中砂、粗砂、砾砂）、粉质黏土、弱中盐渍土、软土（淤泥质土、泥炭、泥炭质土）、软塑红黏土、冲填土 | 用锹、少许用镐、条锄开挖。机械能全部直接铲挖满载者 |
| 三类土 | 黏土、碎石土（圆砾、角砾）混合土、可塑红黏土、硬塑红黏土、强盐渍土、素填土、压实填土 | 主要用镐、条锄、少许用锹开挖。机械需部分刨松方能铲挖满载者或可直接铲挖但不能满载者 |
| 四类土 | 碎石土（卵石、碎石、漂石、块石）、坚硬红黏土、超盐渍土、杂填土 | 全部用镐、条锄挖掘、少许用撬棍挖掘。机械须普遍刨松方能铲挖满载者 |

**岩石分类表** **表 5-8**

| 岩石分类 | | 代表性岩石 | 开挖方法 |
|---|---|---|---|
| 极软岩 | | 1. 全风化的各种岩石；<br>2. 各种半成岩 | 部分用手凿工具、部分用爆破法开挖 |
| 软质岩 | 软岩 | 1. 强风化的坚硬岩或较硬岩；<br>2. 中等风化—强风化的较软岩；<br>3. 未风化—微风化的页岩、泥岩、泥质砂岩等 | 用风镐和爆破法开挖 |
| | 较软岩 | 1. 中等风化—强风化的坚硬岩或较硬岩；<br>2. 未风化—微风化的凝灰岩、千枚岩、泥灰岩、砂质泥岩等 | 用爆破法开挖 |
| 硬质岩 | 较硬岩 | 1. 微风化的坚硬岩；<br>2. 未风化—微风化的大理岩、板岩、石灰岩、白云岩、钙质砂岩等 | 用爆破法开挖 |
| | 坚硬岩 | 未风化—微风化的花岗岩、闪长岩、辉绿岩、玄武岩、安山岩、片麻岩、石英岩、石英砂岩、硅质砾岩、硅质石灰岩等 | 用爆破法开挖 |

② 地下水位标高；

③ 土方、沟槽、基坑挖（填）起止标高、施工方法及运距；

④ 岩石开凿、爆破方法、石碴清运方法及运距；

⑤ 其他有关资料。

（2）一般规则：

① 挖土以设计室外地坪标高为起点，深度按图示尺寸计算。

② 按不同的土壤类别、挖土深度、干湿土分别计算工程量。

③ 在同一槽、坑内或沟内有干、湿土时，应分别计算（干土与湿土的划分应以地质勘察资料为准，无资料时以地下常水位为准：常水位以上为干土，常水位以下为湿土。采用人工降低地下水位时，干、湿土的划分仍以常水位为准），但使用定额时，按槽、坑或沟的全深计算。

④ 桩间挖土不扣除桩的体积。桩间挖土，指桩（不分材质和成桩方式）顶设计标高以下及桩顶设计标高以上 0.50m 范围内的挖土。

⑤ 运余松土或挖堆积期在一年以内的堆积土，除按运土方定额执行外，另增加挖一类土的定额项目（工程量按实方计算，若为虚方按工程量计算规则的折算方法折算成实方）。取自然土回填时，按土壤类别执行挖土定额。

⑥ 支挡土板不分密撑、疏撑，均按定额执行，实际施工中材料不同均不调整。

（3）平整场地工程量按下列规定计算：

① 平整场地是指建筑物场地挖、填土方厚度在±300mm 以内及找平。

② 平整场地工程量按建筑物外墙外边线每边各加 2m，以面积计算。

（4）沟槽、基坑土石方工程量，按下列规定计算：

① 沟槽、基坑划分：

底宽不大于 7m 且底长大于 3 倍底宽的为沟槽。套用定额计价时，应根据底宽的不同，分别按底宽 3～7m、3m 以内，套用对应的定额子目。

底长不大于 3 倍底宽且底面积不大于 150m² 的为基坑。套用定额计价时，应根据底面积的不同，分别按底面积 20～150m²、20m² 以内，套用对应的定额子目。

凡沟槽底宽 7m 以上，基坑底面积 150m² 以上，按挖一般土方或挖一般石方计算。

② 挖沟槽、基坑、一般土方需放坡时，以施工组织设计规定计算。施工组织设计无明确规定时，放坡高度、比例按 5.2.2 节计算。

③ 沟槽、基坑需支挡土板时，挡土板面积按槽、坑边实际支挡板面积（即每块挡板的最长边×挡板的最宽边之积）计算。

④ 管沟土方按立方米计算，管沟按图示中心线长度计算，不扣除各类井的长度，井的土方并入；沟底宽度设计有规定的，按设计规定，设计未规定的，按管道结构宽加工作面宽度计算。管沟施工每侧所需工作面见表 5-9。

**管沟施工每侧所需工作面宽度计算表**　　**表 5-9**

| 管道结构宽(mm)<br>管沟材料 | ≤500 | ≤1000 | ≤2500 | >2500 |
|---|---|---|---|---|
| 混凝土及钢筋混凝土管道(mm) | 400 | 500 | 600 | 700 |
| 其他材质管道(mm) | 300 | 400 | 500 | 600 |

注：1. 管道结构宽：有管座的按基础外缘，无管座的按管道外径。
2. 按上表计算管道沟土方工程量时，各种井类及管道接口等处需加宽增加的土方量不另行计算；底面积大于 20m² 的井类，其增加的土方量并入管沟土方内计算。

⑤ 管道地沟、地槽、基坑深度，按图示槽、坑、垫层底面至室外地坪深度计算。

（5）建筑物场地厚度在±300mm 以外的竖向布置挖土或山坡切土，均按挖一般土方计算。

(6) 岩石开凿及爆破工程量，区别石质按下列规定计算：

① 人工凿岩石按图示尺寸以体积计算。

② 爆破岩石按图示尺寸以体积计算；基槽、坑深度允许超挖：软质岩 200mm；硬质岩 150mm。超挖部分岩石并入相应工程量内。爆破后的清理、修整执行人工清理定额。

③ 石方体积折算系数见表 5-10。

**石方体积折算系数表　　表 5-10**

| 石方类别 | 天然密实度体积 | 虚方体积 | 松填体积 | 码方 |
|---|---|---|---|---|
| 石方 | 1.0 | 1.54 | 1.31 | — |
| 块石 | 1.0 | 1.75 | 1.43 | 1.67 |
| 砂夹石 | 1.0 | 1.07 | 0.94 | — |

(7) 回填土区分夯填、松填以体积计算。

① 基槽、坑回填土工程量＝挖土体积－设计室外地坪以下埋设的体积（包括基础垫层、柱、墙基础及柱等）。

② 室内回填土工程量按主墙间净面积乘以填土厚度计算，不扣除附垛及附墙烟囱等体积。

③ 管道沟槽回填工程量，以挖方体积减去管外径所占体积计算。管外径小于或等于 500mm 时，不扣除管道所占体积。管外径超过 500mm 以上时，按表 5-11 规定扣除。

**管道体积扣除表（单位：$m^3$/m 管长）　　表 5-11**

| 管道名称 | 管道公称直径(mm) | | | | |
|---|---|---|---|---|---|
| | ≥600 | ≥800 | ≥1000 | ≥1200 | ≥1400 |
| 钢管 | 0.21 | 0.44 | 0.71 | — | — |
| 铸铁管、石棉水泥管 | 0.24 | 0.49 | 0.77 | — | — |
| 混凝土、钢筋混凝土、预应力混凝土管 | 0.33 | 0.60 | 0.92 | 1.15 | 1.35 |

(8) 余土外运、缺土内运工程量计算：运土工程量＝挖土工程量－回填土工程量。正值为余土外运，负值为缺土内运。

2) 机械土、石方

(1) 机械土、石方运距按下列规定计算：

① 推土机推距：按挖方区重心至回填区重心之间的直线距离计算。

② 铲运机运距：按挖方区重心至卸土区重心加转向距离 45m 计算。

③ 自卸汽车运距：按挖方区重心至填土区（或堆放地点）重心的最短距离计算。

(2) 建筑场地原土碾压以面积计算，填土碾压按图示填土厚度以体积计算。

(3) 定额中机械土方按三类土取定。如实际土壤类别不同，定额中机械台班量乘以表 5-12 中的系数。

(4) 土、石方体积均按天然实体积（自然方）计算；推土机、铲运机推、铲未经压实的堆积土，按三类土定额项目乘以系数 0.73。

(5) 机械挖土方工程量，按机械实际完成工程量计算。机械确实挖不到的地方，用人工修边坡、整平的土方工程量按人工挖一般土方定额（最多不得超过挖方量的 10%），人工乘以系数2。机械挖土、石方单位工程量小于2000m³或在桩间挖土、石方，按相应定额乘以系数1.10。

**土壤系数表** **表5-12**

| 项目 | 三类土 | 一、二类土 | 四类土 |
|---|---|---|---|
| 推土机推土方 | 1.00 | 0.84 | 1.18 |
| 铲运机铲运土方 | 1.00 | 0.84 | 1.26 |
| 自行式铲运机铲运土方 | 1.00 | 0.86 | 1.09 |
| 挖掘机挖土方 | 1.00 | 0.84 | 1.14 |

(6) 机械挖土均以天然湿度土壤为准，含水率达到或超过25%时，定额人工、机械乘以系数1.15；含水率超过40%时另行计算。

(7) 自卸汽车运土，按正铲挖掘机挖土考虑，如系反铲挖掘机装车，则自卸汽车运土台班量乘以系数1.10；拉铲挖掘机装车，自卸汽车运土台班量乘以系数1.20。

(8) 挖掘机在垫板上作业时，其人工、机械乘以系数1.25，垫板铺设所需的人工、材料、机械消耗另行计算。

(9) 推土机推土或铲运机铲土，推土区土层平均厚度小于300mm时，其推土机台班乘以系数1.25，铲运机台班乘以系数1.17。

(10) 推土机推土、石，铲运机运土重车上坡时，如坡度大于5%，运距按坡度区段斜长乘以表5-13中的系数。

**坡度系数表** **表5-13**

| 坡度(%) | 10以内 | 15以内 | 20以内 | 25以内 |
|---|---|---|---|---|
| 系数 | 1.75 | 2.00 | 2.25 | 2.50 |

3. 计算举例

**【例5-4】** 施工组织设计采用人力车运土，运输距离50m，对【例5-1】进行清单组价，列出综合单价分析表。

相关知识：

排地表水、土方开挖、围护（挡土板）、支撑、基底钎探、运输等费用应包含在“挖沟槽土方”项目报价内。

土方开挖、运输分项定额工程量计算规则与清单工程量计算规则一致。

**【解】** 根据清单包含的工作内容和项目特征，清单项“挖沟槽土方”工作内容包括人工挖土。

**综合单价分析表** **表5-14**

| 项目编码 | | 项目名称 | 计量单位 | 工程量 | 综合单价 | 合价 |
|---|---|---|---|---|---|---|
| 010101003001 | | 挖沟槽土方 | m³ | 317.52 | 73.85 | 23448.85 |
| 清单综合单价组成 | 定额号 | 子目名称 | 单位 | 数量 | 单价 | 合价 |
| | 1-28 | 人工挖沟槽三类干土(3m以内) | m³ | 317.52 | 53.80 | 17082.58 |
| | 1-92 | 单(双)轮车运土运距小于50m | m³ | 317.52 | 20.05 | 6366.28 |

组价说明：人工挖沟槽，三类干土，挖土深度1.65m为3m以内，套用定额1-28。

**【例5-5】** 对【例5-3】进行清单组价，列出综合单价分析表。

相关知识：

排地表水、土方开挖、围护（挡土板）、支撑、基底钎探、运输等费用应包含在“挖基坑土方”项目报价内。

土方开挖、运输分项定额工程量计算规则与清单工程量计算规则一致。

**【解】** 根据清单包含的工作内容和项目特征，清单项“挖基坑土方”工作内容应包括机械挖土、人工修边坡、自卸汽车运土（运出）。

**综合单价分析表** **表5-15**

| 项目编码 | | 项目名称 | 计量单位 | 工程量 | 综合单价 | 合价 |
|---|---|---|---|---|---|---|
| 010101004001 | | 挖基坑土方 | $m^3$ | 251.235 | 23.60 | 5829.26 |
| 清单综合单价组成 | 定额号 | 子目名称 | 单位 | 数量 | 单价 | 合价 |
| | 1-204换 | 反铲挖掘机（$1m^3$以内）挖土装车 | $1000m^3$ | 0.226112 | 5559.28 | 1257.02 |
| | 1-7换 | 人工修边坡深小于1.5m | $m^3$ | 25.124 | 65.40 | 1643.36 |
| | 1-13换 | 人工修边坡深大于1.5m深小于2m增加费 | $m^3$ | 25.124 | 8.44 | 212.05 |
| | 1-262换 | 自卸汽车运土运距小于1km | $1000m^3$ | 0.25124 | 11208.48 | 2816.02 |

（1）组价说明：挖出土全部用自卸汽车运走。

（2）换算说明：

机械挖土、石方单位工程量小于$2000m^3$或在桩间挖土、石方，按相应定额乘以系数1.10。

1-204换：5053.89×1.10=5559.28。

机械确实挖不到的地方，用人工修边坡、整平的土方工程量套用人工挖一般土方（最多不得超过挖方量的10%）相应定额项目人工乘以系数2。

1-7换：32.70×2=65.40。

自卸汽车运土，如反铲挖掘机装车，则自卸汽车运土台班量乘以系数1.10。

1-262换：10223.58+8.127×0.1×884.59×1.37=11208.48。

## 5.3 地基处理与边坡支护工程

### 5.3.1 地基处理与边坡支护工程清单编制

1. 清单规则

1）换填垫层的计算规则：按设计图示尺寸以体积计算。

2）预压地基、强夯地基的计算规则：按设计图示尺寸以加固面积计算。

3）振冲桩（填料）的计算规则：

（1）以米计量，按设计图示尺寸以桩长计算 。

（2）以立方米计量，按设计桩截面乘以桩长以体积计算。

4）砂石桩的计算规则：

（1）以米计量，按设计图示尺寸以桩长（包括桩尖）计算。

（2）以立方米计量，按设计桩截面乘以桩长（包括桩尖）以体积计算。

5）水泥粉煤灰碎石桩、夯实水泥土桩、石灰桩、灰土（土）挤密桩的计算规则：按设计图示尺寸以桩长（包括桩尖）计算。

6）深层搅拌桩、粉喷桩、高压喷射注浆桩的计算规则：按设计图示尺寸以桩长计算。

7）注浆地基的计算规则：

（1）以米计量，按设计图示尺寸以钻孔深度计算。

（2）以立方米计量，按设计图示尺寸以加固体积计算。

8）褥垫层的计算规则：

（1）以平方米计量，按设计图示尺寸以铺设面积计算。

（2）以立方米计量，按设计图示尺寸以体积计算。

9）地下连续墙的计算规则：按设计图示墙中心线长乘以厚度乘以槽深以体积计算。

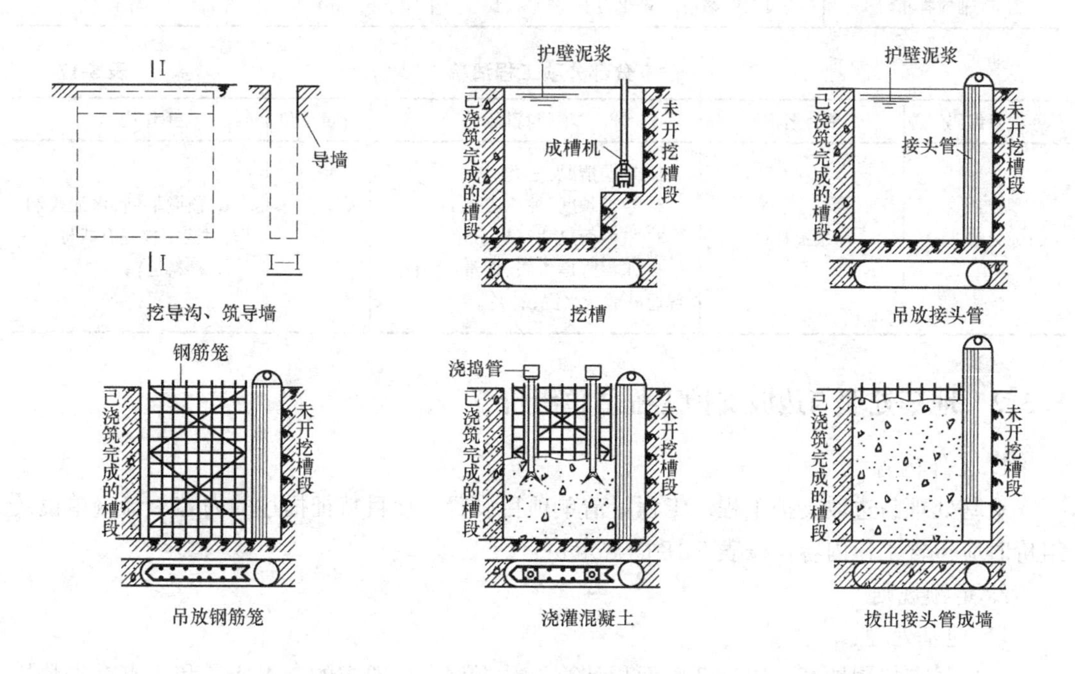


图 5-36　地下连续墙施工流程图

10）咬合灌注桩的计算规则：

（1）以米计量，按设计图示尺寸以桩长计算。

（2）以根计量，按设计图示数量计算。

11）预应力锚杆、锚索、其他锚杆、土钉的计算规则：

（1）以米计量，按设计图示尺寸以钻孔深度计算。

（2）以根计量，按设计图示数量计算。

12）喷射混凝土、水泥砂浆的计算规则：按设计图示尺寸以面积计算。

13）混凝土支撑的计算规则：按设计图示尺寸以体积计算。

14）钢支撑的计算规则：按设计图示尺寸以质量计算。不扣除孔眼质量，焊条、铆钉、螺栓等不另增加质量。

15）桩长应包括桩尖，空桩长度＝孔深－桩长，孔深为自然地面至设计桩底的深度。

2. 计算举例

**【例 5-6】** 某基坑支护工程止水幕采用三轴泥土搅拌桩，三类土，截面形式为三轴 ϕ8@1200，桩截面积为 1.495m² 搭接形式为套接一孔两搅一喷法。桩顶标高－2.60m，桩底标高－19.60m，自然地面标高－0.60m，设计采用 PO42.5 普通硅酸盐水泥，水泥掺入比为 20%，水灰比 1.2，桩数 210 根，要求计算其分部分项工程量（管理费和利润按定额中费率）。

**【解】**

工程计算表　　表 5-16

| 项目名称 | 计算公式 | 计量单位 | 数量 |
|---|---|---|---|
| 三轴搅拌桩 | 1.495×(19.6－2.6＋0.5)×210 | m³ | 5494.13 |

分部分项工程清单　　表 5-17

| 项目编码 | 项目名称 | 项目特征 | 计量单位 | 工作内容 |
|---|---|---|---|---|
| 010201009001 | 深层搅拌桩 | 1. 地层情况：三类土<br>2. 空桩长度、桩长：2m、17m<br>3. 桩截面尺寸：1.495m²<br>4. 水泥强度等级、掺量：PO42.5 普通硅酸盐水泥、20% | m | 1. 预搅下钻、水泥浆制作、喷浆搅拌提升成桩<br>2. 材料运输 |

## 5.3.2　地基处理与边坡支护工程清单组价

1. 工作内容

地基处理与边坡支护工程。工程量清单项目设置、项目特征描述的内容、计量单位及组价时应包含工作内容，按表 5-18 的规定执行。

2. 定额规则

1）地基处理

（1）强夯加固地基，以夯锤底面积计算，并根据设计要求的夯击能量和每点夯击数执行相应定额。

（2）深层搅拌桩、粉喷桩加固地基，按设计长度另加 500mm（设计有规定的按设计要求）乘以设计截面积以立方米计算（重叠部分面积不得重复计算），群桩间的搭接不扣除。

（3）高压旋喷桩钻孔长度按自然地面至设计桩底标高以长度计算，喷浆按设计加固桩的截面面积乘以设计桩长以体积计算。

（4）灰土挤密桩按设计图示尺寸以桩长计算（包括桩尖）。

**地基处理与边坡支护工程（编号：010102）　　表 5-18**

| 项目编码 | 项目名称 | 项目特征 | 计量单位 | 工作内容 |
|---|---|---|---|---|
| 010201001 | 换填垫层 | 1. 材料种类及配比<br>2. 压实系数<br>3. 掺加剂品种 | $m^3$ | 1. 分层铺填<br>2. 碾压、振密或夯实<br>3. 材料运输 |
| 010201002 | 铺设土工合成材料 | 1. 部位<br>2. 品种<br>3. 规格 | $m^2$ | 1. 挖填锚固沟<br>2. 铺设<br>3. 固定<br>4. 运输 |
| 010201003 | 预压地基 | 1. 排水竖井种类、断面尺寸、排列方式、间距、深度<br>2. 预压方法<br>3. 预压荷载、时间<br>4. 砂垫层厚度 | | 1. 设置排水竖井、盲沟、滤水管<br>2. 铺设砂垫层、密封膜<br>3. 堆载、卸载或抽气设备安拆、抽真空<br>4. 材料运输 |
| 010201004 | 强夯地基 | 1. 夯击能量<br>2. 夯击遍数<br>3. 地耐力要求<br>4. 夯填材料种类 | | 1. 铺设夯填材料<br>2. 强夯<br>3. 夯填材料运输 |
| 010201005 | 振冲密实(不填料) | 1. 地层情况<br>2. 振密深度<br>3. 孔距 | | 1. 振冲加密<br>2. 泥浆运输 |
| 010201006 | 振冲桩(填料) | 1. 地层情况<br>2. 空桩长度、桩长<br>3. 桩径<br>4. 填充材料种类 | 1. m<br>2. $m^3$ | 1. 振冲成孔、填料、振实<br>2. 材料运输<br>3. 泥浆运输 |
| 010201007 | 砂石桩 | 1. 地层情况<br>2. 空桩长度、桩长<br>3. 桩径<br>4. 成孔方法<br>5. 材料种类、级配 | | 1. 成孔<br>2. 填充、振实<br>3. 材料运输 |
| 010201008 | 水泥粉煤灰碎石桩 | 1. 地层情况<br>2. 空桩长度、桩长<br>3. 桩径<br>4. 成孔方法<br>5. 混合料强度等级 | m | 1. 成孔<br>2. 混合料制作、灌注、养护 |

（5）压密注浆钻孔按设计长度计算。注浆工程量按以下方式计算：设计图纸注明加固土体体积的，按注明的加固体积计算；设计图纸按布点形式图示土体加固范围的，则按两孔间距的一半作为扩散尺寸，以布点边线各加扩散半径形成计算平面，计算注浆体积；如果设计图纸上注浆点在钻孔灌注桩之间，按两注浆孔距的一半作为每孔的扩散半径，以此圆柱体体积计算。

2）基坑及边坡支护

（1）基坑锚喷护壁成孔、斜拉锚桩成孔及孔内注浆按设计图示尺寸以长度计算。护壁喷射混凝土按设计图示尺寸以面积计算。

（2）土钉支护钉土锚杆按设计图示尺寸以长度计算。挂钢筋网按设计图纸以面积计算。

（3）基坑钢管支撑以坑内的钢立柱、支撑、围檩、活络接头、法兰盘、预埋铁件的合并质量计算。

（4）打、拔钢板桩按设计钢板桩质量计算。

3. 定额应用要点

1）地基处理

（1）强夯法加固地基是在天然地基土上或在填土地基上进行作业的，不包括强夯前的试夯工作和费用。如设计要求试夯，可按设计要求另行计算。

（2）深层搅拌桩不分桩径大小，执行相应子目。设计水泥量不同可换算，其他不调整。

（3）深层搅拌桩（三轴除外）和粉喷桩是按四搅二喷施工编制，设计为二搅一喷，定额人工、机械乘以系数0.7；六搅三喷，定额人工、机械乘以系数1.4。

（4）高压旋喷桩、压密注浆的浆体材料用量可按设计含量调整。

2）基坑及边坡支护

（1）斜拉锚桩是指深基坑围护中，锚接围护桩体的斜拉桩。

（2）基坑钢管支撑为周转摊销材料，其场内运输、回库保养均已包括在内。支撑处需挖运土方、围檩与基坑护壁的填充混凝土未包括在内，发生时应按实另行计算。场外运输按金属Ⅲ类构件计算。

（3）打、拔钢板桩单位工程打桩工程量小于50t时，人工、机械乘以系数1.25。场内运输超过300m时，应按相应构件运输子目执行，并扣除打桩子目中的场内运输费。

（4）采用桩进行地基处理时，按第3章相应子目执行。

4. 计算举例

**【例5-7】** 某基坑支护工程止水幕采用三轴泥土搅拌桩，截面形式为三轴ϕ8@1200，桩截面积为1.495m$^2$ 搭接形式为套接一孔两搅一喷法。桩顶标高−2.60m，桩底标高−19.60m，自然地面标高−0.60m，设计采用PO42.5普通硅酸盐水泥，水泥掺入比为20%，水灰比1.2，桩数210根，要求计算其分部分项工程费用（管理费和利润按定额中费率）。

**【解】** 工程量与【例5-6】相同

**表5-19**

| 定额编号 | 子目名称 | 单位 | 数量 | 综合单价 | 合价 |
|---|---|---|---|---|---|
| 2-12换 | 三轴搅拌桩 | m$^3$ | 5494.13 | 146.24+76.73×(20/12−1)<br>=197.39 | 10844486.32 |
| 分部分项工程费用 | | | 1084486.32 | | |

## 5.4 桩基工程

### 5.4.1 桩基工程清单编制

1. 清单计算规则

打桩项目包括成品桩购置费，如果用现场预制桩，应包括现场预制的所有费用。打试验桩和打斜桩应按相应项目编码单独列项，并应在项目特征中注明试验桩或斜桩（斜率）。

打桩工程量计算规则：

1）预制钢筋混凝土方（管）桩有三种计量方式：

（1）以米计量，按设计图示尺寸以桩长（包括桩尖）计算，见图 5-37、图 5-38；

（2）以立方米计量，按设计图示截面积乘以桩长（包括桩尖）以实体计算；

（3）以根计量，按设计图示数量计算。

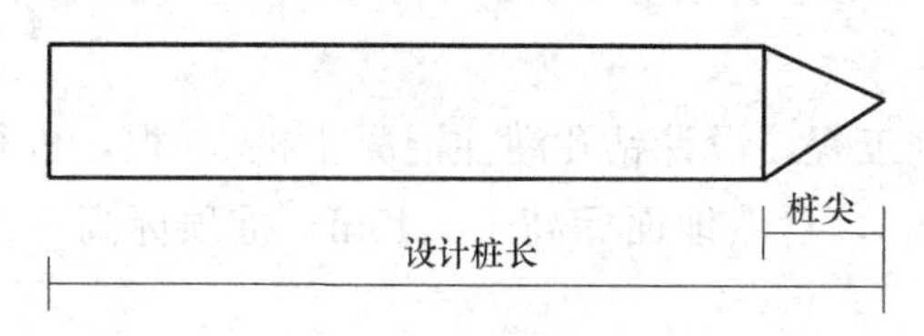


图 5-37 预制桩示意图

2）钢管桩有两种计量方式：

（1）以吨计量，按设计图示尺寸乘以质量计算；

（2）以根计量，按设计图示数量计算。

3）截（凿）桩头有两种计量方式：

（1）以立方米计量，按设计桩截面乘以桩头长度以体积计算；

（2）以根计量，按设计图示数量计算

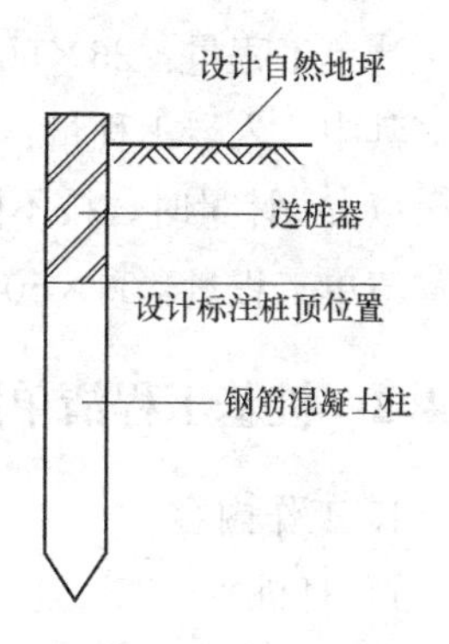


图 5-38 送桩示意图

4）灌注桩，灌注桩施工程序见图 5-39。

（1）泥浆护壁成孔灌注桩、沉管灌注桩和干作业成孔灌注桩，有三种计量方式：

① 以米计量，按设计图示尺寸以桩长（包括桩尖）计算；

② 以立方米计量，按不同截面在桩上范围内以体积计算；

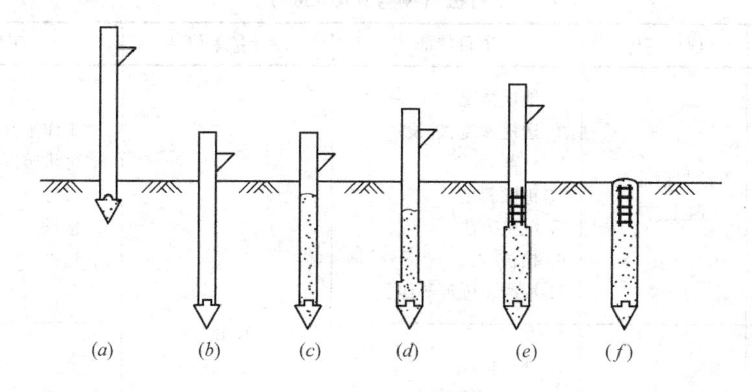


图 5-39 沉管灌注桩施工程序示意

（*a*）打桩机就位；（*b*）沉管；（*c*）浇筑混凝土；（*d*）振动拔管；（*e*）安放钢筋笼，浇筑混凝土；（*f*）成型

③ 以根计量，按设计图示数量计算。

（2）挖孔桩土（石）方按设计图示尺寸（含护壁）截面积乘以挖孔深度以立方米计算

（3）人工挖孔灌注桩有两种计量方式：

① 以立方米计量，按桩芯混凝土体积计算；

② 以根计量，按设计图示数量计算。

5）钻孔压浆桩有两种计量方式：

(1) 以米计量，按设计图示尺寸以桩长计算；

(2) 以根计量，按设计图示数量计算。

6）桩底注浆按设计图示以注浆孔数计算。

2. 计算举例

**【例 5-8】** 某单独打桩工程，设计钻孔灌注混凝土桩 50 根，桩径 700mm，设计桩长 26m，其中入岩（Ⅳ类）2m，自然地面标高－0.45m，桩顶标高－2.2m。计算该项目清单工程量。

**【解】**

灌注桩工程量以米计量时，按设计图示尺寸以桩长（包括桩尖）计算。

清单工程量：26×50＝1300m。

其中，入岩工程量：2×50＝100m。

以 $m^3$ 计量时，按不同截面在桩上范围内以体积计算。

清单工程量：$26\times50\times3.14\times0.35^2=500.05m^3$。

### 5.4.2 桩基工程清单组价

1. 工作内容

1）打桩

打桩工程工程量清单项目设置、项目特征描述的内容、计量单位及组价时应包含工作内容，应按表 5-20 的规定执行。

**打桩（编号：010301）** 表 5-20

| 项目编码 | 项目名称 | 项目特征 | 计量单位 | 工作内容 |
| --- | --- | --- | --- | --- |
| 010301001 | 预制钢筋混凝土方桩 | 1. 地层情况<br>2. 送桩深度、桩长<br>3. 桩截面<br>4. 桩倾斜度<br>5. 沉桩方法<br>6. 接桩方式<br>7. 混凝土强度等级 | 1. m<br>2. 根<br>3. $m^3$ | 1. 工作平台搭拆<br>2. 桩机竖拆、移位<br>3. 沉桩<br>4. 接桩<br>5. 送桩 |
| 010301002 | 预制钢筋混凝土管桩 | 1. 地层情况<br>2. 送桩深度、桩长<br>3. 桩外径、壁厚<br>4. 桩倾斜度<br>5. 沉桩方法<br>6. 接桩方式<br>7. 混凝土强度等级<br>8. 填充材料种类<br>9. 防护材料种类 | | 1. 工作平台搭拆<br>2. 桩机竖拆、移位<br>3. 沉桩<br>4. 接桩<br>5. 送桩<br>6. 桩尖制作安装<br>7. 填充材料、刷防护材料 |

续表

| 项目编码 | 项目名称 | 项目特征 | 计量单位 | 工作内容 |
|---|---|---|---|---|
| 010301003 | 钢管桩 | 1. 地层情况<br>2. 送桩深度、桩长<br>3. 材质<br>4. 管径、壁厚<br>5. 桩倾斜度<br>6. 沉桩方法<br>7. 填充材料种类<br>8. 防护材料种类 | 1. t<br>2. 根 | 1. 工作平台搭拆<br>2. 桩机竖拆、移位<br>3. 沉桩<br>4. 接桩<br>5. 送桩<br>6. 切割钢管、精割盖帽<br>7. 管内取土<br>8. 填充材料、刷防护材料 |
| 010301004 | 截(凿)桩头 | 1. 桩类型<br>2. 桩头截面、高度<br>3. 混凝土强度等级<br>4. 有无钢筋 | 1. $m^3$<br>2. 根 | 1. 截(切割)桩头<br>2. 凿平<br>3. 废料外运 |

2）灌注桩

灌注桩工程量清单项目设置、项目特征描述的内容、计量单位及组价时应包含工作内容，应按表 5-21 的规定执行。

2. 定额计算规则

1）打桩

(1) 打预制钢筋混凝土桩的体积，按设计桩长（包括桩尖，不扣除桩尖虚体积）乘以桩截面面积计算；管桩（空心方桩）的空心体积应扣除，管桩（空心方桩）的空心部分设计要求灌注混凝土或其他填充材料时，应另行计算。

**灌注桩（编号：010302）** **表 5-21**

| 项目编码 | 项目名称 | 项目特征 | 计量单位 | 工作内容 |
|---|---|---|---|---|
| 010302001 | 泥浆护壁成孔灌注桩 | 1. 地层情况<br>2. 空桩长度、桩长<br>3. 桩径<br>4. 成孔方法<br>5. 护筒类型、长度<br>6. 混凝土类别、强度等级 | 1. m<br>2. $m^3$<br>3. 根 | 1. 护筒埋设<br>2. 成孔、固壁<br>3. 混凝土制作、运输、灌注、养护<br>4. 土方、废泥浆外运 5. 打桩场地硬化及泥浆池、泥浆沟 |
| 010302002 | 沉管灌注桩 | 1. 地层情况<br>2. 空桩长度、桩长<br>3. 复打长度<br>4. 桩径<br>5. 沉管方法<br>6. 桩尖类型<br>7. 混凝土类别、强度等级 | | 1. 打(沉)拔钢管<br>2. 桩尖制作、安装 3. 混凝土制作、运输、灌注、养护 |
| 010302003 | 干作业成孔灌注桩 | 1. 地层情况<br>2. 空桩长度、桩长<br>3. 桩径<br>4. 扩孔直径、高度<br>5. 成孔方法<br>6. 混凝土类别、强度等级 | | 1. 成孔、扩孔<br>2. 混凝土制作、运输、灌注、振捣、养护 |

续表

| 项目编码 | 项目名称 | 项目特征 | 计量单位 | 工作内容 |
|---|---|---|---|---|
| 010302004 | 挖孔桩 土(石)方 | 1. 土(石)类别<br>2. 挖孔深度<br>3. 弃土(石)运距 | $m^3$ | 1. 排地表水<br>2. 挖土、凿石<br>3. 基底钎探<br>4. 运输 |
| 010302005 | 人工挖孔灌注桩 | 1. 桩芯长度<br>2. 桩芯直径、扩底直径、扩底高度<br>3. 护壁厚度、高度<br>4. 护壁混凝土类别、强度等级<br>5. 桩芯混凝土类别、强度等级 | 1. $m^3$<br>2. 根 | 1. 护壁制作<br>2. 混凝土制作、运输、灌注、振捣、养护 |
| 010302006 | 钻孔压浆桩 | 1. 地层情况<br>2. 空钻长度、桩长<br>3. 钻孔直径<br>4. 水泥强度等级 | 1. m<br>2. 根 | 钻孔、下注浆管、投放骨料、浆液制作、运输、压浆 |
| 010302007 | 桩底注浆 | 1. 注浆导管材料、规格<br>2. 注浆导管长度<br>3. 单孔注浆量<br>4. 水泥强度等级 | 孔 | 1. 注浆导管制作、安装<br>2. 浆液制作、运输、压浆 |

(2) 接桩：按每个接头计算。

(3) 送桩：以送桩长度（自桩顶面至自然地坪另加 500mm）乘以桩截面面积以体积计算。

2) 灌注桩

(1) 泥浆护壁钻孔灌注桩：

① 钻土孔与钻岩石孔工程量应分别计算。土与岩石地层分类详见土壤分类表和岩石分类表。钻土孔自自然地面至岩石表面之深度乘以设计桩截面积以体积计算；钻岩石孔以入岩深度乘桩截面面积以体积计算。

② 混凝土灌入量以设计桩长（含桩尖长）另加一个直径（设计有规定的，按设计要求）乘以桩截面积以体积计算；地下室基础超灌高度按现场具体情况另行计算。

③ 泥浆外运的体积按钻孔的体积计算。

(2) 长螺旋或钻盘式钻机钻孔灌注桩的单桩体积，按设计桩长（含桩尖）另加 500mm（设计有规定，按设计要求）再乘以螺旋外径或设计截面积以体积计算，活瓣桩尖示意图见图 5-40。

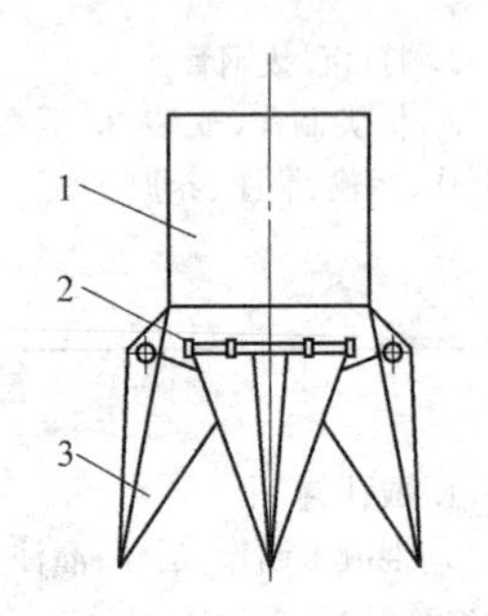

图 5-40　活瓣桩尖示意图
1—桩管；2—锁轴；3—活瓣

(3) 打孔沉管、夯扩灌注桩：

① 灌注混凝土、砂、碎石桩使用活瓣桩尖时，单打、复打桩体积均按设计桩长（包括桩尖）另加 250mm（设计有规定，按设计要求）乘以标准管外径以体积计算。使用预制钢筋混凝土桩尖时，单打、复打桩体积均按设计桩长（不包括预制桩尖）另加 250mm 乘以标准管外径以体积计算。

② 打孔、沉管灌注桩空沉管部分，按空沉管的实体积计算。

③ 夯扩桩体积分别按每次设计夯扩前投料长度（不包括预制桩尖）乘以标准管内径体积计算，最后管内灌注混凝土按设计桩长另加 250mm 乘以标准管外径体积计算。

④ 打孔灌注桩、夯扩桩使用预制钢筋混凝土桩尖的，桩尖个数另列项目计算，单打、复打的桩尖按单打、复打次数之和计算，桩尖费用另计。

（4）注浆管、声测管按打桩前的自然地坪标高至设计桩底标高的长度另加 0.2m，按长度计算。

（5）灌注桩后注浆按设计注入水泥用量，以质量计算。

（6）人工挖孔灌注混凝土桩中挖井坑土、挖井坑岩石、砖砌井壁、混凝土井壁、井壁内灌注混凝土均按图示尺寸以体积计算。如设计要求超灌时，另行增加超灌工程量。

（7）凿灌注混凝土桩头按体积计算，凿、截断预制方（管）桩均以根计算。

3. 定额应用要点

1）定额适用于一般工业与民用建筑工程的桩基础，不适用于支架上、室内打桩。打试桩可按相应定额项目的人工、机械乘以系数 2，试桩期间的停置台班结算时应按实调整。

2）定额打桩机的类别、规格执行中不换算。打桩机及为打桩机配套的施工机械的进（退）场费和组装、拆卸费用，另按实际进场机械的类别、规格计算。

3）打桩工程：

（1）预制钢筋混凝土桩的制作费，另按相关章节规定计算。打桩如设计有接桩，另按接桩定额执行。

（2）定额中土壤级别已综合考虑，执行中不换算。子目中的桩长度是指包括桩尖及接桩后的总长度。

（3）电焊接桩钢材用量，设计与定额不同时，按设计用量乘以系数 1.05 调整，人工、材料、机械消耗量不变。

（4）每个单位工程的打（灌注）桩工程量小于表 5-22 规定数量时，其人工、机械（包括送桩）按相应定额项目乘以系数 1.25。

**单位打桩工程工程量表** **表 5-22**

| 项　目 | 工程量 |
|---|---|
| 预制钢筋混凝土方桩 | 150$m^3$ |
| 预制钢筋混凝土离心管桩(空心方桩) | 50$m^3$ |
| 打孔灌注混凝土桩 | 60$m^3$ |
| 打孔灌注砂桩、碎石桩、砂石桩 | 100$m^3$ |
| 钻孔灌注混凝土桩 | 60$m^3$ |

（5）定额以打直桩为准，若打斜桩，斜度在 1∶6 以内，按相应定额项目人工、机械乘以系数 1.25；若斜度大于 1∶6，按相应定额项目人工、机械乘以系数 1.43。

（6）地面打桩坡度以小于 15°为准，大于 15°打桩按相应定额项目人工、机械乘以系数 1.15。如在基坑内（基坑深度大于 1.15m）打桩或在地坪上打坑槽内（坑槽深度大于 1.0m）桩时，按相应定额项目人工、机械乘以系数 1.11。

(7) 定额打桩（包括方桩、管桩）已包括 300m 内的场内运输，实际超过 300m 时，应按相应构件运输定额执行，并扣除定额内的场内运输费。

4) 灌注桩：

(1) 各种灌注桩中的材料用量预算暂按下表内的充盈系数和操作损耗计算，结算时充盈系数按打桩记录灌入量进行调整，操作损耗不变。

**灌注桩充盈系数及操作损耗率表** **表 5-23**

| 项目名称 | 充盈系数 | 操作损耗率(%) |
|---|---|---|
| 打孔沉管灌注混凝土桩 | 1.20 | 1.50 |
| 打孔沉管灌注砂(碎石)桩 | 1.20 | 2.00 |
| 打孔沉管灌注砂石桩 | 1.20 | 2.00 |
| 钻孔灌注混凝土桩(土孔) | 1.20 | 1.50 |
| 钻孔灌注混凝土桩(岩石孔) | 1.10 | 1.50 |
| 打孔沉管夯扩灌注混凝土桩 | 1.15 | 2.00 |

各种灌注桩中设计钢筋笼时，按相应定额执行。

设计混凝土强度、等级或砂、石级配与定额取定不同，应按设计要求调整材料，其他不变。

(2) 钻孔灌注桩的钻孔深度是按 50m 内综合编制的，超过 50m 的桩，钻孔人工、机械乘以系数 1.10。人工挖孔灌注混凝土桩的挖孔深度是按 15m 内综合编制的，超过 15m 的桩，挖孔人工、机械乘以系数 1.20。

钻孔灌注桩钻土孔含极软岩，钻入岩石以软岩为准（参照第一章岩石分类表），如钻入较软岩时，人工、机械乘以系数 1.15，如钻入较硬岩以上时，应另行调整人工、机械用量。

(3) 打孔沉管灌注桩分单打、复打，第一次按单打桩定额执行，在单打的基础上再次打，按复打桩定额执行。打孔夯扩灌注桩一次夯扩执行一次夯扩定额，再次夯扩时，应执行二次夯扩定额，最后在管内灌注混凝土到设计高度按一次夯扩定额执行。使用预制钢筋混凝土桩尖时，钢筋混凝土桩尖另加，定额中活瓣桩尖摊销费应扣除。

(4) 注浆管埋设定额按桩底注浆考虑，如设计采用侧向注浆，则人工和机械乘以系数 1.2。

(5) 灌注桩后注浆的注浆管、声测管埋设，注浆管、声测管如遇材质、规格不同时，可以换算，其余不变。

5) 定额不包括打桩、送桩后场地隆起土的清除、清孔及填桩孔的处理（包括填的材料），现场实际发生时，应另行计算。

6) 凿出后的桩端部钢筋与底板或承台钢筋焊接应按相应定额执行。

7) 坑内钢筋混凝土支撑需截断按截断桩定额执行。

8) 因设计修改在桩间补打桩时，补打桩按相应打桩定额子目人工、机械乘以系数 1.15。

地层分类表 表 5-24

| 层级别 | | 代表性地层 |
|---|---|---|
| 土孔 | Ⅰ | 泥炭、植物层、耕植土、粉砂层、细砂层 |
| | Ⅱ | 黄土层、泥质砂层、火成岩风化层 |
| | Ⅲ | 泥灰层、硬黏土、白垩软层、砾石层 |
| 岩石孔 | Ⅳ | 页层、致密泥灰层、泥质砂岩、岩盐、石膏 |
| | Ⅴ | 泥质页岩、石灰岩、硬煤层、卵石层 |
| | Ⅵ | 长石砂岩、石英、石灰质砂岩、泥质及砂质片岩 |
| | Ⅶ | 云母片岩、石英砂岩、硅化石灰岩 |
| | Ⅷ | 片麻岩、轻风化的火成岩、玄武岩 |
| | Ⅸ | 硅化页岩及砂岩、粗粒花岗岩、花岗片麻岩 |
| | Ⅹ | 细粒花岗岩、花岗片麻岩、石英脉 |
| | Ⅺ | 刚玉岩、石英岩、含赤铁矿及磁铁矿的碧玉石 |
| | Ⅻ | 没有风化均质的石英岩、辉石及遂石碧玉 |

注：钻入岩石以Ⅳ类为准，如钻入岩石Ⅴ类时，人工、机械乘 1.15 系数，如钻入岩石Ⅴ类以上时，应另行调整人工、机械用量。

4. 计算举例

**【例 5-9】** 某打桩工程，设计桩型为 T-PHC-AB700-650（110）-13、13a，管桩数量 250 根，断面及示意如图 5-41 所示，桩外径 700mm，壁厚 110mm，自然地面标高 −0.3m，桩顶标高 −3.6m，螺栓加焊接接桩，管桩接桩接点周边设计用钢板。（π 取值 3.14；按定额规则计算送桩工程量时，需扣除管桩空心体积；填表时成品桩、桩尖单独列项；小数点后保留两位小数）

相关知识：

沉桩，打预制钢筋混凝土桩的体积，按设计桩长（包括桩尖，不扣除桩尖虚体积）乘以桩截面面积，以立方米计算，管桩的空心体积应扣除。

接桩，按接头计算。

送桩，以送桩长度（自桩顶面至自然地坪另加 500mm）乘桩截面面积，以立方米计算

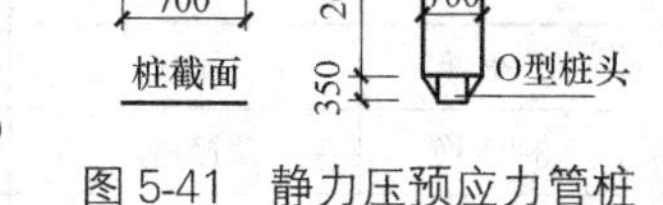


图 5-41 静力压预应力管桩

成品桩制作，按设计桩长乘以桩截面面积，以立方米计算。

**【解】**（1）沉桩

$$3.14\times(0.35^2-0.24^2)\times26.35\times250=1342.44\text{m}^3$$

（2）接桩 250 个

（3）送桩

$$3.14\times(0.35^2-0.24^2)\times(3.6-0.3+0.5)\times250=193.60\text{m}^3$$

（4）成品桩

$$3.14\times(0.35^2-0.24^2)\times26\times250=1324.61\text{m}^3$$

（5）a 型桩尖 250 个

**【例 5-10】** 某单独打桩工程，设计钻孔灌注混凝土桩 50 根，桩径 700mm，设计桩长

26m，其中入岩（Ⅳ类）2m，自然地面标高－0.45m，桩顶标高－2.2m，混凝土采用C30现场自拌，根据地质情况土孔混凝土充盈系数为1.20，岩石孔混凝土充盈系数为1.05，每根桩钢筋用量为0.8t。以自身的黏土及灌入的自来水进行护壁，砖砌泥浆池按桩体积1元/$m^3$计算，泥浆外运按6km，泥浆运出后的堆置费用不计，桩头不考虑凿除。试计算其定额工程量。

相关知识：

钻土孔从自然地面至岩石表面的深度乘设计桩截面积，以立方米计算。

钻岩孔以入岩深度乘桩截面面积，以立方米计算。

混凝土灌入量以设计桩长另加一个直径长度乘桩截面积，以立方米计算。

泥浆池以桩体积计算。

泥浆外运的体积等于钻孔的体积

**【解】**（1）钻土孔　$3.14\times0.35^2\times(28.2-0.45-2.0)\times50=495.24m^3$

（2）钻岩石孔　$3.14\times0.35^2\times2.0\times50=38.47m^3$

（3）土孔混凝土　$3.14\times0.35^2\times(26+0.7-2.0)\times50=475.04m^3$

（4）岩石孔混凝土　$3.14\times0.35^2\times2.0\times50=38.47m^3$

（5）泥浆池　$3.14\times0.35\times0.35\times26\times50=500.05m^3$

（6）泥浆外运　V钻土孔＋V钻岩石孔＝$495.24+38.47=533.71m^3$

（7）钢筋笼　$0.8\times50=40t$

**【例5-11】** 已知【例5-9】中管桩成品价为1800元/$m^3$，a型空心桩尖市场价180元/个，采用静力压桩施工方法，管桩场内运输按250m考虑。试确定【例5-9】中预制桩的综合单价。

相关知识：定额中包含成品管桩的损耗量，成品桩的价格有变化，需换算。

**综合单价分析表**　**表5-25**

| 项目编码 | | 项目名称 | 计量单位 | 工程数量 | 综合单价 | 合价 |
|---|---|---|---|---|---|---|
| 010301002001 | | 预制钢筋混凝土管桩 | m | 6587.5 | 468.69 | 3087494.63 |
| 清单综合单价组成 | 3-22换 | 压桩 | $m^3$ | 1342.44 | 384.81 | 516584.34 |
| | 3-27换 | 接桩 | 个 | 250 | 211.41 | 52852.5 |
| | 3-24 | 送桩 | $m^3$ | 193.60 | 458.47 | 88759.79 |
| | | 桩尖 | 个 | 250 | 180 | 45000 |
| | | 成品桩 | $m^3$ | 1324.61 | 1800 | 2384298 |

换算说明：

3-22换　$379.18+(1800-1300)\times0.01=384.81$

**【例5-12】** 试确定【例5-10】中灌注桩综合单价。

相关知识：

灌注桩报价应包含钻孔、浇混凝土、泥浆外运、泥浆池制作等工作内容。

成孔灌注桩工作内容包括：（1）成孔、固壁；（2）混凝土制作、运输、灌注、养护；（3）土方、废泥浆外运。

灌注桩清单工程量计算规则和定额工程量计算规则一致。

【解】 综合单价分析见表 5-26。

灌注桩综合单价分析表　　表 5-26

| 项目编码 | | 项目名称 | 计量单位 | 工程数量 | 综合单价(元) | 合价(元) |
|---|---|---|---|---|---|---|
| 010302001001 | | 钻孔灌注桩 | m | 1300 | 547.81 | 712151.5 |
| 清单综合单价组成 | 3-28 | 钻土孔 | $m^3$ | 495.24 | 300.96 | 149047.4 |
| | 3-31 | 钻岩石孔 | $m^3$ | 38.47 | 1298.80 | 49964.84 |
| | 3-39 | 土孔混凝土 | $m^3$ | 475.04 | 458.83 | 217962.6 |
| | 3-40 换 | 岩石孔混凝土 | $m^3$ | 38.47 | 406.41 | 15634.59 |
| | 桩 86 注 2 | 砖砌泥浆池 | $m^3$ | 500.05 | 1.00 | 500.05 |
| | 3－41＋3－42 | 泥浆外运 6km | $m^3$ | 533.71 | 115.68 | 61739.57 |
| | 5-6 | 钢筋笼 | t | 40 | 5432.56 | 217302.4 |

换算说明：3－40 充盈系数换算　　421.18－321.92＋1.05×1.015×288.20＝406.41

3－41＋3－42 泥浆外运　112.21＋3.47＝115.68 元/$m^3$

# 5.5 砌筑工程

## 5.5.1 砌筑工程清单编制

1. 清单规则

1）砖基础计算规则：按设计图示尺寸以体积计算，包括附墙垛基础宽出部分体积，如图 5-42 所示。扣除地梁（圈梁）、构造柱所占体积不扣除基础大放脚 T 形接头处的重叠部分及嵌入基础内的钢筋、铁件、管道、基础砂浆防潮层和单个面积不大于 0.3$m^2$ 的孔洞所占体积，靠墙暖气沟的挑檐不增加。基础长度：外墙按外墙中心线，内墙按内墙净长线计算。

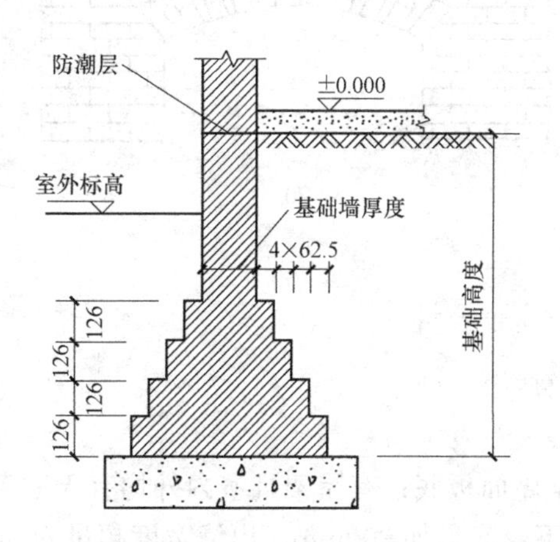


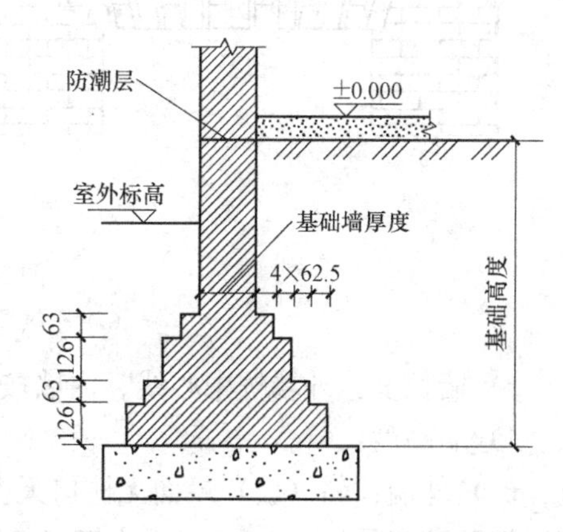


图 5-42　大放脚示意图

（1）基础与墙（柱）身使用同一种材料时，以设计室内地面为界（有地下室者，以地下室室内设计地面为界），以下为基础，以上为墙（柱）身，如图 5-43 所示。

（2）基础与墙身使用不同材料时，位于设计室内地面高度不大于±300mm 时，以不同材料为分界线，高度大于±300mm 时，以设计室内地面为分界线，如图 5-44 所示。

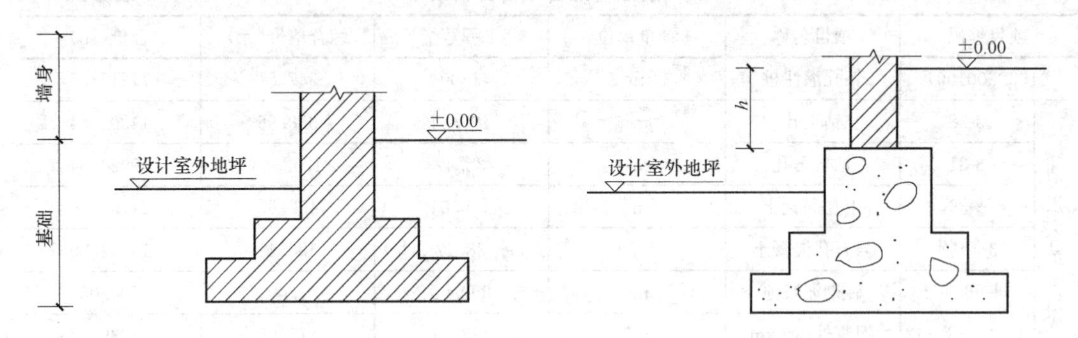


图 5-43　使用同一种材料时基础与墙身分界线　　　图 5-44　使用不同材料时基础与墙身分界线

（3）砖围墙以设计室外地坪为界，以下为基础，以上为墙身。

（4）石基础、石勒脚、石墙的划分：基础与勒脚应以设计室外地坪为界。勒脚与墙身应以设计室内地面为界。石围墙内外地坪标高不同时，应以较低地坪标高为界，以下为基础；内外标高之差为挡土墙时，挡土墙以上为墙身。

2）实心砖墙、多孔砖墙、空心砖墙、砌块墙、石墙计算规则：按设计图示尺寸以体积计算。扣除门窗洞口、过人洞、空圈、嵌入墙内的钢筋混凝土柱、梁、圈梁、挑梁、过梁及凹进墙内的壁龛、管槽、暖气槽、消火栓箱所占体积，不扣除梁头、板头、檩头、垫木、木楞头、沿缘木、木砖、门窗走头、砖墙内加固钢筋、木筋、铁件、钢管及单个面积不大于 0.3m$^2$ 的孔洞所占的体积。凸出墙面的腰线、挑檐、压顶、窗台线、虎头砖、门窗套的体积也不增加。凸出墙面的砖垛并入墙体体积内计算。如图 5-45 所示。

图 5-45　砖砌过梁

（a）平拱式过梁；（b）弧拱式过梁

3）墙长度：外墙按中心线、内墙按净长计算。

4）墙高度：

（1）外墙：斜（坡）屋面无檐口天棚者算至屋面板底；有屋架且室内外均有天棚者算至屋架下弦底另加 200mm；无天棚者算至屋架下弦底另加 300mm，出檐宽度超过 600mm 时按实砌高度计算；与钢筋混凝土楼板隔层者算至板顶。平屋顶算至钢筋混凝土板底。如图 5-46～图 5-48 所示。

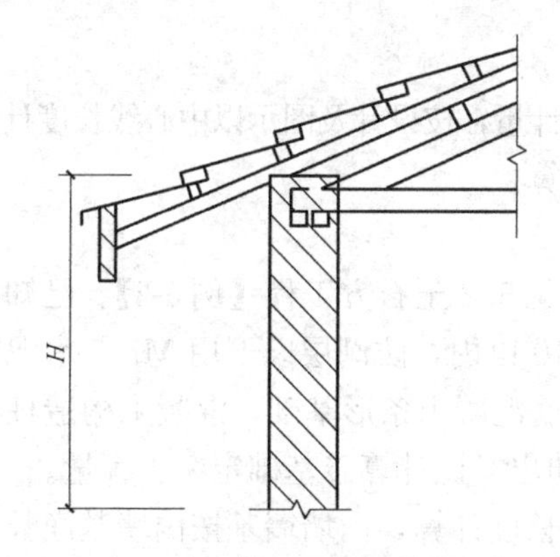


图 5-46 坡（斜）屋面无檐口天棚外墙计算高度

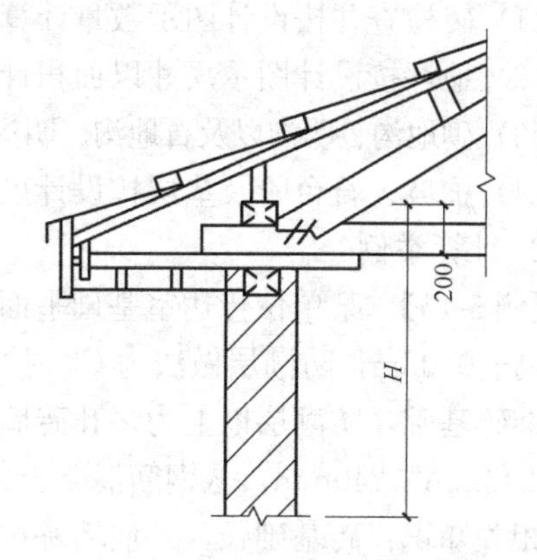


图 5-47 有屋架且室内外均有天棚外墙计算高度

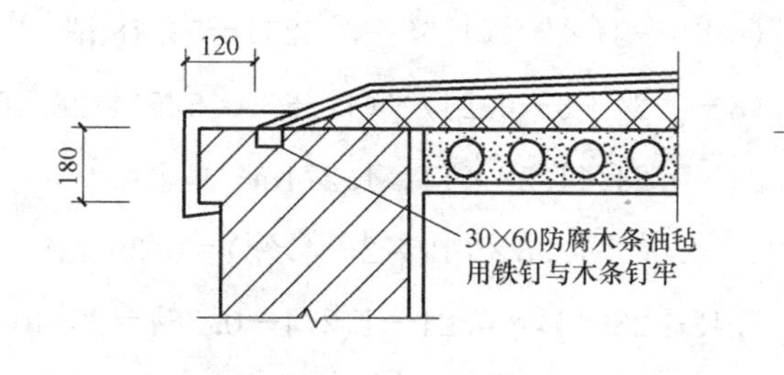


图 5-48 平屋面外墙高度计算

（2）内墙：位于屋架下弦者，算至屋架下弦底；无屋架者算至天棚底另加 100mm；有钢筋混凝土楼板隔层者算至楼板顶；有框架梁时算至梁底。如图 5-49 所示。

（3）女儿墙：从屋面板上表面算至女儿墙顶面（如有混凝土压顶时算至压顶下表面）。

（4）内、外山墙：按其平均高度计算。

5）框架间墙：不分内外墙按墙体净尺寸以体积计算。

6）围墙：高度算至压顶上表面（如有混凝土压顶时算至压顶下表面），围墙柱并入围墙体积内。

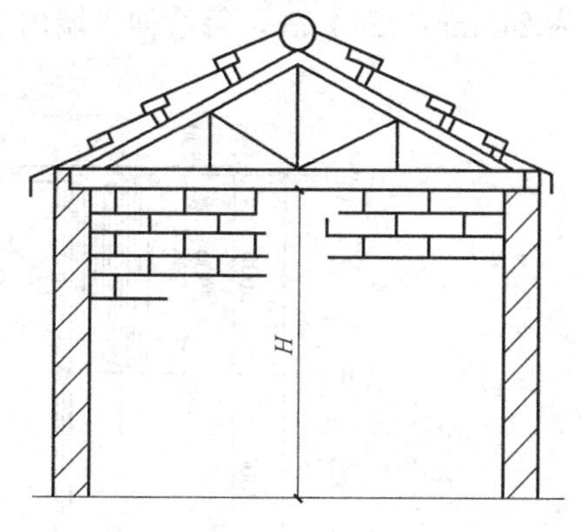


图 5-49 屋架下弦内墙高度计算

7）空花墙计算规则：按空花部分的外型体积计算，不扣除空洞部分体积；空花墙外有实砌墙，其实砌部分应以立方米另列项目计算。

8）空斗墙计算规则：按空斗墙外形体积计算。墙角、内外墙交接处、门窗洞口立边、窗台砖屋檐处的实砌部分体积并入空斗墙体积内。

9）实心砖柱、多孔砖柱、砌块柱计算规则：按设计图示尺寸以体积计算。扣除混凝土及钢筋混凝土梁垫、梁头、板头所占体积。

10）其他：

（1）砖检查井按设计图示数量计算。

（2）地坪按设计图示尺寸以面积计算。

（3）砌地沟、明沟以及石地沟、明沟工程量以米计量，按设计及图示以中心线长度计算。

（4）护坡、石台阶及垫层按设计尺寸以体积计算。

2. 计算举例

**【例 5-13】** 某单位传达室基础平面图和剖面图见 5.2 土石方工程【例 5-2】。已知防潮层标高−0.06m，防潮层做法为 C20 抗渗混凝土 P10 以内，防潮层以下用 M7.5 水泥砂浆砌标准砖基础，防潮层以上为多孔砖墙身，C20 钢筋混凝土条形基础，混凝土构造柱截面尺寸 240mm×240mm，从钢筋混凝土条形基础中伸出。试计算砖基础定额工程量。

相关知识：砖基础长，外墙墙基按外墙中心线长度计算，内墙墙基按内墙基净长度。

大放脚面积折算成一段等面积的基础墙。折算高度＝大放脚面积/基础墙高度，则基础断面积＝基础墙宽×（基础墙高度＋折算高度）。

**【解】** 外墙基的面积：$(6+6+8)\times2\times(1.58+0.525)=54.18\text{m}^2$

内墙基的面积：$(8-0.24+6-0.24)\times(1.58+0.525)=28.46\text{m}^2$

构造柱体积：$0.24\times0.24\times1.58\times14=1.274\text{m}^3$

马牙槎体积：$0.24\times0.03\times1.58\times(10\times2+4\times3)=0.364\text{m}^3$

砖基础体积：$(54.18+28.46)\times0.24-1.274-0.364=25.40\text{m}^3$

**【例 5-14】** 某一层接待室为三类工程，平、剖面图如图 5-50、图 5-51 所示。墙体中 C20 构造柱体积为 240mm×240mm，马牙槎宽度为 60mm，墙体中 C20 圈梁断面为 240mm×300mm，屋面板混凝土强度等级 C20，厚 100mm，门窗洞口上方设置混凝土过梁为 240mm×240mm，每边伸入墙内 250mm，−0.06m 处设水泥砂浆防潮层，防潮层以

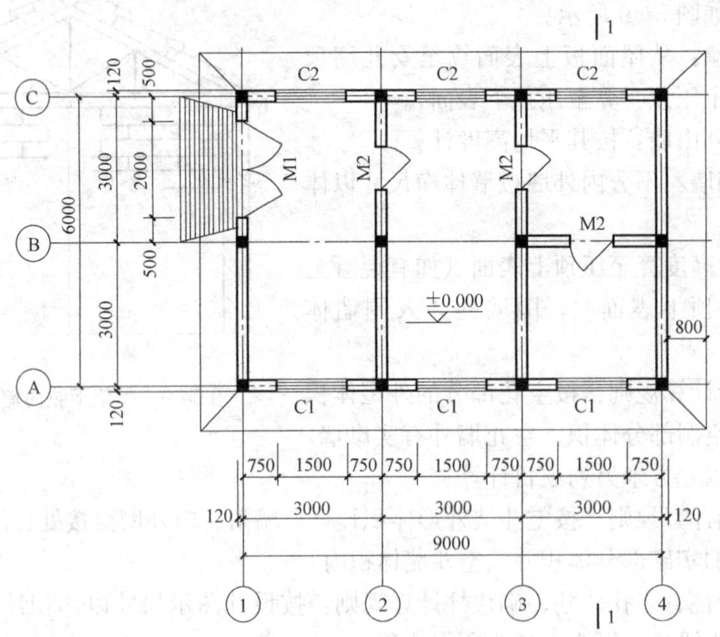


图 5-50　平面图

上墙体为 MU5KP1 黏土多孔砖240mm×115mm×90mm，M5 混合砂浆砌筑，防潮层以下为混凝土标准砖，门窗为彩色铝合金材质，尺寸见门窗表 5-27。

请按《建设工程工程量清单计价规范》GB 50854—2013 编制 KP1 黏土多孔砖墙体分部分项工程量清单。（内墙高度算至屋面板底）。

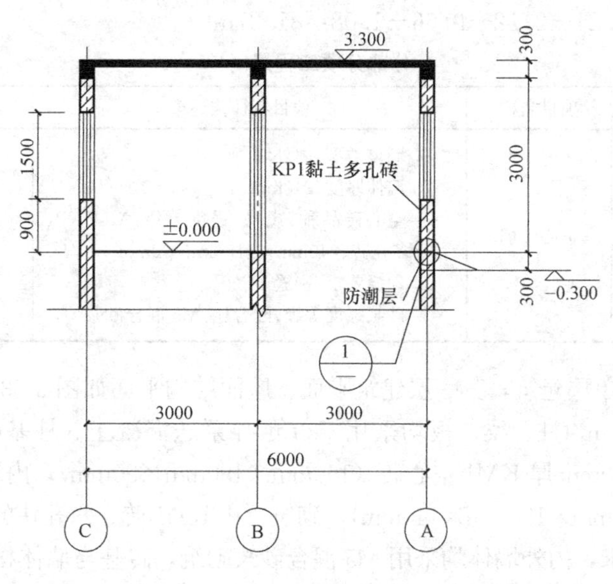


图 5-51 1—1 剖面图

门窗表 表 5-27

| 名称 | 编号 | 洞口尺寸 mm | | 数量 |
|---|---|---|---|---|
| | | 宽 | 高 | |
| 门 | M-1 | 2000 | 2400 | 1 |
| | M-2 | 900 | 2400 | 1 |
| 窗 | C-1 | 1500 | 1500 | 3 |
| | C-2 | 1500 | 1500 | 3 |

相关知识：

墙的长度计算：外墙按外墙中心线，内墙按内墙净长线。

计算工程量时，要扣除嵌入墙身的柱、梁、板、门窗洞口。

【解】 门：$2\times2.4+0.9\times2.4\times3=11.28\text{m}^2$

窗：$1.5\times1.5\times6=13.5\text{m}^2$

外墙长：$L=(9+6)\times2=30\text{m}$

内墙长 $L=(6-0.24)\times2+3-0.24=14.28\text{m}$

$S=[(30+14.28)\times(3+0.06)-(11.28+13.5)]=110.72\text{m}^2$

扣构造柱的体积：$0.24\times0.24\times3.06\times$

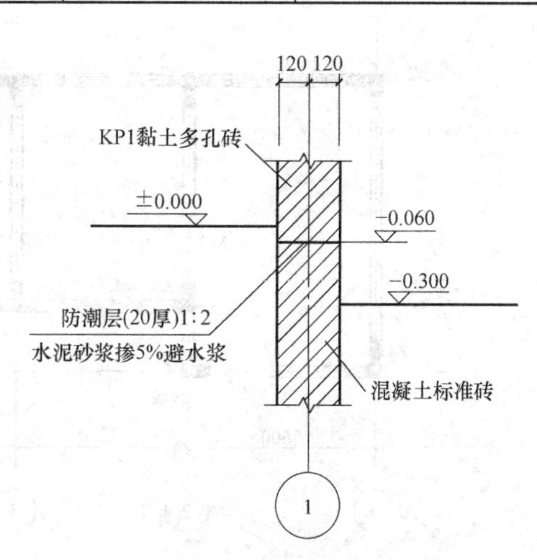


图 5-52 墙身大样图

12＝2.12$m^3$

扣马牙槎的体积：0.24×0.03×3.06×30＝0.66$m^3$

扣过梁的体积：(2＋0.5)×0.24×0.24×1＋(0.9＋0.5)×0.24×0.24×3＋(1.5＋0.5)×0.24×0.24×6＝1.08$m^3$

$V$＝110.72×0.24－2.12－0.66－1.08＝81.37$m^3$

**分部分项工程量清单**　　**表 5-28**

| 序号 | 项目编码 | 项目名称 | 项目特征描述 | 计量单位 | 工程量 |
|---|---|---|---|---|---|
| 1 | 010304001001 | 空心砖墙 | 1. 墙体类型:内外墙<br>2. 墙体厚度:240mm<br>3. 空心砖品种、规格、强度等级:MU5KP1 黏土多孔砖、240mm×115mm×90mm<br>4. 勾缝要求:密缝<br>5. 砂浆强度等级、配合比:M5 混合砂浆 | $m^3$ | 22.43 |

**【例 5-15】** 某单层建筑，其一层建筑平面、屋面结构平面如图 5-53 所示，设计室内标高±0.00，层高 3.0m，柱、梁、板均采用 C30 预拌泵送混凝土。柱基础上表面标高为－1.2m，外墙采用 190mm 厚 KM1 空心砖（190mm×190mm×90mm），内墙采用 190mm 厚六孔砖（多孔砖，190mm×190mm×140mm），砌筑所用 KM1 砖、六孔块的强度等级均满足国家相关质量规范要求，内外墙体均采用 M5 混合砂浆砌筑，砖基与墙体材料不同，砖基与墙身以±0.00 标高处为分界。外墙体中构造柱体积 0.28$m^3$，圈过梁体积 0.32$m^3$；内墙体中圈过梁体积 0.06$m^3$；门窗尺寸为 M1：1200mm×2200mm，M2：1000mm×2100mm，C1：1800mm×1500mm，C2：1500mm×1500mm。（注：图中，墙、柱、梁均以轴线为中心线）

1）分别按《房屋建筑与装饰工程工程量计算规范》GB 50854—2013 和 2014 年计价定额计算内外墙体砌筑的分部分项清单工程量和定额工程量；

2）根据《房屋建筑与装饰工程工程量计算规范》GB 50854—2013 编制外墙砌体、内墙砌体的分部分项工程量清单；

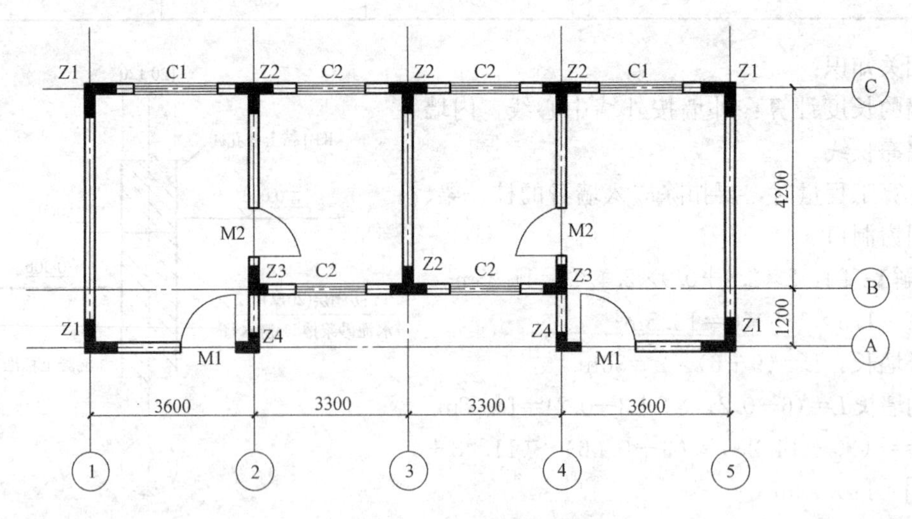


图 5-53　一层建筑平面图

3）根据2014年计价定额组价，计算外墙砌体、内墙砌体的分部分项工程量清单的综合单价和合价。（要求管理费费率、利润费率标准按建筑工程三类标准执行）

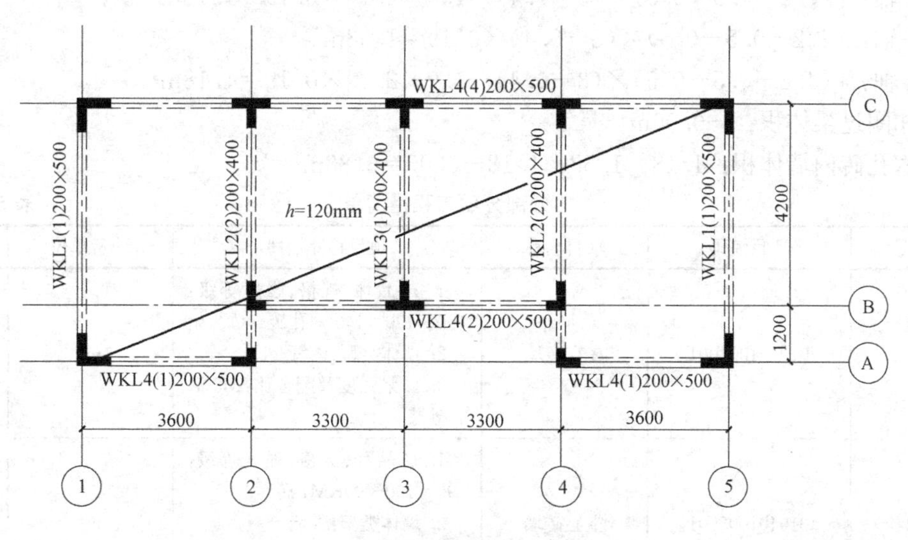


图5-54　屋面结构平面图

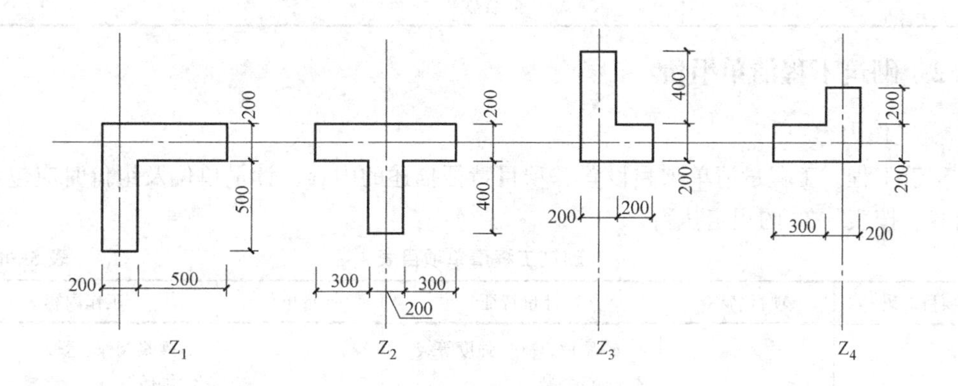


图5-55　柱大样

相关知识：

1）墙的长度计算：外墙按外墙中心线，内墙按内墙净长线。

2）计算工程量时，要扣除嵌入墙身的柱、梁、板、门窗洞口以及构造柱。

解：1轴：（1.2＋4.2－0.6－0.6）×（3－0.5）×0.19＝2$m^3$

2轴：（1.2－0.3－0.1）×（3－0.4）×0.19＝0.4$m^3$

4轴：（1.2－0.3－0.1）×（3－0.4）×0.19＝0.4$m^3$

5轴：（1.2＋4.2－0.6－0.6）×（3－0.5）×0.19＝2$m^3$

A轴：[（3.6－0.6－0.4）×（3－0.5）－1.2×2.2]×0.19×2＝1.47$m^3$

B轴：[（3.6－0.3－0.4）×（3－0.5）－1.5×1.5]×0.19×2＝1.62$m^3$

C轴：[（3.6＋3.3＋3.3＋3.6－0.6×2－0.8×3）×（3－0.5）－1.8×1.5×2－1.5×1.5×2]×0.19＝3.34$m^3$

扣构造柱、圈过梁体积：$-0.32-0.28=-0.6\text{m}^3$

1KM1 砖外墙体积：$2+0.4+0.4+2+1.47+1.62+3.34-0.6=10.63\text{m}^3$

2 轴：$[(4.2-0.5-0.5)\times(3-0.4)-1.0\times2.1]\times0.19=1.18\text{m}^3$

3 轴：$(4.2-0.5-0.5)\times(3-0.4)\times0.19=1.58\text{m}^3$

4 轴：$[(4.2-0.5-0.5)\times(3-0.4)-1.0\times2.1]\times0.19=1.18\text{m}^3$

扣圈过梁体积：$-0.06\text{m}^3$

六孔砖内墙体积：$1.18+1.58+1.18-0.06=3.88\text{m}^3$

**分部分项工程量清单**　　　　**表 5-29**

| 序号 | 项目编码 | 项目名称 | 项目特征描述 | 计量单位 | 工程量 |
|---|---|---|---|---|---|
| 1 | 010401004001 | 多空砖墙 | 1. 砖品种、规格、强度等级：190×190×140 六孔砖<br>2. 墙体类型：内墙<br>3. 砂浆强度及配合比：M5 混合砂浆 | $\text{m}^3$ | 3.88 |
| 2 | 010401005001 | 空心砖墙 | 1. 砖品种、规格、强度等级：190×190×90KM1 砖<br>2. 墙体类型：外墙<br>3. 砂浆强度及配合比：M5 混合砂浆 | $\text{m}^3$ | 10.63 |

## 5.5.2　砌筑工程清单组价

1. 工作内容

砌筑工程。工程量清单项目设置、项目特征描述的内容、计量单位及组价时应包含工作内容，按表 5-30 的规定执行。

**砌筑工程清单项目表**　　　　**表 5-30**

<table>
<tr><th>项目编码</th><th>项目名称</th><th>计量特征</th><th>计量单位</th><th>工作内容</th></tr>
<tr><td>010401001</td><td>砖基础</td><td>1. 砖品种、规格、强度等级<br>2. 基础类型<br>3 砂浆强度等级<br>4. 防潮层材料种类</td><td>m³</td><td>1. 砂浆制作、运输<br>2. 砌砖<br>3. 防潮层铺设<br>4. 材料运输</td></tr>
<tr><td>010401002</td><td>砖砌挖孔桩护壁</td><td>1. 砖品种、规格、强度等级<br>2. 砂浆强度等级</td><td>m³</td><td>1. 砂浆制作、运输<br>2. 砌砖<br>3. 材料运输</td></tr>
<tr><td>010401003</td><td>实心砖墙</td><td rowspan="3">1. 砖品种、规格、强度等级<br>2. 墙体类型<br>3. 砂浆强度等级、配合比</td><td rowspan="3">m³</td><td rowspan="3">1. 砂浆制作、运输<br>2. 砌砖<br>3. 刮缝<br>4. 砖压顶砌筑<br>5. 材料运输</td></tr>
<tr><td>010401004</td><td>多孔砖墙</td></tr>
<tr><td>010401005</td><td>空心砖墙</td></tr>
<tr><td>010401006</td><td>空斗墙</td><td rowspan="3">1. 砖品种、规格、强度等级<br>2. 墙体类型<br>3. 砂浆强度等级配合比</td><td rowspan="3">m³</td><td rowspan="3">1. 砂浆制作、运输<br>2. 砌砖<br>3. 装填充料<br>4. 刮缝<br>5. 材料运输</td></tr>
<tr><td>010401007</td><td>空花墙</td></tr>
<tr><td>010404008</td><td>填充墙</td></tr>
</table>

2. 定额计算规则

1）计算墙体工程量时，应扣除门窗、洞口、嵌入墙内的钢筋混凝土柱、梁、圈梁、挑梁、过梁及凹进墙内的壁龛、管槽、暖气槽、消火栓箱所占体积，不扣除梁头、板头、檩头、垫木、木楞头、沿缘木、木砖、门窗走头、砖墙内加固钢筋、木筋、铁件、钢管及单个面积不大于0.3m² 的孔洞所占的体积。凸出墙面的腰线、挑檐、压顶、窗台线、虎头砖、门窗套的体积也不增加。凸出墙面的砖垛并入墙体体积内计算。

2）附墙砖垛、三皮砖以上的腰线、挑檐等体积，并入墙身体积内计算。砖挑檐的形式如图5-56所示。

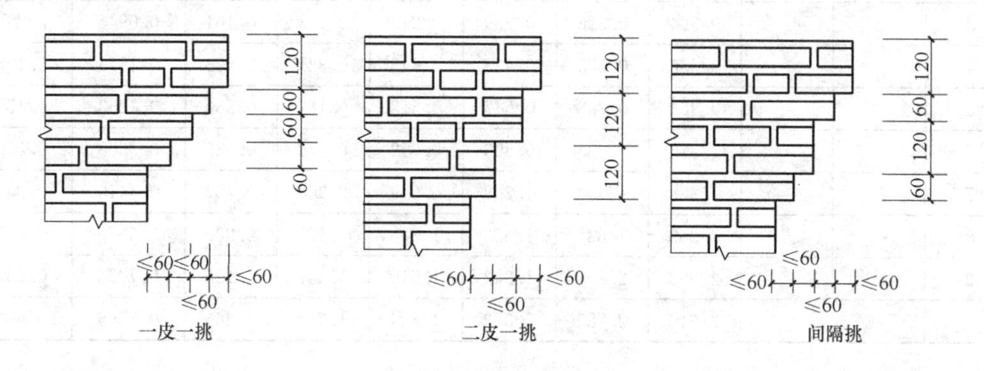


图5-56 砖挑檐的形式

3）附墙烟囱、通风道、垃圾道按其外型体积并入所依附的墙体积内合并计算，不扣除每个横截面在0.1m² 以内的孔洞体积。

4）弧形墙按其弧形墙中心线部分的体积计算。

5）墙体厚度按如下规定计算

标准砖计算厚度按表5-31计算。

标准砖墙厚度计算表 表5-31

| 墙计算厚度(mm) | 1/4 | 1/2 | 3/4 | 1 | 1 1/2 | 2 |
|---|---|---|---|---|---|---|
| 标准砖 | 53 | 115 | 178 | 240 | 365 | 490 |

6）基础与墙身的划分

(1) 砖墙：基础与墙身使用同一种材料时，以设计室内地坪（有地下室者以地下室设计室内地坪）为界，以下为基础，以上为墙身基础。墙身使用不同材料时，位于设计室内地坪±300mm以内，以不同材料为分界线，超过±300mm，以设计室内地坪分界。

(2) 石墙：外墙以设计室外地坪，内墙以设计室内地坪为界，以下为基础，以上为墙身。

(3) 砖、石围墙以设计室外地坪为分界线，以下为基础，以上为墙身。

7）砖石基础长度的确定

(1) 外墙墙基按外墙中心线长度计算。

(2) 内墙墙基按内墙基最上一步净长度计算。基础大放脚T形接头处重叠部分以及嵌入基础的钢筋，铁件、管道、基础防水砂浆防潮层、通过基础单个面积在0.3m² 以内孔洞所占的体积不扣除，但靠墙暖气沟的挑檐也不增加。附墙垛基础宽出部分体积，并入所依附的基础工程量内。折加高度和增加断面面积见表 5-32。

**标准砖基础大放脚折加高度和增加断面面积**　　表 5-32

| 放脚层数 | 折加高度(m) | | | | | | | | 增加断面面积($m^2$) | |
|---|---|---|---|---|---|---|---|---|---|---|
| | 基础墙厚砖数量 | | | | | | | | | |
| | 1/2 砖 | | 1 砖 | | 3/2 砖 | | 2 砖 | | | |
| | 等高 | 不等高 | 等高 | 不等高 | 等高 | 不等高 | 等高 | 不等高 | 等高 | 不等高 |
| 1 | 0.137 | 0.137 | 0.066 | 0.066 | 0.043 | 0.043 | 0.032 | 0.032 | 0.01575 | 0.01575 |
| 2 | 0.411 | 0.342 | 0.197 | 0.164 | 0.129 | 0.108 | 0.096 | 0.080 | 0.04725 | 0.03938 |
| 3 | | | 0.394 | 0.328 | 0.259 | 0.216 | 0.193 | 0.161 | 0.0945 | 0.07875 |
| 4 | | | 0.656 | 0.525 | 0.432 | 0.345 | 0.321 | 0.253 | 0.1575 | 0.1260 |
| 5 | | | 0.984 | 0.788 | 0.647 | 0.518 | 0.482 | 0.380 | 0.3263 | 0.1890 |
| 6 | | | 1.378 | 1.083 | 0.906 | 0.712 | 0.672 | 0.530 | 0.3308 | 0.2599 |
| 7 | | | 1.838 | 1.444 | 1.208 | 0.949 | 0.900 | 0.707 | 0.4410 | 0.3465 |
| 8 | | | 2.363 | 1.838 | 1.553 | 1.208 | 1.157 | 0.900 | 0.5670 | 0.4411 |
| 9 | | | 2.953 | 2.297 | 1.942 | 1.510 | 1.447 | 1.125 | 0.7088 | 0.5513 |
| 10 | | | 3.610 | 2.789 | 2.372 | 1.834 | 1.768 | 1.366 | 0.8663 | 0.6694 |

8）砖砌地下室墙身及基础按设计图示以立方米计算，内、外墙身工程量合并计算按相应内墙定额执行。墙身外侧面砌贴砖按设计厚度以立方米计算。

9）加气混凝土、硅酸盐砌块、小型空心砌块墙按图示尺寸以立方米计算，砌块本身空心体积不予扣除。砌体中设计钢筋砖过梁时，应另行计算，套“小型砌体”定额。

10）毛石墙、方整石墙按图示尺寸以立方米计算。方整石墙单面出垛并入墙身工程量内，双面出墙垛按柱计算。标准砖镶砌门、窗口立边、窗台虎头砖、钢筋砖过梁等按实砌砖体积另列项目计算，套“小型砌体”定额。

11）墙基防潮层按墙基顶面水平宽度乘以长度以平方米计算，有附垛时将附垛面积并入墙基内。

12）其他

(1) 砖砌台阶按水平投影面积以平方米计算。

(2) 毛石、方整石台阶均以图示尺寸按立方米计算，毛石台阶按毛石基础定额执行。

(3) 墙面、柱、底座、台阶的剁斧以设计展开面积计算；窗台、腰线以 10 延米长计算。

(4) 砖砌地沟沟底与沟壁工程量合并以立方米计算。

(5) 毛石砌体打荒、錾凿、剁斧按砌体裸露外表面积计算（錾凿包括打荒，剁斧包括打荒、錾凿，打荒、錾凿、剁斧不能同时列入）。

13）烟囱

(1) 砖烟囱基础

砖烟囱基础与砖筒身的划分以基础大放脚的扩大顶面为界，以上为筒身，以下为基础。

(2) 烟囱筒身

① 烟囱筒身不分方形、圆形均按立方米计算，应扣除孔洞及钢筋混凝土过梁、圈梁所占体积。筒身体积应以筒壁平均中心线长度乘厚度。圆筒壁周长不同时，可按下式分段计算：

$$V = H \times C \times \pi \times D \tag{5-5}$$

式中 $V$——筒身体积；

$H$——每段筒身垂直高度；

$C$——每段筒壁砖厚度；

$D$——每段筒壁中心线的平均直径。

② 砖烟囱筒身原浆勾缝和烟囱帽抹灰，已包括在定额内，不另计算。如设计加浆勾缝者，可按装饰工程中勾缝项目计算，原浆勾缝的工、料不予扣除。

③ 砖烟囱的钢筋混凝土圈梁和过梁，按实体积计算，套用其他章节的相应项目执行。

④ 烟囱的钢筋混凝土集灰斗（包括分隔墙、水平隔墙、柱、梁等）应按其他章节相应项目计算。

⑤ 砖烟囱、烟道及砖内衬，设计采用加工楔形砖时，其加工楔形砖的数量应按施工组织设计数量，另列项目按楔形砖加工相应定额计算。

⑥ 砖烟囱砌体内采用钢筋加固者，应根据设计重量按第 4 章“砌体、板缝内加固钢筋”定额计算。

（3）烟囱内衬

① 按不同种类烟囱内衬，以实体积计算，并扣除各种孔洞所占的体积。

② 填料按烟囱筒身与内衬之间的体积计算，扣除各种孔洞所占的体积，但不扣除连接横砖（防沉带）的体积。填料所需的人工已包括在砌内衬定额内。

③ 为了内衬的稳定及防止隔热材料下沉，内衬伸入筒身的连接横砖，已包括在内衬定额内，不另计算。

④ 为防止酸性凝液渗入内衬与混凝土筒身间，而在内衬上抹水泥排水坡的，其工料已包括在定额内，不另计算。

（4）烟道砌砖

① 烟道与炉体的划分，以第一道闸门为准。在第一道闸门之前的砌体应列入炉体工程量内。

② 烟道中的钢筋混凝土构件，应按钢筋混凝土分部相应定额计算。

14）水塔

（1）基础

各种基础均以实体积计算（包括基础底板和筒座），筒座以上为塔身，以下为基础。

（2）筒身

① 砖砌塔身不分厚度、直径均以实体积计算，并扣除门窗洞口和钢筋混凝土构件所占体积。砖胎板工、料已包括在定额内，不另计算。

② 砖砌筒身设置的钢筋混凝土圈梁以实体积计算，按其他章节相应项目执行。

（3）水槽内、外壁

① 与塔顶、槽底（或斜壁）相连系的圈梁之间的直壁为水槽内、外壁；设保温水槽的外保护壁为外壁；直接承受水侧压力的水槽壁为内壁。非保温水箱的水槽壁按内壁

计算。

② 水槽内、外壁以实体积计算。

(4) 倒锥壳水塔

基础按相应水塔基础的规定计算。

3. 定额应用要点

1) 砌砖、砌块墙

(1) 标准砖墙不分清、混水墙及艺术形式复杂程度。砖、砖过梁、砖圈梁、腰线、砖垛、砖挑沿、附墙烟囱等因素已综合在定额内，不得另立项目计算。阳台砖隔断按相应内墙定额执行。

(2) 标准砖砌体如使用配砖，仍按本定额执行，不作调整。

(3) 空斗墙中门窗立边、门窗过梁、窗台、墙角、檩条下、楼板下、踢脚线部分和屋檐处的实砌砖已包括在定额内，不得另立项目计算。空斗墙中遇有实砌钢筋砖圈梁及单面附垛时，应另列项目按小型砌体定额执行。

(4) 砌块墙、多孔砖墙中，窗台虎头砖、腰线、门窗洞边接茬用标准砖已包括在定额内。

(5) 各种砖砌体的砖、砌块是表5-33所列规格编制的，规格不同时，可以换算。

**砌块规格表** **表5-33**

| 砖名称 | 长×宽×高(mm) |
|---|---|
| 普通黏土(标准)砖 | 240×115×53 |
| KP1黏土多孔砖 | 240×115×90 |
| 黏土多孔砖 | 240×240×115　240×115×115 |
| KM1黏土空心砖 | 190×190×90 |
| 黏土三孔砖 | 190×190×90 |
| 黏土六孔砖 | 190×190×140 |
| 黏土九孔砖 | 190×190×190 |
| 页岩模数多孔砖 | 240×190×90　240×140×90<br>240×90×90　190×120×90 |
| 硅酸盐空心砌块(双孔) | 390×190×190 |
| 硅酸盐空心砌块(单孔) | 190×190×190 |
| 硅酸盐空心砌块(单孔) | 190×190×90 |
| 硅酸盐砌块 | 880×430×240　580×430×240(长×高×厚)<br>430×430×240　280×430×240 |
| 加气混凝土块 | 600×240×150 |

(6) 除标准砖墙外，其他品种砖弧形墙其弧形部分每立方米砌体按相应项目人工增加15%，砖5%，其他不变。

(7) 砌砖、块定额中已包括了门、窗框与砌体的原浆勾缝在内，砌筑砂浆强度等级按设计规定应分别套用。

（8）砖砌体内的钢筋加固及转角、内外墙的搭接钢筋以“吨”计算，按第 4 章的“砌体、板缝内加固钢筋”定额执行。

（9）砖砌挡土墙以顶面宽度按相应墙厚内墙定额执行，顶面宽度超过 1 砖按砖基础定额执行。

（10）小型砌体系指砖砌门蹲、房上烟囱、地垄墙、水槽、水池脚、垃圾箱、台阶面上矮墙、花台、煤箱、垃圾箱、容积在 $3m^3$ 内的水池、大小便槽（包括踏步）、阳台栏板等砌体。

2）砌石

（1）定额分为毛石、方整石砌体两种。毛石系指无规则的乱毛石，方整石系指已加工好有面、有线的商品方整石（方整石砌体不得再套打荒、錾凿、剁斧项目）。

（2）毛石、方整石零星砌体按窗台下墙相应定额执行，人工乘系数 1.10。毛石地沟、水池按窗台下石墙定额执行。毛石、方整石围墙按相应墙定额执行。砌筑圆弧形基础、墙（含砖、石混合砌体），人工按相应项目乘系数 1.10，其他不变。

4. 计算举例

**【例 5-16】** 试确定【例 5-13】和【例 5-15】中墙体综合单价。

**【解】** 计价定额与清单规范中，墙体分部工程量计算规则和工作内容基本相同，因此组价时定额量与清单量相同。组价结果见表 5-34 和表 5-35。

**空心砖墙综合单价分析表** **表 5-34**

<table>
<tr><td colspan="2">项目编码</td><td>项目名称</td><td>计量单位</td><td>工程数量</td><td>综合单价</td><td>合价</td></tr>
<tr><td colspan="2">010402001001</td><td>空心砖墙</td><td>m³</td><td>25.40</td><td>406.7</td><td>10330.18</td></tr>
<tr><td rowspan="2">清单综合单价组成</td><td>定额号</td><td>子目名称</td><td>单位</td><td>数量</td><td>单价</td><td>合价</td></tr>
<tr><td>4-1 换</td><td>M7.5 水泥砂浆砖基础</td><td>m³</td><td>25.40</td><td>406.7</td><td>10330.18</td></tr>
</table>

换算说明：定额砂浆为 M5，换为 M7.5　406.25－43.65＋44.1＝406.7

**工程量清单综合单价分析表** **表 5-35**

<table>
<tr><td colspan="2">项目编码</td><td>项目名称</td><td>计量单位</td><td>工程数量</td><td>综合单价</td><td>合价</td></tr>
<tr><td colspan="2">010401004001</td><td>多空砖墙</td><td>m³</td><td>3.88</td><td>311.26</td><td>1207.69</td></tr>
<tr><td rowspan="2">清单综合单价组成</td><td>定额号</td><td>子目名称</td><td>单位</td><td>数量</td><td>单价</td><td>合价</td></tr>
<tr><td>4-25</td><td>六孔砖</td><td>m³</td><td>3.88</td><td>311.26</td><td>1207.69</td></tr>
<tr><td colspan="2">010401005001</td><td>空心砖墙</td><td>m³</td><td>10.63</td><td>375.72</td><td>3993.90</td></tr>
<tr><td rowspan="2">清单综合单价组成</td><td>定额号</td><td>子目名称</td><td>单位</td><td>数量</td><td>单价</td><td>合价</td></tr>
<tr><td>4-30</td><td>KM1 空心砖</td><td>m³</td><td>10.63</td><td>375.72</td><td>3993.90</td></tr>
</table>

# 5.6　混凝土及钢筋混凝土工程

## 5.6.1　混凝土工程清单编制

1. 清单规则

1）现浇混凝土基础

（1）垫层、带形基础、独立基础、满堂基础、桩承台基础、设备基础，按设计图示尺寸以体积计算。不扣除深入承台基础的桩头所占体积。

（2）箱式满堂基础中柱、梁、墙、板按各自相关项目分别编码列项；箱式满堂基础底板按满堂基础项目列项。

（3）框架式设备基础中柱、梁、墙、板按各自相关项目编码列项；基础部分按现浇混凝土基础相关项目编码列项。

（4）如为毛石混凝土基础，项目特征应描述毛石所占比例。

2）现浇混凝土柱

（1）矩形柱、构造柱、异形柱，按设计图示尺寸以体积计算。

（2）柱高的计算：

① 有梁板的柱高，应自柱基上表面（或楼板上表面）至上一层楼板上表面之间的高度计算。

② 无梁板的柱高，应自柱基上表面（或楼板上表面）至柱帽下表面之间的高度计算。

③ 框架柱的柱高：应自柱基上表面至柱顶高度计算。

④ 构造柱按全高计算，嵌接墙体部分（马牙槎）并入柱身体积。

⑤ 依附柱上的牛腿和升板的柱帽，并入柱身体积计算。

3）现浇混凝土梁

（1）基础梁、矩形梁、异形梁、圈梁、过梁、弧形、拱形梁，按设计图示尺寸以体积计算。伸入墙内的梁头、梁垫并入梁体积内。

（2）梁长的计算

① 梁与柱连接时，梁长算至柱侧面。

② 主梁与次梁连接时，次梁长算至主梁侧面。

4）现浇混凝土墙

（1）直形墙、弧形墙、短肢剪力墙、挡土墙，按设计图示尺寸以体积计算。

（2）扣除门窗洞口及单个面积大于 $0.3m^2$ 的孔洞所占体积，墙垛及突出墙面部分并入墙体体积内计算。

（3）短肢剪力墙是指截面厚度不大于 300mm、各肢截面高度与厚度之比的最大值大于 4 但不大于 8 的剪力墙，各肢截面高度与厚度之比的最大值不大于 4 的剪力墙按柱项目编码列项。

5）现浇混凝土板

（1）有梁板、无梁板、平板、拱板、薄壳板、栏板，按设计图示尺寸以体积计算，不扣除构件内钢筋、预埋铁件及单个面积不大于 $0.3\ m^2$ 的柱、垛以及孔洞所占体积。

(2) 压形钢板混凝土楼板扣除构件内压形钢板所占体积。

(3) 有梁板(包括主、次梁与板)按梁、板体积之和计算,无梁板按板和柱帽体积之和计算,各类板伸入墙内的板头并入板体积内,薄壳板的肋、基梁并入薄壳体积内计算。

(4) 天沟(檐沟)、挑檐板按设计图示尺寸以体积计算。

(5) 雨篷、悬挑板、阳台板,按设计图示尺寸以墙外部分体积计算。包括伸出墙外的牛腿和雨篷反挑檐的体积。

(6) 空心板按设计图示尺寸以体积计算。空心板(GBF 高强薄壁蜂巢芯板等)应扣除空心部分体积。

(7) 其他板按设计图示尺寸以体积计算。

(8) 现浇挑檐、天沟板、雨篷、阳台与板(包括屋面板、楼板)连接时,以外墙外边线为分界线;与圈梁(包括其他梁)连接时,以梁外边线为分界线。外边线以外为挑檐、天沟、雨篷或阳台。

6) 现浇混凝土楼梯

(1) 直形楼梯、弧形楼梯有两种计量方式:

① 以平方米计量,按设计图示尺寸以水平投影面积计算。不扣除宽度不大于 500mm 的楼梯井,伸入墙内部分不计算。

② 以立方米计量,按设计图示尺寸以体积计算。

(2) 整体楼梯(包括直形楼梯、弧形楼梯)水平投影面积包括休息平台、平台梁、斜梁和楼梯的连接梁。当整体楼梯与现浇楼板无梯梁连接时,以楼梯的最后一个踏步边缘加 300mm 为界。

7) 现浇混凝土其他构件

(1) 散水、坡道以平方米计量,按设计图示尺寸以面积计算。不扣除单个不大于 $0.3m^2$ 的孔洞所占面积。

(2) 电缆沟、地沟以米计量,按设计图示以中心线长计算。

(3) 台阶有两种计量方式:

① 以平方米计量,按设计图示尺寸水平投影面积计算。

② 以立方米计量,按设计图示尺寸以体积计算。

(4) 拱手、压顶有两种计量方式:

① 以米计量,按设计图示的延长米计算。

② 以立方米计量,按设计图示尺寸以体积计算。

(5) 化粪池、检查井和其他构件可以按设计图示尺寸以体积计算,也可以以座计量,按设计图示数量计算。

(6) 架空式混凝土台阶,按现浇楼梯计算。

8) 后浇带

后浇带按设计图示尺寸以体积计算。

9) 预制混凝土柱

矩形柱、异形柱有两种计量方式:

① 以立方米计量,按设计图示尺寸以体积计算。

② 以根计量,按设计图示尺寸以数量计算,且必须描述单件体积。

10）预制混凝土梁

矩形梁、异形梁、过梁、拱形梁、鱼腹式吊车梁和其他梁，有两种计量方式：

① 以立方米计量，按设计图示尺寸以体积计算。

② 以根计量，按设计图示尺寸以数量计算，且必须描述单件体积。

11）预制混凝土屋架

折线型、组合、薄腹、门式刚架、天窗架，有两种计量方式：

① 以立方米计量，按设计图示尺寸以体积计算。

② 以榀计量，按设计图示尺寸以数量计算，且必须描述单件体积。

12）预制混凝土板

(1) 平板、空心板、槽形板、网架板、折线板、带肋板、大型板，有两种计量方式：

① 以立方米计量，按设计图示尺寸以体积计算。不扣除构件内钢筋、预埋铁件及单个尺寸不大于 300mm×300mm 的孔洞所占体积，扣除空心板空洞体积。

② 以块计量，按设计图示尺寸以“数量”计算。

(2) 沟盖板、井盖板、井圈有两种计量方式：

① 以立方米计量，按设计图示尺寸以体积计算。

② 以块（套）计量，按设计图示尺寸以数量计算；以套计量时，必须描述单件体积。

13）预制混凝土楼梯

预制混凝土楼梯有两种计量方式：

① 以立方米计量，按设计图示尺寸以体积计算。扣除空心踏步板空洞体积。

② 以段计量，按设计图示数量计算。

2. 计算举例

**【例 5-17】** 某接待室，为三类工程，其基础平面图、剖面图如图 5-57 所示。基础为 C20 钢筋混凝土条形基础，C10 素混凝土垫层，±0.00m 以下墙身采用混凝土标准砖砌筑，混凝土采用泵送商品混凝土。设计室外地坪为－0.150m。

计算混凝土垫层及混凝土基础的清单工程量。

相关知识：垫层，条形基础清单工程量，按设计图示尺寸以体积计算。

**【解】** 条形基础：

下部：

外墙长：(12＋14.4)×2＝52.8m

内墙长：(12－1.4)×2＋4.8－1.4＝24.6m

$$V_1=0.25\times1.4\times(52.8+24.6)=27.09\text{m}^3$$

上部：

外墙长：52.8m

内墙长：(12－0.3×2－0.2×2)×2＋4.8－0.3×2－0.2×2＝25.8m

$$V_2=1/2\times(0.6+1.4)\times(52.8+25.8)\times0.35=27.51\text{m}^3$$

$$V=V_1+V_2=27.09+27.51=54.6\text{m}^3$$

混凝土垫层：

外墙长：52.8m

内墙长：(12－1.4－0.1×2)×2＋4.8－1.4－0.1×2＝24m

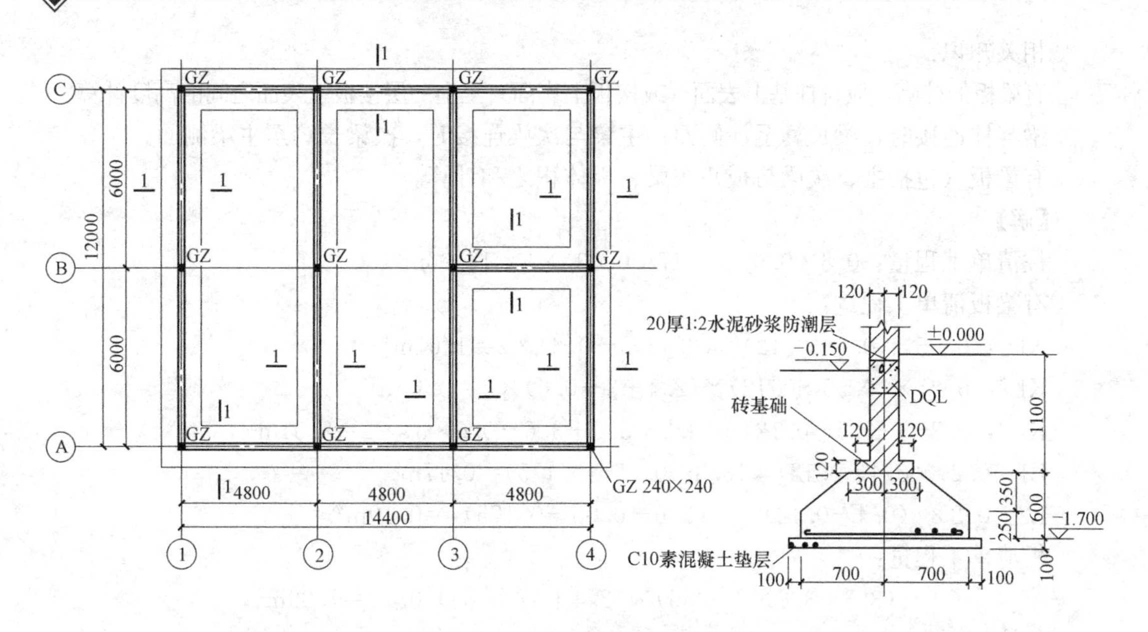


图 5-57 基础平面图、剖面图

$$V=(52.8+24)\times0.1\times1.6=12.29\text{m}^3$$

**【例 5-18】** 某工业建筑，全现浇框架结构，地下一层，地上三层。柱、梁、板均采用非泵送预拌 C30 混凝土。其中二层楼面结构如图 5-58 所示。已知柱截面尺寸均为 600mm×600mm；一层楼面结构标高−0.030m。二层楼面结构标高为 4.470m，现浇楼板厚 120mm，轴线尺寸为柱中心线尺寸。

按照规范计算一层柱及二层楼面梁、板的混凝土工程量。

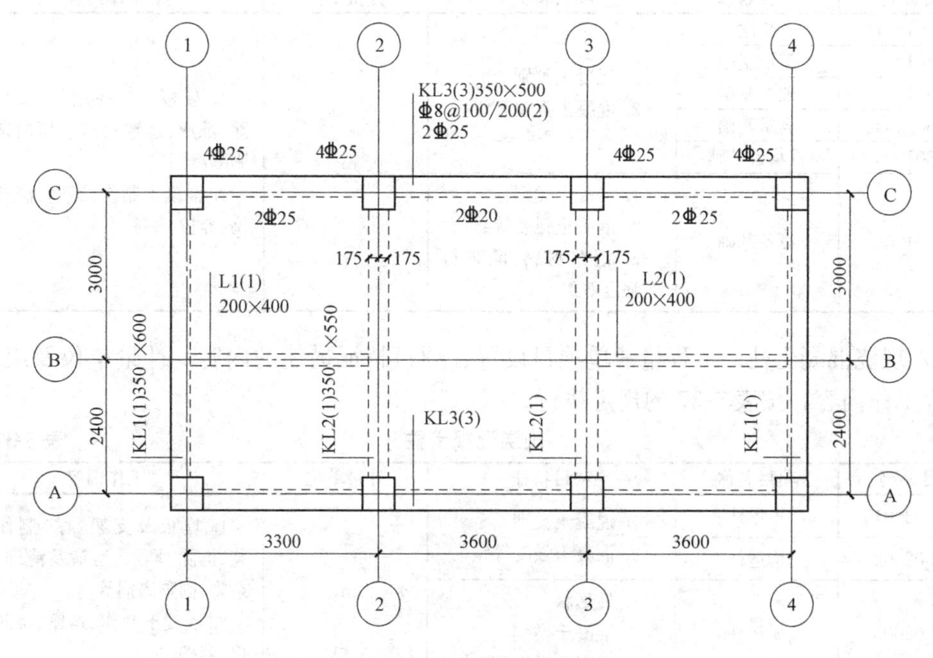


图 5-58 二层楼面结构图

相关知识：

有梁板的柱高，应自柱基上表面（或楼板上表面）至上一层楼板上表面之间的高度计算。

梁与柱连接时，梁长算至柱侧面；主梁与次梁连接时，次梁长算至主梁侧面。

有梁板（包括主、次梁与板）按梁、板体积之和计算。

**【解】**

柱清单工程量：0.6×0.6×(4.47+0.03)×8=12.96m$^3$

有梁板清单工程量：

KL1：0.35×(0.6−0.12)×(2.4+3−0.6)×2=1.61m$^3$

KL2：0.35×(0.55−0.12)×(2.4+3−0.6)×2=1.44m$^3$

KL3：0.35×(0.5−0.12)×(3.3+3.6+3.6−0.6×3)×2=2.31m$^3$

L1：0.2×(0.4−0.12)×(3.3−0.05−0.175)=0.17m$^3$

L2：0.2×（0.4−0.12）×（3.6−0.05−0.175）=0.19m$^3$

板清单工程量：

(3.3+3.6×2+0.6)×(2.4+3+0.6)×0.12=7.99m$^3$

扣柱头：−0.6×0.6×0.12×8=−0.35m$^3$

合计：1.61+1.44+2.31+0.17+0.19+7.99−0.35=13.36m$^3$

### 5.6.2 混凝土工程清单组价

1. 工作内容

1）现浇混凝土基础：工程量清单项目设置、项目特征描述的内容、计量单位及组价时应包含工作内容，按表5-36的规定执行。

**现浇混凝土基础** **表5-36**

<table>
<tr><th>项目编码</th><th>项目名称</th><th>项目特征</th><th>计量单位</th><th>工作内容</th></tr>
<tr><td>010501001</td><td>垫层</td><td rowspan="5">1. 混凝土类别<br>2. 混凝土强度等级</td><td rowspan="6">m$^3$</td><td rowspan="6">1. 模板及支撑制作、安装、拆除、堆放、运输及清理模内杂物、刷隔离剂等<br>2. 混凝土制作、运输、浇筑、振捣、养护</td></tr>
<tr><td>010501002</td><td>带形基础</td></tr>
<tr><td>010501003</td><td>独立基础</td></tr>
<tr><td>010501004</td><td>满堂基础</td></tr>
<tr><td>010501005</td><td>桩承台基础</td></tr>
<tr><td>010501006</td><td>设备基础</td><td>1. 混凝土类别<br>2. 混凝土强度等级<br>3. 灌浆材料、灌浆材料强度等级</td></tr>
</table>

2）现浇混凝土柱。工程量清单项目设置、项目特征描述的内容、计量单位及组价时应包含工作内容，按表5-37的规定执行。

**现浇混凝土柱** **表5-37**

<table>
<tr><th>项目编码</th><th>项目名称</th><th>项目特征</th><th>计量单位</th><th>工作内容</th></tr>
<tr><td>010502001</td><td>矩形柱</td><td rowspan="2">1. 混凝土类别<br>2. 混凝土强度等级</td><td rowspan="3">m$^3$</td><td rowspan="3">1. 模板及支架（撑）制作、安装、拆除、堆放、运输及清理模内杂物、刷隔离剂等<br>2. 混凝土制作、运输、浇筑、振捣、养护</td></tr>
<tr><td>010502002</td><td>构造柱</td></tr>
<tr><td>010502003</td><td>异形柱</td><td>1. 柱形状<br>2. 混凝土类别<br>3. 混凝土强度等级</td></tr>
</table>

3）现浇混凝土梁。工程量清单项目设置、项目特征描述的内容、计量单位及组价时应包含工作内容，按表 5-38 的规定执行。

**现浇混凝土梁** **表 5-38**

| 项目编码 | 项目名称 | 项目特征 | 计量单位 | 工作内容 |
|---|---|---|---|---|
| 010503001 | 基础梁 | 1. 混凝土类别<br>2. 混凝土强度等级 | $m^3$ | 1. 模板及支架（撑）制作、安装、拆除、堆放、运输及清理模内杂物、刷隔离剂等<br>2. 混凝土制作、运输、浇筑、振捣、养护 |
| 010503002 | 矩形梁 | | | |
| 010503003 | 异形梁 | | | |
| 010503004 | 圈梁 | | | |
| 010503005 | 过梁 | | | |
| 010503006 | 弧形、拱形梁 | 1. 混凝土类别<br>2. 混凝土强度等级 | $m^3$ | 1. 模板及支架（撑）制作、安装、拆除、堆放、运输及清理模内杂物、刷隔离剂等<br>2. 混凝土制作、运输、浇筑、振捣、养护 |

4）现浇混凝土墙。工程量清单项目设置、项目特征描述的内容、计量单位及组价时应包含工作内容，按表 5-39 的规定执行。

**现浇混凝土墙** **表 5-39**

| 项目编码 | 项目名称 | 项目特征 | 计量单位 | 工作内容 |
|---|---|---|---|---|
| 010504001 | 直形墙 | 1. 混凝土类别<br>2. 混凝土强度等级 | $m^3$ | 1. 模板及支架（撑）制作、安装、拆除、堆放、运输及清理模内杂物、刷隔离剂等<br>2. 混凝土制作、运输、浇筑、振捣、养护 |
| 010504002 | 弧形墙 | | | |
| 010504003 | 短肢剪力墙 | | | |
| 010504004 | 挡土墙 | | | |

5）现浇混凝土板。工程量清单项目设置、项目特征描述的内容、计量单位及组价时应包含工作内容，按表 5-40 的规定执行。

**现浇混凝土板** **表 5-40**

| 项目编码 | 项目名称 | 项目特征 | 计量单位 | 工作内容 |
|---|---|---|---|---|
| 010505001 | 有梁板 | 1. 混凝土类别<br>2. 混凝土强度等级 | $m^3$ | 1. 模板及支架（撑）制作、安装、拆除、堆放、运输及清理模内杂物、刷隔离剂等<br>2. 混凝土制作、运输、浇筑、振捣、养护 |
| 010505002 | 无梁板 | | | |
| 010505003 | 平板 | | | |
| 010505004 | 拱板 | | | |
| 010505005 | 薄壳板 | | | |
| 010505006 | 栏板 | | | |
| 010505007 | 天沟（檐沟）、挑檐板 | | | |
| 010505008 | 雨篷、悬挑板、阳台板 | 1. 混凝土类别<br>2. 混凝土强度等级 | | |

6）现浇混凝土楼梯。工程量清单项目设置、项目特征描述的内容、计量单位及组价时应包含工作内容，按表 5-41 的规定执行。

现浇混凝土楼梯　表 5-41

| 项目编码 | 项目名称 | 项目特征 | 计量单位 | 工作内容 |
|---|---|---|---|---|
| 010506001 | 直形楼梯 | 1. 混凝土类别<br>2. 混凝土强度等级 | 1. $m^2$<br>2. $m^3$ | 1. 模板及支架（撑）制作、安装、拆除、堆放、运输及清理模内杂物、刷隔离剂等<br>2. 混凝土制作、运输、浇筑、振捣、养护 |
| 010506002 | 弧形楼梯 | | | |

7）现浇混凝土其他构件。工程量清单项目设置、项目特征描述的内容、计量单位及组价时应包含工作内容，按表 5-42 的规定执行。

现浇混凝土其他构件　表 5-42

| 项目编码 | 项目名称 | 项目特征 | 计量单位 | 工作内容 |
|---|---|---|---|---|
| 010507001 | 散水、坡道 | 1. 垫层材料种类、厚度<br>2. 面层厚度<br>3. 混凝土类别<br>4. 混凝土强度等级<br>5. 变形缝填塞材料种类 | $m^2$ | 1. 地基夯实<br>2. 铺设垫层<br>3. 模板及支撑制作、安装、拆除、堆放、运输及清理模内杂物、刷隔离剂等<br>4. 混凝土制作、运输、浇筑、振捣、养护<br>5. 变形缝填塞 |
| 010507002 | 室外地坪 | 1. 地坪厚度<br>2. 混凝土强度等级 | $m^2$ | |
| 010507003 | 电缆沟、地沟 | 1. 土壤类别<br>2. 沟截面净空尺寸<br>3. 垫层材料种类、厚度<br>4. 混凝土类别<br>5. 混凝土强度等级<br>6. 防护材料种类 | m | 1. 挖填、运土石方<br>2. 铺设垫层<br>3. 模板及支撑制作、安装、拆除、堆放、运输及清理模内杂物、刷隔离剂等<br>4. 混凝土制作、运输、浇筑、振捣、养护<br>5. 刷防护材料 |
| 010507004 | 台阶 | 1. 踏步高宽比<br>2. 混凝土类别<br>3. 混凝土强度等级 | 1. $m^2$<br>2. $m^3$ | 1. 模板及支撑制作、安装、拆除、堆放、运输及清理模内杂物、刷隔离剂等<br>2. 混凝土制作、运输、浇筑、振捣、养护 |
| 010507005 | 扶手、压顶 | 1. 断面尺寸<br>2. 混凝土类别<br>3. 混凝土强度等级 | 1. m<br>2. $m^3$ | 1. 模板及支架（撑）制作、安装、拆除、堆放、运输及清理模内杂物、刷隔离剂等<br>2. 混凝土制作、运输、浇筑、振捣、养护 |
| 010507006 | 化粪池、检查井 | 1. 混凝土强度等级<br>2. 防水、抗渗要求 | $m^3$ | 1. 模板及支架（撑）制作、安装、拆除、堆放、运输及清理模内杂物、刷隔离剂等<br>2. 混凝土制作、运输、浇筑、振捣、养护 |
| 010507007 | 其他构件 | 1. 构件的类型<br>2. 构件规格<br>3. 部位<br>4. 混凝土类别<br>5. 混凝土强度等级 | $m^3$ | |

8）后浇带。工程量清单项目设置、项目特征描述的内容、计量单位及组价时应包含工作内容，按表 5-43 的规定执行。

后浇带 表 5-43

| 项目编码 | 项目名称 | 项目特征 | 计量单位 | 工作内容 |
|---|---|---|---|---|
| 010508001 | 后浇带 | 1. 混凝土类别<br>2. 混凝土强度等级 | $m^3$ | 1. 模板及支架（撑）制作、安装、拆除、堆放、运输及清理模内杂物、刷隔离剂等<br>2. 混凝土制作、运输、浇筑、振捣、养护及混凝土交接面、钢筋等的清理 |

9）预制混凝土柱。工程量清单项目设置、项目特征描述的内容、计量单位及组价时应包含工作内容，按表 5-44 的规定执行。

预制混凝土柱 表 5-44

| 项目编码 | 项目名称 | 项目特征 | 计量单位 | 工作内容 |
|---|---|---|---|---|
| 010509001 | 矩形柱 | 1. 图代号<br>2. 单件体积<br>3. 安装高度<br>4. 混凝土强度等级<br>5. 砂浆强度等级、配合比 | 1. $m^3$<br>2. 根 | 1. 构件安装<br>2. 砂浆制作、运输<br>3. 接头灌缝、养护 |
| 010509002 | 异形柱 | | | |

10）预制混凝土梁。工程量清单项目设置、项目特征描述的内容、计量单位及组价时应包含工作内容，按表 5-45 的规定执行。

预制混凝土梁 表 5-45

| 项目编码 | 项目名称 | 项目特征 | 计量单位 | 工作内容 |
|---|---|---|---|---|
| 010510001 | 矩形梁 | 1. 图代号<br>2. 单件体积<br>3. 安装高度<br>4. 混凝土强度等级<br>5. 砂浆强度等级、配合比 | 1. $m^3$<br>2. 根 | 1. 构件安装<br>2. 砂浆制作、运输<br>3. 接头灌缝、养护 |
| 010510002 | 异形梁 | | | |
| 010510003 | 过梁 | | | |
| 010510004 | 拱形梁 | | | |
| 010510005 | 鱼腹式吊车梁 | | | |
| 010510006 | 风道梁 | | | |

11）预制混凝土屋架。工程量清单项目设置、项目特征描述的内容、计量单位及组价时应包含工作内容，按表 5-46 的规定执行。

预制混凝土屋架 表 5-46

| 项目编码 | 项目名称 | 项目特征 | 计量单位 | 工作内容 |
|---|---|---|---|---|
| 010511001 | 折线型屋架 | 1. 图代号<br>2. 单件体积<br>3. 安装高度<br>4. 混凝土强度等级<br>5. 砂浆强度等级、配合比 | 1. $m^3$<br>2. 榀 | 1. 构件安装<br>2. 砂浆制作、运输<br>3. 接头灌缝、养护 |
| 010511002 | 组合屋架 | | | |
| 010511003 | 薄腹屋架 | | | |
| 010511004 | 门式刚架屋架 | | | |
| 010511005 | 天窗架屋架 | | | |

12）预制混凝土板。工程量清单项目设置、项目特征描述的内容、计量单位及组价时应包含工作内容，按表 5-47 的规定执行。

预制混凝土板 表 5-47

| 项目编码 | 项目名称 | 项目特征 | 计量单位 | 工作内容 |
|---|---|---|---|---|
| 010512001 | 平板 | 1. 图代号<br>2. 单件体积<br>3. 安装高度<br>4. 混凝土强度等级<br>5. 砂浆强度等级、配合比 | 1. $m^3$<br>2. 块 | 1. 构件安装<br>2. 砂浆制作、运输<br>3. 接头灌缝、养护 |
| 010512002 | 空心板 | | | |
| 010512003 | 槽形板 | | | |
| 010512004 | 网架板 | | | |
| 010512005 | 折线板 | | | |
| 010512006 | 带肋板 | | | |
| 010512007 | 大型板 | | | |
| 010512008 | 沟盖板、井盖板、井圈 | 1. 单件体积<br>2. 安装高度<br>3. 混凝土强度等级<br>4. 砂浆强度等级、配合比 | 1. $m^3$<br>2. 块<br>（套） | 1. 构件安装<br>2. 砂浆制作、运输<br>3. 接头灌缝、养护 |

13）预制混凝土楼梯。工程量清单项目设置、项目特征描述的内容、计量单位及组价时应包含工作内容，按表 5-48 的规定执行。

预制混凝土楼梯 表 5-48

| 项目编码 | 项目名称 | 项目特征 | 计量单位 | 工作内容 |
|---|---|---|---|---|
| 010513001 | 楼梯 | 1. 楼梯类型<br>2. 单件体积<br>3. 混凝土强度等级<br>4. 砂浆强度等级 | 1. $m^3$<br>2. 块 | 1. 构件安装<br>2. 砂浆制作、运输<br>3. 接头灌缝、养护 |

2. 定额计算规则

1）现浇混凝土

混凝土工程量除另有规定者外，均按图示尺寸以体积计算。不扣除构件内钢筋、支架、螺栓孔、螺栓、预埋铁件及墙、板中不大于 0.3$m^2$ 内的孔洞所占体积。留洞所增加工、料不再另增费用。

（1）混凝土基础垫层

① 混凝土基础垫层是指砖、石、混凝土、钢筋混凝土等基础下的混凝土垫层，按图示尺寸以体积计算。不扣除伸入承台基础的桩头所占体积。

② 外墙基础垫层长度按外墙中心线长度计算，内墙基础垫层长度按内墙基础垫层净长计算。

（2）基础

按图示尺寸以体积计算。不扣除伸入承台基础的桩头所占体积。

① 带形基础长度：外墙下条形基础按外墙中心线长度、内墙下带形基础按基底、有斜坡的按斜坡间的中心线长度、有梁部分按梁净长计算，独立柱基间带形基础按基底净长计算。

② 有梁带形混凝土基础，其梁高与梁宽之比在 4∶1 以内的，按有梁式带形基础计算（带形基础梁高是指梁底部到上部的高度）。超过 4∶1 时，其基础底按无梁式带形基础计算，上部按墙计算。

③ 满堂（板式）基础有梁式（包括反梁）、无梁式应分别计算，仅带有边肋者，按无梁式满堂基础套用定额。

④ 设备基础除块体以外，其他类型设备基础分别按基础、梁、柱、板、墙等有关规定计算，套相应的定额。

⑤ 独立柱基、桩承台：按图示尺寸实体积以体积计算至基础扩大顶面。

⑥ 杯形基础套用独立柱基定额。杯口外壁高度大于杯口外长边的杯形基础，套“高颈杯形基础”定额。

（3）柱

按图示断面尺寸乘柱高以体积计算，应扣除构件内型钢体积。柱高按下列规定确定：

① 有梁板的柱高，应自柱基上表面（或楼板上表面）至上一层楼板上表面之间的高度计算，不扣除板厚。

② 无梁板的柱高，自柱基上表面（或楼板上表面）至柱帽下表面的高度计算。

③ 有预制板的框架柱柱高自柱基上表面至柱顶高度计算。

④ 构造柱按全高计算，与砖墙嵌接部分的混凝土体积并入柱身体积内计算。

⑤ 依附柱上的牛腿和升板的柱帽，并入相应柱身体积内计算。

⑥ L、T、十形柱，按L、T、十形柱相应定额执行。当两边之和超过2000mm，按直形墙相应定额执行。

（4）梁

按图示断面尺寸乘梁长以体积计算。梁长按下列规定确定：

① 梁与柱连接时，梁长算至柱侧面。

② 主梁与次梁连接时，次梁长算至主梁侧面。伸入砖墙内的梁头、梁垫体积并入梁体积内计算。

③ 圈梁、过梁应分别计算，过梁长度按图示尺寸，图纸无明确表示时，按门窗洞口外围宽另加500mm计算。平板与砖墙上混凝土圈梁相交时，圈梁高应算至板底面。

④ 依附于梁、板、墙（包括阳台梁、圈过梁、挑檐板、混凝土栏板、混凝土墙外侧）上的混凝土线条（包括弧形线条）按小型构件定额执行（梁、板、墙宽算至线条内侧）。

⑤ 现浇挑梁按挑梁计算，其压入墙身部分按圈梁计算；挑梁与单、框架梁连接时，其挑梁应并入相应梁内计算。

⑥ 花篮梁二次浇捣部分执行圈梁定额。

（5）板

按图示面积乘板厚以体积计算（梁板交接处不得重复计算），不扣除单个面积0.3$m^2$以内的柱、垛以及孔洞所占体积。应扣除构件中压形钢板所占体积。其中：

① 有梁板按梁（包括主、次梁）、板体积之和计算，有后浇板带时，后浇板带（包括主、次梁）应扣除。厨房间、卫生间墙下设计有素混凝土防水坎时，工程量并入板内，执行有梁板定额。

② 无梁板按板和柱帽之和以体积计算。

③ 平板按体积计算。

④ 现浇挑檐、天沟与板（包括屋面板、楼板）连接时，以外墙面为分界线，与圈梁（包括其他梁）连接时，以梁外边线为分界线。外墙边线以外或梁外边线以外为挑檐、天

沟。天沟底板与侧板工程量应分别计算，底板按板式雨篷以板底水平投影面积计算，侧板按天、檐沟竖向挑板以体积计算。

⑤ 飘窗的上下挑板按板式雨篷以板底水平投影面积计算。

⑥ 各类板伸入墙内的板头并入板体积内计算。

⑦ 预制板缝宽度在100mm以上的现浇板缝按平板计算。

⑧ 后浇墙、板带（包括主、次梁）按设计图示尺寸以体积计算。

⑨ 现浇混凝土空心楼板混凝土按图示面积乘板厚以立方米计算，其中空心管、箱体及空心部分体积扣除。

⑩ 现浇混凝土空心楼板内筒芯按设计图示中心线长度计算；无机阻燃型箱体按设计图示数量计算。

（6）墙

外墙按图示中心线（内墙按净长）乘墙高、墙厚以体积计算，应扣除门、窗洞口及0.3m$^2$外的孔洞体积。单面墙垛其突出部分并入墙体体积内计算，双面墙垛（包括墙）按柱计算。弧形墙按弧线长度乘墙高、墙厚以体积计算，地下室墙有后浇墙带时，后浇墙带应扣除。梯形断面墙按上口与下口的平均宽度计算。墙高按下列规定确定：

① 墙与梁平行重叠，墙高算至梁顶面；当设计梁宽超过墙宽时，梁、墙分别按相应定额计算。

② 墙与板相交，墙高算至板底面。

③ 屋面混凝土女儿墙按直（圆）形墙以体积计算。

（7）整体楼梯包括休息平台、平台梁、斜梁及楼梯梁，按水平投影面积计算，不扣除宽度在500mm以内的楼梯井，伸入墙内部分不另增加，楼梯与楼板连接时，楼梯算至楼梯梁外侧面。当现浇楼板无梯梁连接时，以楼梯的最后一个踏步边缘加300mm为界。圆弧形楼梯包括圆弧形梯段、圆弧形边梁及与楼板连接的平台，按楼梯的水平投影面积计算。

（8）阳台、雨篷，按伸出墙外的板底水平投影面积计算，伸出墙外的牛腿不另计算。

阳台、檐廊栏杆的轴线柱、下嵌、扶手以扶手的长度按延长米计算。混凝土栏板、竖向挑板以体积计算。栏板的斜长如图纸无规定时，按水平长度乘以系数1.18计算。地沟底、壁应分别计算，沟底按基础垫层定额执行。

（9）预制钢筋混凝土框架的梁、柱现浇接头，按设计断面以体积计算，套用“柱接柱接头”定额。

（10）台阶按水平投影以面积计算，设计混凝土用量超过定额含量时，应调整。台阶与平台的分界线以最上层台阶的外口增300mm宽度为准，台阶宽以外部分并入地面工程量计算。

2）现场、加工厂预制混凝土

（1）混凝土工程量均按图示尺寸以体积计算，扣除圆孔板内圆孔体积，不扣除构件内钢筋、铁件、后张法预应力钢筋灌浆孔及板内0.3m$^2$以内的孔洞所占体积。

（2）预制桩按桩全长（包括桩尖）乘设计桩断面积（不扣除桩尖虚体积）以体积计算。

（3）混凝土与钢杆件组合的构件，混凝土按构件以体积计算，钢拉杆按第7章中相应子目执行。

（4）漏空混凝土花格窗、花格芯按外形面积以面积计算。

（5）天窗架、端壁、檩条、支撑、楼梯、板类及厚度在50mm以内的薄型构件按设计图纸加定额规定的场外运输、安装损耗以体积计算。

3）构筑物工程

混凝土工程量除另有规定者外，均按图示尺寸以体积计算。不扣除构件内钢筋、支架、螺栓孔、螺栓、预埋铁件及壁、板中0.3m² 以内的孔洞所占体积。留洞所增加工、料不再另增费用。伸入构筑物基础内桩头所占体积不扣除。

烟囱：

（1）烟囱基础

① 砖基础以下的钢筋混凝土或混凝土底板基础，按本节烟囱基础相应定额执行。

② 钢筋混凝土烟囱基础，包括基础底板及筒座，筒座以上为筒身，按体积计算。

（2）混凝土烟囱筒壁

① 烟囱筒壁不分方形、圆形均按体积计算，应扣除0.3m² 以外孔洞所占体积。筒壁体积应以筒壁平均中心线长度乘厚度。圆筒壁周长不同时，可按下式分段计算：

$$V=\sum H\times C\times \pi\times D \tag{5-6}$$

式中　$V$——筒壁体积；

$H$——每段筒壁垂直高度；

$C$——每段筒壁厚度；

$D$——每段筒壁中心线的平均直径。

② 砖烟囱的钢筋混凝土圈梁和过梁，按实体积计算，套用现浇构件分部的相应定额执行。

③ 烟囱的钢筋混凝土集灰斗（包括分隔墙、水平隔墙、柱、梁等）应按现浇构件分部相应定额计算。

（3）烟道混凝土

① 烟道中的钢筋混凝土构件，应按现浇构件分部相应定额计算。

② 钢筋混凝土烟道，可按本分部地沟定额按顶板、壁板、底板分别计算，但架空烟道不能套用。

水塔：

（1）基础

各种基础按设计图示尺寸以体积计算（包括基础底板和塔座），塔座以上为塔身，以下为基础。

（2）塔身

① 钢筋混凝土筒式塔身以塔座上表面或基础底板上表面为分界线；柱式塔身以柱脚与基础底板或梁交界处为分界线，与基础底板相连接的梁并入基础内计算。

② 钢筋混凝土筒式塔身与水箱的分界是以水箱底部的圈梁为界，圈梁底以下为筒式塔身。水箱的槽底（包括圈梁）、塔顶、水箱（槽）壁工程量均应分别按体积计算。

③ 钢筋混凝土筒式塔身以体积计算。应扣除门窗洞口体积，依附于筒身的过梁、雨篷、挑檐等工程量并入筒壁体积内按筒式塔身计算；柱式塔身不分斜柱、直柱和梁，均按

体积合并计算按柱式塔身定额执行。

④ 钢筋混凝土、砖塔身内设置的钢筋混凝土平台、回廊以体积计算。平台、回廊上设置的钢栏杆及内部爬梯按第7章相应子目执行。

⑤ 砖砌筒身设置的钢筋混凝土圈梁以体积计算，按现浇构件相应定额执行。

（3）塔顶及槽底

① 钢筋混凝土塔顶及槽底的工程量合并计算。塔顶包括顶板和圈梁，槽底包括底板、挑出斜壁和圈梁。回廊及平台另行计算。

② 槽底不分平底、拱底，塔顶不分锥形、球形，均按本定额执行。

（4）水槽内、外壁

① 与塔顶、槽底（或斜壁）相连系的圈梁之间的直壁为水槽内、外壁；设保温水槽的外保护壁为外壁；直接承受水侧压力的水槽壁为内壁。非保温水箱的水槽壁按内壁计算。

② 水槽内、外壁以体积计算，依附于外壁的柱、梁等并入外壁体积中计算。

（5）倒锥壳水塔：基础按相应水塔基础的规定计算，其筒身、水箱、环梁混凝土以体积计算。

4）贮水（油）池

（1）池底为平底执行平底定额，其平底体积应包括池壁下部的扩大部分；池底有斜坡者，执行锥形底定额。均按图示尺寸以体积计算。

（2）池壁有壁基梁时，锥形底应算至壁基梁底面，池壁应从壁基梁上口开始，壁基梁应从锥形底上表面算至池壁下口；无壁基梁时锥形底算至坡上表面，池壁应从锥形底的上表面开始。

（3）无梁池盖柱的柱高，应由池底上表面算至池盖的下表面，柱帽和柱座应并在池内柱的体积内。

（4）池壁应分别不同厚度计算，其高度不包括池壁上下处的扩大部分；无扩大部分时，则自池底上表面（或壁基梁上表面）至池盖下表面。

（5）无梁盖应包括与池壁相连的扩大部分的体积；肋形盖应包括主、次梁及盖板部分的体积；球形盖应自池壁顶面以上，包括边侧梁的体积在内。

（6）各类池盖中的进入孔、透气管、水池盖以及与盖相连的结构，均包括在定额内，不另计算。

（7）沉淀池水槽系指池壁上的环形溢水槽及纵横、U形水槽，但不包括与水槽相连接的矩形梁；矩形梁可按现浇构件分部的矩形梁定额计算。

5）贮仓

（1）矩形仓：分立壁和斜壁，各按不同厚度计算体积，立壁和斜壁按相互交点的水平线为分界线；壁上圈梁并入斜壁工程量内。基础、支撑漏斗的柱和柱间的连系梁分别按混凝土分部的相应定额计算。

（2）圆筒仓：

① 本计价定额适用于高度在30m以下、库壁厚度不变、上下断面一致、采用钢滑模施工工艺的圆形贮仓，如盐仓、粮仓、水泥库等。

② 圆形仓工程量应分仓底板、顶板、仓壁三部分计算。

③ 圆形仓底板以下的钢筋混凝土柱，梁、基础按现浇构件结构分部的相应定额计算。

④ 仓顶板的梁与挑檐板计入仓顶板体积计算，按仓顶板定额执行。

⑤ 仓壁高度按基础顶面至仓顶板底面（锥壳顶板和压型钢板-混凝土组合顶板至仓顶环梁上表面）高度计算，不扣除 0.3$m^2$ 以内的孔洞所占体积。附壁柱、环梁（圈过梁）、两仓连接处的墙壁计入仓壁体积。

6）地沟及支架

（1）本计价定额适用于室外的方形（封闭式）、槽形（开口式）、阶梯形（变截面式）的地沟。底、壁、顶应分别按体积计算。

（2）沟壁与底的分界，以底板上表面为界。沟壁与顶的分界以顶板下表面为界。上薄下厚的壁。

（3）地沟预制顶板，按预制结构分部相应定额计算。

（4）支架均以体积计算（包括支架各组成部分），框架型或 A 字形支架应将柱、梁的体积合并计算；支架带操作平台者，其支架与操作台的体积亦合并计算。

（5）支架基础应按现浇构件结构分部的相应定额计算。

7）栈桥

（1）柱、连系梁（包括斜梁）体积合并、肋梁与板的体积合并均按图示尺寸以体积计算。

（2）栈桥斜桥部分不论板顶高度如何均按板高在 12m 内定额执行。

（3）板顶高度超过 20m，每增加 2m 仅指柱、连系梁的体积（不包括有梁板）。

3. 定额应用要点

1）本节混凝土构件分为自拌混凝土构件、商品混凝土泵送构件、商品混凝土非泵送构件三部分，各部分又包括了现浇构件、现场预制构件、加工厂预制构件、构筑物等。

2）混凝土石子粒径取定：设计有规定的按设计规定，无设计规定按表 5-49 规定计算。

**混凝土构件石子粒径表** **表 5-49**

| 石子粒径 | 构件名称 |
|---|---|
| 5～16mm | 预制板类构件、预制小型构件 |
| 5～31.5mm | 现浇构件：矩形柱（构造柱除外）、圆柱、多边形柱（L、T、十形柱除外）、框架梁、单梁、连续梁、地下室防水混凝土墙；<br>预制构件：柱、梁、桩 |
| 5～20mm | 除以上构件外均用此粒径 |
| 5～40mm | 基础垫层、各种基础、道路、挡土墙、地下室墙、大体积混凝土 |

3）毛石混凝土中的毛石掺量是按 15％计算的，构筑物中毛石混凝土的毛石掺量是按 20％计算的，如设计要求不同时，可按比例换算毛石、混凝土数量，其余不变。

4）现浇柱、墙定额中，均已按规范规定综合考虑了底部铺垫 1∶2 水泥砂浆的用量。

5）室内净高超过 8m 的现浇柱、梁、墙、板（各种板）的人工工日分别乘以下列系数：净高在 12m 以内乘以 1.18；净高在 18m 以内乘以 1.25。

6）现场预制构件，如在加工厂制作，混凝土配合比按加工厂配合比计算；加工厂构件及商品混凝土改在现场制作，混凝土配合比按现场配合比计算；其工料、机械台班不调整。

7）加工厂预制构件其他材料费中已综合考虑了掺入早强剂的费用，现浇构件和现场预制构件未考虑使用早强剂费用，设计需使用时，可以另行计算早强剂增加费用。

8）加工厂预制构件采用蒸汽养护时，立窑、养护池养护费用另行计算。

9）小型混凝土构件，系指单体体积在 0.05$m^3$ 以内的未列出定额的构件。

10）构筑物中混凝土、抗渗混凝土已按常用的强度等级列入基价，设计与定额取定不符综合单价调整。

11）钢筋混凝土水塔、砖水塔基础采用毛石混凝土、混凝土基础按烟囱相应定额执行。

12）构筑物中的混凝土、钢筋混凝土地沟是指建筑物室外的地沟，室内钢筋混凝土地沟按现浇构件相应定额执行。

13）泵送混凝土定额中已综合考虑了输送泵车台班，布拆管及清洗人工、泵管摊销费、冲洗费。当输送高度超过 30m 时，输送泵车台班（含 30m 以内）乘以 1.10；输送高度超过 50m 时，输送泵车台班（含 50m 以内）乘以 1.25；输送高度超过 100m 时，输送泵车台班（含 100m 以内）乘以 1.35；输送高度超过 150m 时，输送泵车台班（含 150m 以内）乘以 1.45；输送高度超过 200m 时，输送泵车台班（含 200m 以内）乘以 1.55。

14）现场集中搅拌混凝土按现场集中搅拌混凝土配合比执行，混凝土拌合楼的费用另行计算。

4. 计算举例

**【例 5-19】** 根据《计价表》，试对【例 5-17】中垫层及基础混凝土进行组价。

**【解】** 计价定额与清单规范中，基础和垫层工程量计算规则相同，因此组价时定额量与清单量相同。

《房屋建筑与装饰工程量计算规范》GB 500854—2013 中，现浇混凝土项目工作内容里面包含模板，措施项目里面又单列了“现浇混凝土模板”，组价时，可以在混凝土中添加模板定额项，也可以单独计取。江苏省住房城乡建设厅关于《建设工程工程量清单计价规范》GB 50500—2013 及其 9 本工程量计算规范的贯彻意见中规定：“除市政工程外，现浇混凝土模板不与混凝土合并，在措施项目中列项。市政工程现浇混凝土模板包含在相应的混凝土的项目中。预制混凝土的模板包含在相应预制混凝土的项目中。”本例按照江苏省贯彻意见，混凝土组价时不考虑模板，组价结果见表 5-50。

**垫层综合单价分析表** **表 5-50**

| 项目编码 | | 项目名称 | 计量单位 | 工程数量 | 综合单价 | 总价 |
|---|---|---|---|---|---|---|
| 010501001001 | | 泵送商品混凝土垫层 | $m^3$ | 12.29 | 409.10 | 5027.84 |
| 定额号 | 6-178 | 垫层 | $m^3$ | 12.29 | 409.10 | 5027.84 |
| 项目编码 | | 项目名称 | 计量单位 | 工程数量 | 综合单价 | 总价 |
| 010501002001 | | 条形基础 | $m^3$ | 54.6 | 407.65 | 22257.69 |
| 定额号 | 6-180 | 无梁式条形基础 | $m^3$ | 54.6 | 407.65 | 22257.69 |

**【例 5-20】** 根据《定额》，试计算【例 5-18】中一层柱及二层楼面梁、板清单综合单价。

**【解】** 计价定额与清单规范中，基础和垫层工程量计算规则基本相同，因此组价时定额量与清单量相同。工作内容不考虑模板，组价结果见表5-51。

**工程量清单综合单价分析表** **表5-51**

| 项目编码 | | 项目名称 | 计量单位 | 工程数量 | 综合单价 | 合价 |
|---|---|---|---|---|---|---|
| 010502001001 | | 矩形柱 | $m^3$ | 12.96 | 498.23 | 6457.06 |
| 清单综合单价组成 | 定额号 | 子目名称 | 单位 | 数量 | 单价 | 合价 |
| | 6-313 | 矩形柱 | $m^3$ | 12.96 | 498.23 | 6457.06 |
| 项目编码 | | 项目名称 | 计量单位 | 工程数量 | 综合单价 | 合价 |
| 010505001001 | | 有梁板 | $m^3$ | 13.36 | 452.21 | 6041.53 |
| 清单综合单价组成 | 定额号 | 子目名称 | 单位 | 数量 | 单价 | 合价 |
| | 6-331 | 有梁板 | $m^3$ | 13.36 | 452.21 | 6041.53 |

### 5.6.3 钢筋工程清单编制

1. 内容

1）现浇构件钢筋、钢筋网片、钢筋笼按照设计图示钢筋（网）长度（面积）乘单位理论质量计算。

2）先张法预应力钢筋按设计图示钢筋长度乘单位理论质量计算。

3）后张法预应力钢筋、预应力钢丝、预应力钢绞线按设计图示钢筋（丝束、绞线）长度乘单位理论质量计算。

（1）低合金钢筋两端均采用螺杆锚具时，钢筋长度按孔道长度减0.35 m计算，螺杆另行计算。

（2）低合金钢筋一端采用镦头插片、另一端采用螺杆锚具时，钢筋长度按孔道长度计算，螺杆另行计算。

（3）低合金钢筋一端采用镦头插片、另一端采用帮条锚具时，钢筋增加0.15m计算；两端均采用帮条锚具时，钢筋长度按孔道长度增加0.3m计算。

（4）低合金钢筋采用后张混凝土自锚时，钢筋长度按孔道长度增加0.35m计算。

（5）低合金钢筋（钢绞线）采用JM、XM、QM型锚具，孔道长度不大于20m时，钢筋长度增加1m计算，孔道长度大于20m时，钢筋长度增加1.8m计算。

（6）碳素钢丝采用锥形锚具，孔道长度不大于20m时，钢丝束长度按孔道长度增加1m计算，孔道长度大于20 m时，钢丝束长度按孔道长度增加1.8m计算。

（7）碳素钢丝采用镦头锚具时，钢丝束长度按孔道长度增加0.35m计算。

4）支撑钢筋（铁马）按钢筋长度乘单位理论质量计算。

5）声测管按设计图示尺寸质量计算。

6）螺栓、预埋铁件按设计图示尺寸以质量计算。

7）机械连接按数量计算。

8）现浇构件中伸出构件的锚固钢筋应并入钢筋工程量内。

9）现浇构件中固定位置的支撑钢筋、双层钢筋用的“铁马”在编制工程量清单时，其工程数量可为暂估量，结算时按现场签证数量计算。

10）螺栓、预埋铁件以及机械连接在编制工程量清单时，其工程数量可为暂估量，实际工程量按现场签证数量计算。

2. 钢筋计量

钢筋直（弯）、弯钩、圆柱、柱螺旋箍筋及其他长度的计算：

1）梁、板为简支，钢筋为 HRB335、HRB400 级钢时，可按下列规定计算：

（1）直钢筋净长$=L-2c$（图 5-59）

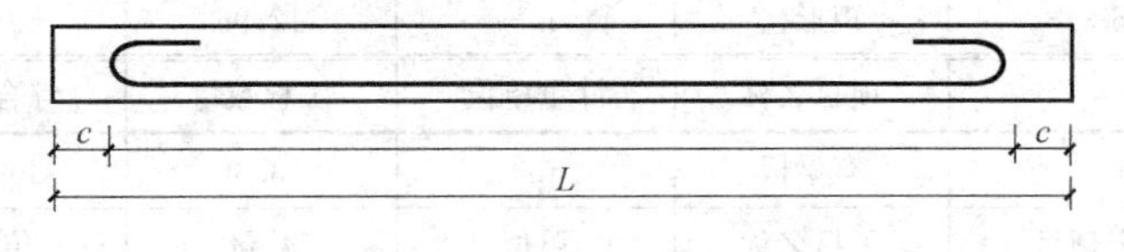


图 5-59　直钢筋

（2）弯起钢筋净长$=L-2c+2\times0.414H'$（图 5-60）

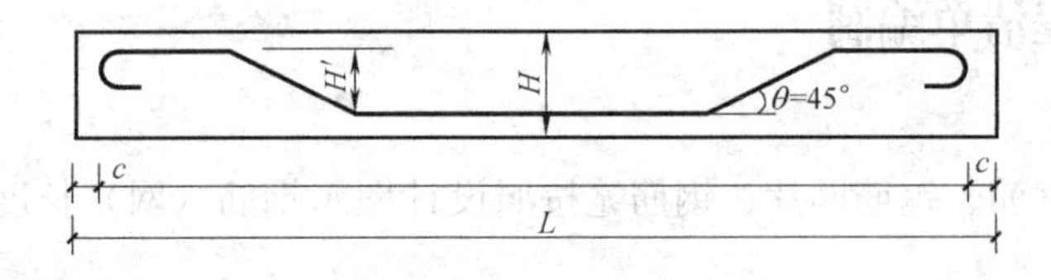


图 5-60　弯起钢筋

当 $\theta$ 为 30°时，公式内 $0.414H'$ 改为 $0.268H'$；当 $\theta$ 为 60°时，公式内 $0.414H'$ 改为 $0.577H'$。

（3）弯起钢筋两端带直钩净长$=L-2c+2H''+2\times0.414H'$（图 5-61）

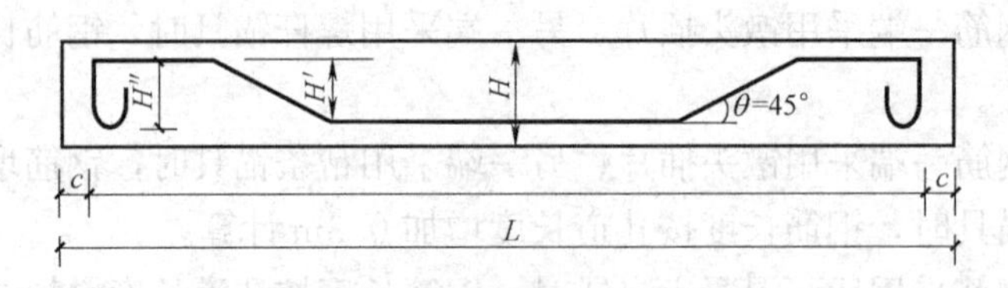


图 5-61　弯起钢筋两端带直钩

当 $\theta$ 为 30°时，公式内 $0.414H'$ 改为 $0.268H'$；当 $\theta$ 为 60°时，公式内 $0.414H'$ 改为 $0.577H'$。

（4）末端需作 90°、135°弯折时，其弯起部分长度按设计尺寸计算。

$a$、$b$、$c$ 当采用 HPB300 级钢时，除按上述计算长度外，在钢筋末端应设弯钩，每只弯钩增加 $6.25d$。

2）箍筋末端应作 135°弯钩（图 5-62），弯钩平直部分的长度 $e$，一般不应小于箍筋直径的 5 倍；对有抗震要求的结构不应小于箍筋直径的 10 倍。

当平直部分为 $5d$ 时，箍筋长度 $L=(a-2c)\times2+(b-2c)\times2+14d$；

当平直部分为 $10d$ 时，箍筋长度 $L=(a-2c)\times2+(b-2c)\times2+24d$。

3）弯起钢筋终弯点外应留有锚固长度（图 5-63），在受拉区不应小于 $20d$；在受压区不应小于 $10d$。弯起钢筋斜长按表 5-52 系数计算。

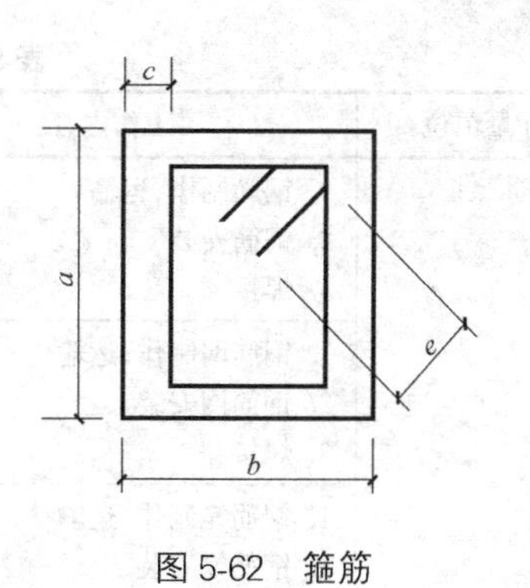


图 5-62 箍筋

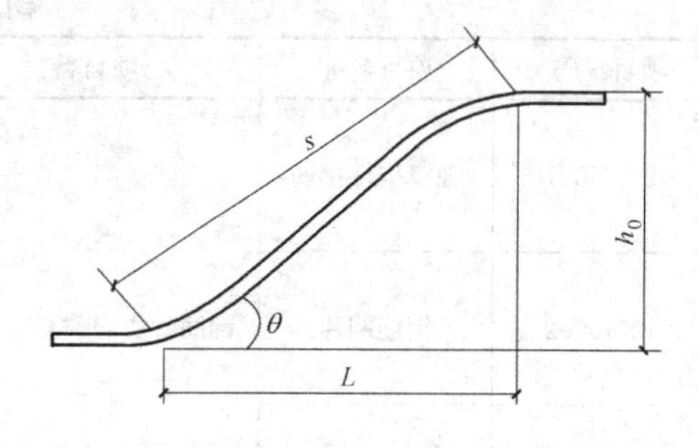


图 5-63 弯起钢筋图

**弯起钢筋斜长系数表** **表 5-52**

| 弯起角度 | θ=30° | θ=45° | θ=60° |
|---|---|---|---|
| 斜过长度 s | $2h_0$ | $1.414h_0$ | $1.155h_0$ |
| 底边长度 l | $1.732h_0$ | $h_0$ | $0.577h_0$ |
| 斜长比底长增加 | $0.268h_0$ | $0.414h_0$ | $0.577h_0$ |

4）箍筋、板筋排列根数＝（$L$－100mm）÷设计间距＋1，但在加密区的根数按设计另增。

上式中 $L$＝柱、梁、板净长。柱梁净长计算方法同混凝土，其中柱不扣板厚。板净长指主（次）梁与主（次）梁之间的净长。计算中有小数时，向上舍入（如：4.1 取 5）。

5）圆桩、柱螺旋箍筋长度计算：

$$L=\sqrt{[(D-2C)\pi]^2+h^2}\times n \tag{5-7}$$

式中 $D$＝圆桩、柱直径；

$C$＝主筋保护层厚度；

$h$＝箍筋间距；

$n$＝箍筋道数＝柱、桩中箍筋配置长度÷$h$＋1。

6）其他：有设计者按设计要求，当设计无具体要求时，按图 5-64、图 5-65 规定计算。

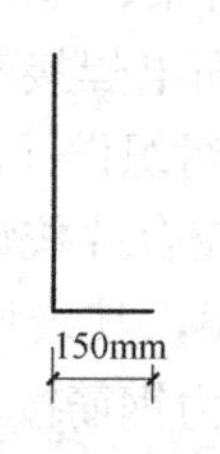


图 5-64 柱底插筋

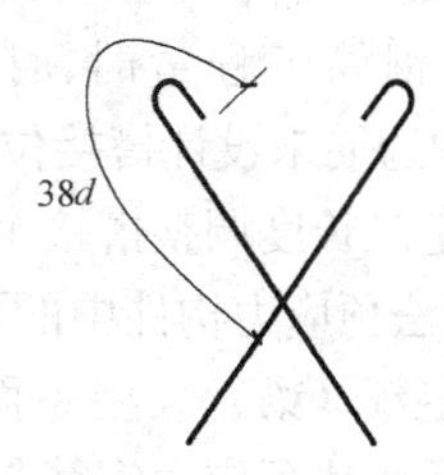


图 5-65 斜筋挑钩

## 5.6.4 钢筋工程清单组价

1. 工作内容

钢筋工程，工程量清单项目设置、项目特征描述的内容、计量单位及组价时应包含工作内容，按表 5-53 的规定执行。

2. 定额计算规则

钢筋工程　　　　表 5-53

<table>
<tr><th>项目编码</th><th>项目名称</th><th>项目特征</th><th>计量单位</th><th>工作内容</th></tr>
<tr><td>010515001</td><td>现浇构件钢筋</td><td rowspan="3">钢筋种类、规格</td><td rowspan="3">t</td><td>1. 钢筋制作、运输<br>2. 钢筋安装<br>3. 焊接</td></tr>
<tr><td>010515002</td><td>钢筋网片</td><td>1. 钢筋网制作、运输<br>2. 钢筋网安装<br>3. 焊接</td></tr>
<tr><td>010515003</td><td>钢筋笼</td><td>1. 钢筋笼制作、运输<br>2. 钢筋笼安装<br>3. 焊接</td></tr>
<tr><td>010515004</td><td>先张法预应力钢筋</td><td>1. 钢筋种类、规格<br>2. 锚具种类</td><td>t</td><td>1. 钢筋制作、运输<br>2. 钢筋张拉</td></tr>
<tr><td>010515005</td><td>后张法预应力钢筋</td><td rowspan="3">1. 钢筋种类、规格<br>2. 钢丝种类、规格<br>3. 钢绞线种类、规格<br>4. 锚具种类<br>5. 砂浆强度等级</td><td rowspan="5">t</td><td rowspan="3">1. 钢筋、钢丝、钢绞线制作、运输<br>2. 钢筋、钢丝、钢绞线安装<br>3. 预埋管孔道铺设<br>4. 锚具安装<br>5. 砂浆制作、运输<br>6. 孔道压浆、养护</td></tr>
<tr><td>010515006</td><td>预应力钢丝</td></tr>
<tr><td>010515007</td><td>预应力钢绞线</td></tr>
<tr><td>010515008</td><td>支撑钢筋（铁马）</td><td>1. 钢筋种类<br>2. 规格</td><td>钢筋制作、焊接、安装</td></tr>
<tr><td>010515009</td><td>声测管</td><td>1. 材质<br>2. 规格型号</td><td>1. 检测管截断、封头<br>2. 套管制作、焊接<br>3. 定位、固定</td></tr>
</table>

1）钢筋工程应区别现浇构件、预制构件、加工厂预制构件、预应力构件、点焊网片等以及不同规格，分别按设计展开长度（展开长度、保护层、搭接长度应符合规范规定）乘单位理论质量计算。

2）计算钢筋工程量时，搭接长度按规范规定计算。当梁、板（包括整板基础）$\phi$8mm 以上的通筋未设计搭接位置时，预算书暂按 9m 一个双面电焊接头考虑，结算时应按钢筋实际定尺长度调整搭接个数，搭接方式按已审定的施工组织设计确定。

3）先张法预应力构件中的预应力和非预应力钢筋工程量应合并按设计长度计算，按预应力钢筋定额（梁、大型屋面板、F 板执行 $\phi$5mm 外的定额，其余均执行 $\phi$5mm 内定额）执行。后张法预应力钢筋与非预应力钢筋分别计算，预应力钢筋按设计图规定的预应力钢筋预留孔道长度，区别不同锚具类型，分别按下列规定计算：

（1）低合金钢筋两端采用螺杆锚具时，预应力钢筋按预留孔道长度减 350mm，螺杆另行计算。

（2）低合金钢筋一端采用墩头插片，另一端螺杆锚具时，预应力钢筋长度按预留孔道长度计算。

（3）低合金钢筋一端采用墩头插片，另一端采用帮条锚具时，预应力钢筋增加 150mm，两端均用帮条锚具时，预应力钢筋共增加 300mm 计算。

(4) 低合金钢筋采用后张混凝土自锚时，预应力钢筋长度增加 350mm 计算。

(5) 低合金钢筋（钢铰线）采用 JM、XM、QM 型锚具，孔道长度不大于 20m 时，钢筋长度增加 1m 计算，孔道长度大于 20m 时，钢筋长度增加 1.8m 计算。

(6) 碳素钢丝采用锥形锚具，孔道长度不大于 20m 时，钢丝束长度按孔道长度增加 1m 计算，孔道长度大于 20m 时，钢丝束长度按孔道长度增加 1.8m 计算。

(7) 碳素钢丝采用镦头锚具时，钢丝束长度按孔道长度增加 0.35m 计算。

4) 电渣压力焊、直螺纹、冷压套管挤压等接头以“个”计算。预算书中，底板、梁暂按 9m 长一个接头的 50%计算；柱按自然层每根钢筋 1 个接头计算。结算时应按钢筋实际接头个数计算。

5) 地脚螺栓制作、端头螺杆螺帽制作按设计尺寸以质量计算。

6) 植筋按设计数量以根数计算。

7) 桩顶部破碎混凝土后主筋与底板钢筋焊接分别分为灌注桩、方桩（离心管桩、空心方桩按方桩）以桩的根数计算。每根桩端焊接钢筋根数不调整。

8) 在加工厂制作的铁件（包括半成品铁件）、已弯曲成型钢筋的场外运输以质量计算。各种砌体内的钢筋加固分绑扎、不绑扎以质量计算。

9) 混凝土柱中埋设的钢柱，其制作、安装应按相应的钢结构制作、安装定额执行。

10) 基础中钢支架、铁件的计算：

(1) 基础中，多层钢筋的型钢支架、垫铁、撑筋、马凳等按已审定的施工组织设计合并用量计算，按金属结构的钢平台、走道制、安定额执行。现浇楼板中设置的撑筋按已审定的施工组织设计用量与现浇构件钢筋用量合并计算。

(2) 铁件按设计尺寸以质量计算，不扣除孔眼、切肢、切角、切边的质量。在计算不规则或多边形钢板质量时均以矩形面积计算。

(3) 预制柱上钢牛腿按铁件以质量计算。

11) 后张法预应力钢丝束、钢绞线束按设计图纸预应力筋的结构长度（即孔道长度）加操作长度之和乘钢材单位理论质量计算（无粘结钢绞线封油包塑的质量不计算），其操作长度按下列规定计算：

(1) 钢丝束采用镦头锚具时，不论一端张拉或两端张拉，均不增加操作长度（即结构长度等于计算长度）。

(2) 钢丝束采用锥形锚具时，一端张拉为 1.0m，两端张拉为 1.6m。

(3) 有粘结钢绞线采用多根夹片锚具时，一端张拉为 0.9m，两端张拉为 1.5m。

(4) 无粘结预应力钢绞线采用单根夹片锚具时，一端张拉为 0.6m，两端张拉为 0.8m。

(5) 使用转角器（变角张拉工艺）张拉操作长度应在定额规定的结构长度及操作长度基础上另外增加操作长度：无粘结钢绞线每个张拉端增加 0.60m，有粘结钢绞线每个张拉端增加 1.00m。

(6) 特殊张拉的预应力筋，其操作长度应按实计算。

12) 当曲线张拉时，后张法预应力钢丝束、钢绞线计算长度可按直线长度乘以下列系数确定：梁高 1.50m 内，乘以 1.015；梁高在 1.50m 以上，乘以 1.025；10m 以内跨度的梁，当矢高 650mm 以上时，乘以 1.02。

13）后张法预应力钢丝束、钢绞线锚具，按设计规定所穿钢丝或钢绞线的孔数计算（每孔均包括了张拉端和固定端的锚具），波纹管按设计图示以延长米计算。

3. 定额应用要点

1）钢筋工程以钢筋的不同规格、不分品种，按现浇构件钢筋、现场预制构件钢筋、加工厂预制构件钢筋、预应力构件钢筋、点焊网片分别编制定额项目。

2）钢筋工程内容包括：除锈、平直、制作、绑扎（点焊）、安装以及浇灌混凝土时维护钢筋用工。

3）钢筋搭接所耗用的电焊条、电焊机、铅丝和钢筋余头损耗已包括在定额内，设计图纸注明的钢筋接头长度以及未注明的钢筋接头按规范的搭接长度应计入设计钢筋用量中。

4）先张法预应力构件中的预应力、非预应力钢筋工程量应合并计算，按预应力钢筋相应项目执行；后张法预应力构件中的预应力钢筋、非预应力钢筋应分别套用定额。

5）预制构件点焊钢筋网片已综合考虑了不同直径点焊在一起的因素，如点焊钢筋直径粗细比在两倍以上时，其定额工日按该构件中主筋的相应子目乘以系数 1.25，其他不变（主筋是指网片中最粗的钢筋）。

6）粗钢筋接头采用电渣压力焊、直螺纹、套管接头等接头者，应分别执行钢筋接头定额。计算了钢筋接头的不能再计算钢筋搭接长度。

7）非预应力钢筋不包括冷加工，设计要求冷加工时应另行处理。预应力钢筋设计要求人工时效处理时，应另行计算。

8）后张法钢筋的锚固是按钢筋帮条焊 V 形垫块编制的，如采用其他方法锚固时应另行计算。

9）对构筑物工程，其钢筋可按下表系数调整定额中人工和机械用量。

**构筑物人工、机械调整系数表** **表 5-54**

| 项目 | 构筑物 | | | | | |
|---|---|---|---|---|---|---|
| 系数范围 | 烟囱烟道 | 水塔水箱 | 贮仓 | | 栈桥通廊 | 水池油池 |
| | | | 矩形 | 圆形 | | |
| 人工机械调整系数 | 1.70 | 1.70 | 1.25 | 1.50 | 1.20 | 1.20 |

10）钢筋制作、绑扎需拆分者，制作按 45%、绑扎按 55%折算。

11）钢筋、铁件在加工厂制作时，由加工厂至现场的运输费应另列项目计算。在现场制作的不计算此项费用。

12）铁件是指质量在 50kg 以内的预埋铁件。

13）管桩与承台连接所用钢筋和钢板分别按钢筋笼和铁件执行。

14）后张法预应力钢丝束、钢绞线束不分单跨、多跨以及单向双向布筋，当构件长在 60m 以内时，均按定额执行。定额中预应力筋按直径 5mm 碳素钢丝或直径 15～15.24mm 钢绞线编制，采用其他规格时另行调整。定额按一端张拉考虑，当两端张拉时，有粘结锚具基价乘以系数 1.14，无粘结锚具乘以系数 1.07。使用转角器张拉的锚具定额人工和机械乘以系数 1.1。当钢绞线束用于地面预制构件时，应扣除定额中张拉平台摊销费。单位工程后张法预应力钢丝束、钢绞线束平均每层结构设计用量在3t以内，且设计总用量在30t以内时，定额人工及机械台班有粘结张拉乘以系数1.63；无粘结张拉乘以系数1.80。

15）定额无粘结钢绞线束以净重计量。若以毛重（含封油包塑的重量）计量，按净重与毛重之比1∶1.08进行换算。

4. 计算举例

**【例5-21】** 有一根梁，其配筋如图5-66所示，其中①号筋弯起角度为45°，请计算该梁钢筋的重量。(保护层厚度25mm)

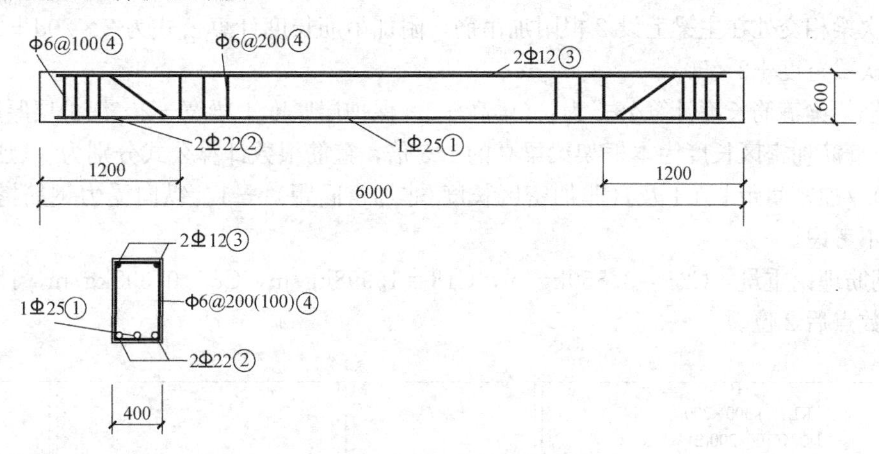


图5-66 梁配筋

相关知识：

弯起钢筋净长$=L-2c+2\times0.414H'$

箍筋长度$L=(a-2c)\times2+(b-2c)\times2+14d$

箍筋根数=(加密区长度/加密区间距+1)×2+(非加密区长度/非加密区间距−1)

**【解】** 长度及数量计算：

① 号筋（B25，1根）

$$L_1=6000-25\times2+0.414\times(600-25-25)\times2=6410\text{mm}$$

② 号筋（B22，2根）

$$L_2=6000-25\times2=5950\text{mm}$$

③ 号筋（B12，2根）

$$L_3=6000-25\times2=5950\text{mm}$$

④ 号筋 A6

$$L_4=(400-25\times2)\times2+(600-25\times2)\times2+14d=1884\text{mm}$$

根数：加密区：(+1)×2=24根

非加密区：−1=17根　　　　总计41根

重量计算：B25　6.41m×3.85kg/m=26.99kg

B22　5.95m×2根×2.984kg/m= 35.51kg

B12　5.95m×2根×0.888kg/m=10.57kg

A6　1.884m/根×41根×0.222kg/m=17.148kg

重量合计：90.22kg

**【例 5-22】** 某框架梁，如图 5-67 所示，请根据图 5-68、图 5-69 所示构造要求（依据国家建筑标准设计图集 11G101－1）以及本题给定条件，计算该框架梁钢筋总用量。已知框架梁为 C30 现浇混凝土，设计三级抗震，柱的断面均为 400mm×400mm，次梁断面 200mm×400mm。框架梁钢筋保护层 20mm，为最外层钢筋外边缘至混凝土表面的距离。钢筋定尺长度为 8m，钢筋连接均选用绑扎连接。受拉钢筋抗震锚固长度 $L_{aE}$＝37d，梁上下部纵筋及制作负筋伸至边柱外边缘另加弯折长度 15d，下部纵筋伸入中间支座长度为 Lae。纵向抗震受拉钢筋绑扎搭接长度 $L_{le}$＝52d。

主次梁相交处在主梁上设 2 根附加吊筋，附加吊筋长度计算公式为 2×20d＋2×斜段长度＋次梁宽度＋2×50。

本框架梁箍筋长度计算公式为：（梁高－2×保护层厚度＋梁宽－2×保护层厚度）×2＋24d，箍筋加密区长度为本框架梁梁高的 1.5 倍，箍筋根数计算公式分别为［（加密区长度－50）/加密间距］＋1 及（非加密区长度/非加密间距）－1。纵向受力钢筋搭接区箍筋构造不考虑。

（钢筋理论重量：C25＝3.850kg/m，C18＝1.998kg/m，C8＝0.395kg/m，计算结果保留小数点后 2 位。）

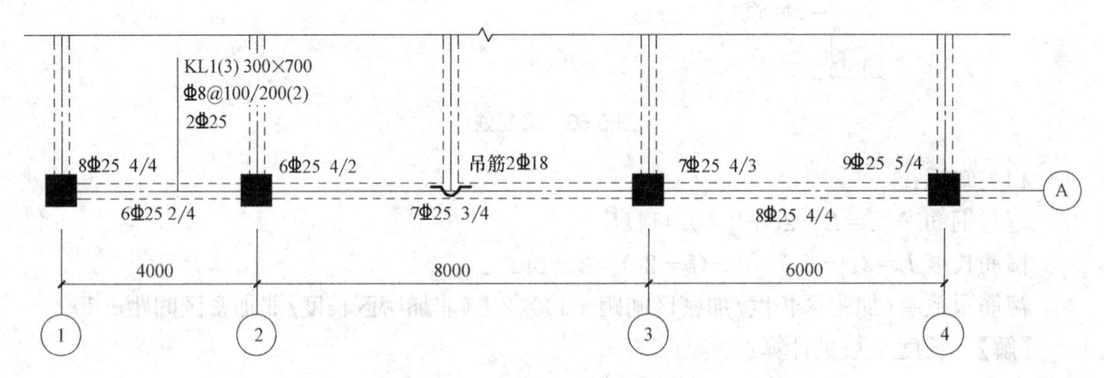


图 5-67 某框架梁平法施工图

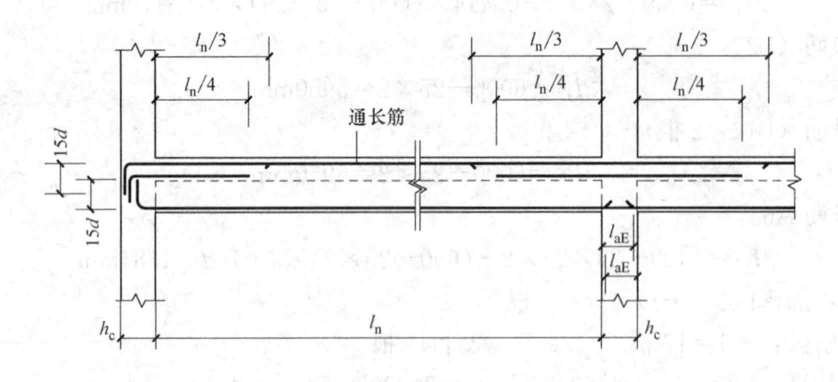


图 5-68 抗震楼层框架梁 KL 纵向钢筋构造

**【解】**

1 轴上部通长筋：2 根，C25

长度：400－20＋15$d$＋17600＋400－20＋15$d$＋52$d$×2＝21710mm

1 跨左支座筋：

上排 2 根，C25，长度：400－20＋15$d$＋3600＋400＋7600/3＝7288mm

下排 4 根，C25，长度：400－20＋15$d$＋3600/4＝1655mm

2、3 轴上部下排支座筋：5 根，C25

长度：7600/4＋400＋7600/4＝4200mm

3 轴上部上排支座筋：2 根，C25

长度：7600/3＋400＋7600/3＝5467mm

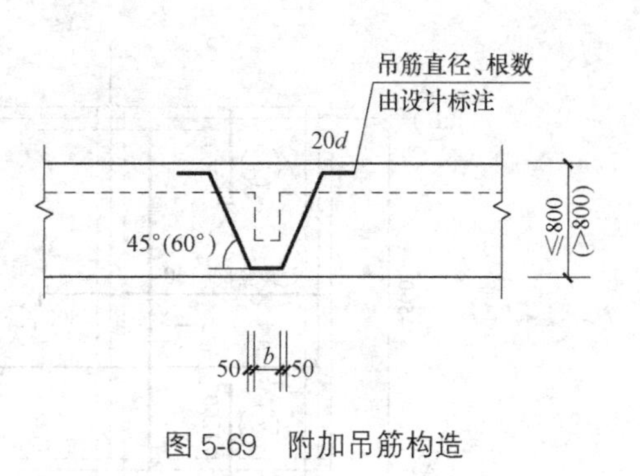

图 5-69　附加吊筋构造

4 轴上部支座筋：C25，

上排 3 根，长度：5600/3＋400－20＋15$d$＝2622mm

下排 4 根，长度：5600/4＋400－20＋15$d$＝2155mm

1 跨下部筋 6 根，长度：400－20＋15$d$＋3600＋37$d$＝5280mm

2 跨下部筋 7 根，长度：37$d$＋7600＋37$d$＋52$d$＝10750mm

3 跨下部筋 8 根，长度：37$d$＋5600＋400－20＋15$d$＝7280mm

箍筋：C8，

长度：2×（300－2×20）＋ 2×(700－2×20)＋24$d$＝2030mm

根数：加密区：(1050－50)/100＋1＝11 根　11×6＝66 根

非加密区：第一跨：(4000－400－1050×2)/200－1＝7 根

　　　　　第二跨：(8000－400－1050×2)/200－1＝27 根

　　　　　第三跨：(6000－400－1050×2）/200－1＝17 根

合计：66＋7＋27＋17＝117 根

附加吊筋：C18，2 根

长度：20×18×2＋200＋50×2＋1.414×(700－20×2)×2＝2886mm

钢筋重量计算：

C25　278.21m×3.850kg/m＝1071.11kg

C18　5.77m×1.998kg/m＝11.53kg

C8　237.51m×0.395kg/m＝93.82kg

**【例 5-23】** 某现浇 C25 混凝土有梁板楼板平面配筋图（图 5-70），请根据《混凝土结构施工图平面整体表示方法制图规则和构造详图（现浇混凝土框架、剪力墙、梁、板）》（国家建筑标准设计图集 11G101-1）有关构造要求，以及本题给定条件，计算该楼面板钢筋总用量，其中板厚 100 mm，板钢筋保护层厚度 15mm，梁保护层厚度为 20mm。板底部设置双向受力筋，板支座上部非贯通纵筋原位标注值为支座中线向跨内的伸出长度；板受力筋排列根数为＝[（$L$－100mm）/设计间距]＋1，其中 $L$ 为梁间板净长；分布筋根数为布筋范围除以板筋间距＋1，分布筋起步距离为 50mm。板筋计算根数时如有小数时，均为向上取整计算根数，（如 4.1 取 5 根）。钢筋长度计算保留三位小数；重量保留两位小数。温度筋、马凳筋等不计。

**【解】**

板底筋：

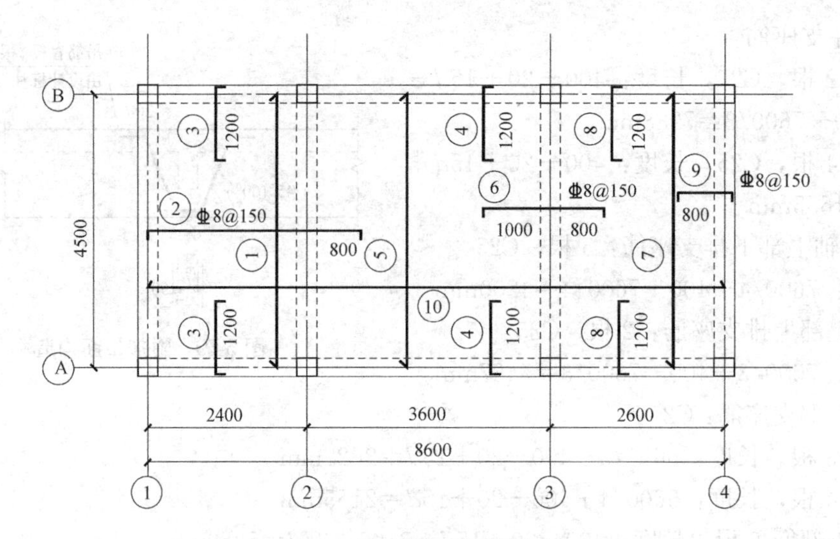


图 5-70 板平面配筋图

1、5、7 号筋：

长度：4500－125×2＋max(250/2,5d)＋max(250/2,5d)＝4500mm

数量：(2400－250－100)/200＋(3600－250－100)/200＋(2600－250－100)/200＋3＝41 根

10 号筋：

长度：8600－125×2＋max(250/2,5d)＋max(250/2,5d)

数量：(4500－250－100)/200＋1＝22 根

板负筋：

2 号筋：

长度：2400－125＋800＋250－20＋15d＋100－2×15＝3495mm

数量：(4500－250－100)/150＋1＝29 根

3、4、8 号筋：

长度：1200－125＋70＋250－20＋15d＝1495mm

数量：

3 号筋：[(2400－250－100)/200＋1]×2＝24 根

4 号筋：[(3600－250－100)/200＋1]×2＝36 根

8 号筋：[(2600－250－100)/200＋1]×2＝26 根

6 号筋：

长度：1000＋800＋70＋70＝1940mm

数量：(4500－250－100)/150＋1＝29 根

9 号筋：

长度：800－125＋250－20＋15d＋70＝1095mm

数量：(4500－250－100)/150＋1＝29 根

2 号筋分布筋：

长度：4500－1200×2＋150＋150＝2400mm

数量：(2400＋800－250－100)/200＋1＝16 根

## 5.7 金属结构工程

### 5.7.1 金属结构清单编制

1. 清单计算规则

1）钢网架工程量

按设计图示尺寸以质量计算。不扣除孔眼的质量，焊条、铆钉、螺栓等不另增加质量。

2）钢屋架工程量

以榀计量，按设计图示数量计算 ；以吨计量，按设计图示尺寸以质量计算。不扣除孔眼的质量，焊条、铆钉、螺栓等不另增加质量。

3）钢托架、钢桁架、钢桥架工程量

按设计图示尺寸以质量计算。不扣除孔眼的质量，焊条、铆钉、螺栓等不另增加质量。

4）实腹钢柱、空腹钢柱工程量

按设计图示尺寸以质量计算。不扣除孔眼的质量，焊条、铆钉、螺栓等不另增加质量，依附在钢柱上的牛腿及悬臂梁等并入钢柱工程量内。

5）钢管柱工程量

按设计图示尺寸以质量计算。不扣除孔眼的质量，焊条、铆钉、螺栓等不另增加质量，钢管柱上的节点板、加强环、内衬管、牛腿等并入钢管柱工程量内。

6）钢梁、钢吊车梁工程量

按设计图示尺寸以质量计算。不扣除孔眼的质量，焊条、铆钉、螺栓等不另增加质量，制动梁、制动板、制动桁架、车挡并入钢吊车梁工程量内。

7）钢板楼板工程量

按设计图示尺寸以铺设水平投影面积计算。不扣除单个面积不大于 0.3 $m^2$ 的柱、垛及孔洞所占面积。

8）钢板墙板工程量

按设计图示尺寸以铺挂展开面积计算。不扣除单个面积不大于 0.3 $m^2$ 的梁、孔洞所占面积，包角、包边、窗台泛水等不另加面积。

9）钢支撑、钢拉条 、钢檩条 、钢天窗架、钢挡风架、钢墙架、钢平台、钢走道、钢梯、钢护栏工程量

按设计图示尺寸以质量计算。不扣除孔眼的质量，焊条、铆钉、螺栓等不另增加质量。

10）钢漏斗、钢板天沟工程量

按设计图示尺寸以质量计算，不扣除孔眼的质量，焊条、铆钉、螺栓等不另增加质

量，依附漏斗或天沟的型钢并入漏斗或天沟工程量内。

11）钢支架、零星钢构件工程量

按设计图示尺寸以质量计算，不扣除孔眼的质量，焊条、铆钉、螺栓等不另增加质量。

12）成品空调金属百叶护栏、成品栅栏工程量

按设计图示尺寸以框外围展开面积计算。

13）成品雨篷工程量

以米计量，按设计图示接触边以米计算；以平方米计量，按设计图示尺寸以展开面积计算。

14）金属网栏工程量

按设计图示尺寸以框外围展开面积计算。

15）砌块墙钢丝网加固、后浇带金属网工程量

按设计图示尺寸以面积计算。

2. 计算举例

**【例 5-24】** 求 10 块多边形连接钢板的重量，最大的对角线长 640mm，最大的宽度 420mm，板厚 4mm，如图 5-71 所示。

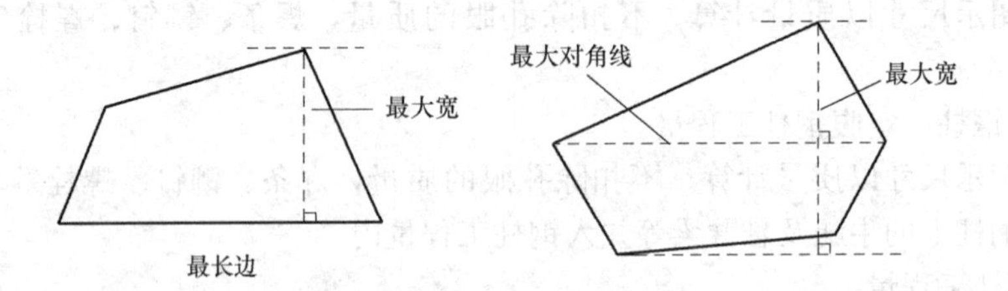


图 5-71　钢板示意图

相关知识：

在计算不规则或多边形钢板重量时均以矩形面积计算。

钢板每平方理论重量：31.4kg/m$^2$；

**【解】** 钢板面积：0.64×0.42＝0.2688m$^2$

查预算手册钢板每平方理论重量 31.4kg/m$^2$

图示重量：0.2688×31.4＝8.44kg

工程量 8.44×10＝84.4（kg）＝0.084t

**【例 5-25】** 某工程钢屋架如图 5-72 所示，计算钢屋架工程量（以吨计量）。

相关知识：

计算钢屋架工程量，以吨计量，按设计图示尺寸以质量计算。不扣除孔眼的质量，焊条、铆钉、螺栓等不另增加质量。

钢屋架包括上弦、下弦、立杆、斜撑、连接板、檩托等构件。

**【解】** 金属结构制作按图示钢材尺寸以吨计算

上弦重量＝3.40×2×2×7.398＝100.61kg

下弦重量＝5.60×2×1.58＝17.70kg

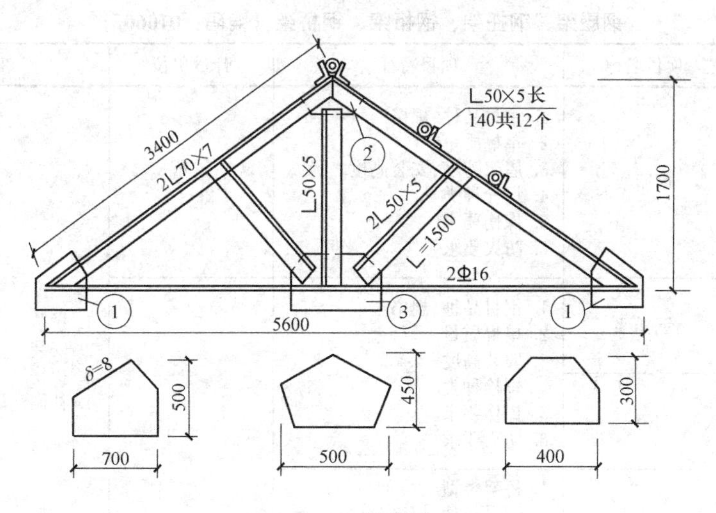


图 5-72 钢屋架施工图

立杆重量＝1.70×3.77＝6.41kg

斜撑重量＝1.50×2×2×3.77＝22.62kg

1 号连接板重量＝0.7×0.5×2×62.80＝43.96kg

2 号连接板重量＝0.5×0.45×62.80＝14.13kg

3 号连接板重量＝0.4×0.3×62.80＝7.54kg

檩托重量＝0.14×0.3×3.77＝6.33kg

屋架工程量＝100.61＋17.70＋6.41＋22.62＋43.96＋14.13＋7.54＋6.33＝219.30kg＝0.219t

## 5.7.2 金属结构清单组价

1. 工作内容

1）钢网架。工程量清单项目设置、项目特征描述的内容、计量单位及组价时应包含工作内容，按表 5-55 的规定执行。

**钢网架（编码：010601）** **表 5-55**

| 项目编码 | 项目名称 | 项目特征 | 计量单位 | 工作内容 |
| --- | --- | --- | --- | --- |
| 010601001 | 钢网架 | 1. 钢材品种、规格<br>2. 网架节点形式、连接方式<br>3. 网架跨度、安装高度<br>4. 探伤要求<br>5. 防火要求 | t | 1. 拼装<br>2. 安装<br>3. 探伤<br>4. 补刷油漆 |

2）钢屋架、钢托架、钢桁架、钢桥架。工程量清单项目设置、项目特征描述的内容、计量单位及组价时应包含工作内容，按表 5-56 的规定执行。

3）钢柱。工程量清单项目设置、项目特征描述的内容、计量单位及组价时应包含工作内容，按表 5-57 的规定执行。

4）钢梁。工程量清单项目设置、项目特征描述的内容、计量单位及组价时应包含工作内容，按表 5-58 的规定执行。

钢屋架、钢托架、钢桁架、钢桥架（编码：010602） 表 5-56

| 项目编码 | 项目名称 | 项目特征 | 计量单位 | 工作内容 |
|---|---|---|---|---|
| 010602001 | 钢屋架 | 1. 钢材品种、规格<br>2. 单榀质量<br>3. 屋架跨度、安装高度<br>4. 螺栓种类<br>5. 探伤要求<br>6. 防火要求 | 1. 榀<br>2. t | 1. 拼装<br>2. 安装<br>3. 探伤<br>4. 补刷油漆 |
| 010602002 | 钢托架 | 1. 钢材品种、规格<br>2. 单榀质量<br>3. 安装高度<br>4. 螺栓种类<br>5. 探伤要求<br>6. 防火要求 | t | |
| 010602003 | 钢桁架 | | | |
| 010602004 | 钢桥架 | 1. 桥架类型<br>2. 钢材品种、规格<br>3. 单榀质量<br>4. 安装高度<br>5. 螺栓种类<br>6. 探伤要求 | | |

钢柱（编码：010603） 表 5-57

| 项目编码 | 项目名称 | 项目特征 | 计量单位 | 工作内容 |
|---|---|---|---|---|
| 010603001 | 实腹钢柱 | 1. 柱类型<br>2. 钢材品种、规格<br>3. 单根柱质量<br>4. 螺栓种类<br>5. 探伤要求<br>6. 防火要求 | t | 1. 拼装<br>2. 安装<br>3. 探伤<br>4. 补刷油漆 |
| 010603002 | 空腹钢柱 | | | |
| 010603003 | 钢管柱 | 1. 钢材品种、规格<br>2. 单根柱质量<br>3. 螺栓种类<br>4. 探伤要求<br>5. 防火要求 | | |

钢梁（编码：010604） 表 5-58

| 项目编码 | 项目名称 | 项目特征 | 计量单位 | 工作内容 |
|---|---|---|---|---|
| 010604001 | 钢梁 | 1. 梁类型<br>2. 钢材品种、规格<br>3. 单根质量<br>4. 螺栓种类<br>5. 安装高度<br>6. 探伤要求<br>7. 防火要求 | t | 1. 拼装<br>2. 安装<br>3. 探伤<br>4. 补刷油漆 |
| 010504002 | 钢吊车梁 | 1. 钢材品种、规格<br>2. 单根质量<br>3. 螺栓种类<br>4. 安装高度<br>5. 探伤要求<br>6. 防火要求 | t | 1. 拼装<br>2. 安装<br>3. 探伤<br>4. 补刷油漆 |

5）钢板楼板、墙板。工程量清单项目设置、项目特征描述的内容、计量单位及组价时应包含工作内容，按表 5-59 的规定执行。

**钢板楼板、墙板（编码：010605）** **表 5-59**

| 项目编码 | 项目名称 | 项目特征 | 计量单位 | 工作内容 |
| --- | --- | --- | --- | --- |
| 010605001 | 钢板楼板 | 1. 钢材品种、规格<br>2. 钢板厚度<br>3. 螺栓种类<br>4. 防火要求 | $m^2$ | 1. 拼装<br>2. 安装<br>3. 探伤<br>4. 补刷油漆 |
| 010605002 | 钢板墙板 | 1. 钢材品种、规格<br>2. 钢板厚度、复合板厚度<br>3. 螺栓种类<br>4. 复合板夹芯材料种类、层数、型号、规格<br>5. 防火要求 | | |

6）钢构件。工程量清单项目设置、项目特征描述的内容、计量单位及组价时应包含工作内容，按表 5-60 的规定执行。

**钢构件（编码：010606）** **表 5-60**

| 项目编码 | 项目名称 | 项目特征 | 计量单位 | 工作内容 |
| --- | --- | --- | --- | --- |
| 010606001 | 钢支撑、钢拉条 | 1. 钢材品种、规格<br>2. 构件类型<br>3. 安装高度<br>4. 螺栓种类<br>5. 探伤要求<br>6. 防火要求 | t | 1. 拼装<br>2. 安装<br>3. 探伤<br>4. 补刷油漆 |
| 010606002 | 钢檩条 | 1. 钢材品种、规格<br>2. 构件类型<br>3. 单根质量<br>4. 安装高度<br>5. 螺栓种类<br>6. 探伤要求<br>7. 防火要求 | | |
| 010606003 | 钢天窗架 | 1. 钢材品种、规格<br>2. 单榀质量<br>3. 安装高度<br>4. 螺栓种类<br>5. 探伤要求<br>6. 防火要求 | | |
| 010606004 | 钢挡风架 | 1. 钢材品种、规格<br>2. 单榀质量<br>3. 螺栓种类<br>4. 探伤要求<br>5. 防火要求 | | |
| 010606005 | 钢墙架 | | | |

续表

<table>
<tr><th>项目编码</th><th>项目名称</th><th>项目特征</th><th>计量单位</th><th>工作内容</th></tr>
<tr><td>010606006</td><td>钢平台</td><td rowspan="2">1. 钢材品种、规格<br>2. 螺栓种类<br>3. 防火要求</td><td rowspan="4">t</td><td rowspan="4">1. 拼装<br>2. 安装<br>3. 探伤<br>4. 补刷油漆</td></tr>
<tr><td>010606007</td><td>钢走道</td></tr>
<tr><td>010606008</td><td>钢梯</td><td>1. 钢材品种、规格<br>2. 钢梯形式<br>3. 螺栓种类<br>4. 防火要求</td></tr>
<tr><td>010606009</td><td>钢护栏</td><td>1. 钢材品种、规格<br>2. 防火要求</td></tr>
<tr><td>010606010</td><td>钢漏斗</td><td rowspan="2">1. 钢材品种、规格<br>2. 漏斗、天沟形式<br>3. 安装高度<br>4. 探伤要求</td><td rowspan="4">t</td><td rowspan="4">1. 拼装<br>2. 安装<br>3. 探伤<br>4. 补刷油漆</td></tr>
<tr><td>010606011</td><td>钢板天沟</td></tr>
<tr><td>010606012</td><td>钢支架</td><td>1. 钢材品种、规格<br>2. 单付重量<br>3. 防火要求</td></tr>
<tr><td>010606013</td><td>零星钢构件</td><td>1. 构件名称<br>2. 钢材品种、规格</td></tr>
</table>

7）金属制品。工程量清单项目设置、项目特征描述的内容、计量单位及组价时应包含工作内容，按表5-61的规定执行。

**金属制品（编码：010607）** **表5-61**

<table>
<tr><th>项目编码</th><th>项目名称</th><th>项目特征</th><th>计量单位</th><th>工作内容</th></tr>
<tr><td>010607001</td><td>成品空调金属百叶护栏</td><td>1. 材料品种、规格<br>2. 边框材质</td><td rowspan="2">m²</td><td>1. 安装<br>2. 校正<br>3. 预埋铁件及安螺栓</td></tr>
<tr><td>010607002</td><td>成品栅栏</td><td>1. 材料品种、规格<br>2. 边框及立柱型钢品种、规格</td><td>1. 安装<br>2. 校正<br>3. 预埋铁件<br>4. 安螺栓及金属立柱</td></tr>
<tr><td>010607003</td><td>成品雨篷</td><td>1. 材料品种、规格<br>2. 雨篷宽度<br>3. 凉衣杆品种、规格</td><td>1. m<br>2. m²</td><td>1. 安装<br>2. 校正<br>3. 预埋铁件及安螺栓</td></tr>
<tr><td>010607004</td><td>金属网栏</td><td>1. 材料品种、规格<br>2. 边框及立柱型钢品种、规格</td><td rowspan="3">m²</td><td>1. 安装<br>2. 校正<br>3. 安螺栓及金属立柱</td></tr>
<tr><td>010607005</td><td>砌块墙钢丝网加固</td><td rowspan="2">1. 材料品种、规格<br>2. 加固方式</td><td rowspan="2">1. 铺贴<br>2. 铆固</td></tr>
<tr><td>010607006</td><td>后浇带金属网</td></tr>
</table>

8）其他相关问题按下列规定处理

（1）金属构件的切边，不规则及多边形钢板发生的损耗在综合单价中考虑。

（2）防火要求指耐火极限。

2. 金属结构制作定额计算规则

1）金属结构制作按图示钢材尺寸以质量计算，不扣除孔眼、切肢、切角、切边的质量，电焊条、铆钉、螺栓、紧定钉等质量不计入工程量。计算不规则或多边形钢板时，以其外接矩形面积乘以厚度再乘以单位理论质量计算。

2）实腹柱、钢梁、吊车梁、H型钢、T型钢构件按图示尺寸计算，其中钢梁、吊车梁腹板及翼板宽度按图示尺寸每边增加8mm计算。

3）钢柱制作工程量包括依附于柱上的牛腿及悬臂梁质量；制动梁的制作工程量包括制动梁、制动桁架、制动板质量；墙架的制作工程量包括墙架柱、墙架梁及连接杆件质量，轻钢结构中的门框、雨篷的梁柱按墙架定额执行。

4）钢平台、走道应包括楼梯、平台、栏杆合并计算，钢梯子应包括踏步、栏杆合并计算。栏杆是指平台、阳台、走廊和楼梯的单独栏杆。

5）钢漏斗制作工程量，矩形按图示分片，圆形按图示展开尺寸，并依钢板宽度分段计算，每段均以其上口长度（圆形以分段展开上口长度）与钢板宽度按矩形计算，依附漏斗的型钢并入漏斗质量内计算。

6）轻钢檩条以设计型号、规格按质量计算，檩条间的C型钢、薄壁槽钢、方钢管、角钢撑杆、窗框并入轻钢檩条内计算。

7）轻钢檩条的圆钢拉杆按檩条钢拉杆定额执行，套在圆钢拉杆上作为撑杆用的钢管，其质量并入轻钢檩条钢拉杆内计算。

8）檩条间圆钢钢拉杆定额中的螺母质量、圆钢剪刀撑定额中的花篮螺栓、螺栓球网架定额中的高强螺栓质量不计入工程量，但应按设计用量对定额含量进行调整。

9）金属构件中的剪力栓钉安装，按设计套数执行构件运输及安装工程相应子目。

10）网架制作中：螺栓球按设计球径、锥头按设计尺寸计算质量，高强螺栓、紧定钉的质量不计算工程量，设计用量与定额含量不同时应调整；空心焊接球矩形下料余量定额已考虑，按设计质量计算；不锈钢网架球按设计质量计算。

11）机械喷砂、抛丸除锈的工程量同相应构件制作的工程量。

3. 运输和安装定额计算规则

1）构件运输、安装工程量计算方法与构件制作工程量计算方法相同（即：运输、安装工程量＝制作工程量）。但下表内构件由于在运输、安装过程中易发生损耗（损耗率见下表），工程量按下列规定计算：

**预制钢筋混凝土构件场内、外运输、安装损耗率　　表5-62**

| 名　称 | 场外运输(%) | 场内运输(%) | 安装(%) |
|---|---|---|---|
| 天窗架、端壁、桁条、支撑、踏步板、板类及厚度在50mm内薄型构件 | 0.8 | 0.5 | 0.5 |

制作、场外运输工程量＝设计工程量×1.018

安装工程量＝设计工程量×1.01

2）加气混凝土板（块），硅酸盐块运输每立方米折合钢筋混凝土构件体积0.4m$^3$按Ⅱ类构件运输计算。

3）木门窗运输按门窗洞口的面积（包括框、扇在内）以100m$^2$计算，带纱扇另增洞口面积的40%计算。

4）预制构件安装后接头灌缝工程量均按预制钢筋混凝土构件实体积计算，柱与柱基的接头灌缝按单根柱的体积计算。

5）组合屋架安装，以混凝土实际体积计算，钢拉杆部分不另计算。

6）成品铸铁地沟盖板安装，按盖板铺设水平面积计算，定额是按盖板厚度20mm计算的，厚度不同，人工含量按比例调整。角钢、圆钢焊制的入口截流沟篦盖制作、安装，按设计质量执行第7章钢盖板制、安定额。

4. 金属结构制作定额运用要点

1）金属构件不论在专业加工厂、附属企业加工厂或现场制作，均执行本定额（现场制作需搭设操作平台，其平台摊销费按本章相应项目执行）。

2）《江苏省建筑与装饰计价表》中各种钢材数量除已注明为钢筋综合、不锈钢管、不锈钢网架球的之外，均以型钢表示。实际不论使用何种型材，钢材总数量和其他人工、材料、机械（除另有说明外）均不变。

3）《江苏省建筑与装饰计价表》的制作均按焊接编制的，局部制作用螺栓或铆钉连接，也按本定额执行。轻钢檩条拉杆安装用的螺帽、圆钢剪刀撑用的花篮螺栓，以及螺栓球网架的高强螺栓、紧定钉，已列入本章节相应定额中，执行时按设计用量调整。

4）《江苏省建筑与装饰计价表》除注明者外，均包括现场内（工厂内）的材料运输、下料、加工、组装及成品堆放等全部工序。加工点至安装点的构件运输，除购入构件外应另按构件运输定额相应项目计算。

5）《江苏省建筑与装饰计价表》构件制作项目中的，均已包括刷一遍防锈漆。

6）金属结构制作定额中钢材品种系按普通钢材为准，如用锰钢等低合金钢者，其制作人工乘以系数1.1。

7）劲性混凝土柱、梁、板内，用钢板、型钢焊接而成的H、T型钢柱、梁等构件，按H、T型钢构件制作定额执行，截面由单根成品型钢构成的构件按成品型钢构件制作定额执行。

8）《江苏省建筑与装饰计价表》各子目均未包括焊缝无损探伤（如：X光透视、超声波探伤、磁粉探伤、着色探伤等），亦未包括探伤固定支架制作和被检工件的退磁。

9）轻钢檩条拉杆按檩条钢拉杆定额执行，木屋架、钢筋混凝土组合屋架拉杆按屋架钢拉杆定额执行。

10）钢屋架单榀质量在0.5t以下者，按轻型屋架定额执行。

11）天窗挡风架、柱侧挡风板、挡雨板支架制作均按挡风架定额执行。

12）钢漏斗、晒衣架、钢盖板等制作、安装一体的定额项目中已包括安装费在内，但未包括场外运输。角钢、圆钢焊制的入口截流沟篦盖制作、安装，按设计质量执行钢盖板制、安定额。

13）零星钢构件制作是指质量50kg以内的其他零星铁件制作。

14）薄壁方钢管、薄壁槽钢、成品H型钢檩条及车棚等小间距钢管、角钢槽钢等单根型钢檩条的制作，按C、Z型轻钢檩条制作执行。由双C、双[、双L型钢之间断续焊接或通过连接板焊接的檩条，由圆钢或角钢焊接成片形、三角形截面的檩条按型钢檩条制作定额执行。

15）弧形构件（不包括螺旋式钢梯、圆形钢漏斗、钢管柱）的制作人工、机械乘以系数1.2。

16）网架中的焊接空心球、螺栓球、锥头等热加工已含在网架制作工作内容中，不锈钢球按成品半球焊接考虑。

17）钢结构表面喷砂与抛丸除锈定额按照Sa2级考虑。如果设计要求Sa2.5级，定额乘以系数1.2；设计要求Sa3级，定额乘以系数1.4。

5. 运输和安装定额运用要点

1）构件运输

（1）《江苏省建筑与装饰计价表》包括混凝土构件、金属构件及门窗运输，运输距离应由构件堆放地（或构件加工厂）至施工现场的实际距离确定。

（2）《江苏省建筑与装饰计价表》构件运输类别划分详见表5-63、表5-64。

**混凝土构件运输类别划分表** **表5-63**

| 类别 | 项目 |
| --- | --- |
| Ⅰ类 | 各类屋架、桁架、托架、梁、柱、桩、薄腹梁、风道梁 |
| Ⅱ类 | 大型屋面板、槽形板、肋形板、天沟板、空心板、平板、楼梯、檩条、阳台、门窗过梁、小型构件 |
| Ⅲ类 | 天窗架、端壁架、挡风架、侧板、上下挡、各种支撑 |
| Ⅳ类 | 全装配式内外墙板、楼顶板、大型墙板 |

**金属构件运输类别划分表** **表5-64**

| 类别 | 项目 |
| --- | --- |
| Ⅰ类 | 钢柱、钢梁、屋架、托架梁、防风桁架 |
| Ⅱ类 | 吊车梁、制动梁、钢网架、型(轻)钢檩条、钢拉杆、盖板、垃圾出灰门、篦子、爬梯、平台、扶梯、烟囱紧固箍 |
| Ⅲ类 | 墙架、挡风架、天窗架、不锈钢网架、组合檩条、钢支撑、上下挡、轻型屋架、滚动支架、悬挂支架、管道支架、零星金属构件 |

（3）《江苏省建筑与装饰计价表》综合考虑了城镇、现场运输道路等级、上下坡等各种因素，不得因道路条件不同而调整定额。

（4）构件运输过程中，如遇道路、桥梁限载而发生的加固、拓宽和公安交通管理部门的保安护送以及沿途发生的过路、过桥等费用，应另行处理。

（5）构件场外运输距离在45km以上时，除装车、卸车外，其运输分项不执行本定额，根据市场价格协商确定。

2）构件安装

（1）构件安装场内运输按下列规定执行：

① 现场预制构件已包括了机械回转半径15m以内的翻身就位。如受现场条件限制，混凝土构件不能就位预制，运距在150m以内，每立方米构件另加场内运输人工0.12工日，材料4.10元，机械29.35元。

② 加工厂预制构件安装，定额中已考虑运距在500m以内的场内运输。

③ 金属构件安装定额工作内容中未包括场内运输费的，如发生，单件在0.5t以内、运距在150m以内的，每吨构件另加场内运输人工0.08工日，材料8.56元，机械14.72

元；单件在0.5t以上的金属构件按定额的相应项目执行。

④ 场内运距如超过以上规定时，应扣去上列费用，另按1km以内的构件运输定额执行。

(2) 定额中的塔式起重机台班均已包括在第23章垂直运输机械费定额中。

(3) 安装定额均不包括为安装工作需要所搭设的脚手架，若发生应按第20章规定计算。

(4)《江苏省建筑与装饰计价表》中混凝土构件安装是按履带式起重机、塔式起重机编制的，如施工组织设计需使用轮胎式起重机或汽车式起重机，经建设单位认可后，可按履带式起重机相应项目套用，其中人工、吊装机械乘以系数1.18；轮胎式起重机或汽车起重机的起重吨位，按履带式起重机相近的起重吨位套用，台班单价换算。

(5) 金属构件中轻钢檩条拉杆的安装是按螺栓考虑，其余构件拼装或安装均按电焊考虑，设计用连接螺栓，其连接螺栓按设计用量另行计算（人工不再增加），电焊条、电焊机应相应扣除。

(6) 单层厂房屋盖系统构件如必须在跨外安装，按相应构件安装定额中的人工、吊装机械台班乘以系数1.18。用塔吊安装不乘此系数。

(7) 履带式起重机（汽车式起重机）安装点高度以20m内为准，超过20m在30m内，人工、吊装机械台班（子目中起重机小于25t者应调整到25t）乘以系数1.20；超过30m在40m内，人工、吊装机械台班（子目中起重机小于50t者应调整到50t）乘以系数1.40；超过40m，按实际情况另行处理。

(8) 钢柱安装在混凝土柱上（或混凝土柱内），其人工、吊装机械乘以系数1.43。混凝土柱安装后，如有钢牛腿或悬臂梁与其焊接时，钢牛腿或悬臂梁执行钢墙架安装定额，钢牛腿执行铁件制作定额。

(9) 钢管柱安装执行钢柱定额，其中人工乘以系数0.5。

(10) 钢屋架单榀质量在0.5t以下者，按轻钢屋架子目执行。

3) 其他

(1) 矩形、工形、空格形、双肢柱、管道支架预制钢筋混凝土构件安装，均按混凝土柱安装相应定额执行。

(2) 预制钢筋混凝土柱、梁通过焊接形成的框架结构，其柱安装按框架柱计算，梁安装按框架梁计算，框架梁与柱的接头现浇混凝土部分按第6章相应项目另行计算。

预制柱、梁一次制作成型的框架按连体框架柱梁定额执行。

(3) 预制钢筋混凝土多层柱安装，第一层的柱按柱安装定额执行，二层及二层以上柱按柱接柱定额执行。

(4) 单（双）悬臂梁式柱按门式刚架定额执行。

(5) 定额子目内既列有“履带式起重机（汽车式起重机）”又列有“塔式起重机”的，可根据不同的垂直运输机械选用：选用卷扬机（带塔）施工的，套“履带式起重机（汽车式起重机）”定额子目；选用塔式起重机施工的，套“塔式起重机”定额子目。

6. 计算举例

**【例5-26】** 对【例5-25】进行清单组价，列出综合单价分析表。（履带式起重机安装，安装高度20m以内；探伤费用和补刷油漆费用不计入；场外运输距离20km）

相关知识：

1) 钢屋架工作内容：拼装、安装、探伤、补刷油漆。

2）钢屋架单榀质量在0.5t以下者，按轻钢屋架子目执行。

3）履带式起重机（汽车式起重机）安装点高度以20m内为准，超过20m在30m内，人工、吊装机械台班（子目中起重机小于25t者应调整到25t）乘以系数1.20。

4）轻型屋架运输属于金属构件运输类别Ⅲ类。

**【解】** 根据清单包含的工作内容和项目特征，清单项“钢屋架”工作内容应包括钢屋架制作、制作平台摊销、钢屋架安装与运输，组价结果见表5-65。

**综合单价分析表** **表5-65**

| 项目编码 | | 项目名称 | 计量单位 | 工程量 | 综合单价 | 合价 |
|---|---|---|---|---|---|---|
| 010602001001 | | 钢屋架 | t | 0.219 | 9317.02 | 2040.43 |
| 清单综合单价组成 | 定额号 | 子目名称 | 单位 | 数量 | 单价 | 合价 |
| | 7-9 | 钢屋架制作 | t | 0.219 | 7175.78 | 1571.5 |
| | 7-52 | 钢屋架现场制作平台摊销 | t | 0.219 | 543.24 | 118.97 |
| | 8-122 | 钢屋架安装 | t | 0.219 | 1429.75 | 313.12 |
| | 8-41 | 钢屋架运输距离20km内 | t | 0.219 | 168.35 | 36.87 |

# 5.8 屋面及防水工程

## 5.8.1 屋面及防水工程清单编制

1. 清单规则

1）瓦屋面及型材屋面的计算规则：按设计图示尺寸以斜面积计算。不扣除房上烟囱、风帽底座、风道、小气窗、斜沟等所占面积。小气窗的出檐部分不增加面积。

2）阳光板屋面及玻璃钢屋面的计算规则：按设计图示尺寸以斜面积计算。不扣除屋面面积不大于0.3平方米孔洞所占面积。

3）膜结构屋面的计算规则：按设计图示尺寸以需要覆盖的水平投影面积计算。

4）屋面卷材防水及屋面涂膜防水的计算规则：按设计图示尺寸以面积计算。斜屋顶（不包括平屋顶找坡）按斜面积计算；平屋顶按水平投影面积计算，不扣除房上烟囱、风帽底座、风道、屋面小气窗和斜沟所占面积；屋面的女儿墙、伸缩缝和天窗等处的弯起部分，并入屋面工程量内。

5）屋面刚性层的计算规则：按设计图示尺寸以面积计算。不扣除房上烟囱、风帽底座、风道等所占面积。

6）屋面排水管的计算规则：按设计图示尺寸以长度计算。如设计未标注尺寸，以檐口至设计室外散水上表面垂直距离计算。

7）屋面排（透）气管、屋面变形缝、墙面变形缝的计算规则：按设计图示尺寸以长度计算。

8）屋面天沟、檐沟的计算规则：按设计图示尺寸以展开面积计算。

9）墙面卷材防水、墙面涂膜防水、墙面砂浆防水（防潮）的计算规则：按设计图示尺寸以面积计算。

10）楼（地）面卷材防水、楼（地）面涂膜防水、楼（地）面砂浆防水（防潮）的计算规则：按设计图示尺寸以面积计算。楼（地）面防水：

（1）按主墙间净空面积计算，扣除凸出地面的构筑物、设备基础等所占面积，不扣除间壁墙及单个面积不小于 $0.3m^2$ 柱、垛、烟囱和孔洞所占面积。

（2）楼（地）面防水反边高度不小于 300mm 算作地面防水，反边高度大于 300mm 算作墙面防水。

2. 计算举例

**【例 5-27】** 某工程平屋面及檐沟做法如图 5-73 所示，试计算屋面相关的工程量。

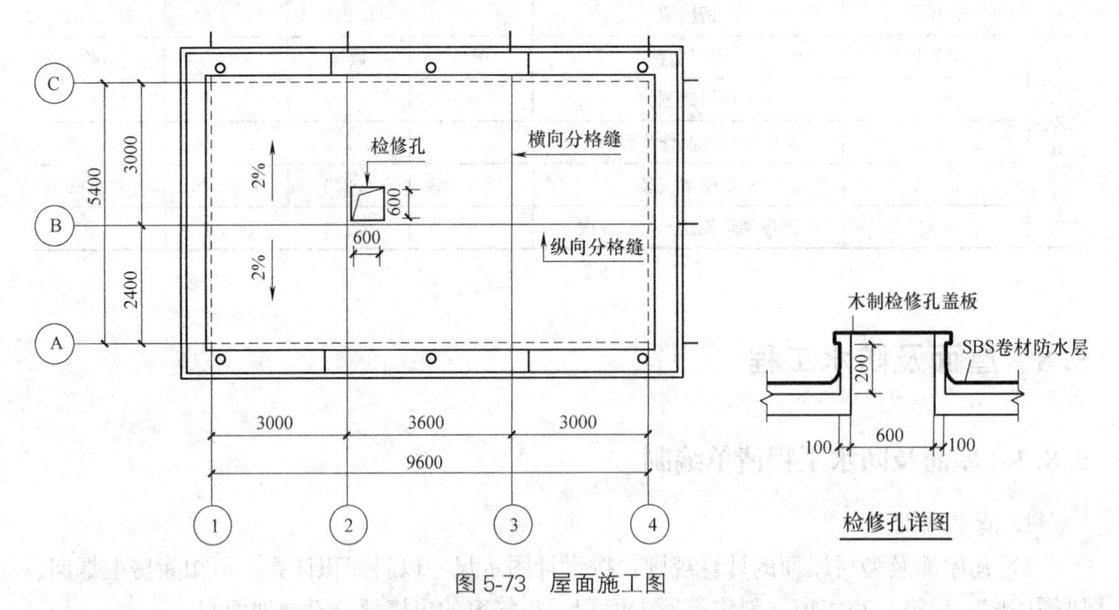


图 5-73 屋面施工图

**【解】**（1）现浇混凝土板上 20 厚 1∶3 水泥砂浆找平层（因屋面面积较大，需做分格缝），根据计算规则，按水平投影面积乘以坡度系数计算，这里坡度系数很小，可忽略不计。

$$S=(9.60+0.24)\times(5.40+0.24)-0.70\times0.70=55.01m^2$$

（2）SBS 卷材防水层。根据计算规则，按水平投影面积乘以坡度系数计算，弯起部分另加，檐沟按展开面积并入屋面工程量中。

屋面：同 20 厚 1∶3 水泥砂浆找平层 $55.01m^2$

检修孔弯起：$0.70\times4\times0.20=0.56m^2$

檐沟：$(9.84+5.64)\times2\times0.1+[(9.84+0.54)+(5.64+0.54)]\times2\times0.54+$

$[(9.84+1.08)+(5.64+1.08)]\times2\times(0.3+0.06)=33.68m^2$

总计：$89.25m^2$

（3）30 厚聚苯乙烯泡沫保温板。

根据计算规则，按实铺面积乘以净厚度以立方米计算。

$$V=[(9.60+0.24)\times(5.40+0.24)-0.70\times0.70]\times0.03=1.650m^3$$

（4）聚苯乙烯塑料保温板上砂浆找平层工程量

$$S=55.01m^2（同找平层工程量）$$

（5）计算细石混凝土屋面工程量

$$S=55.01\text{m}^2$$（同找平层工程量）

（6）檐沟内侧面及上底面防水砂浆工程量，厚度为 20mm，无分格缝。

同檐沟卷材：$S=33.68\text{m}^2$

（7）计算檐沟细石找坡工程量，平均厚 25mm。

$$S=[(9.84+0.54)+(5.64+0.54)]\times2\times0.54=17.88\text{m}^2$$

（8）计算屋面排水落水管工程量。根据计算规则，落水管从檐口滴水处算至设计室处地面高度，按延长米计算（本例中室内外高差按 0.3m 考虑）。

$$L=(11.80+0.1+0.3)\times6=73.20\text{m}$$

**【例 5-28】** 某工程坡屋面如图 5-74 所示，试计算坡屋面中的相关工程量。

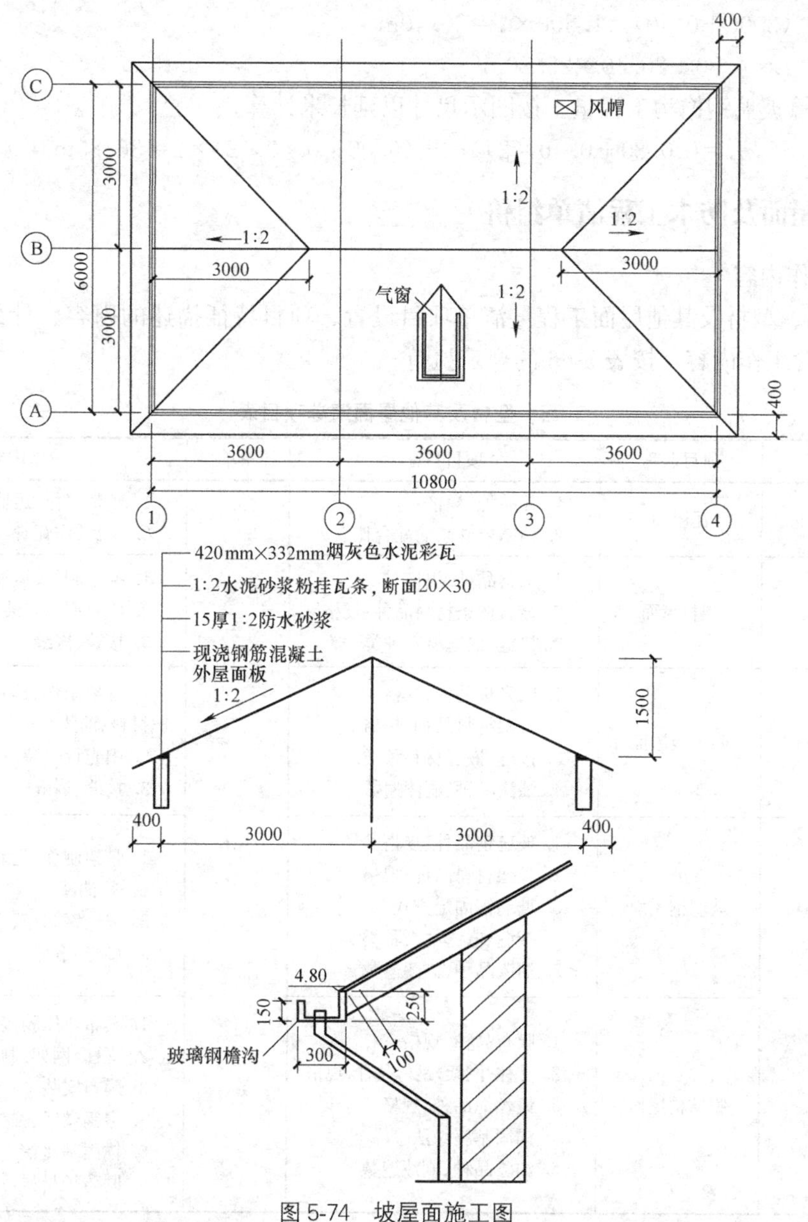


图 5-74 坡屋面施工图

**【解】** 1. 15厚1∶2防水砂浆找平层。根据计算规则，按水平投影面积乘以坡度系数计算，这里坡度延长系数为1.118。

$$S=(10.80+0.40\times2)\times(6.00+0.40\times2)\times1.118=88.19\text{m}^2$$

2. 1∶2水泥砂浆粉挂瓦条，间距315mm。根据计算规则，按斜面积计算。

$$S=(10.80+0.40\times2)\times(6.00+0.40\times2)\times1.118=88.19\text{m}^2$$

3. 计算瓦屋面工程量。根据计算规则，按图示尺寸以水平投影面积乘以坡度系数计算。

$$S=(10.80+0.40\times2)\times(6.00+0.40\times2)\times1.118=88.19\text{m}^2$$

4. 计算脊瓦工程量。根据计算规则，按延长米计算，如为斜脊，则按斜长计算，本例中隅延长系数为1.500。

正脊：$10.80-3.00\times2=4.80\text{m}$

斜脊：$(3.00+0.40)\times1.500\times4=20.40\text{m}$

总长：$L=4.80+20.40=25.20\text{m}$

5. 计算玻璃钢檐沟工程量。按图示尺寸以延长米计算。

$$L=(10.80+0.40\times2)\times2+(6.00+0.40\times2)\times2=36.80\text{m}$$

### 5.8.2　屋面及防水工程清单组价

1. 工作内容

1）瓦、型材及其他屋面工程量清单项目设置、项目特征描述的内容、计量单位及组价时应包含工作内容，按表5-66的规定执行。

瓦、型材及其他屋面清单项目表　　表5-66

| 项目编码 | 项目名称 | 项目特征 | 计量单位 | 工作内容 |
|---|---|---|---|---|
| 010901001 | 瓦屋面 | 1. 瓦品种、规格<br>2. 粘结层砂浆的配合比 | $\text{m}^2$ | 1. 砂浆制作、运输、摊铺、养护<br>2. 安瓦、作瓦脊 |
| 010901002 | 型材屋面 | 1. 型材品种、规格<br>2. 金属檩条材料品种、规格<br>3. 接缝、嵌缝材料种类 | | 1. 檩条制作、运输、安装<br>2. 屋面型材安装<br>3. 接缝、嵌缝 |
| 010901003 | 阳光板屋面 | 1. 阳光板品种、规格<br>2. 骨架材料品种、规格<br>3. 接缝、嵌缝材料种类<br>4. 油漆品种、刷漆遍数 | | 1. 骨架制作、运输、安装、刷防护材料、油漆<br>2. 阳光板安装<br>3. 接缝、嵌缝 |
| 010901004 | 玻璃钢屋面 | 1. 玻璃钢品种、规格<br>2. 骨架材料品种、规格<br>3. 玻璃钢固定方式<br>4. 接缝、嵌缝材料种类<br>5. 油漆品种、刷漆遍数 | | 1. 骨架制作、运输、安装、刷防护材料、油漆<br>2. 玻璃钢制作、安装<br>3. 接缝、嵌缝 |
| 010901005 | 膜结构屋面 | 1. 膜布品种、规格<br>2. 支柱(网架)钢材品种、规格<br>3. 钢丝绳品种、规格<br>4. 锚固基座做法<br>5. 油漆品种、刷漆遍数 | | 1. 膜布热压胶接<br>2. 支柱(网架)制作、安装<br>3. 膜布安装<br>4. 穿钢丝绳、锚头锚固<br>5. 锚固基座挖土、回填<br>6. 刷防护材料，油漆 |

2）屋面防水及其他工程量清单项目设置、项目特征描述的内容、计量单位及组价时应包含工作内容，按表 5-67 的规定执行。

**屋面防水及其他清单项目表　　表 5-67**

<table>
<tr><th>项目编码</th><th>项目名称</th><th>项目特征</th><th>计量单位</th><th>工作内容</th></tr>
<tr><td>010902001</td><td>屋面卷材防水</td><td>1. 卷材品种、规格、厚度<br>2. 防水层数<br>3. 防水层做法</td><td rowspan="3">m²</td><td>1. 基层处理<br>2. 刷底油<br>3. 铺油毡卷材、接缝</td></tr>
<tr><td>010902002</td><td>屋面涂膜防水</td><td>1. 防水膜品种<br>2. 涂膜厚度、遍数<br>3. 增强材料种类</td><td>1. 基层处理<br>2. 刷基层处理剂<br>3. 铺布、喷涂防水层</td></tr>
<tr><td>010902003</td><td>屋面刚性层</td><td>1. 刚性层厚度<br>2. 混凝土强度等级<br>3. 嵌缝材料种类<br>4. 钢筋规格、型号</td><td>1. 基层处理<br>2. 混凝土制作、运输、铺筑、养护<br>3. 钢筋制安</td></tr>
<tr><td>010902004</td><td>屋面排水管</td><td>1. 排水管品种、规格<br>2. 雨水斗、山墙出水口品种、规格<br>3. 接缝、嵌缝材料种类<br>4. 油漆品种、刷漆遍数</td><td rowspan="2">m</td><td>1. 排水管及配件安装、固定<br>2. 雨水斗、山墙出水口、雨水篦子安装<br>3. 接缝、嵌缝<br>4. 刷漆</td></tr>
<tr><td>010902005</td><td>屋面排(透)气管</td><td>1. 排(透)气管品种、规格<br>2. 接缝、嵌缝材料种类<br>3. 油漆品种、刷漆遍数</td><td>1. 排(透)气管及配件安装、固定<br>2. 铁件制作、安装<br>3. 接缝、嵌缝<br>4. 刷漆</td></tr>
<tr><td>010902006</td><td>屋面(廊、阳台)吐水管</td><td>1. 吐水管品种、规格<br>2. 接缝、嵌缝材料种类<br>3. 吐水管长度<br>4. 油漆品种、刷漆遍数</td><td>根(个)</td><td>1. 吐水管及配件安装、固定<br>2. 接缝、嵌缝<br>3. 刷漆</td></tr>
<tr><td>010902007</td><td>屋面天沟、檐沟</td><td>1. 材料品种、规格<br>2. 接缝、嵌缝材料种类</td><td>m²</td><td>1. 天沟材料铺设<br>2. 天沟配件安装<br>3. 接缝、嵌缝<br>4. 刷防护材料</td></tr>
<tr><td>010902008</td><td>屋面变形缝</td><td>1. 嵌缝材料种类<br>2. 止水带材料种类<br>3. 盖缝材料<br>4. 防护材料种类</td><td>m</td><td>1. 清缝<br>2. 填塞防水材料<br>3. 止水带安装<br>4. 盖缝制作、安装<br>5. 刷防护材料</td></tr>
</table>

3）墙面防水、防潮工程量清单项目设置、项目特征描述的内容、计量单位及组价时应包含工作内容，按表 5-68 的规定执行。

**墙面防水、防潮清单项目表**　　　　**表 5-68**

| 项目编码 | 项目名称 | 项目特征 | 计量单位 | 工作内容 |
|---|---|---|---|---|
| 010903001 | 墙面卷材防水 | 1. 卷材品种、规格、厚度<br>2. 防水层数<br>3. 防水层做法 | $m^2$ | 1. 基层处理<br>2. 刷胶粘剂<br>3. 铺防水卷材<br>4. 接缝、嵌缝 |
| 010903002 | 墙面涂膜防水 | 1. 防水膜品种<br>2. 涂膜厚度、遍数<br>3. 增强材料种类 | | 1. 基层处理<br>2. 刷基层处理剂<br>3. 铺布、喷涂防水层 |
| 010903003 | 墙面砂浆防水（防潮） | 1. 防水层做法<br>2. 砂浆厚度、配合比<br>3. 钢丝网规格 | | 1. 基层处理<br>2. 挂钢丝网片<br>3. 设置分格缝<br>4. 砂浆制作、运输、摊铺、养护 |
| 010903004 | 墙面变形缝 | 1. 嵌缝材料种类<br>2. 止水带材料种类<br>3. 盖缝材料<br>4. 防护材料种类 | m | 1. 清缝<br>2. 填塞防水材料<br>3. 止水带安装<br>4. 盖缝制作、安装<br>5. 刷防护材料 |

2. 定额计算规则

1）瓦屋面按图示尺寸的水平投影面积乘以屋面坡度延长系数 $C$（表 5-69）计算（瓦出线已包括在内），不扣除房上烟囱、风帽底座、风道、屋面小气窗、斜沟等所占面积，屋面小气窗的出檐部分也不增加。

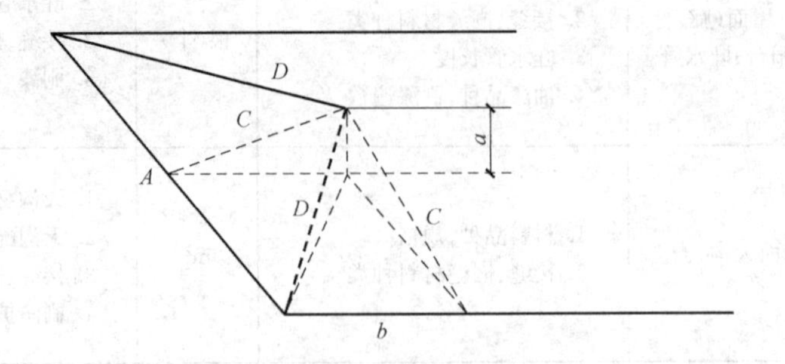


图 5-75　屋面参数示意图

2）瓦屋面的屋脊、蝴蝶瓦的檐口花边、滴水应另列项目按延长米计算，四坡屋面斜脊长度按图 5-75 中的 $b$ 乘以隅延长系数 $D$（表 5-69）以延长米计算，山墙泛水长度$=A\times C$，瓦穿铁丝、钉铁钉、水泥砂浆粉挂瓦条按每 $10m^2$ 斜面积计算。

屋面坡度延长米系数表　　表 5-69

| 坡度比例 $a/b$ | 角度 $\theta$ | 延长系数 $C$ | 隅延长系数 $D$ |
|---|---|---|---|
| 1/1 | 15° | 1.4142 | 1.7321 |
| 1/1.5 | 33°40′ | 1.2015 | 1.5620 |
| 1/2 | 26°34′ | 1.1180 | 1.5000 |
| 1/2.5 | 21°48′ | 1.0770 | 1.4697 |
| 1/3 | 18°26′ | 1.0541 | 1.4530 |

注：屋面坡度大于 45°时，按设计斜面积计算。

3）彩钢夹芯板、彩钢复合板屋面按设计图示尺寸以面积计算，支架、槽铝、角铝等均包含在定额内。

4）彩板屋脊、天沟、泛水、包角、山头按设计长度以延长米计算，堵头已包含在定额内。

5）卷材屋面工程量按以下规定计算：

（1）卷材屋面按图示尺寸的水平投影面积乘以规定的坡度系数计算，但不扣除房上烟囱，风帽底座、风道、屋面小气窗和斜沟所占面积。女儿墙、伸缩缝、天窗等处的弯起高度按图示尺寸计算并入屋面工程量内；如图纸无规定时，伸缩缝、女儿墙的弯起高度按 250mm 计算，天窗弯起高度按 500mm 计算并入屋面工程量内；檐沟、天沟按展开面积并入屋面工程量内。

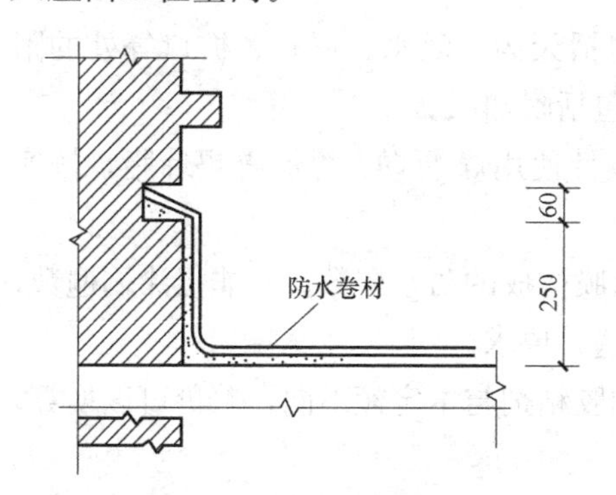

图 5-76　屋面女儿墙防水卷材弯起示意图

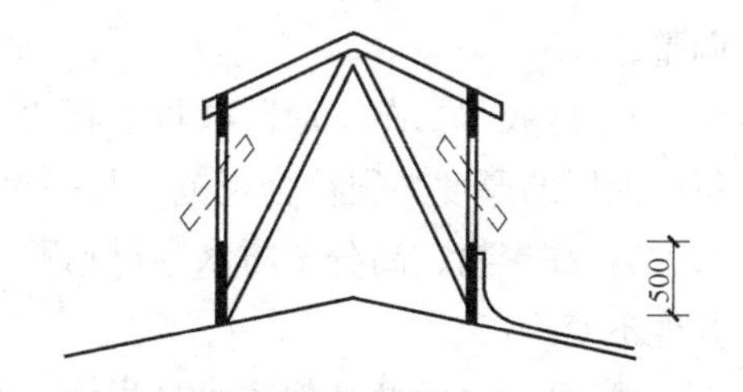

图 5-77　卷材屋面天窗弯起部分求意图

（2）油毡屋面均不包括附加层在内，附加层按设计尺寸和层数另行计算。

（3）其他卷材屋面已包括附加层在内，不另行计算；收头、接缝材料已列入定额内。

6）刚性屋面，涂膜屋面工程量计算同卷材屋面。

7）平、立面防水工程量按以下规定计算：

（1）涂刷油类防水按设计涂刷面积计算。

（2）防水砂浆防水按设计抹灰面积计算，扣除凸出地面的构筑物、设备基础及室内铁道所占的面积。不扣除附墙垛、柱、间壁墙、附墙烟囱及 0.3m² 以内孔洞所占面积。

（3）粘贴卷材、布类

① 平面：建筑物地面、地下室防水层按主墙（承重墙）间净面积以平方米计算，扣

除凸出地面的构筑物、柱、设备基础等所占面积，不扣除附墙垛、间壁墙、附墙烟囱及 0.3m² 以内孔洞所占面积。与墙间连接处高度在 300mm 以内者，按展开面积计算并入平面工程量内，超过 300mm 时，按立面防水层计算。

② 立面：墙身防水层按图示尺寸扣除立面孔洞所占面积（0.3m² 以内孔洞不扣）以面积计算。

③ 构筑物防水层按设计图示尺寸以面积计算，不扣除 0.3m² 以内孔洞面积。

8）伸缩缝、盖缝、止水带按延长米计算，外墙伸缩缝在墙内、外双面填缝者，工程量应按双面计算。

9）屋面排水工程量按以下规定计算。

（1）玻璃钢、PVC、铸铁水落管、檐沟均按图示尺寸以延长米计算。水斗，女儿墙弯头，铸铁落水口（带罩）均按只计算。

（2）阳台 PVC 管通水落管按只计算。每只阳台出水口至水落管中心线斜长按 1m 计（内含两只 135°弯头，1 只异径三通）。

3. 定额应用要点

屋面防水分为瓦、卷材、刚性、涂膜四部分。

1）瓦材规格与定额不同时，瓦的数量可以换算，其他不变。换算公式：

$$\frac{10\text{m}^2}{\text{瓦有效长度}\times\text{有效宽度}}\times 1.025 \quad \text{（操作损耗）} \tag{5-8}$$

2）油毡卷材屋面包括刷冷底子油一遍，但不包括天沟、泛水、屋脊、檐口等处的附加层在内，其附加层应另行计算。其他卷材屋面均包括附加层。

3）本章以石油沥青、石油沥青玛瑞脂为准，设计使用煤沥青、煤沥青玛瑞脂，按实调整。

4）冷胶“二布三涂”项目，其“三涂”是指涂膜构成的防水层数，并非指涂刷遍数，每一涂层的厚度必须符合规范（每一涂层刷二至三遍）要求。

5）高聚物、高分子防水卷材粘贴，实际使用的胶粘剂与本定额不同，单价可以换算，其他不变。

6）平、立面及其他防水是指楼地面及墙面的防水，分为涂刷、砂浆、粘贴卷材三部分，既适用于建筑物（包括地下室）又适用于构筑物。

7）各种卷材的防水层均已包括刷冷底子油一遍和平、立面交界处的附加层工料在内。

8）在粘结层上单撒绿豆砂者（定额中已包括绿豆砂的项目除外），每 10 铺洒面积增加 0.066 工日。绿豆砂 0.078t，合计 6.62 元。

9）伸缩缝项目中，除已注明规格可调整外，其余项目均不调整。

10）玻璃棉、矿棉包装材料和人工均已包括在定额内。

4. 计算举例

**【例 5-29】** 计算【例 5-28】瓦屋面的综合单价。

**【解】** 根据清单包含的工作内容和项目特征，清单项“坡屋面”工作内容应包括砂浆找平层和挂瓦条摊铺、安瓦、屋脊，组价结果见表 5-70。

综合单价分析表 表 5-70

| 项目编码 | | 项目名称 | 计量单位 | 工程量 | 综合单价 | 合价 |
|---|---|---|---|---|---|---|
| 010901001001 | | 瓦屋面 | $m^2$ | 88.20 | 68.20 | 6015.64 |
| 清单综合单价组成 | 定额号 | 子目名称 | 单位 | 数量 | 单价 | 合价 |
| | 10-72(换) | 防水砂浆找平层 | $10m^2$ | 8.82 | 158.96 | 1402.03 |
| | 10-5(换) | 1∶2 水泥砂浆粉挂瓦条 | $10m^2$ | 8.82 | 69.14 | 609.81 |
| | 10-7 | 铺瓦 | $10m^2$ | 8.82 | 368.70 | 3251.93 |
| | 10-8 | 脊瓦 | 10m | 2.52 | 298.36 | 751.87 |

注：10-5 换：1∶2.5 水泥砂浆换为 1∶2 水泥砂浆

68.93＋5.51－5.30＝69.14

10-72 换：找平层厚度由 20mm 换为 15mm，1∶3 水泥砂浆（239.65 元/$m^3$）换为 1∶2 防水砂浆（414.89 元/$m^3$）

(166.19－33.69)＋(414.89－239.65)×(0.202－0.051)＝158.96

## 5.9 防腐隔热、保温工程

### 5.9.1 防腐隔热、保温工程清单编制

1. 清单规则

1）保温隔热屋面的计算规则：按设计图示尺寸以面积计算。扣除面积大于 0.3$m^2$ 孔洞及占位面积。

2）保温隔热天棚的计算规则：按设计图示尺寸以面积计算。扣除面积大于 0.3$m^2$ 上柱、垛、孔洞所占面积。

3）保温隔热墙面的计算规则：按设计图示尺寸以面积计算。扣除门窗洞口以及面积大于 0.3$m^2$ 梁、孔洞所占面积；门窗洞口侧壁需作保温时，并入保温墙体工程量内。

4）保温柱、梁的计算规则：按设计图示尺寸以面积计算：①柱按设计图示柱断面保温层中心线展开长度乘保温层高度以面积计算，扣除面积大于 0.3$m^2$ 梁所占面积；②梁按设计图示梁断面保温层中心线展开长度乘保温层长度以面积计算。

5）保温隔热楼地面的就算规则：按设计图示尺寸以面积计算。扣除面积大于 0.3$m^2$ 柱、垛、孔洞所占面积。

6）其他保温隔热的计算规则：按设计图示尺寸以展开面积计算。扣除面积大于 0.3$m^2$ 孔洞及占位面积。

7）防腐混凝土面层的计算规则：按设计图示尺寸以面积计算。

（1）平面防腐：扣除凸出地面的构筑物、设备基础等以及面积大于 0.3$m^2$ 孔洞、柱、垛所占面积。

（2）立面防腐：扣除门、窗、洞口以及面积大于 0.3$m^2$ 孔洞、梁所占面积，门、窗、洞口侧壁、垛突出部分按展开面积并入墙面积内。

8）防腐砂浆面层、防腐胶泥面层、玻璃钢防腐面层、聚氯乙烯板面层、块料防腐面层的计算规则：按设计图示尺寸以面积计算。

（1）平面防腐：扣除凸出地面的构筑物、设备基础等以及面积大于 0.3$m^2$ 孔洞、柱、

垛所占面积。

（2）立面防腐：扣除门、窗、洞口以及面积大于 0.3m² 孔洞、梁所占面积，门、窗、洞口侧壁、垛突出部分按展开面积并入墙面积内。

9）池、槽块料防腐面层的计算规则：按设计图示尺寸以展开面积计算。

10）隔离层的计算规则：按设计图示尺寸以面积计算。

（1）平面防腐：扣除凸出地面的构筑物、设备基础等以及面积大于 0.3m² 孔洞、柱、垛所占面积。

（2）立面防腐：扣除门、窗、洞口以及面积大于 0.3m² 孔洞、梁所占面积，门、窗、洞口侧壁、垛突出部分按展开面积并入墙面积内。

11）防腐涂料的计算规则：按设计图示尺寸以面积计算。

（1）平面防腐：扣除凸出地面的构筑物、设备基础等以及面积大于 0.3m² 孔洞、柱、垛所占面积。

（2）立面防腐：扣除门、窗、洞口以及面积大于 0.3m² 孔洞、梁所占面积，门、窗、洞口侧壁、垛突出部分按展开面积并入墙面积内。

2. 计算举例

**【例 5-30】** 如图 5-78 所示，耐酸池贴耐酸瓷砖，耐酸沥青胶泥结合层，树脂胶泥勾缝，瓷砖规格 230mm×113mm×65mm，胶泥结合层 6mm，灰缝宽度 3mm。请计算工程量。

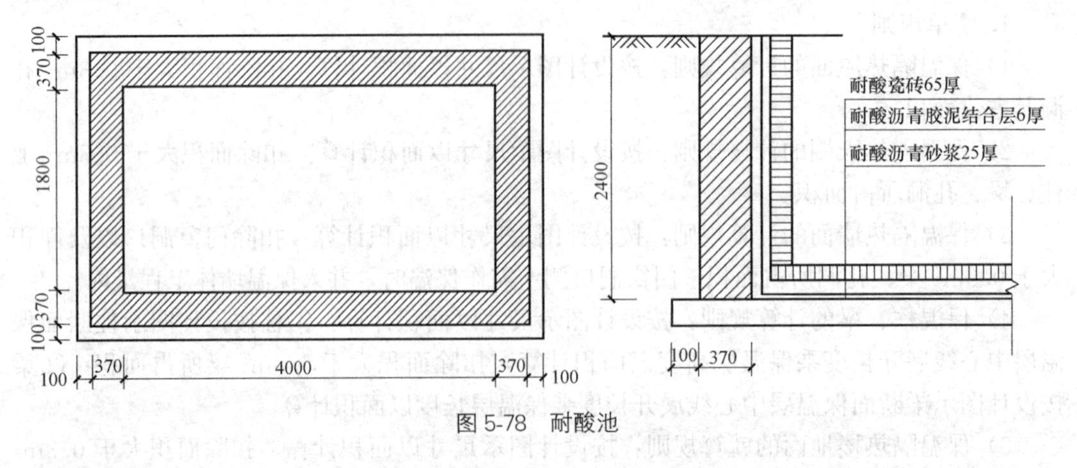


图 5-78　耐酸池

**【解】**

1）池底、池壁 25 厚耐酸沥青砂浆：

$$4.0\times1.80+(4.00+1.80)\times2\times(2.40-0.025)=34.75\text{m}^2$$

2）池底贴耐酸瓷砖：

$$4.00\times1.80=7.2\text{m}^3$$

3）池壁贴耐酸瓷砖：

$$(4.00+1.80-0.096\times2)\times2\times(2.40-0.096)=25.85\text{m}^2$$

## 5.9.2　防腐隔热、保温工程清单组价

1. 工作内容

1）保温、隔热工程量清单项目设置、项目特征描述的内容、计量单位及组价时应包

含工作内容，按表5-71的规定执行。

保温、隔热工程量清单 表5-71

<table>
<tr><th>项目编码</th><th>项目名称</th><th>项目特征</th><th>计量单位</th><th>工作内容</th></tr>
<tr><td>011001001</td><td>保温隔热屋面</td><td>1. 保温隔热材料品种、规格、厚度<br>2. 隔气层材料品种、厚度<br>3. 粘结材料种类、做法<br>4. 防护材料种类、做法</td><td>$m^2$</td><td rowspan="2">1. 基层清理<br>2. 刷粘结材料<br>3. 铺粘保温层<br>4. 铺、刷(喷)防护材料</td></tr>
<tr><td>011001002</td><td>保温隔热天棚</td><td>1. 保温隔热面层材料品种、规格、性能<br>2. 保温隔热材料品种、规格及厚度<br>3. 粘结材料种类及做法<br>4. 防护材料种类及做法</td><td rowspan="3">$m^2$</td></tr>
<tr><td>011001003</td><td>保温隔热墙面</td><td rowspan="2">1. 保温隔热部位<br>2. 保温隔热方式<br>3. 踢脚线、勒脚线保温做法<br>4. 龙骨材料品种、规格<br>5. 保温隔热面层材料品种、规格、性能<br>6. 保温隔热材料品种、规格及厚度<br>7. 增强网及抗裂防水砂浆种类<br>8. 粘结材料种类及做法<br>9. 防护材料种类及做法</td><td rowspan="2">1. 基层清理<br>2. 刷界面剂<br>3. 安装龙骨<br>4. 填贴保温材料<br>5. 保温板安装<br>6. 粘贴面层<br>7. 铺设增强格网、抹抗裂、防水砂浆面层<br>8. 嵌缝<br>9. 铺、刷(喷)防护材料</td></tr>
<tr><td>011001004</td><td>保温柱、梁</td></tr>
<tr><td>011001005</td><td>保温隔热楼地面</td><td>1. 保温隔热部位<br>2. 保温隔热材料品种、规格、厚度<br>3. 隔气层材料品种、厚度<br>4. 粘结材料种类、做法<br>5. 防护材料种类、做法</td><td>$m^2$</td><td>1. 基层清理<br>2. 刷粘结材料<br>3. 铺粘保温层<br>4. 铺、刷(喷)防护材料</td></tr>
<tr><td>011001006</td><td>其他保温隔热</td><td>1. 保温隔热部位<br>2. 保温隔热方式<br>3. 隔气层材料品种、厚度<br>4. 保温隔热面层材料品种、规格、性能<br>5. 保温隔热材料品种、规格及厚度<br>6. 粘结材料种类及做法<br>7. 增强网及抗裂防水砂浆种类<br>8. 防护材料种类及做法</td><td>$m^2$</td><td>1. 基层清理<br>2. 刷界面剂<br>3. 安装龙骨<br>4. 填贴保温材料<br>5. 保温板安装<br>6. 粘贴面层<br>7. 铺设增强格网、抹抗裂防水砂浆面层<br>8. 嵌缝<br>9. 铺、刷(喷)防护材料</td></tr>
</table>

2）其他防腐工程量清单项目设置、项目特征描述的内容、计量单位及组价时应包含

工作内容，按表 5-72 的规定执行。

**其他防腐工程量清单** 表 5-72

| | | | | |
|---|---|---|---|---|
| 011003001 | 隔离层 | 1. 隔离层部位<br>2. 隔离层材料品种<br>3. 隔离层做法<br>4. 粘贴材料种类 | $m^2$ | 1. 基层清理、刷油<br>2. 煮沥青<br>3. 胶泥调制<br>4. 隔离层铺设 |
| 011003002 | 砌筑沥青浸渍砖 | 1. 砌筑部位<br>2. 浸渍砖规格<br>3. 胶泥种类<br>4. 浸渍砖砌法 | $m^3$ | 1. 基层清理<br>2. 胶泥调制<br>3. 浸渍砖铺砌 |
| 011003003 | 防腐涂料 | 1. 涂刷部位<br>2. 基层材料类型<br>3. 刮腻子的种类、遍数<br>4. 涂料品种、刷涂遍数 | $m^2$ | 1. 基层清理<br>2. 刮腻子<br>3. 刷涂料 |

2. 定额计算规则

1）保温隔热层按隔热材料净厚度（不包括胶结材料厚度）乘以设计图示面积按体积计算。

2）地墙隔热层。按围护结构墙体内净面积计算，不扣除 0.3$m^2$ 以内孔洞所占的面积。

3）软木、聚苯乙烯泡沫板铺贴平顶以图示长乘宽乘厚的体积计算。

4）外墙聚苯乙烯挤塑板外保温、外墙聚苯颗粒保温砂浆、屋面架空隔热板、保温隔热砖（瓦）、天棚保温（沥青贴软木除外）层，按设计图示尺寸以面积计算。

5）墙体隔热：外墙按隔热层中心线，内墙按隔热层净长乘图示尺寸的高度（如图纸无注明高度时，则下部由地坪隔热层起算，带阁楼时算至隔楼板顶面止；无阁楼时算至檐口）及厚度以体积计算，应扣除冷藏门洞口和管道穿墙过洞所占的体积。

6）门口周围的隔热部分，按图示部位，分别套用墙体或地坪的相应字母以体积计算。

7）软木、泡沫塑料板铺贴柱帽、梁面，以设计图示尺寸按体积计算。

8）梁头、管道周围及其他零星隔热工程，均按设计尺寸以体积计算，套用柱帽、梁面定额。

9）池槽隔热层按设计图示池槽保温隔热层的长、宽及厚度以体积计算，其中池壁按墙面计算，池底按地面计算。

10）包柱隔热层，按设计图是柱的隔热层中心线的展开长度乘以图示尺寸高度及厚度以体积计算。

11）防腐工程项目应区分不同防腐材料种类及厚度，按设计图示尺寸以面积计算，应扣除凸出地面的构筑物、设备基础所占的面积。砖垛等突出墙面部分按展开面积计算，并入墙面防腐工程量内。

12）踢脚板按设计图示尺寸以面积计算，应扣除门洞所占的面积，并相应增加侧壁展开面积。

13）平面砌筑双层耐酸块料时，按单层面积乘以系数 2.0 计算。

14）防腐卷材接缝附加层收头等工料，已计入定额中，不另行计算。

15）烟囱内表面涂抹隔绝层，按筒身内壁的面积计算，并扣除孔洞面积。

3. 定额应用要点

1）外墙聚苯颗粒保温系统，根据设计要求套用相应的工序。

2）凡保温、隔热工程用于地面时，增加电动夯实机 0.04 台班/$m^3$。

3）整体面层和平面砌块料面层，适用于楼地面、平台的防腐面层。整体面层厚度、砌块料面层的规格、结合层厚度、灰缝宽度、各种胶泥、砂浆、混凝土的配合比，设计与定额不同应换算，但人工、机械不变。

块料贴面结合层厚度、灰缝宽度取定如下：

树脂胶泥、树脂砂浆结合层 6mm，灰缝宽度 3mm；

水玻璃胶泥、水玻璃砂浆结合层 6mm，灰缝宽度 4mm；

硫磺胶泥、硫磺砂浆结合层 6mm，灰缝宽度 5mm；

花岗岩及其他条石结合层 15mm，灰缝宽度 8mm。

4）块料面层以平面砌为准，立面砌时按平面砌的相应子目人工乘以系数 1.38，踢脚板人工乘以系数 1.56，块料乘以系数 1.01，其他不变。

5）本章中浇捣混凝土的项目需立模时，按混凝土垫层项目的含模量计算，按带形基础定额执行。

4. 计算举例

**【例 5-31】** 确定【例 5-30】防腐瓷砖综合单价。

**【解】** 根据清单包含的工作内容和项目特征，清单项“隔离层”工作内容应包括基层和隔离层铺设，部位不同应分别列项，组价结果见表 5-73。

**综合单价分析表** **表 5-73**

| 项目编码 | | 项目名称 | 计量单位 | 工程量 | 综合单价 | 合价 |
|---|---|---|---|---|---|---|
| 011003001001 | | 隔离层（池底） | $m^2$ | 7.20 | 483.66 | 3264.48 |
| 清单综合单价组成 | 定额号 | 子目名称 | 单位 | 数量 | 单价 | 合价 |
| | 11-64 | 耐酸沥青砂浆 30mm | $10m^2$ | 0.72 | 1078.06 | 776.20 |
| | 11-65 | 耐酸沥青砂浆增减 5mm | $10m^2$ | −0.72 | 151.31 | −108.94 |
| | 11-159 | 池底贴耐酸瓷砖 | $10m^2$ | 0.72 | 3607.25 | 2597.22 |
| 011003001001 | | 隔离层（池底） | $m^2$ | 25.85 | 526.69 | 12832.74 |
| 清单综合单价组成 | 定额号 | 子目名称 | 单位 | 数量 | 单价 | 合价 |
| | 11-64 | 耐酸沥青砂浆 30mm | $10m^2$ | 2.585 | 1078.06 | 2786.79 |
| | 11-65 | 耐酸沥青砂浆增减 5mm | $10m^2$ | −2.585 | 151.31 | −391.14 |
| | 11-159 换 | 池底贴耐酸瓷砖（立面） | $10m^2$ | 2.585 | 4037.56 | 10437.09 |

注：11-159 换（立面人工乘以 1.38 系数）：3607.25＋826.56×0.38×（1＋25%＋12%）＝4037.56 元/$10m^2$

## 5.10 措施项目

措施项目是为完成工程项目施工，发生于该工程施工前和施工过程中技术、生活、安全等方面的非工程实体项目。其他项目是指除分部分项工程项目、措施项目外，因招标人的要求而发生的与拟建工程有关的费用项目，主要包括暂列金额、暂估价、计日工和总承包服务费。

进行措施项目计价时，应注意它们的工程内容及其与分部分项工程量清单计价的不同之处。措施费计算分为两种形式：一种是以工程量乘以综合单价计算，其计算方法和分部分项工程费用计算基本相同，另一种是以费率计算，即以分部分项工程费用作为基数乘以相应费率。

### 5.10.1　超高施工增加

1. 定额计算规则

1）建筑物超高费以超过 20m 或 6 层部分的建筑面积计算。

2）单独装饰工程超高人工降效，以超过 20m 或 6 层部分的工日分段计算。

2. 定额应用要点

1）建筑物超高增加费

（1）建筑物设计室外地面至檐口的高度（不包括女儿墙、屋顶水箱、突出屋面的电梯间、楼梯间等的高度）超过 20m 或建筑物超过 6 层时，应计算超高费。

（2）超高费内容包括：人工降效、除垂直运输机械外的机械降效费用、高压水泵摊销、上下联络通信等所需费用。超高费包干使用，不论实际发生多少，均按本定额执行，不调整。

（3）超高费按下列规定计算：

① 建筑物檐高超过 20m 或层数超过 6 层部分的按其超过部分的建筑面积计算。

② 建筑物檐高超过 20m，但其最高一层或其中一层楼面未超过 20m 且在 6 层以内时，则该楼层在 20m 以上部分的超高费，每超过 1m（不足 0.1m 按 0.1m 计算）按相应定额的 20%计算。

③ 建筑物 20m 或 6 层以上楼层，如层高超过 3.6m 时，层高每增高 1m（不足 0.1m 按 0.1m 计算），层高超高费按相应定额的 20%计取。

④ 同一建筑物中有 2 个或 2 个以上的不同檐口高度时，应分别按不同高度竖向切面的建筑面积套用定额。

⑤ 单层建筑物（无楼隔层者）高度超过 20m，其超过部分除构件安装按第 8 章的规定执行外，另再按本章相应项目计算每增高 1m 的层高超高费。

2）单独装饰工程超高人工降效

①“高度”和“层数”，只要其中一个指标达到规定，即可套用该项目。

② 当同一个楼层中的楼面和天棚不在同一计算段内，按天棚面标高段为准计算。

3. 计算举例

**【例 5-32】** 如图 5-79 所示某框架结构工程，一类工程，主楼为 19 层，每层建筑面积为 1200m$^2$；附楼为 6 层，每层建筑面积 1600m$^2$。主、附楼底层层高为 5.0m，19 层层高为 4.0m；其余各层层高均为 3.0m。计算该土建工程的超高费用。

**【解】** 1. 工程量计算

（1）主楼 7-18 层：1200.0×12＝14400.00m$^2$

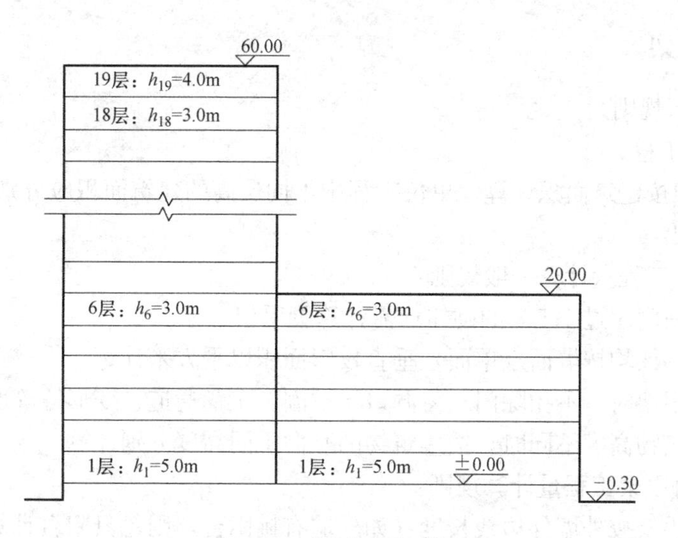


图 5-79 建筑剖面示意图

（2）主楼 19 层：1200.00m²

（3）主楼 6 层：1200.00m²

（4）附楼 6 层：1600.00m²

2. 套价

**超高费计算表** **表 5-74**

| 定额号 | 子目名称 | 单位 | 数量 | 单价 | 合价 |
|---|---|---|---|---|---|
| 19-5(换) | 建筑物高度 20～70m | m² | 14400.00 | 69.81 | 1005264.00 |
| 19-5(换) | 建筑物高度 20～70m,层高 4.0m | m² | 1200.00 | 75.39 | 90468.00 |
| 19-5(换) | 建筑物高度 20～70m,部分楼层 | m² | 1200.00 | 4.19 | 5028.00 |
| 19-1(换) | 建筑物高度 20～30m,部分楼层 | m² | 1600.00 | 1.83 | 2928.00 |
| 合价 | | | | | 1103688.00 |

3. 换算说明

（1）主楼 7-18 层：按 14 年费用定额，管理费费率调为 31%。

$$(42.64+6.18)\times(1+31\%+12\%)=69.81\text{元}/m^2$$

（2）主楼 19 层：按 14 年费用定额，管理费费率调为 31%。层高 4m，计算层高增加费。

$$69.81\times(1+0.4\times20\%)=75.39\text{元}/m^2$$

（3）主楼 6 层：按 14 年费用定额，管理费费率调为 31%。楼面未超过 20m，计算层高增加费。

$$69.81\times0.3\times20\%=4.19\text{元}/m^2$$

（4）附楼 6 层：按 14 年费用定额，管理费费率调为 31%。楼面未超过 20m，计算层高增加费。

$$[(18.86+2.52)\times(1+31\%+12\%)]\times0.3\times20\%=1.83\text{元}/m^2$$

### 5.10.2 脚手架

1. 定额计算规则

1）脚手架工程

综合脚手架按建筑面积计算。单位工程中不同层高的建筑面积应分别计算。

单项脚手架：

（1）脚手架工程量计算一般规则：

① 凡砌筑高度超过 1.5m 的砌体均需计算脚手架。

② 砌墙脚手架均按墙面（单面）垂直投影面积以平方米计算。

③ 计算脚手架时，不扣除门、窗洞口、空圈、车辆通道、变形缝等所占面积。

④ 同一建筑物高度不同时，按建筑物的竖向不同高度分别计算。

（2）砌筑脚手架工程量计算规则：

① 外墙脚手架按外墙外边线长度（如外墙有挑阳台，则每只阳台计算一个侧面宽度，计入外墙面长度内，两户阳台连在一起的也只算一个侧面）乘以外墙高度以平方米计算。外墙高度指室外设计地坪至檐口（或女儿墙上表面）高度，坡屋面至屋面板下（或椽子顶面）墙中心高度，墙算至山尖 1/2 处的高度。

② 内墙脚手架以内墙净长乘以内墙净高计算。有山尖时，高度算至山尖 1/2 处；有地下室时，高度自地下室室内地坪算至墙顶面。

③ 砌体高度在 3.60m 以内，套用里脚手架；高度超过 3.60m，套用外脚手架。

④ 山墙自设计室外地坪至山尖 1/2 处的高度超过 3.60m 时，该整个外山墙按相应外脚手架计算，内山墙按单排外架子计算。

⑤ 独立砖（石）柱高度在 3.60m 以内，脚手架以柱的结构外围周长乘以柱高计算，执行砌墙脚手架里架子；柱高超过 3.60m，以柱的结构外围周长加 3.6m 乘以柱高计算，执行砌墙脚手架外架子（单排）。

⑥ 砌石墙到顶的脚手架，工程量按砌墙相应脚手架乘以系数 1.50。

⑦ 外墙脚手架包括一面抹灰脚手架在内，另一面墙可计算抹灰脚手架。

⑧ 砖基础自设计室外地坪至垫层（或混凝土基础）上表面的深度超过 1.50m 时，按相应砌墙脚手架执行。

⑨ 突出屋面部分的烟囱，高度超过 1.50m 时，其脚手架按外围周长加 3.60m 乘以实砌高度按 12m 内单排外脚手架计算。

（3）外墙镶（挂）贴脚手架工程量计算规则：

① 外墙镶（挂）贴脚手架工程量计算规则同砌筑脚手架中的外墙脚手架。

② 吊篮脚手架按装修墙面垂直投影面积以平方米计算（计算高度从室外地坪至设计高度）。安拆费按施工组织设计或实际数量确定。

（4）现浇钢筋混凝土脚手架工程量计算规则：

① 钢筋混凝土基础自设计室外地坪至垫层上表面的深度超过 1.50m 时，同时带形基础底宽超过 3.0m、独立基础或满堂基础及大型设备基础的底面积超过 $16m^2$ 的混凝土浇捣脚手架应按槽、坑土方规定放工作面后的底面积计算，按满堂脚手架相应定额乘以系数 0.3 计算脚手架费用。（使用泵送混凝土者，混凝土浇捣脚手架不得计算）

② 现浇钢筋混凝土独立柱、单梁、墙高度超过 3.6m 应计算浇捣脚手架。柱的浇捣脚手架以柱的结构周长加 3.6m 乘以柱高计算；梁的浇捣脚手架按梁的净长乘以地面（或楼面）至梁顶面的高度计算；墙的浇捣脚手架以墙的净长乘以墙高计算。套柱、梁、墙混凝土浇捣脚手架。

③ 层高超过 3.60m 的钢筋混凝土框架柱、墙（楼板、屋面板为现浇板）所增加的混凝土浇捣脚手架费用，以框架轴线水平投影面积，按满堂脚手架相应子目乘以系数 0.3 执行；层高超过 3.60m 的钢筋混凝土框架柱、梁、墙（楼板、屋面板为预制空心板）所增加的混凝土浇捣脚手架费用，以框架轴线水平投影面积，按满堂脚手架相应子目乘以系数 0.4 执行。

（5）贮仓脚手架，不分单筒或贮仓组，高度超过 3.60m，均按外边线周长乘以设计室外地坪至贮仓上口之间高度以平方米计算。高度在 12m 内，套双排外脚手架，乘以系数 0.7 执行；高度超过 12m 套 20m 内双排外脚手架乘以系数 0.7 执行（均包括外表面抹灰脚手架在内）。贮仓内表面抹灰按抹灰脚手架工程量计算规则执行。

（6）抹灰脚手架、满堂脚手架工程量计算规则：

① 抹灰脚手架：

钢筋混凝土单梁、柱、墙按以下规定计算脚手架：

单梁：以梁净长乘以地坪（或楼面）至梁顶面高度计算；

柱：以柱结构外围周长加 3.6m 乘以柱高计算；

墙：以墙净长乘以地坪（或楼面）至板底高度计算。

墙面抹灰：以墙净长乘以净高计算。

如有满堂脚手架可以利用时，不再计算墙、柱、梁面抹灰脚手架。

天棚抹灰高度在 3.60m 以内，按天棚抹灰面（不扣除柱、梁所占的面积）以平方米计算。

② 满堂脚手架：天棚抹灰高度超过 3.60m，按室内净面积计算满堂脚手架，不扣除柱、垛、附墙烟囱所占面积。

基本层：高度在 8m 以内计算基本层；

增加层：高度超过 8m，每增加 2m，计算一层增加层，计算式如下：

$$增加层数=(室内净高-8m)/2m \tag{5-9}$$

增加层数计算结果保留整数，小数在 0.6 以内舍去，在 0.6 以上进位。

满堂脚手架高度以室内地坪面（或楼面）至天棚面或屋面板的底面为准（斜的天棚或屋面板按平均高度计算）。室内挑台栏板外侧共享空间的装饰如无满堂脚手架利用时，按地面（或楼面）至顶层栏板顶面高度乘以栏板长度以平方米计算，套相应抹灰脚手架定额。

（7）其他脚手架工程量计算规则：

① 外架子悬挑脚手架增加费按悬挑脚手架部分的垂直投影面积计算。

② 单层轻钢厂房脚手架柱梁、屋面瓦等水平结构安装按厂房水平投影面积计算，墙板、门窗、雨篷等竖向结构安装按厂房垂直投影面积计算。

③ 高压线防护架按搭设长度以延长米计算。

④ 金属过道防护棚按搭设水平投影面积以平方米计算。

⑤ 斜道、烟囱、水塔、电梯井脚手架区别不同高度以座计算。滑升模板施工的烟囱、水塔，其脚手架费用已包括在滑模计价表内，不另计算脚手架。烟囱内壁抹灰是否搭设脚手架，按施工组织设计规定办理，费用按相应满堂脚手架执行，人工增加20%，其余不变。

⑥ 高度超过3.60m的贮水（油）池，其混凝土浇捣脚手架按外壁周长乘以池的壁高以平方米计算，按池壁混凝土浇捣脚手架项目执行，抹灰者按抹灰脚手架另计。

⑦ 满堂支撑架搭拆按脚手钢管重量计算；使用费（包括搭设、使用和拆除时间，不计算现场囤积和转运时间）按脚手钢管重量和使用天数计算。

2）檐高超过20m脚手架材料增加费

(1) 综合脚手架

建筑物檐高超过20m可计算脚手架材料增加费。建筑物檐高超过20m脚手架材料增加费以建筑物超过20m部分建筑面积计算。

(2) 单项脚手架

建筑物檐高超过20m可计算脚手架材料增加费。建筑物檐高超过20m脚手架材料增加费同外墙脚手架计算规则，从设计室外地面起算。

2. 定额应用要点

脚手架分为综合脚手架和单项脚手架两部分。单项脚手架适用于单独地下室、装配式和多（单）层工业厂房、仓库、独立的展览馆、体育馆、影剧院、礼堂、饭堂（包括附属厨房）、锅炉房、檐高未超过3.60m的单层建筑、超过3.60m高的屋顶构架、构筑物和单独装饰工程等。除此之外的单位工程均执行综合脚手架项目。

1）综合脚手架

(1) 檐高在3.60m内的单层建筑不执行综合脚手架定额。

(2) 综合脚手架项目仅包括脚手架本身的搭拆，不包括建筑物洞口临边、电器防护设施等费用，以上费用已在安全文明施工措施费中列支。

(3) 单位工程在执行综合脚手架时，遇有下列情况应另列项目计算，不再计算超过20m脚手架材料增加费。

① 各种基础自设计室外地面起深度超过1.50m（砖基础至大方脚砖基底面、钢筋混凝土基础至垫层上表面），同时混凝土带形基础底宽超过3m、满堂基础或独立柱基（包括设备基础）混凝土底面积超过16m$^2$应计算砌墙、混凝土浇捣脚手架。砖基础以垂直面积按单项脚手架中里架子、混凝土浇捣按相应满堂脚手架定额执行。

② 层高超过3.60m的钢筋混凝土框架柱、梁、墙混凝土浇捣脚手架按单项定额规定计算。

③ 独立柱、单梁、墙高度超过3.60m混凝土浇捣脚手架按单项定额规定计算。

④ 层高在2.20m以内的技术层外墙脚手架按相应单项定额规定执行。

⑤ 施工现场需搭设高压线防护架、金属过道防护棚脚手架按单项定额规定执行。

⑥ 屋面坡度大于45°时，屋面基层、盖瓦的脚手架费用应另行计算。

⑦ 未计算到建筑面积的室外柱、梁等，其高度超过3.60m时，应另按单项脚手架相应定额计算。

⑧ 地下室的综合脚手架按檐高在12m以内的综合脚手架相应定额乘以系数0.5执行。

⑨ 檐高 20m 以下采用悬挑脚手架的可计取悬挑脚手架增加费用，20m 以上悬挑脚手架增加费已包括在脚手架超高材料增加费中。

2）单项脚手架

（1）本定额适用于综合脚手架以外的檐高在 20m 以内的建筑物，突出主体建筑物顶的女儿墙、电梯间、楼梯间、水箱等不计入檐口高度。前后檐高不同，按平均高度计算。檐高在 20m 以上的建筑物，脚手架除按本定额计算外，其超过部分所需增加的脚手架加固措施等费用，均按超高脚手架材料增加费子目执行。构筑物、烟囱、水塔、电梯井按其相应子目执行。

（2）除高压线防护架外，本定额已按扣件式钢管脚手架编制，实际施工中不论使用何种脚手架材料，均按本定额执行。

（3）需采用型钢悬挑脚手架时，除计算脚手架费用外，应计算外架子悬挑脚手架增加费。

（4）本定额满堂脚手架不适用于满堂扣件式钢管支撑架（简称满堂支撑架），满堂支撑架应按搭设方案计价。

（5）单层轻钢厂房脚手架适用于单层轻钢厂房钢结构施工用脚手架，分钢柱梁安装脚手架、屋面瓦等水平结构安装脚手架和墙板、门窗、雨篷、天沟等竖向结构安装脚手架，不包括厂房内土建、装饰工作脚手架，实际发生时另执行相关子目。

（6）外墙镶（挂）贴脚手架定额适用于单独外装饰工程脚手架搭设。

（7）高度在 3.60m 以内的墙面、天棚、柱、梁抹灰（包括钉间壁、钉天棚）用的脚手架费用套用 3.60m 以内的抹灰脚手架。如室内（包括地下室）净高超过 3.60m 时，天棚需抹灰（包括钉天棚）应按满堂脚手架计算，但其内墙抹灰不再计算脚手架。高度在 3.60m 以上的内墙面抹灰（包括钉间壁），如无满堂脚手架可以利用时，可按墙面垂直投影面积计算抹灰脚手架。

（8）建筑物室内天棚面层净高在 3.60m 内，吊筋与楼层的连结点高度超过 3.60m，应按满堂脚手架相应定额综合单价乘以系数 0.60 计算。

（9）墙、柱梁面刷浆、油漆的脚手架按抹灰脚手架相应定额乘以系数 0.10 计算。室内天棚净高超过 3.60m 的板下勾缝、刷浆、油漆可另行计算一次脚手架费用，按满堂脚手架相应项目乘以系数 0.10 计算。

（10）瓦屋面坡度大于 45°时，屋面基层、盖瓦的脚手架费用应另按实计算。

3）超高脚手架材料增加费

本定额中脚手架是按建筑物檐高在 20m 以内编制的。檐高超过 20m 时应计算脚手架材料增加费。

檐高超过 20m 脚手架材料增加费内容包括：脚手架使用周期延长摊销费、脚手架加固。脚手架材料增加费包干使用，无论实际发生多少，均按本章执行，不调整。

檐高超过 20m 脚手材料增加费按下列规定计算：

（1）综合脚手架

① 檐高超过 20m 部分的建筑物，应按其超过部分的建筑面积计算。

② 层高超过 3.6m，每增高 0.1m 按增高 1m 的比例换算（不足 0.1m 按 0.1m 计算），按相应项目执行。

③ 建筑物檐高高度超过 20m，但其最高一层或其中一层楼面未超过 20m 时，则该楼层在 20m 以上部分仅能计算每增高 1m 的增加费。

④ 同一建筑物中有 2 个或 2 个以上的不同檐口高度时，应分别按不同高度竖向切面的建筑面积套用相应子目。

⑤ 单层建筑物（无楼隔层者）高度超过 20m，其超过部分除构件安装按第 8 章的规定执行外，另再按本章相应项目计算脚手架材料增加费。

(2) 单项脚手架

① 檐高超过 20m 的建筑物，应根据脚手架计算规则按全部外墙脚手架面积计算。

② 同一建筑物中有 2 个或 2 个以上的不同檐口高度时，应分别按不同高度竖向切面的外脚手架面积套用相应子目。

3. 计算举例

**【例 5-33】** 某工程为三类工程，钢筋混凝土独立基础如图 5-80 所示。请判别该基础是否可计算浇捣脚手架费。如可以计算，请计算出工程量和合价。

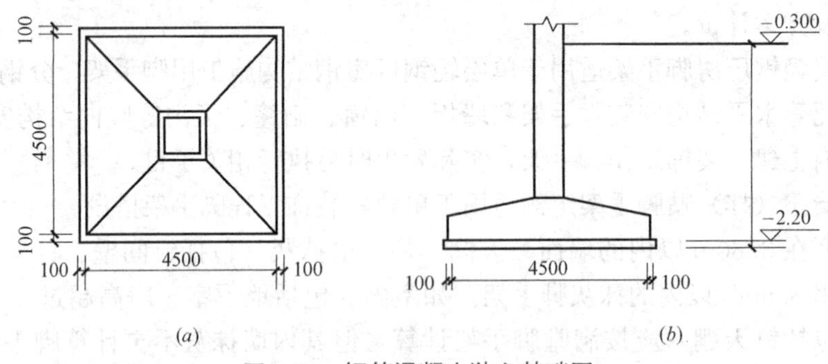


图 5-80 钢筋混凝土独立基础图

(a) 平面图；(b) 立面图

相关知识：

计算钢筋混凝土浇捣脚手架的条件

混凝土带形基础：自设计室外地坪至垫层上表面的深度超过 1.50m；带形基础混凝土底宽超过 3.0m。

混凝土独立基础、满堂基础、大型设备基础：自设计室外地坪至垫层上表面的深度超过 1.50m；混凝土底面积超过 $16m^2$。

按槽坑上方规定放工作面后的底面积计算。

按满堂脚手架乘以系数 0.3 计算。

**【解】** 因为该钢筋混凝土独立基础深度 2.20－0.30＝1.90m＞1.50m，

该钢筋混凝土独立基础混凝土底面积 4.5×4.5＝20.25$m^2$＞16$m^2$，

同时满足两个条件，故应计算浇捣脚手架。

工程量计算：

(4.5＋0.3)×(4.5＋0.3)＝23.04$m^2$(0.3m 为规定的工作面增加尺寸)

套《计价表》，套 20-20×0.3 子目：

23.04÷10×156.85×0.3＝108.41 元

**【例 5-34】** 某工程天棚抹灰需要搭设满堂脚手架，室内净面积为 500$m^2$，室内净高为

11m，计算该项满堂脚手架费。

相关知识：

计算满堂脚手架的增加层数。

余数的处理，在 0.6m 以内不计算增加层。

**【解】** 工程量为已知室内净面积 $500m^2$。

$$计算增加层数=(11-8)\times 1/2=1.5$$

单独用于天棚抹灰的满堂脚手架按相应定额子目乘以系数 0.7。

余数 0.5<0.6，只能计算 1 层增加层。

套《计价表》，套 20-21+20-22 子目：

$$500\div 10\times(196.80+44.54)\times 0.7=8446.9\text{元}$$

**【例 5-35】** 某单层建筑物平面图如图 5-81 所示。室内外高差 0.3m，平屋面，预应力空心板厚 0.12m，天棚抹灰。试根据以下条件计算内外墙、天棚脚手架费用：(1) 檐高 3.52m；(2) 檐高 4.02m；(3) 檐高 6.12m。

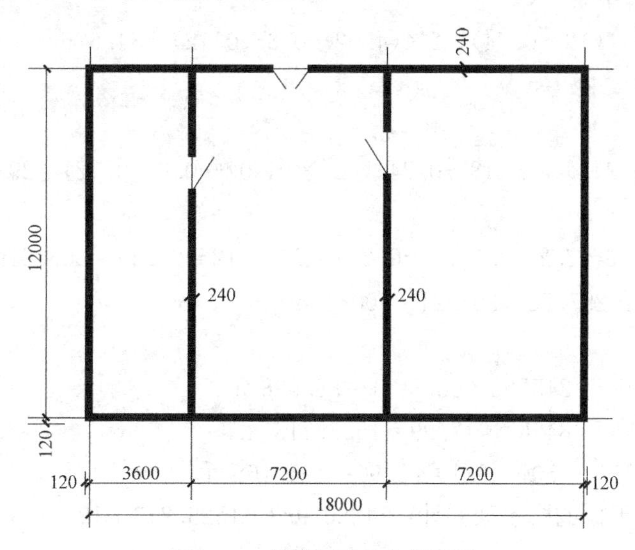


图 5-81 某单层建筑物平面图

相关知识：

高度在 3.60m 以内的墙面、天棚、柱、梁抹灰（包括钉间壁、钉天棚）用的脚手架费用套用 3.60m 以内的抹灰脚手架。

室内（包括地下室）净高超过 3.60m 时，天棚需抹灰（包括钉天棚）应按满堂脚手架计算，但其内墙抹灰不再计算脚手架。

**【解】** 1. 檐高 3.52m

1）外墙砌筑脚手架

$$(18.24+12.24)\times 2\times 3.52=214.58m^2$$

2）内墙砌筑脚手架

$$(12-0.24)\times 2\times(3.52-0.3-0.12)=72.91m^2$$

3）抹灰脚手架

高度 3.6m 以内的墙面、天棚套用 3.6m 以内的抹灰脚手架。

① 墙面抹灰（按砌筑脚手架可以利用考虑）

$$[(12-0.24)\times4+(18-0.24)\times2]\times(3.52-0.3-0.12)=255.94\text{m}^2$$

② 天棚抹灰

$$[(3.6-0.24)+(7.2-0.24)\times2]\times(12-0.24)=203.21\text{m}^2$$

抹灰面积小计：$255.94+203.21=459.15\text{m}^2$

4）套子目

《计价表》20-1　$(214.58+72.91)\times17.99=5171.95$ 元

《计价表》20-23　$459.15/10\times3.90=179.07$ 元

所以内外墙、天棚的脚手架共计：$179.07+5171.95=5351.02$ 元

2. 檐高 4.2m

1）外墙砌筑脚手架

$$(18.24+12.24)\times2\times4.02=245.06\text{m}^2$$

2）内墙砌筑脚手架

$$(12-0.24)\times2\times(4.02-0.3-0.12)=84.67\text{m}^2$$

3）抹灰脚手架

① 墙面抹灰

$$[(12-0.24)\times4+(18-0.24)\times2]\times(4.02-0.3-0.12)=297.22\text{m}^2$$

② 天棚抹灰

$$[(3.6-0.24)+(7.2-0.24)\times2]\times(12-0.24)=203.21\text{m}^2$$

抹灰面积小计：$297.22+203.21=500.43\text{m}^2$

4）套子目

《计价表》20-2　　$245.06\times58.3=14286.998$ 元

《计价表》20-1　　$84.67\times17.99=1523.213$ 元

《计价表》20-23　　$500.43/10\times3.90=195.168$ 元

所以内外墙、天棚的脚手架共计：$14286.998+1523.213+195.168=16005.38$ 元

3. 檐高 6.12m

1）外墙砌筑脚手架

$$(18.24+12.24)\times2\times6.12=373.08\text{m}^2$$

2）内墙砌筑脚手架

$$(12-0.24)\times2\times(6.12-0.3-0.12)=134.06\text{m}^2$$

3）抹灰脚手架

净高超过 3.6m，按满堂脚手架计算

$$[(3.6-0.24)+(7.2-0.24)\times2]\times(12-0.24)=203.21\text{m}^2$$

抹灰面积小计：$203.21\text{m}^2$

4）套子目

《计价表》20-23　　$(373.08+134.06)\times77.35=39227.28$ 元

《计价表》20-23　　$200.21/10\times123.88=2480.20$ 元

所以内外墙、天棚的脚手架共计：$39227.28+2480.20=41707.48$ 元

### 5.10.3 模板工程

1. 清单规则

1）基础、柱、梁、板模板工程量按模板与现浇混凝土构件的接触面积计算。

2）原槽浇灌的混凝土基础，不计算模板。

3）混凝土模板及支撑（架）项目，只适用于以平方米计量。以立方米计量的模板及支撑（支架），按混凝土及钢筋混凝土实体项目执行，其综合单价中应包含模板及支撑(架)。

4）现浇钢筋混凝土墙、板单孔面积不小于 0.3$m^2$ 的孔洞不予扣除，洞侧壁模板亦不增加；单孔面积大于 0.3$m^2$ 时应予扣除，洞侧壁模板面积并入墙、板工程量内计算。

5）附墙柱、暗梁、暗柱并入墙内工程量计算。

6）柱、梁、墙、板相互连接的重叠部分，均不计算模板面积。

7）构造柱按图示外露部分计算模板面积。

8）天沟、檐沟按模板与现浇混凝土构件的接触面积计算。

9）雨篷、悬挑板、阳台板按图示外挑部分尺寸的水平投影面积计算，挑出墙外的悬臂梁及板边不另计算。

10）楼梯按楼梯（包括休息平台、平台梁、斜梁和楼层板的连接梁）的水平投影面积计算，不扣除宽度不大于 500mm 楼梯井所占面积。楼梯踏步、踏步板、平台梁等侧面模板不另计算，伸入墙内部分亦不增加。

11）其他构件按模板与现浇混凝土构件的接触面积计算。

2. 计算举例

**【例 5-36】** 计算混凝土工程章节【例 5-18】部分一层柱及二层楼面梁、板的模板清单工程量。

相关知识：柱、梁、板模板工程量按模板与现浇混凝土构件的接触面积计算。

**【解】** 柱模板工程量：

柱：0.6×4×(4.47+0.03−0.12)×8=84.1$m^2$

扣梁头：−(0.35×0.48×4+0.35×0.43×4+0.35×0.38×12)=−2.87$m^2$

小计：81.23$m^2$

有梁板模板工程量：

KL1：(0.6−0.12)×2×(2.4+3−0.6)×2=9.22$m^2$

KL2：(0.55−0.12)×2×(2.4+3−0.6)×2=8.26$m^2$

KL3：(0.5−0.12)×2×(3.3+3.6+3.6−0.6×3)×2=13.22$m^2$

L1：(0.4−0.12)×2×(3.3−0.05−0.175)=1.72$m^2$

L2：(0.4−0.12)×2×(3.6−0.05−0.175)=1.89$m^2$

板底：(3.3+3.6×2+0.6)×(2.4+3+0.6)=66.6$m^2$

板侧：(3.3+3.6×2+0.6+2.4+3+0.6)×2×0.12=4.1$m^2$

扣柱头：−0.6×0.6×8=−2.88$m^2$

扣梁头：−0.2×0.28×4=−0.22$m^2$

小计：101.91$m^2$

3. 模板工程清单工作内容

混凝土构件在使用模板及支架（撑）时，模板工程量清单中包括以下工作内容：

1）模板制作；

2）模板安装、拆除、整理堆放及场内外运输；

3）清理模板粘结物及模板内杂物、刷隔离剂等。

4. 定额计算规则

现浇混凝土及钢筋混凝土模板：

1）现浇混凝土及钢筋混凝土模板工程量除另有规定者外，均按混凝土与模板的接触面积计算。若使用含模量计算模板接触面积者，其工程量＝构件体积×相应项目含模量（含模量详见附录）。

2）钢筋混凝土墙、板上单孔面积在 0.3$m^2$ 以内的孔洞不予扣除，洞侧壁模板不另增加，但突出墙面的侧壁模板应相应增加。单孔面积在 0.3$m^2$ 以外的孔洞应予扣除，洞侧壁模板面积并入墙、板模板工程量之内计算。

3）现浇钢筋混凝土框架分别按柱、梁、墙、板有关规定计算，墙上单面附墙柱、暗梁、暗柱并入墙内工程量计算，双面附墙柱按柱计算，但后浇墙、板带的工程量不扣除。

4）设备螺栓套孔或设备螺栓分别按不同深度以个计算；二次灌浆按实灌体积计算。

5）预制混凝土板间或边补现浇板缝，缝宽在 100mm 以上者，模板按平板定额计算。

6）构造柱外露均应按图示外露部分计算面积（锯齿形，则按锯齿形最宽面计算模板宽度），构造柱与墙接触面不计算模板面积。

7）现浇混凝土雨篷、阳台、水平挑板，按图示挑出墙面以外板底尺寸的水平投影面积计算（附在阳台梁上的混凝土线条不计算水平投影面积）。挑出墙外的牛腿及板边模板已包括在内。复式雨篷挑口内侧净高超过 250mm 时，其超过部分按挑檐定额计算（超过部分的含模量按天沟含模量计算）。

8）整体直形楼梯包括楼梯段、中间休息平台、平台梁、斜梁及楼梯与楼板连接的梁，按水平投影面积计算，不扣除宽度小于 500mm 的楼梯井，伸入墙内部分不另增加。

9）圆弧形楼梯按楼梯的水平投影面积计算（包括圆弧形梯段、休息平台、平台梁、斜梁及楼梯与楼板连接的梁）。

10）楼板后浇带以延长米计算（整板基础的后浇带不包括在内）。

11）现浇圆弧形构件除定额已注明者外，均按垂直圆弧形的面积计算。

12）栏杆按扶手长度计算，栏板竖向挑板按模板接触面积计算。扶手、栏板的斜长按水平投影长度乘系数 1.18 计算。

13）劲性混凝土柱模板按现浇柱定额执行。

14）砖侧模分不同厚度，按砌筑面积计算。

15）后浇板带模板、支撑增加费，工程量按后浇板带设计长度以延长米计算。

16）整板基础后浇带铺设热镀锌钢丝网，按实铺面积计算。

现场预制钢筋混凝土构件模板：

1）现场预制构件模板工程量，除另有规定者外，均按模板接触面积以平方米计算。若使用含模量计算模板面积者，其工程量＝构件体积×相应项目的含模量。砖地模费用已包括在定额含量中，不再另行计算。

2）漏空花格窗、花格芯按外围面积计算。

3）预制桩不扣除桩尖虚体积。

4）加工厂预制构件有此子目，而现场预制无此子目，实际在现场预制时模板按加工厂预制模板子目执行。现场预制构件有此子目，加工厂预制构件无此子目，实际在加工厂预制时，其模板按现场预制模板子目执行。

加工厂预制构件的模板：

1）除漏空花格窗、花格芯外，混凝土构件体积一律按施工图纸的几何尺寸以实体积计算，空腹构件应扣除空腹体积。

2）漏空花格窗、花格芯按外围面积计算。

构筑物工程模板：

构筑物工程中的现浇构件模板除注明外均按模板与混凝土的接触面积以平方米计算。

烟囱

（1）钢筋混凝土烟囱基础，包括基础底板及筒座，筒座以上为筒身，烟囱基础按接触面积计算。

（2）烟囱筒身：

① 烟囱筒身不分方形、圆形均按体积计算，筒身体积应以筒壁平均中心线长度乘以厚度。圆筒壁周长不同时，可分段计算并取和。

② 砖烟囱的钢筋混凝土圈梁和过梁按接触面积计算，套用本章现浇钢筋混凝土构件的相应子目。

③ 烟囱的钢筋混凝土集灰斗（包括分隔墙、水平隔墙、柱、梁等）应按本章现浇钢筋混凝土构件相应子目计算、套用。

④ 烟道中的其他钢筋混凝土构件模板应按本章相应钢筋混凝土构件的相应定额计算、套用。

⑤ 钢筋混凝土烟道可按本章地沟定额计算，但架空烟道不能套用。

水塔

（1）基础：各种基础均以接触面积计算（包括基础底板和筒座），筒座以上为塔身，以下为基础。

（2）筒身：

① 钢筋混凝土筒式塔身以筒座上表面或基础底板上表面为分界线，柱式塔身以柱脚与基础底板或梁交界处为分界线，与基础底板相连接的梁并入基础内计算。

② 钢筋混凝土筒式塔身与水箱以水箱底部的圈梁为界，圈梁底以下为筒式塔身。水箱的槽底（包括圈梁）、塔顶、水箱（槽）壁工程量均应分别按接触面积计算。

③ 钢筋混凝土筒式塔身以接触面积计算，应扣除门窗洞口面积，依附于筒身的过梁、雨篷、挑檐等工程量并入筒身面积内按筒式塔身计算；柱式塔身不分斜柱、直柱和梁，均按接触面积合并计算，按柱式塔身定额执行。

④ 钢筋混凝土、砖塔身内设置钢筋混凝土平台、回廊以接触面积计算。

⑤ 砖砌筒身设置的钢筋混凝土圈梁以接触面积计算，按本章相应子目执行。

（3）塔顶及槽底：

① 钢筋混凝土塔顶及槽底的工程量合并计算。塔顶包括顶板和圈梁；槽底包括底板、

挑出斜壁和圈梁。回廊及平台另行计算。

② 槽底不分平底、拱底，塔顶不分锥形、球形，均按本定额执行。

（4）水槽内、外壁：

① 与塔顶、槽底（或斜壁）相连系的圈梁之间的直壁为水槽内、外壁；设保温水槽的外保护壁为外壁；直接承受水侧压力的水槽壁为内壁。非保温水箱的水槽壁按内壁计算。

② 水槽内、外壁以接触面积计算；依附于外壁的柱、梁等并入外壁面积中计算。

（5）倒锥壳水塔：

① 基础按相应水塔基础的规定计算，其筒身、水箱制作按混凝土的体积以立方米计算。

② 环梁以混凝土接触面积计算。

③ 水箱提升按不同容积和不同的提升高度分别套用定额，以座计算。

贮水（油）池

（1）池底按图示尺寸的接触面积计算。池底为平底执行平底子目，平底体积包括池壁下部的扩大部分；池底有斜坡者执行锥形底子目。

（2）池壁有壁基梁时，锥形底应算至壁基梁底面，池壁应从壁基梁上口开始，壁基梁应从锥形底上表面算至池壁下口；无壁基梁时锥形底算至坡上表面，池壁应从锥形底的上表面开始。

（3）无梁池盖柱的柱高应由池底上表面算至池盖的下表面，包括柱帽、柱座的模板面积。

（4）池壁应按圆形壁、矩形壁分别计算，高度不包括池壁上下处的扩大部分；无扩大部分时，高度自池底上表面（或壁基梁上表面）至池盖下表面。

（5）无梁盖应包括与池壁相连的扩大部分的面积；肋形盖应包括主、次梁及盖板部分的面积；球形盖应自池壁顶面以上，包括边侧梁的面积在内。

（6）沉淀池水槽是指池壁上的环形溢水槽及纵横、U形水槽，但不包括与水槽相连接的矩形梁；矩形梁可按现浇构件矩形梁定额计算。

贮仓

（1）矩形仓：分立壁和漏斗，各按不同厚度计算接触面积。立壁和漏斗按相互交点的水平线为分界线；壁上圈梁并入漏斗工程量内。基础、支撑漏斗的柱和柱间的连系梁分别按现浇构件的相应子目计算。

（2）圆筒仓：

① 本定额适用于高度在30m以下、仓壁厚度不变、上下断面一致、采用钢滑模施工工艺的圆形贮仓，如盐仓、粮仓、水泥库等。

② 圆形仓工程量应分仓底板、顶板、仓壁三部分。底板、顶班按接触面积计算，仓壁按实体积以立方米计算。

③ 圆形仓底板以下的钢筋混凝土柱，梁、基础按现浇构件的相应定额计算。

④ 仓顶板的梁与仓顶板合并计算，按仓顶板定额执行。

⑤ 仓壁高度应自仓壁底面算至顶板底面，扣除0.05$m^2$以上的孔洞。

地沟及支架

（1）本定额适用于室外的方形（封闭式）、槽形（开口式）、阶梯形（变截面式）的地沟。底、壁、顶应分别按接触面积计算。

（2）沟壁与底的分界，以底板上表面为界。沟壁与顶的分界以顶板下表面为界。八字角部分的数量并入沟壁工程量内。

（3）地沟预制顶板按本章相应定额计算。

（4）支架均以接触面积计算（包括支架各组成部分），框架型或A字形支架应将柱、梁的体积合并计算；支架带操作平台者，其支架与操作台的体积亦合并计算。

（5）支架基础应按本章的相应定额计算。

栈桥

（1）柱、连系梁（包括斜梁）接触面积合并，肋梁与板的面积合并均按图示尺寸以接触面积计算。

（2）栈桥斜桥部分，不分板顶高度，均按板高在12m内子目执行。

（3）栈桥柱、梁、板的混凝土浇捣脚手架按第19章相应子目执行（工程量按相应规定）。

（4）板顶高度超过20m，每增加2m仅指柱、连系梁（不包括有梁板）。

5. 定额应用要点

按设计图纸计算模板接触面积或使用混凝土含模量折算模板面积，两种方法仅能使用其中一种，相互不得混用。使用含模量者，竣工结算时模板面积不得调整。构筑物工程中的滑升模板按混凝土体积以立方米计算。倒锥形水塔水箱提升以"座"为单位。

1）现浇构件模板子目按不同构件分别编制了组合钢模板配钢支撑、复合木模板配钢支撑，使用时，任选一种套用。

2）预制构件模板子目，按不同构件，分别以组合钢模板、复合木模板、木模板、定型钢模板、长线台钢拉模、加工厂预制构件配混凝土地模、现场预制构件配砖胎模、长线台配混凝土地胎模编制，使用其他模板时不予换算。

3）模板工作内容包括清理、场内运输、安装、刷隔离剂、浇灌混凝土时模板维护、拆模、集中堆放、场外运输。木模板包括制作（预制构件包括刨光、现浇构件不包括刨光），组合钢模板、复合木模板包括装箱。

4）现浇钢筋混凝土柱、梁、墙、板的支模高度以净高（底层无地下室者高需另加室内外高差）在3.6m以内为准，净高超过3.6m的构件其钢支撑、零星卡具及模板人工分别乘以下表系数。根据施工规范要求属于高大支模的，其费用另行计算。

**构件净高超过3.6m增加系数表** **表5-75**

| 增加内容 | 净高在 | |
|---|---|---|
| | 5m以内 | 8m以内 |
| 独立柱、梁、板钢支撑及零星卡具 | 1.10 | 1.30 |
| 框架柱（墙）、梁、板钢支撑及零星卡具 | 1.07 | 1.15 |
| 模板人工（不分框架和独立柱梁板） | 1.30 | 1.60 |

注：轴线未形成封闭框架的柱、梁、板称独立柱、梁、板。

5）支模高度净高

（1）柱：无地下室底层是指设计室外地面至上层板底面、楼层板顶面至上层板底面。

（2）梁：无地下室底层是指设计室外地面至上层板底面、楼层板顶面至上层板底面。

（3）板：无地下室底层是指设计室外地面至上层板底面、楼层板顶面至上层板底面。

（4）墙：整板基础板顶面（或反梁顶面）至上层板底面、楼层板顶面至上层板底面。

6）设计 T、L、十形柱，其单面每边宽在 1000mm 内按 T、L、十形柱相应子目执行，其余按直形墙相应定额执行。

7）模板项目中，仅列出周转木材而无钢支撑的定额，其支撑量已含在周转木材中，模板与支撑按 7∶3 拆分。

8）模板材料已包含砂浆垫块与钢筋绑扎用的 22 号镀锌铁丝在内，现浇构件和现场预制构件不用砂浆垫块而改用塑料卡，每 $10m^2$ 模板另加塑料卡费用每只 0.2 元，计 30 只。

9）有梁板中的弧形梁模板按弧形梁定额执行（含模量=肋形板含模量），弧形板部分的模板按板定额执行。砖墙基上带形混凝土防潮层模板按圈梁定额执行。

10）混凝土满堂基础底板面积在 $1000m^2$ 内，若使用含模量计算模板面积，基础有砖侧模时，砖侧模的费用应另外增加，同时扣除相应的模板面积（总量不得超过总含模量）；超过 $1000m^2$ 时，按混凝土接触面积计算。

11）地下室后浇墙带的模板应按已审定的施工组织设计另行计算，但混凝土墙体模板含量不扣。

12）带形基础、设备基础、栏板、地沟如遇圆弧形，除按相应定额的复合模板执行外，其人工、复合木模板乘以系数 1.30，其他不变（其他弧形构件按相应定额执行）。

13）用钢滑升模板施工的烟囱、水塔、贮仓使用的钢提升杆是按 $\phi25$ 一次性用量编制的，设计要求不同时另行换算。施工是按无井架计算的，并综合了操作平台，不再计算脚手架和竖井架。

14）钢筋混凝土水塔、砖水塔基础采用毛石混凝土、混凝土基础时，按烟囱相应定额执行。

15）烟囱钢滑升模板定额均已包括烟囱筒身、牛腿、烟道口；水塔钢滑升模板均已包括直筒、门窗洞口等模板用量。

16）倒锥壳水塔塔身钢滑升模板定额也适用于一般水塔塔身滑升模板工程。

17）栈桥子目适用于现浇矩形柱、矩形连梁、有梁斜板栈桥，其超过 3.6m 支撑按本章有关说明执行。

18）本章的混凝土、钢筋混凝土地沟是指建筑物室外的地沟，室内钢筋混凝土地沟按本章相应子目执行。

19）现浇有梁板、无梁板、平板、楼梯、雨篷及阳台，设计底面不抹灰者，增加模板缝贴胶带纸人工 0.27 工日/$10m^2$。

20）飘窗上下挑板、空调板按板式雨篷模板执行。

21）混凝土线条按小型构件定额执行。

6. 计算举例

**【例 5-37】** 试根据定额及工程量计算规范编制本章【例 5-36】的模板综合单价分析表。

相关知识：

现浇钢筋混凝土柱、梁、墙、板的支模高度以净高（底层无地下室者高需另加室内外高差）在 3.6m 以内为准，净高超过 3.6m 的构件其钢支撑、零星卡具及模板人工分别乘以系数。根据施工规范要求属于高大支模的，其费用另行计算。

【解】 子目套用见表5-76。

模板费用计算表 表5-76

| 定额号 | 子目名称 | 单位 | 数量 | 单价 | 合价 |
|---|---|---|---|---|---|
| 21-27换 | 矩形柱模板 | $10m^2$ | 8.12 | 735.26 | 5970.31 |
| 21-59换 | 有梁板模板 | $10m^2$ | 10.191 | 668.43 | 6811.97 |

单价换算说明：

$$616.33+285.36\times0.3\times1.37+(14.96+8.64)\times0.07=735.26$$

$$567.37+239.44\times1.37+(29.08+8.83)\times0.07=668.43$$

（注意定额中模板工程量中的单位。规范中以“$m^2$”为单位，定额中以$10m^2$为单位。）

## 5.10.4 施工排水、降水

1. 定额计算规则

1）人工土方施工排水不分土壤类别、挖土深度，按挖湿土工程量以立方米计算。

2）人工挖淤泥、流砂施工排水按挖淤泥、流砂工程量以立方米计算。

3）基坑、地下室排水按土方基坑的底面积以平方米计算。

4）强夯法加固地基坑内排水，按强夯法加固地基工程量以平方米计算。

5）井点降水50根为一套，累计根数不足一套者按一套计算，井点使用定额单位为套天，一天按24h计算。

井管的安装、拆除以“根”计算。

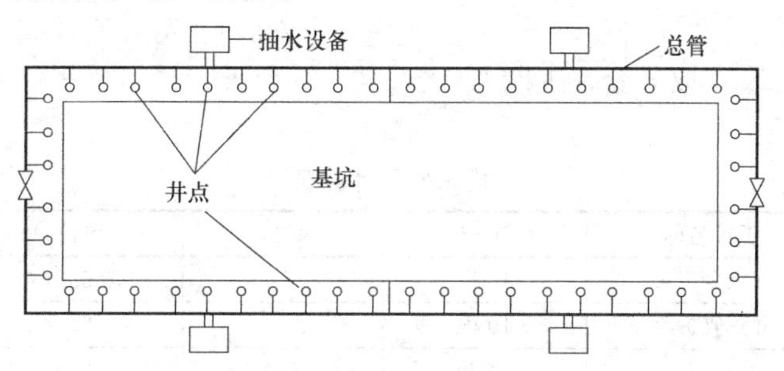


图5-82 轻型井点环状布置示意图

6）深井管井降水安装、拆除按座计算，使用按座天计算，一天按24h计算。

2. 定额应用要点

1）人工土方施工排水是在人工开挖湿土、淤泥、流砂等施工过程中发生的机械排放地下水费用。

2）基坑排水是指地下常水位以下且基坑底面积超过$150m^2$（两个条件同时具备）的土方开挖以后，在基础或地下室施工期间所发生的排水包干费用（不包括±0.00以上有设计要求待框架、墙体完成以后再回填基坑土方期间的排水）。

3）井点降水项目适用于降水深度在6m以内。井点降水使用时间按施工组织设计确定。井点降水材料使用摊销量中已包括井点拆除时材料损耗量。井点间距根据地质和降水要求由施工组织设计确定，一般轻型井点管间距为1.2m。

4）强夯法加固地基坑内排水是指击点坑内的积水排抽台班费用。

5）机械土方工作面中的排水费已包含在土方中，但不包括地下水位以下的施工排水费用，如发生，依据施工组织设计规定，排水人工、机械费用另行计算。

3. 计算举例

**【例5-38】** 某工程项目，整板基础，基础底标高在地下常水位以下，基础面积120m×30m。计算基坑排水费用。

**【解】** 1. 工程量计算

$$(120+0.3\times2)\times(30+0.3\times2)=3690.36m^2=369.04(10m^2)$$

2. 套价

排水费用计算表　　表5-77

| 定额编号 | 子目名称 | 单位 | 数量 | 单价 | 合价 |
|---|---|---|---|---|---|
| 22-2 | 基坑地下室排水 | $10m^2$ | 369.04 | 298.07 | 109999.75 |

**【例5-39】** 某工程项目，整板基础，基础底标高在地下常水位以下，基础面积120m×30m。采用轻型井点降水，井点管距基础外边缘2m，基础施工工期90天，计算井点降水费用。

**【解】** 1. 工程量计算

（1）井点管根数：

(120.0+2×2)/1.2=103根

(30.0+2×2)/1.2=28根

合计：(103+28)×2=262根

（2）使用

262/50=5.24套，取6套，工期90天，共540套天

2. 套价

排水费用计算表　　表5-78

| 定额编号 | 子目名称 | 单位 | 数量 | 单价 | 合价 |
|---|---|---|---|---|---|
| 22-11 | 井点管安装 | 10根 | 26.2 | 783.61 | 20530.58 |
| 22-12 | 井点管拆除 | 10根 | 26.2 | 306.53 | 8031.09 |
| 22-13 | 井点使用 | 套天 | 540 | 372.81 | 201317.40 |
| 合价 | | | | | 229879.07 |

## 5.10.5 建筑工程垂直运输

1. 定额计算规则

1）建筑物垂直运输机械台班用量，区分不同结构类型、檐口高度（层数）按国家工期定额套用单项工程工期以日历天计算。

2）单独装饰工程垂直运输机械台班，区分不同施工机械、垂直运输高度、层数、按定额工日分别计算。

3）烟囱、水塔、筒仓垂直运输机械台班，以“座”计算。超过定额规定高度时，按

每增高 1m 定额项目计算。高度不足 1m，按 1m 计算。

4）施工塔吊、电梯基础、塔吊及电梯与建筑物连接件，按施工塔吊及电梯的不同型号以“台”计算。

2. 定额应用要点

1）建筑物垂直运输

（1）檐高是指设计室外地坪至檐口的高度，突出主体建筑物顶的女儿墙、电梯间、楼梯间、水箱等不计入檐口高度以内；层数指地面以上建筑物的层数，地下室、地面以上部分净高小于 2.1m 的半地下室不计入层数。

（2）本定额工作内容包括在江苏省调整后的国家工期定额内完成单位工程全部工程项目所需的垂直运输机械台班，不包括机械的场外运输、一次安装、拆卸、路基铺垫和轨道铺拆等费用。施工塔吊与电梯基础、施工塔吊和电梯与建筑物连接的费用单独计算。

（3）本定额项目划分是以建筑物“檐高”“层数”两个指标界定的，只要其中一个指标达到定额规定，即可套用该定额子目。

（4）一个工程出现两个或两个以上檐口高度（层数），使用同一台垂直运输机械时，定额不作调整；使用不同垂直运输机械时，应依照国家工期定额分别计算。

（5）当建筑物垂直运输机械数量与定额不同时，可按比例调整定额含量。本定额按卷扬机施工配 2 台卷扬机，塔式起重机施工配 1 台塔吊 1 台卷扬机（施工电梯）考虑。如仅采用塔式起重机施工，不采用卷扬机时，塔式起重机台班含量按卷扬机含量取定，卷扬机扣除。

（6）垂直运输高度小于 3.6m 的单层建筑物、单独地下室和围墙，不计算垂直运输机械台班。

（7）预制混凝土平板、空心板、小型构件的吊装机械费用已包括在本定额中。

（8）本定额中现浇框架系指柱、梁、板全部为现浇的钢筋混凝土框架结构。如部分现浇，部分预制，按现浇框架乘以系数 0.96。

（9）单独地下室工程项目定额工期按不含打桩工期自基础挖土开始计算。多幢房屋下有整体连通地下室时，上部房屋分别套用对应单项工程工期定额，整体连通地下室按单独地下室工程执行。

（10）混凝土构件，使用泵送混凝土浇筑者，卷扬机施工定额台班乘以系数 0.96；塔式起重机施工定额中的塔式起重机台班含量乘以系数 0.92。

2）烟囱、水塔、筒仓垂直运输

烟囱、水塔、筒仓的高度指设计室外地坪至构筑物的顶面高度。突出构筑物主体顶的机房等高度不计入构筑物高度内。

3. 计算举例

**【例 5-40】** 甲（檐口高度在 30m 以内）、乙（檐口高度在 20m 以内）两个砖混结构单项工程合用一台塔吊，甲工程定额工期为 350d，乙工程定额工期 290d，合同工期甲工程为 280d、乙工程为 230d，甲工程比乙工程早开工 20 日。请计算甲、乙两个单项工程的定额塔吊台班数量。

相关知识：

仅采用塔式起重机施工，不采用卷扬机时，塔式起重机台班含量按卷扬机含量取定。

两个土建单项工程合用一台塔吊时，定额塔吊台班数量＝(单独施工天数＋与另外一栋同时施工天数×0.5)/该单位工程国家工期定额天数。

【解】 1. 甲工程应套用23—7子目，塔式起重机台班数量调整为：

0.827台班/天×(280天－230天＋230天×0.5)/280天＝0.487台班/天

2. 乙工程应套用23—6子目，塔式起重机台班数量调整为：

0.811台班/天×(230天×0.5)/230天＝0.406台班/天

### 5.10.6 场内二次搬运

1. 定额计算规则

1）砂子、石子、毛石、块石、炉渣、矿渣、石灰膏按堆积原方计算。

2）混凝土构件及水泥制品按实体积计算。

3）玻璃按标准箱计算。

4）其他材料按表中计量单位计算。

2. 定额应用要点

1）现场堆放材料有困难，材料不能直接运到单位工程周边需再次中转，建设单位不能按正常合理的施工组织设计提供材料、构件堆放场地和临时设施用地的工程而发生的二次搬运费用，执行本章定额。

2）执行本定额时，应以工程所发生的第一次搬运为准。

3）水平运距的计算，分别以取料中心点为起点，以材料堆放中心为终点。超运距增加运距不足整数者，进位取整计算。

4）已考虑运输道路15%以内的坡度，超过时另行处理。

5）松散材料运输不包括做方，但要求堆放整齐。如需做方者，应另行处理。

6）机动翻斗车最大运距为600m，单（双）轮车最大运距为120m，超过时，应另行处理。

### 5.10.7 其他措施项目费用

措施费计算分为两种形式：一种是以工程量乘以综合单价计算，另一种是以费率计算，即以分部分项工程费用作为基数乘以相应费率。

建筑业实施“营改增”后，江苏省对建设工程计价定额及费用定额进行了调整，部分以费率计算的措施项目费率标准见表5-79，现场安全文明施工措施费见表5-80。

措施项目费费率标准 表5-79

| 项目 | 计算基础 | 各专业工程费率(%) | | | | | | | |
|---|---|---|---|---|---|---|---|---|---|
| | | 建筑工程 | 单独装饰 | 安装工程 | 市政工程 | 修缮土建(修缮安装) | 仿古(园林) | 城市轨道交通 | |
| | | | | | | | | 土建轨道 | 安装 |
| 夜间施工 | 分部分项工程费＋单价措施项目费－除税工程设备费 | 0～0.1 | 0～0.1 | 0～0.1 | 0.05～0.15 | 0～0.1 | 0～0.1 | 0～0.15 | |
| 非夜间施工照明 | | 0.2 | 0.2 | 0.3 | — | 0.2(0.3) | 0.3 | — | |
| 冬雨期施工 | | 0.05～0.2 | 0.05～0.1 | 0.05～0.1 | 0.1～0.3 | 0.05～0.2 | 0.05～0.2 | 0～0.1 | |

续表

| 项目 | 计算基础 | 各专业工程费率(%) | | | | | | | |
|---|---|---|---|---|---|---|---|---|---|
| | | 建筑工程 | 单独装饰 | 安装工程 | 市政工程 | 修缮土建(修缮安装) | 仿古(园林) | 城市轨道交通 | |
| | | | | | | | | 土建轨道 | 安装 |
| 已完工程及设备保护 | 分部分项工程费＋单价措施项目费－除税工程设备费 | 0～0.05 | 0～0.1 | 0～0.05 | 0～0.02 | 0～0.05 | 0～0.1 | 0～0.02 | 0～0.05 |
| 临时设施 | | 1～2.3 | 0.3～1.3 | 0.6～1.6 | 1.1～2.2 | 1.1～2.1(0.6～1.6) | 1.6～2.7(0.3～0.8) | 0.5～1.6 | |
| 赶工措施 | | 0.5～2.1 | 0.5～2.2 | 0.5～2.1 | 0.5～2.2 | 0.5～2.1 | 0.5～2.1 | 0.4～1.3 | |
| 按质论价 | | 1～3.1 | 1.1～3.2 | 1.1～3.2 | 0.9～2.7 | 1.1～2.1 | 1.1～2.7 | 0.5～1.3 | |
| 住宅分户验收 | | 0.4 | 0.1 | 0.1 | — | — | — | — | |

**安全文明施工措施费取费标准表** **表 5-80**

| 序号 | 工程名称 | | 计费基础 | 基本费率(%) | 省级标化增加费(%) |
|---|---|---|---|---|---|
| 一 | 建筑工程 | 建筑工程 | 分部分项工程费＋单价措施项目费－除税工程设备费 | 3.1 | 0.7 |
| | | 单独构件吊装 | | 1.6 | — |
| | | 打预制桩/制作兼打桩 | | 1.5/1.8 | 0.3/0.4 |
| 二 | 单独装饰工程 | | | 1.7 | 0.4 |
| 三 | 安装工程 | | | 1.5 | 0.3 |
| 四 | 市政工程 | 通用项目、道路、排水工程 | | 1.5 | 0.4 |
| | | 桥涵、隧道、水工构筑物 | | 2.2 | 0.5 |
| | | 给水、燃气与集中供热 | | 1.2 | 0.3 |
| | | 路灯及交通设施工程 | | 1.2 | 0.3 |
| 五 | 仿古建筑工程 | | | 2.7 | 0.5 |
| 六 | 园林绿化工程 | | | 1.0 | — |
| 七 | 修缮工程 | | | 1.5 | — |
| 八 | 城市轨道交通工程 | 土建工程 | | 1.9 | 0.4 |
| | | 轨道工程 | | 1.3 | 0.2 |
| | | 安装工程 | | 1.4 | 0.3 |
| 九 | 大型土石方工程 | | | 1.5 | — |

## 5.11 其他项目计价

其他项目费包括暂列金额、暂估价、计日工、总承包服务费。

暂列金额是指招标人在工程量清单中暂定并包括在合同价款中的一笔款项。用于工程合同签订时尚未确定或者不可预见的所需材料、工程设备、服务的采购，施工中可能发生的工程变更、合同约定调整因素出现时的合同价款调整以及发生的索赔、现场签证确认等的费用。

暂估价是指招标人在工程量清单中提供的用于支付必然发生但暂时不能确定价格的材料、工程设备的单价以及专业工程的金额。

计日工是指在施工过程中，承包人完成发包人提出的工程合同范围以外的零星项目或工作，按合同中约定的单价计价的一种方式。

总承包服务费是指总承包人为配合协调发包人进行的专业工程发包，对发包人自行采购的材料、工程设备等进行保管以及施工现场管理、竣工资料汇总整理等服务所需的费用。

暂列金额应按招标工程量清单中列出的金额填写；材料、工程设备暂估价应按招标工程量清单中列出的单价计入综合单价；专业工程暂估价应按招标工程量清单中列出的金额填写；计日工应按招标工程量清单中列出的项目和数量，自主确定综合单价并计算计日工金额；总承包服务费应根据招标工程量清单中列出的内容和提出的要求自主确定。

总分包配合管理费是业主将国家法律、法规允许分包的专业工程单独发包，应按发包的专业工程不含税造价的5%以内付给总包施工单位，作为总包施工单位与专业施工单位现场配合、交叉施工所增加的管理费用。

专业分包工程的费用按各专业工程类别划分标准、有关规定及其取费标准计算。

劳务分包工程的措施费、规费、利润根据各工种的具体情况由承发包双方协商确定。

**【例 5-41】** 已知某建筑工程，分部分项工程费用 4130.93 元，材料暂估价为 2000.00 元，专业工程暂估价 7659.60 元。建设方要求创建省级文明工地，脚手架费按 500 元计算，临时设施费费率 2%，工程排污费费率 0.1%，税金费率 3.48%，社会保障费、公积金按 2014 年江苏省费用定额相应费率执行。请按 2014 年江苏省费用定额计价程序计算该工程预算造价。

相关知识：

工程造价=分部分项工程费+措施项目费+其他项目费+规费+税金。

总价措施项目费=(分部分项工程费+单价措施项目费－工程设备费)×费率。

**【解】** 根据 2014 年江苏省费用定额和规范计价程序，计算该工程预算造价见表 5-81。

**单位工程汇总表** **表 5-81**

| 序号 | 费用名称 | 计算公式 | 金额(元) |
|---|---|---|---|
| 1 | 分部分项工程费 | 工程量×综合单价 | **4130.93** |
| 2 | 措施项目费 | | **763.96** |
| 2.1 | 单价措施项目 | 清单工程量×综合单价 | 500 |
| 2.1.1 | 脚手架 | | 500 |
| 2.2 | 总价措施项目 | [(1)+(2.1)]×费率 | 263.96 |
| 2.2.1 | 安全文明施工措施费 | (4130.93+500)×3.7% | 171.34 |
| 2.2.2 | 临时设施费 | (4130.93+500)×2% | 92.62 |
| 3 | 其他项目费 | | **7659.60** |
| 3.1 | 专业工程暂估价 | 工程量清单中列出的金额 | 7659.60 |

续表

| 序号 | 费用名称 | 计算公式 | 金额(元) |
|---|---|---|---|
| 4 | 规费 | | **1694.85** |
| 4.1 | 工程排污费 | [(1)+(2)+(3)]×0.1% | 1255.45 |
| 4.2 | 社会保障费 | [(1)+(2)+(3)]×3% | 376.63 |
| 4.3 | 住房公积金 | [(1)+(2)+(3)]×0.5% | 62.77 |
| 5 | 税金 | [(1)+(2)+(3)+(4)]×3.48% | **495.88** |
| 6 | 工程造价 | (1)+(2)+(3)+(4)+(5) | 14745.22 |

## 本章小结

施工图预算是指在施工图设计完成以后，根据施工图纸和工程量计算规则计算工程量，利用有关定额编制的单位工程或单项工程预算价格的文件。工程上常用的招标控制价、招标标底价、投标报价和合同价等都可以用施工图预算编制方法确定。

传统的定额计价模式把计算得出的分项工程的工程量与预算定额中的基础单价相乘，得出分项工程的直接费；工程量清单计价模式要求招标人编制工程数量的明细清单，投标人对每一条清单子目做出报价。

工程量清单计价模式下组价时需要重点注意两点：第一，清单和定额的项目划分方法是否相同，因为编制主体、编制目的不同等原因，可能存在清单和定额的项目划分方法不同的情况，例如《房屋建筑与装饰工程计量规范》中“挖基坑土方”分项，工作内容包含了土方开挖、围护（挡土板）、支撑、运输；但在定额中通常是把这几项工作内容分别列项的。第二，清单和定额的工程量计算规则是否相同，例如依据《房屋建筑与装饰工程计量规范》编制清单时，桩基础分项通常根据长度或根数计算工程量，而定额组价时，则需要计算桩基础的体积。

## 思考与练习题

5-1　某两坡坡屋顶剖面如图5-83所示，已知该坡屋顶内的空间设计可利用，平行于屋脊方向的外墙结构外边线长度为50m，且外墙无保温层。按《建筑工程建筑面积计算规范》GB/T 50353—2013计算该坡屋顶内空间的建筑面积。

5-2　某工业厂房建筑，为三类工程，其基础平面图、剖面图如图5-84～图5-86所示。基础为C20钢筋混凝土独立柱基础，C10素混凝土垫层，设计室外地坪为－0.30m。基础底标高为－2.0m，柱截面尺寸为400mm×400mm。根据地质勘探报告，土壤类别为三类土，无地下水。该工程采用人工挖土，人

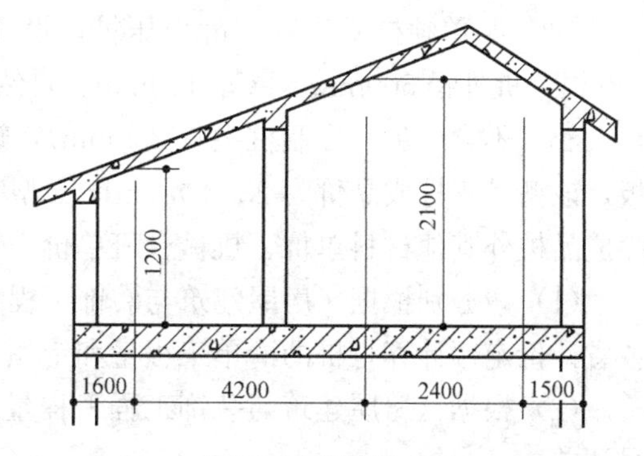

图5-83　习题5-1图

工回填土夯填至设计室外地坪。人工挖土从垫层下表面起放坡，放坡系数为1：0.33，工作面以垫层边至基坑边为300mm，本工程混凝土均采用泵送商品混凝土。

请按以上施工方案以及《江苏省建筑与装饰工程计价定额》(2014）计算规则计算土方开挖、土方回填的定额工程量并填写相应的定额子目编号、名称及综合单价。

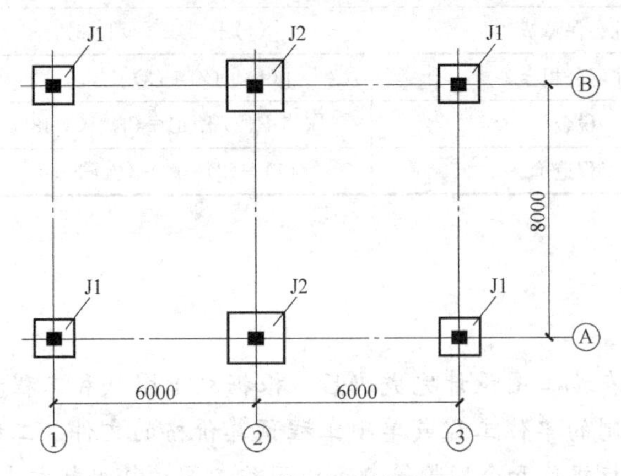


图5-84　基础平面布置图

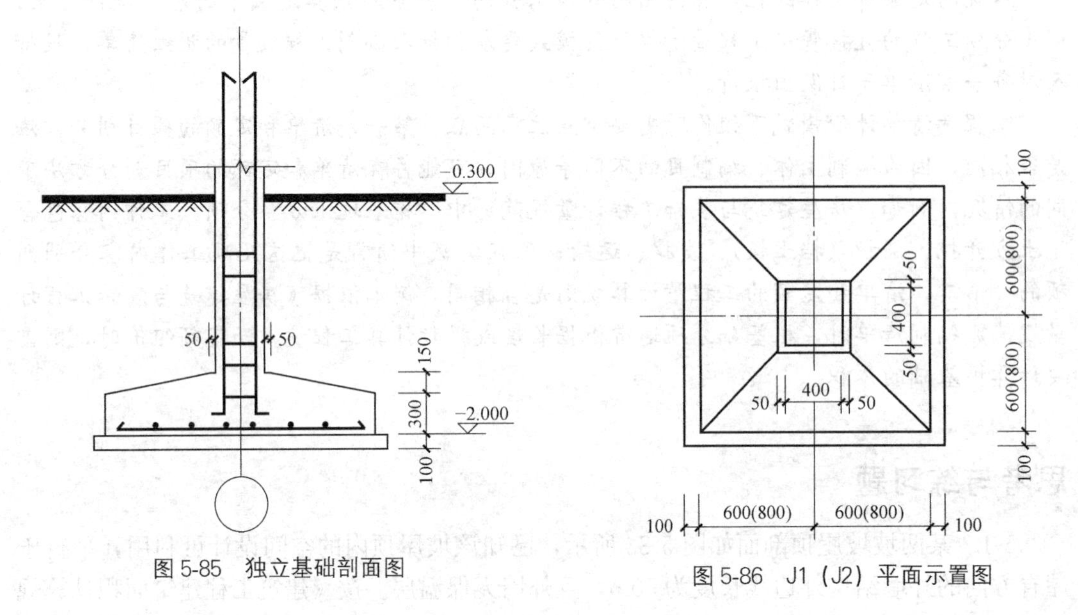


图5-85　独立基础剖面图　　图5-86　J1（J2）平面示置图

5-3　某单独桩基工程，静力压桩，设计桩型为T-PHC-AB500（110)-9a，管桩数量200根，桩外径500mm，壁厚110mm。自然地面标高－0.6m，桩顶标高－3.6m，设计桩长18m（不含桩尖，预制桩尖长350mm)，螺栓加焊接接桩，管桩接桩接点周边设计用钢板，该型号管桩成品价为2300元/$m^3$，a型空心桩尖市场价240元/个。本工程人工单价、除成品桩外其他材料单价、机械台班单价、管理费、利润费率标准等按定额执行不调整。

(1）请分别根据《房屋建筑与装饰工程工程量计算规范》GB 50854—2013和2014江苏省计价定额计算打桩的清单工程量和定额工程；(清单工程量以“根”为单位)

(2）根据《房屋建筑与装饰工程工程量计算规范》GB 50854—2013列出打桩的工程量清单；

（3）根据 2014 江苏省计价定额组价，计算打桩的工程量清单的综合单价和合价。

5-4　某工程地圈梁及圈梁平面布置图如图 5-87 所示，界面均为 240mm×240mm。所有墙体交接处均设构造柱，断面尺寸为 240mm×240mm，构造柱生根在地圈梁中。构件混凝土强度为 C20 级，建筑中的门窗如表所示，过梁全部由圈梁代替，所有墙体采用 KP1 黏土多孔砖（规格：240mm×115mm×90mm）砌筑。

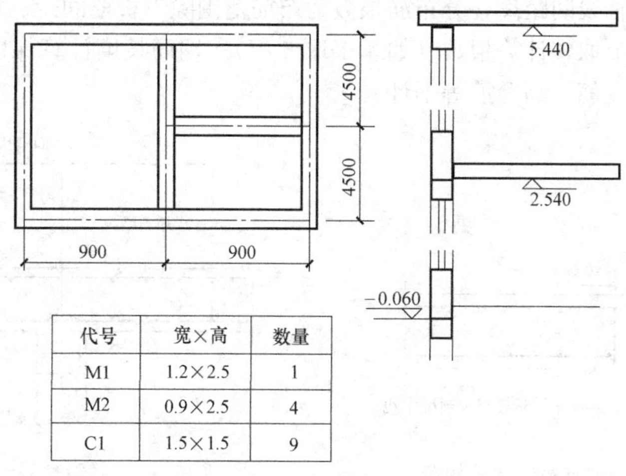


| 代号 | 宽×高 | 数量 |
|---|---|---|
| M1 | 1.2×2.5 | 1 |
| M2 | 0.9×2.5 | 4 |
| C1 | 1.5×1.5 | 9 |

图 5-87　习题 5-4 用图

（1）请按《建设工程量清单计价规范》GB 50500—2013 编制 KP1 黏土多孔砖墙体的工程量清单。

（2）请按江苏省 14 计价表计算 KP1 黏土多孔砖墙体部分分项工程量清单综合单价。

5-5　某现浇 C25 混凝土有梁板楼板平面配筋图，如图 5-88 所示，请根据《混凝土结

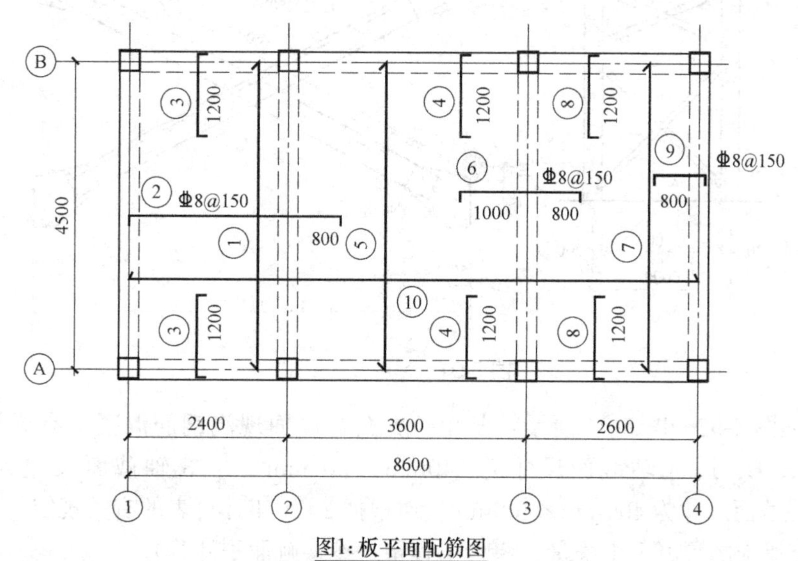


图 5-88　习题 5-5 用图

构施工图平面整体表示方法制图规则和构造详图（现浇混凝土框架、剪力墙、梁、板）》（国家建筑标准设计图集 11G101-1）有关构造要求（图 5-89、图 5-90），以及本题给定条件，计算该楼面板钢筋总用量，其中板厚 100mm，钢筋保护层厚度 15mm，钢筋锚固长度$l_{ab}=35d$；板底部设置双向受力筋，板支座上部非贯通纵筋原位标注值为支座中线向跨内的伸出长度；板受力筋排列根数为=[(L−100mm)/设计间距]+1，其中 L 为梁间板净长；分布筋长度为轴线间距离，分布筋根数为布筋范围除以板筋间距。板筋计算根数时如有小数时，均为向上取整计算根数（如 4.1 取 5 根）。钢筋长度计算保留三位小数；重量保留两位小数。温度筋、马凳筋等不计。

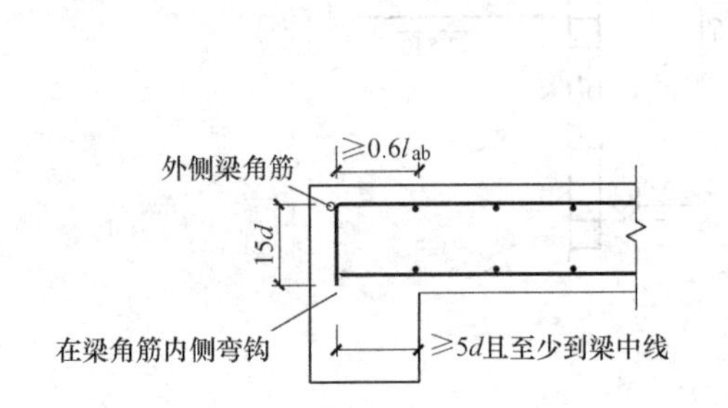


图 5-89 板在端部支座的锚固构造

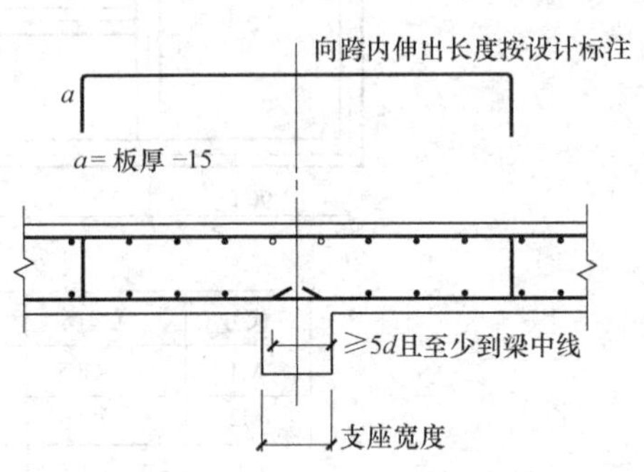


图 5-90 有梁楼盖楼面板钢筋构造

5-6 计算图 5-91 所示柱间支撑制作工程量。

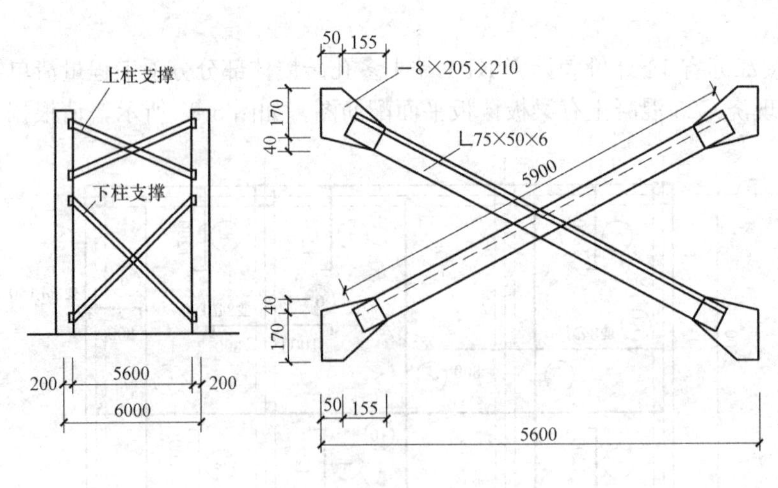


图 5-91 习题 5-6 用图

5-7 如图 5-92～图 5-94 所示，某单位办公楼屋面现浇钢筋混凝土有梁板，板厚为 100mm，A、B、1、4 轴截面尺寸为 240mm×500mm，2、3 轴截面尺寸为 240mm×350mm，柱截面尺寸为 400mm×400mm。请根据 2014 年计价表的有关规定，计算现浇钢筋混凝土有梁板的混凝土工程量、模板工程量（按接触面积计算）。

5-8 某四坡屋面如图 5-95 所示，设计屋面坡度为 0.5（即 θ=26°34′，坡度比例=1/4）。应用屋面坡度系数计算以下数值：(1) 屋面斜面积；(2) 四坡屋面斜脊长度；(3) 全部屋脊长度；(4) 两坡沿山墙泛水长度。

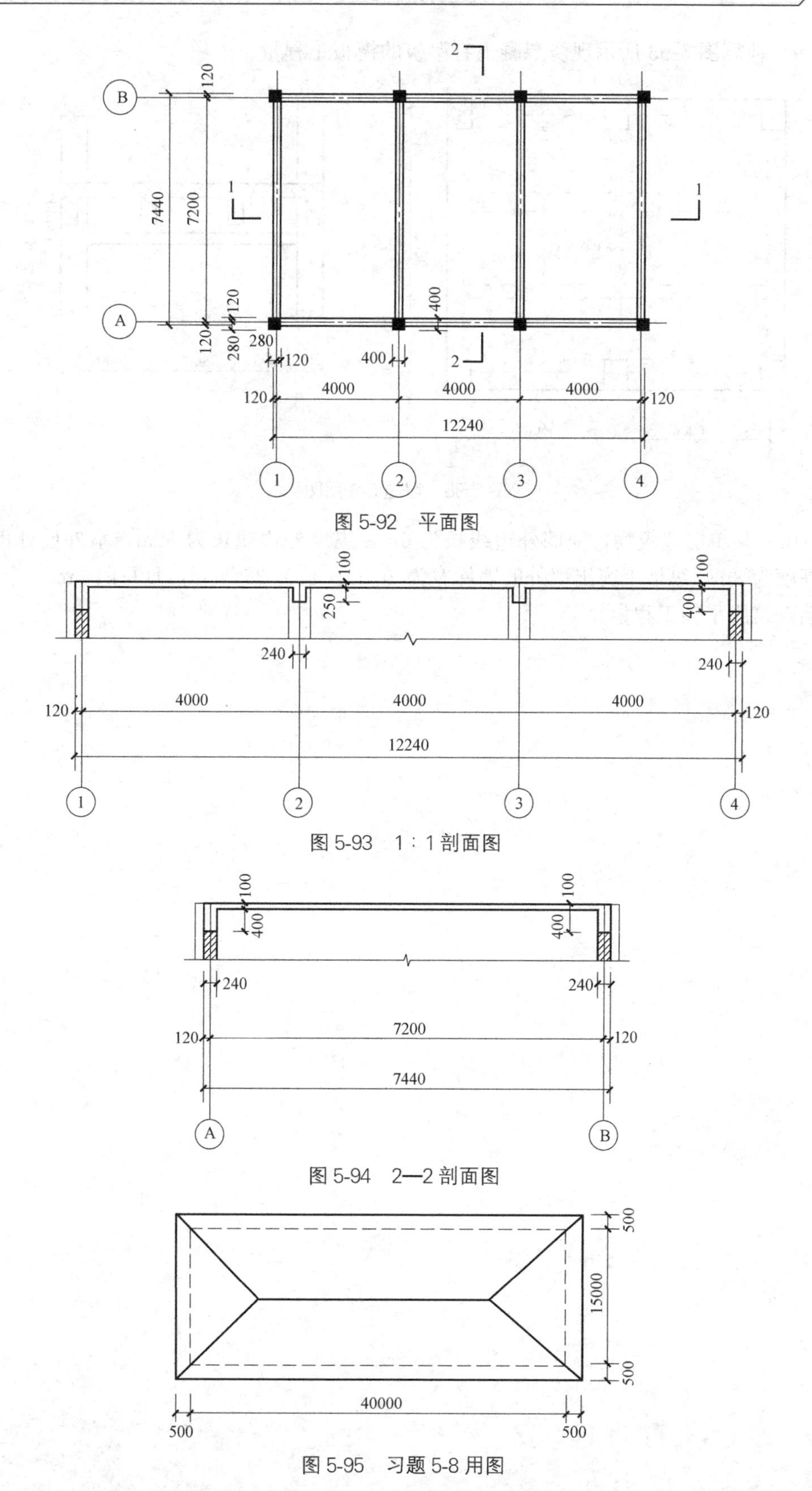


图 5-92　平面图

图 5-93　1：1 剖面图

图 5-94　2—2 剖面图

图 5-95　习题 5-8 用图

5-9　计算图 5-96 所示现浇混凝土有梁板的模板工程量。

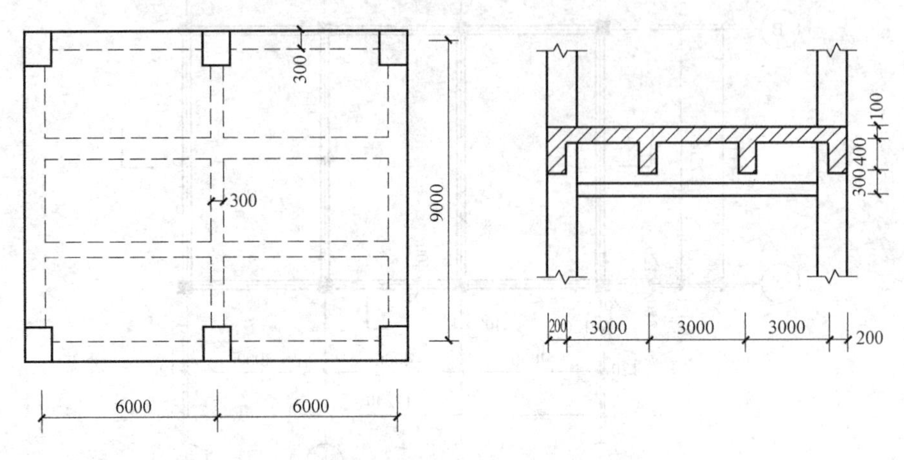


图 5-96　习题 5-9 用图

5-10　某单层建筑物，横墙外边线长为 6m，纵墙外边线长为 12m，室外设计地坪至檐口高度为 3m，纵墙上突出墙外的墙垛宽为 30cm，长为 36.5cm，且每隔 3m 一个墙垛。求外墙砌筑脚手架工程量。

# 第 6 章　工程造价的结算与决算

本章要点及学习目标

本章要点：

本章重点阐述工程价款结算及支付的内容、方式、步骤和工程价款动态结算的方法，FIDIC 合同条件下工程费用的支付与结算，工程变更及其价款的确定，工程索赔的原则、程序和索赔费用的计算方法，介绍工程竣工结算和竣工决算的内容，旨在使学生掌握工程结算的方法及计算，了解工程决算的内容。

学习目标：

工程计量、我国现行工程结算，FIDIC 合同条件下的工程结算，工程价款的动态结算；工程变更内容、确定程序、索赔程序、估价方法、反索赔。

## 6.1　工程造价的结算

### 6.1.1　工程价款结算

所谓工程价款结算，是指承包商在工程实施过程中，依据承包合同中关于付款条件的规定和已经完成的工程量，按照规定的程序向发包人（业主）收取工程价款的一项经济活动。

工程价款结算在一定程度上反映了工程的实际完成进度，在一定时期内弥补了承包商生产建筑产品的消耗，是考核承包商的重要经济指标，工程价款结算是工程项目承包中的一项十分重要的工作。

### 6.1.2　工程计量

1. 工程计量的概念

所谓工程计量，是指根据设计文件及承包合同中关于工程量计算的规定，工程师对承包商申报的已完成工程的工程量进行的核验。

工程计量是控制项目投资支出的关键环节，作为合同文件组成部分的工程量清单中所列工程量是在编制招标文件时，在图纸和规范的基础上估算的工程量，不能作为结算工程结算价款的依据，而必须经过工程师对已完成的工程量进行计量。

工程计量是约束承包商履行合同义务的重要手段，业主对承包商的付款是以工程师批准的付款证书为凭据的，工程师对计量支付有充分的批准和否决权。同时工程师通过按时计量，可以及时掌握承包商工作的进展情况，控制工程进度。

2. 工程计量的依据

1）质量合格证书

对于承包商已完的工程，并不是全部进行计量，而只是达到合同规定的质量标准的已完工程才予以计量。工程计量的前提是经过专业工程师检验，工程质量达到合同规定的标准后，由专业工程师签署报验申请表（质量合格证书）。不合格的工程不予计量。

2）工程量计算规则

工程量清单计价规范、合同规定的工程定额和技术规范是确定计量方法的依据。因为工程量清单计价规范、工程定额和技术规范条款中的工程量计算规则规定了工程量清单中的每一项工程的计量方法，同时还规定了按规定计量方法确定的单价所包括的工作内容和范围。

3）设计图纸

单价合同以实际完成的工程量进行计量，但被工程师计量的工程数量并不一定是承包商实际施工的数量。计量的工程量要以设计图纸为依据，工程师对承包商超出设计图纸要求增加的工程量和自身原因造成返工的工程量，不予计量。

3. 工程计量的方法

工程师一般只对以下三方面的工程项目进行计量：工程量清单中的全部项目；合同文件中规定的项目；工程变更项目。

工程计量一般可按照以下方法进行：

1）均摊法。所谓均摊法，就是对清单中某些项目的合同价款，按合同工期平均计算。

2）凭据法。所谓凭据法，就是按照承包商提供的凭据进行计量支付。

3）估价法。所谓估价法，就是按照合同文件的规定，根据工程师估算的已完成工程价值支付。

4）断面法。断面法主要用于取土或填筑路堤土方的计量。

5）图纸法。在工程量清单中，许多项目采取按照设计图纸所示尺寸进行计量。

6）分解计量法。所谓分解计量法，就是将一个项目，按工序或分部分项工程分解为若干子项，对完成的各子项进行计量。这种方法主要是为了解决一些包干项目或较大的工程项目的支付时间过长，影响承包商的资金流动问题。

### 6.1.3　我国现行工程价款的主要结算方式

我国现行工程价款结算根据不同情况，可采取多种方式。

1. 按月结算

实行旬末或月中预支，月终结算，竣工后清算的办法。跨年度竣工的工程，在年终进行工程盘点，办理年度结算。这种结算办法是按分部分项工程，即以假定“建筑安装产品”为对象，按月结算，待工程竣工后再办理竣工结算，一次结清，找补余款。我国现行建筑安装工程价款结算中，相当一部分是实行这种按月结算。

2. 竣工后一次结算

建设项目或单项工程全部建筑安装工程建设期在12个月以内，或者工程承包合同价在100万元以下的，可以实行工程价款每月月中预支，竣工后一次结算。

3. 分段结算

即当年开工，当年不能竣工的单项工程或单位工程按照工程形象进度，划分不同阶段进行结算，分段结算可以预支工程款。分段的划分标准，由各部门、省、自治区、直辖市、计划单列市规定。

4. 目标结算方式

即在工程合同中，将承包工程的内容分解成不同的控制界面，以业主验收控制界面作为支付工程价款的前提条件。也就是说，将合同中的工程内容分解成不同的验收单元，当承包商完成单元工程内容，经业主验收后，业主支付构成单元工程内容的工程价款。

5. 结算双方的其他结算方式

承包商与业主办理的已完成工程价款结算，无论采取何种方式，在财务上都可以确认为已完工部分的工程收入实现。

### 6.1.4 工程价款及支付

1. 工程预付款

施工企业承包工程，一般都实行包工包料，这就需要有一定数量的备料周转金。在工程承包合同条款，一般要明文规定发包单位（甲方）在开工前拨付给承包单位（乙方）一定限额的工程预付备料款。此预付款构成承包人为该承包工程项目储备主要材料、结构件所需的流动资金。

工程预付款仅用于施工开始时与本工程有关的备料和动员费用。如承包方滥用此款，发包方有权立即收回。另外，建筑工程施工合同示范文本的通用条款明确规定："实行预付款的，双方应当在专用条款内约定发包人向承包人预付工程款的时间和数额，开工后按约定比例逐次扣回。"

1）预付备料款的限额

预付备料款的限额由下列主要因素决定：主要材料费（包括外购构件）占工程造价的比例；材料储备期；施工工期。

对于承包人常年应备的备料款限额，可按下式计算：

$$\text{备料款限额}=\frac{\text{年度承包工程总值}\times\text{主要材料所占比重}}{\text{年度施工日历天数}}\times\text{材料储备天数} \tag{6-1}$$

一般建筑工程备料款的数额不应超过当年建筑工程量（包括水、暖、电）的30%，安装工程按年安装工作量的10%；材料占比重较多的安装工程按年计划产值的15%左右拨付。

在实际工作中，备料款的数额，要根据各个工程类型、合同工期、承包方式和供应体制等不同条件而定。例如，工业项目中的钢结构和管道安装占比重较大的工程，其主要材料所占比重比一般安装工程要高，因而备料款数额也要相应增大；工期短的工程比工期长的工程要高，材料由承包人自购的比由发包人供应的要高。在大多数情况下，甲乙双方都在合同中按当年工作量确定一个比例来确定备料款数额。对于包工不包料的工程项目可以不预付备料款。

2）备料款的扣回

发包单位拨付给承包单位的备料款属于预支性质，到了工程中、后期，所储备材料的价值逐渐转移到已完成工程当中，随着主要材料的使用，工程所需主要材料的减少应以充抵工程款的方式陆续扣回。扣款的方法如下：

（1）从未施工工程尚需的主要材料机构间相当于备料款数额起扣，从每次结算工程款中，按材料比重扣抵工程款，竣工前全部扣除。备料款起扣点计算公式如下：

$$T=P-\frac{M}{N} \tag{6-2}$$

式中 $T$——起扣点，即预付备料款开始扣回时的累计完成工程量金额；

$M$——预付备料款的限额；

$N$——主要材料所占比重；

$P$——承包工程价款总额。

第一次应扣回预付备料款金额＝(累计已完工程价值－起扣点已完工程价值)×主要材料所占比重。

以后每次应扣回预付备料款金额＝每次结算的已完工程价值×主要材料所占比重。

（2）扣款的方法也可以是经双方在合同中约定承包方完成金额累计达到一定比例后，由承包方开始向发包方还款，发包方从每次应付给承包方的金额中扣回预付款，发包方应在工程竣工前将工程预付款的总额逐次扣回。

2. 工程进度款（中间结算）

承包人在工程建设中按逐月（或形象进度、或控制界面）完成的分部分项工程量计算各项费用，向发包人办理月工程进度（或中间）结算，并支取工程进度款。

以按月结算为例，现行的中间结算办法是，承包人在旬末或月中向发包人提出预支工程款账单预支一旬或半月的工程款，月末再提出当月工程价款结算和已完工程月报表，收取当月工程价款，并通过银行进行结算。发包人与承包人的按月结算，要对现场已完工程进行清点，由监理工程师对承包人提出的资料进行核实确认，发包人审查后签证。目前月进度款的支取一般是以承包人提出的月进度统计报表作为凭证。

1）工程进度款结算的步骤

（1）由承包人对已经完成的工程量进行测量统计，并对已完成工程量的价值进行计算。测量统计、计算的范围不仅有合同内规定必须完成的工程量及其价值，还应包括由于变更、索赔等而发生的工程量和相关的费用。

（2）承包人按约定的时间向监理单位提出已完工程报告，包括工程计量报审表和工程款支付申请表，申请对完成的合同内和由于变更产生的工程量进行核查，对已完工程量价值的计算方法和款项进行审查。

（3）工程师接到报告后应在合同规定的时间内按设计图纸对已完成的合格工程量进行计量，依据工程计量和对工程量价值计算审查结果，向发包人签发工程款支付证书。工程款支付证书同意支付给承包人的工程款应是已经完成的进度款减去应扣除的款项（如应扣回的预付备料款、发包人向承包人供应的材料款等）。

（4）发包人对工程计量的结果和工程款支付证书进行审查确认，和承包人进行进度款结算，并在规定时间内向承包人支付工程进度款。同期用于工程上的发包人供应给承包人的材料设备价款，以及按约定发包人应按比例扣回的预付款，与工程进度款同期结算。合同价款调整、设计变更调整的合同价款及追加的合同价款应与工程进度款调整支付。

2）工程进度款结算的计算方法

工程进度款的计算主要根据已完成工程量的计量结果和发包人与承包人事先约定的工程价格的计价方法。在《建筑工程施工发包与承包计价管理办法》中规定，工程价格的计价可以采用工料单价法和综合单价法。

所谓工料单价法，是指单位工程分部分项的单价为直接费，直接费以人工、材料、机械的消耗量及其相应价格确定。间接费、利润、税金等按照有关规定另行计算。

所谓综合单价法，是指单位工程分部分项工程量的单价为全费用单价，全费用单价综合计算完成分部分项工程所发生的直接费、间接费、利润、税金。

两种方法在选择时，既可以采用可调价格的方式，即工程价格在实施期间可随价格变化调整。也可以采用固定价格的方式，即工程价格在实施期间不因价格变化而调整，在工程价格中已考虑风险因素并在合同中明确了固定价格所包括的内容和范围。实践中采用较多的是可调工料单价法和固定综合单价法。

可调工料单价法计价，要按照预算定额规定的工程量计算规则计算工程量，工程量乘以预算定额单价作为直接成本单价，其他直接成本、间接费、利润、税金等按照相应的工程建设费用标准分别计算。因为价格是可调的，其材料等费用在结算时按工程造价机构公布的调价系数或主材按实计算差价，次要材料按系数调整价差；固定综合单价法包含了风险费用在内的全费用单价，故不受时间价值的影响。

3. 工程保修金（尾留款）

甲乙双方一般都在工程建设合同中约定，工程项目总造价中应预留出一定比例的尾留款作为质量保修费用（又称保留金），待工程项目保修期结束后最后拨付。尾留款的扣除一般有两种做法：

1）当工程进度款拨付累计达到该建筑安装工程造价的一定比例（一般为95%～97%左右）时，停止支付，预留造价部分作为尾留款。

2）尾留款（保修金）的扣除也可以从发包方向承包方第一次支付的工程进度款开始在每次承包方应得的工程款中按约定的比例（一般是3%～5%）扣除作为保留金，直到保留金达到规定的限额为止。

4. 工程价款的动态结算

在我国，目前实行的是市场经济，物价水平是动态的，不断变化的。建设项目在工程建设合同周期内，随着时间的推移，经常要受到物价浮动的影响，其中人工费、机械费、材料费、运费价格的变化，对工程造价产生很大影响。我国现行的工程价款的计算方法是静态的，没有反映出工程所需的人工、材料、机械台班、设备等费用因价格变动对工程造价产生的影响。工程价款的计算基础是定额直接费，定额直接费包括人工费、材料费、机械台班使用费。而定额中的人工费价格、材料费价格、机械台班费用单价，通常是以定额使用范围的某一中心城市某一时期的有关资料为依据编制的。工程所处地区不同，工程预（结）算的时期与定额编制的时期不同，其间人工、机械、材料等价格的变化必然使工程的实际单价与定额单价存在差异。

为使工程结算价款基本能够反映工程的实际消耗费用，弥补现行工程计价方法的缺陷，现在通常采用的动态结算办法有工造价指数调整法、实际价格调整法、调价文件计算法、调值公式法等。

1）工程造价指数调整法

这种方法是甲乙方采用当时的预算（或概算）定额单价计算出承包合同价，待工程竣工时根据合理工期及当地工程造价管理部门公布的该月度（或季度）的工程造价指数，对原承包合同价予以调整，重点调整那些由于实际人工费、材料费、施工机械费上涨及工程变更因素造成的价差。

2）实际价格调整法

现在建筑材料需要市场采购供应的范围越来越大，有相当一部分工程项目对钢材、木材、水泥、装饰材料等主要材料采取实际价格结算的方法，承包商可凭发票按实报销，这种方法方便而正确。但由于是实报实销，承包商对降低成本不感兴趣；另外由于建筑材料市场采购渠道广泛，同一种材料价格会因采购地点不同有差异，甲乙双方因此引起纠纷，为了避免副作用，价格调整应该在地方主管部门定期发布最高限价范围内进行，合同文件中应规定发包方有权要求承包方在保证材料质量的前提下选择更廉价的材料供应来源。

3）调价文件计算法

这种方法是甲乙双方签订合同时按当时的预算价格承包，在合同工期内按照造价部门的调价文件的规定，进行材料补差（在同一价格期内按所完成的材料用量乘以价差）。也有的地方定期发布主要材料供应价格或指令性价格，对这一时期的工程进行材料补差。同时，按照文件规定的调整系数，对人工、机械、次要材料费用的价差进行调整。

4）调值公式法

根据国际惯例，对建设项目的动态结算一般采用此办法。在绝大多数国际工程项目中，甲乙双方在签订合同时就明确提出这一公式，以此作为价差调整的依据。

建筑安装调值公式一般包括固定部分、材料部分和人工部分，表达式如下：

$$P=P_0\left(a_0+a_1\frac{A}{A_0}+a_2\frac{B}{B_0}+a_3\frac{C}{C_0}+a_4\frac{D}{D_0}\right) \tag{6-3}$$

式中 $P$——调值后合同款或工程实际结算款；

$P_0$——合同价款中工程预算进度款；

$a_0$——固定要素，代表合同支付不能调整的部分占合同总价中的比重；

$a_1$、$a_2$、$a_3$、$a_4$……——代表有关各项费用（如：人工费用、钢材费用、水泥费用、运输费用等在合同总价中）所占比重 $a_1+a_2+a_3+a_4+\cdots\cdots=1$

$A_0$、$B_0$、$C_0$、$D_0$……——基准日期与 $a_1$、$a_2$、$a_3$、$a_4$……对应的各项费用的基期价格指数或价格；

$A$、$B$、$C$、$D$……——在工程结算月份与 $a_1$、$a_2$、$a_3$、$a_4$……对应的各项费用的现行价格指数和价格。

各部分的成本比重系数在许多标书中要求在投标时即提出并在价格分析中予以论述。但也有的是由发包方（业主）在标书中规定一个允许范围，由投标人在此范围内选定。

### 6.1.5 设备、工器具、材料价款和其他费用的支付与结算

1. 国内设备、工器具、材料价款和其他费用的支付与结算

1）国内设备、工器具和材料价款的支付与结算

按照我国现行规定，银行、单位和个人办理结算都必须遵守的结算原则：一是恪守信

用，履约付款；二是谁的钱进谁的账，由谁支配；三是银行不垫款。

建设单位对订购的设备、工器具，一般不预付定金，只有对制造期长、造价高的大型专用设备的价款，按合同分期付款。如预先付部分备料款约10%～20%，在设备制造进度达到60%时再付40%，交货时再付35%，余5%作为质量保证金，质量保证期满时返还保证金。在设备制造招标时，承包方还可根据自身实力，在降低报价的同时提出分期付款的时间和额度的优惠条件取得中标资格。

建设单位对设备、工器具的购置，要强化时间观念，效益观念，即要按照工程进度的需要购置，避免提前订货而多支付贷款利息和影响建设资金的合理周转。同时建设单位收到设备、工具后要按合同规定及时付款，不应无故拖欠。如果资金不足而延期付款，要支付一定的赔偿金。

2）国内材料价款的支付与结算

国内建筑安装工程承发包双方的材料结算，可以按以下方式进行：

（1）由承包单位自行采购材料的，由承包方购货付款，发包方在双方签订合同后规定的时间内按年度工作量的一定比例向承包方预付备料资金。

备料款的预付额度，建筑工程一般不应超过当年建筑包括（水、暖、电等）工作量的30%，大量采用预制构件以及工期较短的工程可以适当增加；安装工程一般不应超过当年安装量的10%，安装材料用量较大的工程，可以适当增加。

预付的备料款，要按照合同规定的方法，从发包方付给承包方的工程款中陆续抵扣，在工程竣工之前要抵扣完。

甲乙方材料价款结算方式可按照合同商定的材料价格确定方法进行结算。

（2）包工包料工程，按合同规定由发包方供应主要材料的，其材料可按材料预算价格转给承包单位。材料价款在结算工程款时陆续抵扣。这部分材料，承包单位不应收取备料款。甲方供应材料量应按照应完成工程量和预算定额消耗量确定，超过定额消耗总量，应分析原因，属于发包方原因，由发包方承担，超出部分的材料价款，应和承包单位进行结算；属于承包单位原因，应按市场价格计算价款，其价款由承包单位自行负担。

（3）包工不包料工程，全部材料由发包方采购供应，承包单位只负责提供劳动力、施工用周转性材料、施工机具等。发包方按定额消耗量供应。

2. 进口设备、工器具和材料价款的结算

进口设备分为标准机械设备和专制设备两类。标准机械设备系指通用性广泛、供应商有现货、可以立即提交的货物。专制设备是指根据业主提交的定制设备图纸专门为该业主制造的设备。

1）标准机械设备的结算

标准机械设备的结算，大都使用国际贸易广泛使用的不可撤销的信用证。这种信用证在合同生效之日后货物装运前的一定日期内由买方委托银行开出，经买方认可的所在地银行为议付银行。以卖方为收款人的不可撤销的信用证，其金额按合同总额的一定比例在合同中明确。

（1）首次合同付款。当采购货物已装船且卖方提供保函、装箱单、装船的海运提单等相关的文件和单证后即可支付合同总价的90%。

（2）最终合同付款。机械设备在保证期截止时，银行收到合同规定的，由双方签署的验收证明和其他相关单证后支付合同总价的尾款，一般为合同总价的10%。

(3) 支付货币与时间。买方以投标书（标价）中说明的一种或几种货币比例进行支付。每次付款在卖方提供的单证符合规定之后，买方须在卖方提出日期的一定期限内（一般45天内）将相应的货款付给卖方。

2) 专制机械设备的结算

专制机械设备的结算一般分为三个阶段，即预付款、阶段付款和最终付款。

(1) 预付款。一般专制机械设备的采购，在合同签订后开始制造前，卖方委托银行出具保函和其他必要的文件和单证后，由买方向卖方提供总价的10%～20%的预付款。

(2) 阶段付款。按照合同条款，当机械制造开始加工到一定阶段，在满足一定的付款条件的前提下，可按设备合同价一定的百分比进行付款。阶段的划分是当机械设备加工制造到关键部位时进行一次付款，到货物装船买方收货验收后再付一次款。每次付款都应在合同条款中作较详细地规定。

(3) 最终付款。最终付款是旨在保证期结束时，银行在收到合同中规定的、双方签署的验收证明后，付给卖方的货款。

3) 利用出口信贷方式支付进口设备、工器具和材料价款

进口设备、工器具和材料价款的支付，我国还经常利用出口信贷的形式。出口信贷根据借款的对象分为卖方信贷和买方信贷。

(1) 卖方信贷是卖方将产品赊销给买方，规定买方在一定时期内延期或分期付款。买方通过向本国银行申请出口信贷，来填补占用的资金。其过程如图6-1所示。

采用卖方信贷进行设备材料结算时，一般是在签订合同后先预付10%的定金，在最后一批货物装船后再付10%，在货物运抵目的地，验收后付5%，待质量保证期满时再付5%，剩余的70%货款应在全部交货后规定的若干年内一次或分期付清。

(2) 买方信贷有两种形式：一种是由产品出口国银行把出口信贷直接贷给买方，买卖双方以即期现汇成交，买方分期向出口国银行偿还贷款的本息。其过程如图6-2所示。

买方信贷的另一种形式是出口国银行把出口信贷贷给进口国银行，再由进口国银行转贷给买方，买方用现汇支付给卖方，买方通过进口国银行分期向出口国银行偿还贷款本息。其过程如图6-3所示。

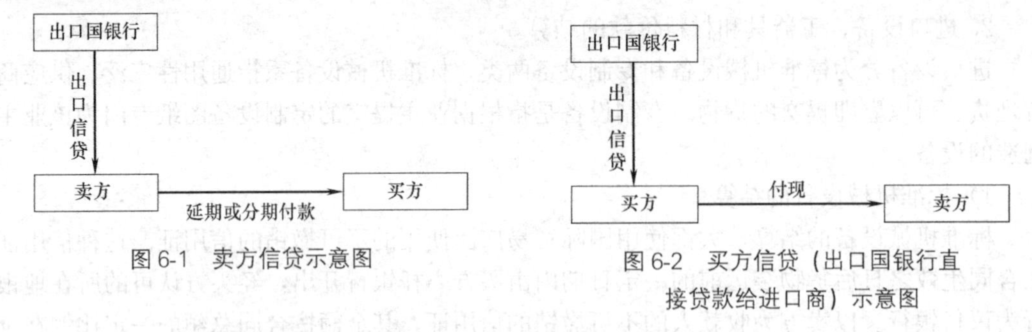


图6-1 卖方信贷示意图

图6-2 买方信贷（出口国银行直接贷款给进口商）示意图

## 6.1.6 FIDIC合同条件下工程费用的支付与结算

1. 工程支付与结算范围和条件

FIDIC合同条件规定的支付结算为每个月支付工程进度款、竣工移交时办理竣工结

算、解除缺陷责任后进行最终结算三大类型。

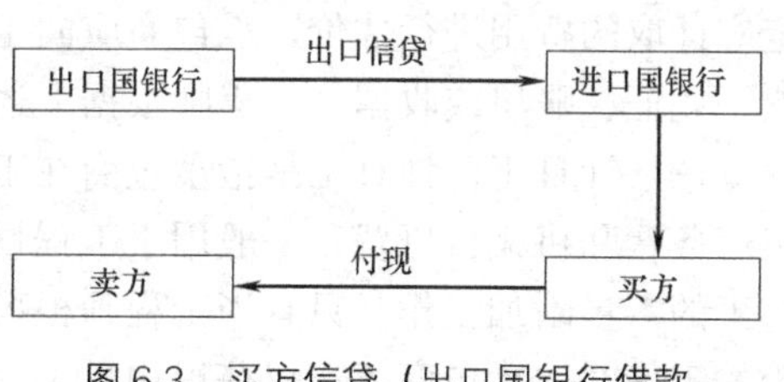

图 6-3 买方信贷（出口国银行借款给进口国银行）示意图

1）支付结算过程中涉及的费用可以分为两大类

（1）一类是工程量清单中明确的费用，这部分费用是承包商在投标时，根据招标书和合同条件的有关规定提出的报价，并经业主认可的费用。

（2）另一类属于工程量清单之外，但合同中有明确规定的费用，如变更工程款、物价浮动调整款、预付款保留金、逾期付款利息、索赔款、违约赔偿等。

2）工程支付的条件

（1）质量合格。这是工程支付的必要条件，工程结算以工程计量为基础，工程计量是以质量合格为前提，并不是对承包商完成的工程全部支付，而是只支付其中的质量合格部分。

（2）承包商完成的工作量必须是要求承包商实施的工程。未经工程师认可的合同外工作量和由于承包商原因造成的返工，不予支付。同时，工程支付必须要达到合同规定的付款条件。

（3）变更项目必须要有工程师的变更通知。没有工程师的指示承包商不得作任何变更，否则承包商无理由就此类变更的费用要求补偿。

（4）支付金额必须大于临时支付证书规定的最小限额。合同条件规定，如果在扣除保留金和其他金额之后的净额少于投标书附件中规定的临时支付证书的最小限额时，工程师没有义务开具任何支付证书。未予支付的金额将按月结转，直到达到或超过最低限额才予以支付。

（5）承包商工作使监理工程师满意。为了通过经济手段约束承包商履行合同中规定的各项责任和义务，合同条件规定对于承包商申请支付的项目，即使达到规定的支付条件，但承包商其他方面的工作未能使监理工程师满意，监理工程师可通过任何临时支付证书对他所签发的任何原有的证书进行修正或更改，也有权在任何临时证书中删去或减少该工作的价值。

2. 工程支付的项目

1）工程量清单项目

分为一般项目、暂列金额和计日工共三种。

（1）一般项目的结算是以经工程师计量的工程量为依据，乘以工程量清单中的单价得到应结算的价款，这类项目一般通过签发期中支付证书支付进度款，每月一次。

（2）暂列金额。暂列金额是指包括在合同中，由于变更产生的由承包商完成的工作，或提供货物、材料、设备或服务，或要由承包商从指定分包商或其他单位购买的设备、材料或服务，或提供不可预料事件之费用的一项金额，这项金额按照工程的指示可能全部或部分使用，或根本不予动用。没有工程师的指示，承包商不能进行暂列金额项目的任何工作。

承包商按照工程师的指示完成的暂列项目的费用，按承包商实际支付的成本和合同规定应计取的费用进行估价，承包商应向工程师出示与暂列金额开支有关的所有报价单、发票、凭证、账单或收据。工程师根据上述资料，按照合同规定，确定支付金额。

（3）计日工。计日工是指承包商在工程量清单的附件中，按工种或设备填报单价的日工劳务费和机械台班费，一般用于工程量清单中没有合适的项目，且不能安排大批量流水施工的零星附加工作。只有当工程师根据施工进展的实际情况，只是承包商实施以日工计价的工作时，承包商才有权获得用日工计价的付款。

2）工程量清单以外的项目

（1）动员预付款。当承包商按照合同约定提交一份保函后，业主应支付一笔预付款，作为用于动员的无息贷款。预付款总额、分期付款的次数和时间安排（如次数多于一次），及使用货币的比例，应按投标书附录中的规定。工程师收到有关的报表和保函后，应发出期中付款证书，作为首次分期预付款。

预付款应通过付款证书中按百分比扣减的方式扣还。除非投标书附录中规定其他百分比，扣减可按以下方式进行：扣减应从确认的期中付款（不包括预付款、扣减款和保留金的付还）累计额超过中标合同金额减去暂列金额后余额的10%时的付款证书开始；扣减应按每次付款证书中的金额（不包括预付款、扣减款和保留金的付还）的25%的摊还比率，并按预付款的货币和比例计算，直到还清为止。

（2）拟用于工程的生产设备和材料款。已运往现场为永久工程用的生产设备和材料的金额，在承包商已经提供了购买生产设备、材料并运至现场的相关记录、费用报表和银行保函的前提下，在工程师通过签发期中支付证书中支付该款项。该款项金额按照生产设备和材料价值的80%确定。

付给承包商的拟用于工程的生产设备和材料款属于预付款，当该生产设备、材料用于永久性工程后应在签发的期中付款证书支付的工程进度款中扣除该款项。

（3）保留金。保留金是为了确保在施工阶段，或在缺陷责任期内由于承包商未能履行合同义务，由业主（或工程师）指定他人完成应由承包商承担的工作所发生的费用。保留金应按合同约定从承包商应得的工程进度中相应扣减保留在业主手中。

保留金的限额按照合同约定的额度（一般按合同价款的2.5%～5%），每次月进度款支付时扣留的百分比一般为5%～10%，累计扣留的最高限额为合同价的2.5%～5%。从第一次支付工程进度款开始，用该月承包商完成合格工程应得款加上因后续法规政策变化的调整和时常价格浮动变化的调价款为基数，乘以合同约定保留金扣还的百分比作为本次支付时应扣留的保留金。逐月累计扣到合同约定的保留金最高限额为止。

业主扣留承包商的保留金分两次返还：

第一次，颁发工程接受证书后将保留金的一半支付给承包商。如果颁发的接受证书只限于一个区段或工程的一部分，则：

$$返还金额=保留金总额的一半\times\frac{移交工程区段或部分的合同价值的估算值}{最终合同价值的估算值}\times 40\%$$

第二次，保修期满颁发履约证书后将剩余保留金返还。整个合同的缺陷通知期满，返还剩余的保留金。如果颁发的履约证书只限于一个区段，则在这个区段的缺陷通知期满后并不全部返还该部分剩余的保留金：

$$返还金额=保留金总额的一半\times\frac{移交工程区段或部分的合同价值的估算值}{最终合同价值的估算值}\times 40\%$$

（4）工程变更的费用。工程变更费用的支付依据是工程变更令和工程师对变更项目所确定的变更费用，支付时间和支付方式列入期中支付证书予以支付。

（5）索赔费用。索赔费用的支付依据是工程师批准的索赔证书及其计算而得的款额，支付时间随工程进度款一并支付。

（6）价格调整费用。价格调整费用按照合同条件规定的计算方法计算调整的数额，包括因法律改变和成本改变的调整。

（7）迟付款利息。如果承包商没有在规定的时间内收到付款，承包商应有权就为付款额按月计算复利，收取延误期的融资费用。该延误期应认为从按照合同规定的支付日起算起，而不考虑颁发任何期中付款证书的日期。除非专有条件中另有规定，上述融资费用应以高出支付货币所在国中央银行的贴现率加三个百分点的利率进行计算，并应用同种货币计算。

（8）业主索赔。业主索赔主要包括拖延工期的误期损害赔偿费和缺陷工程损失等。这类费用可以从承包商的保留金中扣除，也可以从支付给承包商的款项中扣除。

3. 工程费用支付程序

1）承包商提出付款申请

承包商应在每个月末后，按工程师批准的格式项工程是提交报表，详细说明承包商自己认为有权得到的款额，以及包括按照合同条件规定编制的相关进度报告在内的证明文件。

报表应包括以下几个方面的内容：

（1）截止到月末已实施的工程和已提出的承包商文件的估算合同值；

（2）按照合同中因法律的改变和成本的改变应增减的任何款额；

（3）至业主提取的保留金额达到合同规定的保留金最高限额以前，按合同规定应扣减的任何保留金额；

（4）按照合同中预付款的规定，因预付款的支付和扣还，应增加和减少的任何款额；

（5）按照合同条件中关于拟用于工程的生产设备和材料的规定，因为工程设备和材料进场付给承包商而增加的款额，和该部分生产设备和材料作为永久工程的一部分后，工程师在期中付款证书中扣除该款项而减少的款额；

（6）根据合同或包括索赔、争端和仲裁等其他规定，应付的任何其他增加或减少额；

（7）所有以前付款证书中确认的减少额。

2）工程师审核，签发期中付款证书

工程师在28天内对提交的付款申请进行全面审核，修正或删除不合理部分，计算付款净金额。计算净金额时，应扣除该月应扣除的保留金、动员预付款、材料设备预付款、违约金等。编制并向业主递交一份期中付款证书。若净金额小于合同规定的期中支付的最小限额时，则工程师不需开具任何付款证书。在此情况下工程师应通知承包商。工程师可在任一次付款证书中，对以前任何付款证书做出应有的任何改正或修改。付款证书不应被视为工程师接收、批准、同意或满意的表示。

3）业主支付

承包商的报表经过工程师认可并签发期中付款证书后，业主应在接到证书的规定时间（预付款：在中标函颁发后42天或工程师收到报表申请和业主收到履约保函后21天；进度款：收到报表和证明文件后56天；最终付款证书：业主收到付款证书后56天）内向承包商付款。如果逾期付款，承包商将有权按合同条件规定计算并申请迟付款利息。

4. 竣工结算

颁发工程接收证书后的84天内，承包商应按工程师期中付款证书申请的要求报送竣工报表及证明文件，并列出以下内容：

1）截至工程接收证书载明的日期，按合同要求完成的所有工作的价值。

2）承包商认为应支付的任何其他款项。

3）承包商认为根据合同规定将应支付给他的任何其他款项的估计款额。估计款额应在竣工报表单独列出。

工程师接到竣工报表后，应对照竣工图进行详细核算，对其他支付要求进行审查，然后再依据检查结果签署竣工结算的支付证书。此项签证工作，工程师应在收到竣工报表后28天内完成。业主依据工程师的签证予以支付。

5. 最终结算

承包商在收到履约证书后56天内，应向工程师提交按照工程师批准的格式编制的最终报表草案并附证明文件，详细列出：

1）根据合同完成的所有工作的价值。

2）承包商认为根据合同或其他规定应支付给他的任何其他款额。

工程师审核后与承包商进行协商，承包商按照与工程师达成一致的意见对最终报表草案进行适当的补充修改后形成最终报表，报送给工程师，同时还须向业主提交一份“结清证明”，进一步证实最终报表中按照合同应付给承包商的全部和最终的结算总额。

工程师在收到正式最终报表和结清证明后28天内，工程师应向业主递交一份最终付款证书，说明：

1）最终应支付给承包商的款额。

2）确认业主以前已付给承包商的所有金额，以及业主应支付和应得到款额收支差额。

在最终付款证书送交业主56天内，业主应向承包商进行支付。只有当业主按照最终支付证书的金额予以支付并退还履约保函后，结清单才生效，承包商的索赔权也即行中止。

## 6.2　工程变更与索赔管理

### 6.2.1　工程变更

1. 工程变更概述

由于工程建设的周期长，涉及的经济关系和法律关系复杂，受自然条件和客观因素的影响比较大，导致项目建设的实际情况与项目招投标时的情况相比会发生一些变化。这样就必然使得实际施工情况和合同规定的范围和内容有不一致的地方，由此而产生了工程变更。工程变更包括工程量的变更、工程项目的变更、进度计划的变更、施工条件的变更等。变更产生的原因很多，有业主的原因，如：业主修改项目计划、项目投资额的增减、业主对施工进度要求的变化等；有设计单位的原因，如：有设计错误，必须对设计图纸作修改；新技术、新材料的应用，有必要改变原设计、实施方案和实施计划；另外，国家法律法规和宏观经济政策的变化也是产生变更的一个重要的原因。总的说来，工程变更可以分为设计变更和其他变更。

对于设计变更，如果在施工中发生，将对施工进度产生很大影响。工程项目、工程量、施工方案的改变，也将引起工程费用的变化。因此应尽量减少设计变更，如果必须对设计进行变更，一定要严格按照国家的规定和合同约定的程序进行。由于发包人对原设计进行变更，以及经工程师同意的、承包人要求进行的设计变更，导致合同价款的增减及造成的承包人损失，由发包人承担，延误的工期顺延。

对于其他变更，如果合同履行中发包人要求变更工程质量标准及发生其他实质性变更，由双方协商解决。

2. 我国现行的工程变更价款的确定

设计单位对原设计存在的缺陷提出的设计变更，应编制设计变更文件；发包方或承包方提出的设计变更，须经监理工程师审查同意后交原设计单位编制设计文件。变更涉及安全、环保等内容时应按规定经有关部门审定。施工中发包人如果需要对原工程设计变更，需要在变更前规定的时间内通知承包方。由于业主原因发生的变更，由业主承担因此而产生的经济支出，确认承包方工期的变更；变更如果由于承包方违约所致，因此产生的经济支出和工期损失由承包方承担。

工程变更发生后，承包方在工程变更确定后 14 天内，提出变更工程价款的报告，经工程师确认后调整工程价款。承包方在确定变更后 14 天内不向工程师提出变更工程价款的报告时，视为该项设计变更不涉及合同价款的变更。工程师收到变更工程价款的报告之日起 7 天内，予以确认。变更价款的确认可按照下列方法：

1）合同中已有适用于变更工程的价格，按合同已有的价格计算、变更合同价款；

2）合同中只有类似于变更情况的价格，可以此作为基础确定变更价格，变更合同价款。

3）合同中没有类似和适用于变更工程的价格，由承包人提出适当的变更价格，经工程师确认后执行。

### 6.2.2　工程索赔

1. 工程索赔的概念

1）索赔的含义

工程索赔时在工程承包合同履行中，当事人一方由于另一方未能履行合同所规定的义务或者出现了应当由对方承担的风险而遭受损失时，向另一方提出索赔要求的行为。

索赔应当是双向的，既可以是承包商向业主索赔，也可以是业主向承包商索赔。在工程项目实施的各个阶段都有可能发生索赔事件，但项目施工阶段发生索赔事件比较多。在项目施工阶段承包商向发包方索赔发生的最集中、处理难度最复杂，也是索赔管理的重点。因为业主在向承包商索赔中处于主动地位，可以直接从应付给承包商的工程款中扣抵，也可以从保留金中扣款以补偿损失。

索赔时法律和合同赋予当事人的正当权利。索赔可以从以下三个方面来理解：

(1) 一方违约使另一方蒙受损失，受损方向对方提出赔偿损失的要求；

（2）发生应由业主承担责任的特殊风险或遇到不利自然条件等情况，使承包商蒙受较大损失而向业主提出补偿损失的要求；

（3）承包商本人应当获得的正当利益，由于没能及时得到监理工程师的确认和业主应给予的支付，而以正式函件向业主索赔。

索赔的性质是经济补偿行为，而不是惩罚。索赔事件的发生，不一定在合同文件中有明确的约定；索赔事件可以是一定行为产生，也可以是不可抗力引起的；索赔事件的发生，可以是合同的当事一方引起的，也可以是任何第三方引起的。一定要有损失才能提出索赔，因此索赔具有补偿性质。索赔方所受的损失与被索赔人的行为不一定存在法律上的因果关系。

2）索赔的分类

（1）按索赔的当事人分类。承包商与业主之间的索赔；承包商与分包商的索赔；承包商与供应商的索赔；承包商与保险之间的索赔。

（2）按索赔的目的分类。工期索赔和费用索赔。

（3）按索赔的对象分类。索赔（承包商向业主提出的索赔）和反索赔（业主向承包商提出的索赔）。

（4）按索赔的依据分类。合同约定的索赔；非合同约定的索赔；道义索赔。

（5）按索赔事件的性质分类。工程变更索赔；工程中断索赔；工期延长索赔；工程加速（即缩短工期）索赔；以外风险和不可预见因素索赔；其他原因索赔。

3）施工索赔的内容

（1）不利的自然条件与人为障碍引起的索赔。

（2）工程变更引起的索赔。

（3）工期延长引起的索赔。通常包括两个方面：一是承包方要求延长工期；二是承包方要求偿付由于非承包方原因导致工程延期而造成的损失。

（4）因施工中断和工效降低提出的索赔。

（5）因工程终止或放弃提出的索赔。

（6）关于支付方面的索赔。价格调整方面的索赔；货币贬值导致的索赔；拖延支付工程款导致的索赔。

2. 工程索赔的原则和程序

1）工程索赔的原则

（1）索赔必须以相关的法律和合同为依据。无论是风险事件的发生，还是当事人没有按照合同约定工作，都应该在合同中找到相应的依据，都必须符合相关法律的规定。索赔成立的条件是：索赔事件已经造成了当事人费用和工期的损失；造成损失的原因不属于当事人应承担的行为责任或风险责任。当事人有权利按规定的程序和时间提出索赔意向通知和索赔报告。工程师应依据合同和事实对成立的索赔事件进行公正的处理。

（2）及时、合理、实事求是地处理索赔。索赔事件发生后，索赔的提出和处理应当及时。索赔处理的不及时，对双方都会产生不利的影响，如承包人的索赔长期得不到合理解决，索赔事件积累的结果会导致其资金困难，同时会影响工程进度，难以按预定时间竣工投产，业主的投资效益受到损失，给双方都带来不利的影响。处理索赔还必须坚持合理性原则，既考虑到国家的有关规定，也应考虑到工程的实际情况。索赔的证据一定要真实、有效、合理、可靠，索赔款额的计算要准确、实事求是，申请延展的工期要合理。

(3) 主动控制，减少工程索赔。对于工程索赔应当主动控制，尽量减少索赔。这就要求在工程建设的各个环节，严格管理，尽量将工作做在前面，减少设计工作出现的漏洞，减少索赔事件的发生。这样能够使工程更顺利进行，降低工程投资，减少施工工期，提高投资效益。

2) 工程索赔程序

(1) 索赔意向通知。在索赔事件发生后，承包商应在规定时间（28天）内向工程师提交索赔意向通知，声明对此索赔事件提出索赔。如果超过规定的期限提交索赔意向通知，工程师和业主有权拒绝承包商的索赔要求。

(2) 递交索赔报告。当索赔事件发生后，承包商就应该进行索赔工作，抓紧准备索赔的证据资料，包括事件的原因、对其权益影响的证据资料、索赔的依据，计算出该事件影响所要求的索赔额和申请延展工期的天数，起草索赔报告，并在索赔意向通知提出后的规定时间（28天）内向工程师提出索赔报告和索赔的有关资料。当该索赔事件持续进行时，承包人应当阶段性向工程师发出索赔意向，在索赔事件终了后的规定时间（28天）内，向工程师提供索赔的有关资料和最终索赔报告。

(3) 工程师审查索赔报告。接到承包人的索赔报告后，工程师应立即研究索赔理由和证据，如果与合同相对照，事件已造成了承包商施工成本支出，或直接工期损失，而造成费用增加或工期损失的原因，按合同约定不属于承包商的行为责任或风险责任，同时承包商也按照合同规定的时间和程序提交了索赔意向书和索赔报告，工程师应确认承包商索赔事件成立。

(4) 工程师与承包商协商补偿。对于承包商在索赔报告提出的费用和工期的索赔，工程师核查后初步确定应予以补偿的额度和应延展的工期，如果与承包商的索赔报告要求的不一致，甚至差额较大，工程师应与承包商进行协商，争取达成共识。如果通过协商最终仍不能达成一致，工程师有权确定一个他认为合理的价格和合适的延展工期作为最终的处理意见报送业主并相应通知承包人。

工程师在收到承包人送交的索赔报告和有关资料后，于规定的时间（28天）内给予答复，或要求承包人进一步补充索赔理由和证据。如果在规定的时间内未予答复或未对承包人作进一步要求，视为该项索赔已经被认可。

(5) 业主审查索赔处理。当工程师确定的索赔额超过其权限范围时，必须报请业主批准。业主首先根据事件发生的原因、责任范围、合同条款审核承包人的索赔申请和工程师的处理报告，再根据项目建设目的、投资控制、竣工投产日期要求等决定是否批准工程师的处理意见。索赔报告经业主批准后，工程师既可签发有关证书。

(6) 承包商是否接受最终索赔处理。承包商接受最终的索赔处理决定，这一索赔事件即告结束。如果承包商不同意，就导致合同争议，最好采取协商解决的办法，协商解决不成功，承包商有权提交仲裁或诉讼解决。

3. 索赔的计算

承包商在进行索赔时，应遵循以下原则：一是所发生的费用应该是承包商履行合同所必需的；二是承包商不应由于索赔事件的发生而额外受益或受损，即费用索赔以赔（补）

偿实际损失为原则，实际损失为费用索赔值。实际损失包括：一是直接损失，即成本的增加；二是间接损失，即可能获得的利润的减少。

1）索赔费用的组成

(1) 人工费，包括增加工作内容的人工费、停工损失费和工效降低的损失费等的累积。

(2) 材料费，由于索赔事件引起材料量的增加、材料价格上涨等而导致的费用增加。

(3) 施工机械使用费，完成额外工作增加的机械使用费，由于索赔事件导致机械停工的窝工费。

(4) 分包费用，指分包商的索赔费用，一般也包括人工、材料、机械使用费的索赔。分包商的索赔应如数列入总承包商的索赔费。

(5) 管理费，分为企业管理费和现场管理费两部分。

(6) 利息，包括由于业主未按时付款增加的利息和由于索赔事件发生增加投资的索赔额的利息。

(7) 利润。

2）索赔费用的计算方法

(1) 实际费用法。即按照承包商在索赔事件所引起损失费用的费用项目分别计算索赔值，然后将各个项目的索赔值汇总，即得到总索赔费用值。这种方法以承包商为索赔事件所支付的直接费为基础，再加上应得的间接费、利润和其他费用，即为实际索赔额。

(2) 总费用法。即总成本法，就是当发生多次索赔事件以后，重新计算该工程的实际总费用，实际总费用减去投标报价时的估算总费用，即为索赔金额。

索赔金额＝实际总费用－投标报价估算总费用　　(6-4)

这种方法存在很大缺陷，因为实际发生的总费用中可能包括了承包商的原因，如施工组织不善而增加的费用，同时投标报价估算的总费用却因为想中标而过低。所以这种方法只有在难以计算实际费用时才应用。

(3) 修正的总费用法，是对总费用法的改进，即在总费用的基础上，去掉一些不合理的因素，使其更合理。修正的内容如下：

① 将计算索赔的时段局限于受外界影响的时间，而不是整个施工期；

② 只计算受影响时段内的某项工作受影响的损失，而不计算该时段内所有施工工作所受的损失；

③ 与该项工作无关的费用不列入总费用中；

④ 对投标报价费用进行核算，受影响时段内该项工作的实际单价，乘以实际完成的该项工作的工作量，得出调整后的报价费用。

按修正后的总费用计算索赔金额的公式如下：

索赔金额＝某项工作调整后的实际总费用－该项工作的报价费用　　(6-5)

修正的总费用法与总费用法相比，有了实质性的改进，准确程度已接近实际费用。

# 6.3 工程竣工结算与竣工决算

## 6.3.1 工程竣工结算

1. 工程竣工结算

工程竣工结算是指承包人按照合同规定的内容全部完成所承包的单项工程（或单位工程），经验收质量合格，并符合合同要求之后，向发包人进行的最终工程价款结算。在竣工结算时，若因某些条件变化，则需按规定对合同价款进行调整。

合同收入组成内容包括两部分：

1）合同中规定的初始收入，即建筑承包商与客户在双方签订的合同中最初商定的合同总金额，它构成了合同收入的基本内容。

2）因合同变更、索赔、奖励等构成的收入，这部分收入并不构成合同双方在签订合同时已经在合同中商定的总金额，而是在执行合同过程中由于合同变更、索赔、奖励的原因形成的追加收入。

工程竣工结算应根据“工程竣工结算书”和“工程价款结算账单”进行。工程竣工结算书是承包人按照合同约定，根据合同造价、设计变更（增减）项目、现场经济签证和施工期间国家有关政策性费用调整文件编制的，经发包人（或发包人委托的中介机构）审查确定的工程最终造价的经济文件，表示发包人应付给承包方的全部工程价款。工程价款结算账单反映了承包人已向发包人收取的工程款。

办理工程竣工结算的一般公式为：

$$\text{工程竣工结算价款}=\frac{\text{预算(或概算)}}{\text{或合同价款数}}+\frac{\text{施工中预算或合}}{\text{同价款调整数额}}-\text{预付及已结算工程价款} \tag{6-6}$$

2. 工程竣工结算书的编制原则和依据

1）工程竣工结算书的编制原则

（1）编制工程结算书要严格遵守国家和地方的有关规定，既要保证建设单位的利益，又要维护施工单位的合法权益。

（2）要按照实事求是的原则，编制竣工结算的项目一定是具备结算条件的项目，办理工程价款结算的工程项目必须是已经完成的，并且工程数量、质量等都要符合设计要求和施工验收规范，未完工程或工程质量不合格的不能结算。需要返工的，需要返修并经验收合格后，才能结算。

2）工程竣工结算书编制的依据

（1）工程竣工报告、竣工图及竣工验收单；

（2）工程施工合同或施工协议书；

（3）施工图预算或投标工程的合同价款；

（4）设计交底及图纸会审纪录资料；

（5）设计变更通知单及现场施工变更纪录；

（6）经建设单位签证认可的施工技术措施，技术核定单；

（7）预算外各种施工签证或施工纪录；

(8) 各种涉及工程造价变动的资料、文件。

3. 工程竣工结算书的内容及编制方法

1) 工竣工结算书的内容

工程竣工结算书的内容除最初中标的工程投标报价或审定的工程施工图预算的内容外还应包括如下内容：

(1) 工程量量差。工程量量差，是指施工图预算的工程量与实际施工的工程数量不符所发生的量差。工程量量差主要是由于修改设计或设计漏项、现场施工变更、施工图预算错误等原因造成的。这部分应根据业主和承包商双方签证的现场记录按合同规定进行调整。

(2) 人工、材料、机械台班价格的调整

① 人工单价调整，是在施工过程中，各地根据劳务市场工资单价的变化，一般以文件公布执行之日起的未完施工部分的定额工日数计算，采用按实际或按系数调整法。

② 材料价格调整，对市场不同时工期的材料价格与预算时的价格差异及其相应的材料量进行调整。对于主要材料，按规格、品种以定额材料分析量为准进行单项调整，市场价格以当地主管部门公布的指导价或信息价为准；对次要材料采用系数调整法，调价系数必须按有关机关发布的相关文件规定执行。

③ 机械台班价格调整，根据机械费增减总价，由主管部门测算，按季度或年度公布的综合系数一次性进行调整。

(3) 费用调整。费用价差产生的原因主要有两个：一是由于直接费（或人工费、机械费）增加，而导致费用（包括间接费、利润、税金）增加，相应的需要费用调整；二是因为在施工期间国家、地方有新的费用政策出台，需要调整。

(4) 其他费用有点工费、窝工费、土方运费等，应一次结清，施工单位在施工现场使用建设单位的水、电费也应按规定在工程竣工时清算，付给建设单位。

2) 工程竣工结算书的编制方法

编制工程竣工结算书的方法主要有以下两种方法：

(1) 以原工程预算书为基础，将所有原始资料中有关的变更增减项目进行详细计算，将其结果和原预算进行综合，编制竣工结算书；

(2) 根据更改修正等原始资料绘出竣工图，据此重新编制一个完整的预算作为工程竣工结算书。

针对不同的工程承包方式，工程结算的方式也不同，工程结算书要根据具体情况分别以不同方式来编制。

采用施工图预算承包方式的工程，结算是在原工程预算书的基础上，加上设计变更原因造成的增、减项目和其他经济签证费用编制而成的。

采用招投标方式的工程，其结算原则上应按中标价格（即合同标价）进行。如果在合同中有规定允许调价的条文，承包商在工程竣工结算时，可在中标价格的基础上进行调整。

采用施工图预算加包干系数或平方米造价包干的住宅工程，一般不再办理施工过程中零星项目变动的经济洽商，在工程竣工结算时也不再办理增减调整，只有在发生超过包干范围的工程内容时，才能在工程竣工结算中进行调整。平方米造价包干的工程，按已完成工程的平方米数量进行结算。

## 6.3.2　工程竣工决算

工程竣工决算分施工企业编制的单位工程竣工成本决算和建设单位编制的建设项目竣工决算两种。

1. 单位工程竣工成本决算

单位工程竣工成本决算是单位工程竣工后，由施工企业编制的，施工企业内部对竣工的单位工程进行实际成本分析，反映其经济效果的技术经济文件。

单位工程竣工成本决算，以单位工程为对象，以单位工程竣工结算为依据，核算一个单位工程的预算成本、实际成本和成本降低额。工程竣工成本决算反映单位工程预算执行情况，分析工程成本节超的原因，并为同类工程积累成本资料，以总结经验教训、提高企业管理水平。

2. 建设项目竣工决算

1）建设项目竣工决算的概念

建设项目竣工决算是建设项目竣工后，由建设单位编制的，反映竣工项目从筹建开始到项目竣工交付使用为止的全部建设费用、建设成果和财务状况的总结性文件。

建设项目竣工决算是办理交付使用资产的依据，也是竣工报告的重要组成部分。建设单位与使用单位在办理资产的验收交接手续时，通过竣工决算反映了交付使用资产的全部价值，包括固定资产、流动资产、无形资产和递延资产的价值，同时，他还详细提供了交付使用资产的名称、规格、型号、数量和价值等明细资料，是使用单位确定各项新增资产价值并登记入账的依据。

建设项目竣工决算是分析和检查设计概算的执行情况，考核投资效果的依据。竣工决算反映了竣工项目计划、实际的建设规模、建设工期以及设计和实际的生产能力，反映了概算总投资和实际的建设成本，同时还反映了所达到的主要技术经济指标。通过对这些指标计划数、概算数与实际数进行对比分析，不仅可以全面掌握建设项目计划和概算的执行情况，而且可以考核建设项目投资效果。竣工成本决算表如表6-1所示。

**竣工成本决算表**　　**表6-1**

建设单位：某公司　　开工日期　年　月　日

工程名称：住宅　工程结构：砖混　建筑面积：3600m$^2$　　竣工日期　年　月　日

| 成本项目 | 预算成本（元） | 实际成本（元） | 降低额（元） | 降低率% | 人工材料机械使用分析 | 预算用量 | 实际用量 | 实际用量与预算用量比较 | |
|---|---|---|---|---|---|---|---|---|---|
| | | | | | | | | 节超 | 节超率（%） |
| 人工费 | 102870 | 102074 | 796 | 0.8 | 材料 | | | | |
| 材料费 | 1254240 | 1223136 | 31104 | 2.5 | 钢材 | 113t | 111t | 2t | 1.8 |
| 机械费 | 167625 | 182012 | −14387 | −8.6 | 木材 | 75.6m$^3$ | 75m$^3$ | 0.6m$^3$ | 0.8 |
| 其他直接费 | 6890 | 7205 | −315 | −4.6 | 水泥 | 187.5t | 190.5 | −3t | −1.6 |
| 直接成本 | 1531625 | 1514427 | 17198 | 1.1 | 砖 | 501千块 | 495千块 | 6千块 | 1.2 |
| 施管费 | 278739 | 273218 | 5521 | 1.98 | 砂 | 211m$^3$ | 216.6m$^3$ | 5.6m$^3$ | −2.7 |
| 其他间接费 | 91890 | 95625 | −3735 | −4.1 | 石 | 181t | 187.4t | −6.4t | −3.5 |
| 总计 | 1902254 | 1883270 | 18984 | 1 | 沥青 | 7.88t | 7.5t | 0.38t | 4.8 |
| 预算总造价2037933元（土建工程费用） | | | | | 生石灰 | 44.55t | 42.3t | 2.25t | 5.1 |
| 单方造价566.09元/m$^2$ | | | | | 工日 | 7116 | 7173 | −57 | 0.8 |
| 单位工程成本　预算成本528.40元/m$^2$　实际成本523.13元/m$^2$ | | | | | 机械费 | 167625 | 182012 | −14387 | −8.6 |

2）建设项目竣工决算的内容

（1）竣工决算报告情况说明书。主要反映竣工工程建设成果和经验，是对竣工决算报表进行分析和补充说明的文件，是全面考核分析工程投资与造价的书面总结。其内容主要有：

① 建设项目概况，对工程总的评价。从工程进度、质量、安全和造价四个方面说明。

② 各项财务和技术经济指标的分析。

③ 工程建设的经验及有待解决的问题。

（2）竣工财务决算报表。要根据大、中型建设项目和小型建设项目分别制定。大、中型建设项目竣工决算报表包括：建设项目竣工财务决算审批表（表6-2），大、中型建设项目概况表（表6-3），大、中型建设项目竣工财务决算表（表6-4），大、中型建设项目交付使用资产总表（表6-5），建设项目交付使用资产明细表（表6-5）；小型建设项目竣工决算报表包括：建设项目竣工财务决算审批表，竣工财务决算总表，建设项目交付使用资产明细表。

① 建设项目竣工财务决算审批表作为竣工决算上报有关部门审批时使用。

**建设项目竣工财务决算审批表**　　**表6-2**

| 建设项目法人(建设单位) | | 建设性质 | |
|---|---|---|---|
| 建设项目名称 | | 主管部门 | |
| 开户银行意见：<br>盖　章<br>年　月　日 | | | |
| 专员办审批意见：<br>盖　章<br>年　月　日 | | | |
| 主管部门或地方财政部门意见：<br>盖　章<br>年　月　日 | | | |

② 大、中型建设项目概况表综合反映大、中型建设项目的基本情况，内容包括该项目总投资、建设起止时间、新增生产能力、主要材料消耗、建设成本、完成主要工程量和主要技术经济指标及基本建设支出情况，为考核和分析投资效果提供依据。

③ 大、中型建设项目竣工财务决算表反映竣工的大、中型建设项目从开工到竣工为止全部资金来源和资金运用的情况。它是考核和分析投资效果，落实结余资金，并作为报告上级核销基本建设支出和基本建设拨款的依据。

④ 大、中型建设项目交付使用资产总表反映建设项目建成后新增固定资产、流动资产和递延资产的价值，作为财产交接、检查投资计划完成情况和分析投资效果的依据。

⑤ 建设项目交付使用资产明细表反映交付使用的固定资产、流动资产、无形资产和递延资产及其价值明细情况，是办理资产交接的依据和接收单位登记资产账目的依据。

**大、中型建设项目概况表** **表 6-3**

| 建设项目名称（单位工程） | | | 建设地址 | | | | |
|---|---|---|---|---|---|---|---|
| 主要设计单位 | | | 主要施工企业 | | | | |
| 占地面积 | 计划 | 实际 | 总投资（万元） | 设计 | | 实际 | |
| | | | | 固定资产 | 流动资产 | 固定资产 | 流动资产 |
| | | | | | | | |
| 新增生产能力 | 能力（效益）名称 | | 设计 | 实际 | | | |
| | | | | | | | |
| 建设起、止时间 | | 从　年　月开工至　年　月竣工 | | | | | |
| | 实际 | 从　年　月开工至　年　月竣工 | | | | | |
| 设计概算批准文号 | | | | | | | |
| 完成主要工程量 | 建筑面积（m²） | | 设备（台、套、t） | | | | |
| | 设计 | 实际 | 设计 | | 实际 | | |
| | | | | | | | |
| 收尾工程 | 工程内容 | | 投资额 | | 完成时间 | | |
| | | | | | | | |

| 基建支出 | 项目 | 概算 | 实际 | 主要指标 |
|---|---|---|---|---|
| | 建筑安装工程 | | | |
| | 设备、工器具 | | | |
| | 待摊投资 其中：建设单位管理费 | | | |
| | 其他投资 | | | |
| | 待核销基建支出 | | | |
| | 非经营项目专储投资 | | | |
| | 合计 | | | |

| 主要材料消耗 | 名称 | 单位 | 概算 | 实际 |
|---|---|---|---|---|
| | 钢材 | t | | |
| | 木材 | m³ | | |
| | 水泥 | t | | |
| 主要技术经济指标 | | | | |

**大、中型建设项目竣工财务决算表** **表 6-4**

| 资金来源 | 金额 | 资金占用 | 金额 | 补充资料 |
|---|---|---|---|---|
| 一、基建拨款 | | 一、基本建设支出 | | 1. 基建投资借款期末余额 |
| 1. 预算拨款 | | 1. 交付使用资产 | | |
| 2. 基建基金拨款 | | 2. 在建工程 | | 2. 应收生产单位投资借款期末余额 |
| 3. 进出口设备转账拨款 | | 3. 待核销基建支出 | | |
| 4. 器材转账拨款 | | 4. 非经营项目转出投资 | | 3. 基建结余资金 |
| 5. 煤代油专用基金拨款 | | 二、应收生产单位投资借款 | | |
| 6. 自筹资金拨款 | | 三、拨款所属投资借款 | | |
| 7. 其他拨款 | | 四、器材 | | |
| 二、项目资本金 | | 其中：待处理器材损失 | | |
| 1. 国家资本 | | 五、货币资金 | | |
| 2. 法人资本 | | 六、预付应收款 | | |
| 3. 个人资本 | | 七、有价证券 | | |

（续）

| 资金来源 | 金额 | 资金占用 | 金额 | 补充资料 |
|---|---|---|---|---|
| 三、项目资本公积金 | | 八、固定资产 | | |
| 四、基建借款 | | 固定资产原值 | | |
| 五、上级拨入投资借款 | | 减：累计折旧 | | |
| 六、企业债券资金 | | 固定资产净值 | | |
| 七、待冲基建支出 | | 固定资产清理 | | |
| 八、应付款 | | 待处理固定资产损失 | | |
| 九、未交款 | | | | |
| 1. 未交税金 | | | | |
| 2. 未交基建收入 | | | | |
| 3. 未交基建包干结余 | | | | |
| 4. 其他未交款 | | | | |
| 十、上级拨入资金 | | | | |
| 十一、留成收入 | | | | |
| 合计 | | 合计 | | |

**大、中型建设项目交付使用资产总表** **表 6-5**

| 单项工程项目名称 | 总计 | 固定资产 | | | | | 流动资产 | 无形资产 | 递延资产 |
|---|---|---|---|---|---|---|---|---|---|
| | | 建筑工程 | 安装工程 | 设备 | 其他 | 合计 | | | |
| 1 | 2 | 3 | 4 | 5 | 6 | 7 | 8 | 9 | 10 |
| | | | | | | | | | |
| | | | | | | | | | |
| | | | | | | | | | |

支付单位盖章　　年　　月　　日　　　　建设单位盖章　　年　　月　　日

**建设项目交付使用资产明细表** **表 6-6**

| 单项工程名称 | 建筑工程 | | | 设备、工具、器具、家具 | | | | | 流动资产 | | 无形资产 | | 递延资产 | |
|---|---|---|---|---|---|---|---|---|---|---|---|---|---|---|
| | 结构 | 面积（$m^2$） | 价值（元） | 规格型号 | 单位 | 数量 | 价值（元） | 设备安装费（元） | 名称 | 价值（元） | 名称 | 价值（元） | 名称 | 价值（元） |
| | | | | | | | | | | | | | | |
| | | | | | | | | | | | | | | |
| | | | | | | | | | | | | | | |
| | | | | | | | | | | | | | | |
| 合计 | | | | | | | | | | | | | | |

支付单位盖章　　年　　月　　日　　　　建设单位盖章　　年　　月　　日

⑥ 小型工程项目竣工财务决算表。由于小型建设项目内容比较简单，因此可将工程概况与财务情况合并编制一张“竣工财务决算总表”（表 6-7），主要反映小型工程项目的全部工程和财务状况。

**小型建设项目竣工财务决算总表　　表 6-7**

<table>
<tr><td>建设项目名称</td><td colspan="2"></td><td>建设地址</td><td colspan="4"></td><td colspan="2">资金来源</td><td colspan="2">资金运用</td></tr>
<tr><td>初步设计概算批准文号</td><td colspan="7"></td><td>项目</td><td>金额</td><td>项目</td><td>金额</td></tr>
<tr><td rowspan="3">占地面积</td><td>计划</td><td>实际</td><td rowspan="2">总投资（万元）</td><td colspan="2">计划</td><td colspan="2">实际</td><td rowspan="14">一、基建拨款<br>其中：预算拨款<br>二、项目资本<br>三、项目资本公积金<br>四、基建借款<br>五、上级拨入借款<br>六、企业债券资金<br>七、待冲基建支出<br>八、应付款<br>九、未付款<br>其中：未交基建收入<br>未交包干收入<br>十、上级拨入资金<br>十一、留成收入</td><td rowspan="14"></td><td rowspan="14">一、交付使用资产<br>二、待核销的基建支出<br>三、非经营项目转出投资<br>四、应收生产单位投资借款<br>五、拨付所属投资借款<br>六、器材<br>七、货币资金<br>八、预付及应收款<br>九、有价证券<br>十、原有固定资产</td><td rowspan="14"></td></tr>
<tr><td rowspan="2"></td><td rowspan="2"></td><td>固定资产</td><td>流动资金</td><td>固定资产</td><td>流动资金</td></tr>
<tr><td></td><td></td><td></td><td></td><td></td></tr>
<tr><td rowspan="2">新增生产能力</td><td colspan="2">能力（效益）名称</td><td>设计</td><td colspan="4">实际</td></tr>
<tr><td colspan="2"></td><td></td><td colspan="4"></td></tr>
<tr><td rowspan="2">建设起止时间</td><td>计划</td><td colspan="6">从　　年　　月开工至　　年　　月竣工</td></tr>
<tr><td>实际</td><td colspan="6">从　　年　　月开工至　　年　　月竣工</td></tr>
<tr><td rowspan="8">基建支出</td><td colspan="5">项目</td><td>概算（元）</td><td>实际（元）</td></tr>
<tr><td colspan="5">建筑安装工程</td><td></td><td></td></tr>
<tr><td colspan="5">设备、工具、器具</td><td></td><td></td></tr>
<tr><td colspan="5">待摊投资<br>其中：建设单位管理费</td><td></td><td></td></tr>
<tr><td colspan="5">其他投资</td><td></td><td></td></tr>
<tr><td colspan="5">待核销基建支出</td><td></td><td></td></tr>
<tr><td colspan="5">非经营性项目转出投资</td><td></td><td></td></tr>
<tr><td colspan="5">合计</td><td></td><td></td><td>合计</td><td></td><td>合计</td><td></td></tr>
</table>

（3）竣工图

竣工图是真实记录各种地上、地下建筑物、构筑物等情况的技术文件，是工程进行交工验收、维护改造和扩建的依据，是国家的重要技术档案。

（4）工程造价比较分析

经过批准的概、预算是考核实际建设工程造价的依据，在分析时，可将决算报表中所提供的实际数据和相关资料与经过批准的概、预算指标进行对比，以反映出竣工项目总造价和单方造价是节约还是超支，在比较的基础上，总结经验，找出原因，提出改进措施。

应分析的主要内容有：

① 主要实物工程量；

② 主要材料消耗量；

③ 考核建设单位管理费、建筑安装工程其他直接费、现场经费和间接费的取费标准。

3）竣工决算的编制

（1）竣工决算的编制依据

竣工决算的编制依据主要有：

① 经批准的可行性研究报告、投资估算、初步设计或扩大初步设计机器概算或修正概算；

② 经批准的施工图设计及其施工图预算或标底造价、承包合同、工程结算等有关资料；

③ 设计变更记录、施工纪录或施工签证单及其施工中发生的费用纪录；

④ 有关该建设项目其他费用的合同、资料；

⑤ 历年基建计划、历年财务决算及批复文件；

⑥ 设备、材料调价文件和调价纪录；

⑦ 有关财务核算制度、办法和其他有关资料文件等。

（2）竣工决算的编制步骤

① 收集、整理和分析有关依据资料；

② 对照、核实工程变动情况，重新核实各单位工程、单项工程造价；

③ 清理各项实物、财务、债务和节余物资；

④ 填写竣工决算报表；

⑤ 编制竣工决算说明；

⑥ 做好工程造价对比分析；

⑦ 清理、装订好竣工图；

⑧ 按规定上报、审批、存档。

**【例 6-1】** 某建设单位与承包商签订了工程施工合同，合同中含有两个子项工程，估算工程量甲项为 2300m³，乙项为 3200m³，经协商合同价甲项为 185 元/m³，乙项为 165 元。承包合同规定：

（1）开工前建设单位应向承包商支付合同价 20％的预付款；

（2）建设单位自第一个月起，从承包商的工程款中，按 5％的比例扣留保留金；

（3）当子项工程实际工程量超过估算工程量 10％时，对超出部分可进行调价，调整系数为 0.9；

（4）工程师签发月度付款最低金额为 25 万元；

（5）预付款在最后两个月扣除，每月扣除 50％。

承包商每月实际完成并经工程师确认的工程量如表 6-8 所示。

**承包商每月实际完成并经工程师签证确认的工程量** **表 6-8**

| 项目 \ 月份 | 1 | 2 | 3 | 4 |
|---|---|---|---|---|
| 甲项 | 500m³ | 800m³ | 800m³ | 600m³ |
| 乙项 | 700m³ | 900m³ | 800m³ | 600m³ |

计算：

（1）预付款是多少？

（2）每月工程量价款是多少？工程师应签证的工程款是多少？实际签发的付款凭证金额是多少？

**【解】**

（1）预付款金额为：(2300×185＋3200×165)×20％＝19.07 万元

（2）第一个月：工程量价款为：500×185＋700×165＝20.8 万元

应签证工程款为：20.8×(1－5％)＝19.76 万元

因为合同规定工程师签发月度付款最低金额为 25 万元，故本月工程师不签发付款凭证。

第二个月：工程量价款为：800×185＋900×165＝29.65 万元

应签证工程款为：29.65×(1－5％)＝28.168 万元

考虑上个月应签证的工程款 19.76 万元。

本月工程师实际签发的付款凭证为：28.168＋19.76＝47.928 万元

第三个月：工程量价款为：800×185＋800×165＝28 万元

应签证工程款为：28×(1－5％)＝26.6 万元

应扣预付款为：19.07×50％＝9.535 万元

应付款为：26.6－9.535＝17.065 万元

因为合同规定工程师签发月度付款最低金额为 25 万元，故本月工程师不签发付款凭证。

第四个月：甲项工程累计完成工程量为 2700$m^3$，比原估算工程量超出 400$m^3$，已超出估算工程量的 10％，超出部分单价应进行调整。

甲项超出估算工程量 10％的工程量为：2700－2300×(1＋10％)＝170$m^3$，该部分工程量单价应调整为 185×0.9＝166.5 元/$m^3$。

乙项工程累计完成工程量为 3000$m^3$，不超过估算工程量，其单价不予调整。

本月应完成工程量价款为：(600－170)×185＋170×166.5＋600×165＝20.686 万元

本月应签证的工程款为：20.686×(1－5％)＝19.652 万元

考虑本月预付款的扣除、上个月的应付款，本月工程师实际签发的付款凭证为：

20.686＋17.065－19.07×50％＝28.216 万元。

## 本章小结

工程结算是指施工企业按照合同的规定向建设单位办理已完工程价款清算的一项日常性工作。根据工程建设的不同时期以及结算对象的不同，工程结算分为预付款结算、中间结算和竣工结算。为了将实施过程中的各种动态因素渗透到结算过程中，使结算价格大体能反映实际的消耗费用，需要对建筑安装工程价款进行动态结算，常用的动态结算方法包括：按实际价格结算法、按主材计算价差和调值公式法。

竣工决算书是以实物数量和货币指标为计量单位，综合反映竣工项目从筹建开始到项目竣工交付使用为止的全部建设费用、建设成果和财务情况的总结性文件，其核心内容是竣工财务决算说明书和竣工决算报表。

## 思考与练习题

6-1 工程竣工结算和工程竣工决算的区别是什么?

6-2 工程计量的依据和前提是什么?

6-3 工程价款的动态结算方法有哪些?

6-4 FIDIC 合同条件下材料预付款是如何规定的?

6-5 简述 FIDIC 合同条件下工程费用支付程序。

6-6 我国现行的工程变更价款是如何确定的?

# 附录　某建筑工程投标报价编制实例

## 投　标　总　价

招　　标　　人：________________

工　程　名　称：某传达室

投标总价（小写）：259633.43

（大写）：贰拾伍万玖仟陆佰叁拾叁元肆角叁分

投　标　人：________________

（单位盖章）

法定代表人
或其授权人：________________

（签字或盖章）

编　制　人：________________

（造价人员签字盖专用章）

编 制 时 间：　　2015年12月18日

# 总 说 明

工程名称：某传达室　　　　第　页共　页

一、工程概况：

1. 建设规模：建筑面积 97.30m$^2$；

2. 工程特征：框架结构，层高 4.2m；

3. 施工现场实际情况：场地开阔平坦；

4. 交通条件：交通便利，有主干道通入施工现场；

5. 环境保护要求：必须符合当地环保部门对噪声、粉尘、污水、垃圾的限制或处理的要求。

二、招标范围：设计图纸范围内的土建工程，详见招标文件。

三、编制依据：

1.《建筑工程工程量清单计价规范》GB 50500—2013；

2. 国家及省级建设主管部门颁发的有关规定；

3. 本工程项目的文件；

4. 与本工程项目有关的标准、规范、技术资料；

5. 施工现场情况、工程特点及施工组织设计；

6. 其他相关资料。

# 工程项目投标报价汇总表

**工程名称：某传达室**　　　　　　　　　　　　　　　　　　　　**第　页共　页**

| 序号 | 单项工程名称 | 金额(元) | 其　中 | | |
|---|---|---|---|---|---|
| | | | 暂估价(元) | 安全文明施工费(元) | 规费(元) |
| 1 | 某传达室 | 259633.43 | | 6992.81 | 8484.61 |
| | | | | | |
| | | | | | |
| | | | | | |
| | | | | | |
| | | | | | |
| | | | | | |
| | | | | | |
| | | | | | |
| | | | | | |
| | | | | | |
| | | | | | |
| | | | | | |
| | | | | | |
| | | | | | |
| | | | | | |
| | | | | | |
| | | | | | |
| | | | | | |
| | | | | | |
| | | | | | |
| | | | | | |
| | | | | | |
| | | | | | |
| | | | | | |
| | | | | | |
| | | | | | |
| | | | | | |
| | | | | | |
| | | | | | |
| | | | | | |
| | | | | | |
| 合　计 | | 259633.43 | | 6992.81 | 8484.61 |

# 单项工程投标报价汇总表

工程名称：某传达室　　　　第　页　共　页

| 序号 | 单项工程名称 | 金额(元) | 其　中 | | |
|---|---|---|---|---|---|
| | | | 暂估价(元) | 安全文明施工费(元) | 规费(元) |
| 1 | 某传达室 | 259633.43 | | 6992.81 | 8484.61 |
| 合　计 | | 259633.43 | | 6992.81 | 8484.61 |

## 单位工程投标报价汇总表

**工程名称：某传达室** **标段：** **第1页 共1页**

| 序号 | 汇总内容 | 金额(元) | 其中:暂估价(元) |
|---|---|---|---|
| 1 | 分部分项工程费 | 182409.37 | |
| 1.1 | 人工费 | 42712.38 | |
| 1.2 | 材料费 | 118562.27 | |
| 1.3 | 施工机具使用费 | 3886.69 | |
| 1.4 | 企业管理费 | 11652.33 | |
| 1.5 | 利润 | 5595.66 | |
| 2 | 措施项目费 | 60008.06 | |
| 2.1 | 单价措施项目费 | 50684.31 | |
| 2.2 | 总价措施项目费 | 9323.75 | |
| 2.2.1 | 其中:安全文明施工措施费 | 6992.81 | |
| 3 | 其他项目费 | | |
| 3.1 | 其中:暂列金额 | | |
| 3.2 | 其中:专业工程暂估 | | |
| 3.3 | 其中:计日工 | | |
| 3.4 | 其中:总承包服务费 | | |
| 4 | 规费 | 8484.61 | |
| 5 | 税金 | 8731.39 | |
| 招标控制价合计=1+2+3+4+5 | | 259633.43 | |

## 分部分项工程和单价措施项目清单与计价表

工程名称：某传达室　　标段：　　第 1 页　共 10 页

| 序号 | 项目编码 | 项目名称 | 项目特征描述 | 计量单位 | 工程量 | 金额(元) | | |
|---|---|---|---|---|---|---|---|---|
| | | | | | | 综合单价 | 合价 | 其中 暂估价 |
| | | | 0101 土石方工程 | | | | | |
| 1 | 010101001001 | 平整场地 | 土壤类别：一、二类土 | $m^2$ | 102.31 | 1.48 | 151.42 | |
| 2 | 010101004001 | 挖基坑土方 | 1. 土壤类别：一、二类土<br>2. 挖土深度：1.5m<br>3. 弃土运距：留足回填土，余土标底按 3km 考虑投标人自行考虑 | $m^3$ | 133.94 | 12.46 | 1668.89 | |
| 3 | 010103001001 | 回填方 | 1. 回填部位：基坑回填<br>2. 密实度要求：分层压实系数不小于 0.94<br>3. 填方来源、运距：原土回填 | $m^3$ | 81.52 | 32.81 | 2674.67 | |
| 4 | 010103001002 | 回填方 | 1. 回填部位：室内及室外平台部位<br>2. 密实度要求：符合设计和规范要求<br>3. 填方来源：原土 | $m^3$ | 10.23 | 11.10 | 113.55 | |
| | | | 分部小计 | | | | 4608.53 | |
| | | | 0104 砌筑工程 | | | | | |
| 5 | 010402001001 | 砌块墙 | 1. 砌块品种、规格、强度等级：煤矸石烧结空心砖、200 厚（干重度不大于 11kN/$m^3$）、MU5<br>2. 墙体类型：内外墙<br>3. 砂浆强度等级：M5.0 混合砂浆 | $m^3$ | 28.05 | 410.75 | 11521.54 | |
| 6 | 010404001001 | 垫层 | 1. 计算部位：所有室内地面垫层<br>2. 底层垫层材料种类、配合比、厚度：100 厚碎石或碎砖<br>3. 地基处理：素土夯实 | $m^3$ | 8.33 | 1690.51 | 14081.95 | |
| 7 | 010404001002 | 垫层 | 地面第二层垫层材料种类、配合比、厚度：60 厚 C15 混凝土，随捣随抹平 | $m^3$ | 6.07 | 361.52 | 2194.43 | |
| | | | 本页小计 | | | | 32406.45 | |

## 分部分项工程和单价措施项目清单与计价表

工程名称：某传达室　　　　标段：　　　　第2页　共10页

| 序号 | 项目编码 | 项目名称 | 项目特征描述 | 计量单位 | 工程量 | 金额(元) | | |
|---|---|---|---|---|---|---|---|---|
| | | | | | | 综合单价 | 合价 | 其中 |
| | | | | | | | | 暂估价 |
| 8 | 010404001003 | 垫层 | 1. 计算部位：室外台阶垫层<br>2. 垫层材料种类、配合比、厚度：30～70粒径碎石夯入土内，50mm厚<br>3. 地基处理：素土夯实 | $m^3$ | 0.61 | 167.70 | 102.30 | |
| 9 | 010404001004 | 垫层 | 1. 计算部位：基础碎石垫层<br>2. 垫层材料种类、配合比、厚度：20～40粒径碎石，500mm厚 | $m^3$ | 29.00 | 172.88 | 5013.52 | |
| | | 分部小计 | | | | | 32913.74 | |
| | | 0105 混凝土及钢筋混凝土工程 | | | | | | |
| 10 | 010501001001 | 垫层 | 1. 混凝土种类：预拌商品混凝土<br>2. 混凝土强度等级：C15 | $m^3$ | 4.40 | 353.72 | 1556.37 | |
| 11 | 010501003001 | 独立基础 | 1. 混凝土种类：预拌商品混凝土<br>2. 混凝土强度等级：C35 | $m^3$ | 13.20 | 369.43 | 4876.48 | |
| 12 | 010502001001 | 矩形柱 | 1. 混凝土种类：预拌商品混凝土<br>2. 混凝土强度等级：C30<br>3. 外周长：1.6m内<br>4. 支模高度：5m以内 | $m^3$ | 5.20 | 420.45 | 2186.34 | |
| 13 | 010502001002 | 矩形柱 | 1. 混凝土种类：预拌商品混凝土<br>2. 混凝土强度等级：C30<br>3. 外周长：1.6m内<br>4. 支模高度：3.6m以内 | $m^3$ | 0.90 | 420.45 | 378.41 | |
| 14 | 010502002001 | 构造柱 | 1. 混凝土种类：预拌商品混凝土<br>2. 混凝土强度等级：C25<br>3. 层高：5m以内 | $m^3$ | 1.79 | 523.77 | 937.55 | |
| 15 | 010503002001 | 矩形梁 | 1. 混凝土种类：预拌商品混凝土<br>2. 混凝土强度等级：C30<br>3. 支模高度：3.6m内<br>4. 计量部位：基础梁 | $m^3$ | 7.77 | 398.45 | 3095.96 | |
| | | 本页小计 | | | | | 18146.93 | |

## 分部分项工程和单价措施项目清单与计价表

工程名称：某传达室　　　　标段：　　　　第3页　共10页

| 序号 | 项目编码 | 项目名称 | 项目特征描述 | 计量单位 | 工程量 | 金额(元) | | |
|---|---|---|---|---|---|---|---|---|
| | | | | | | 综合单价 | 合价 | 其中<br>暂估价 |
| 16 | 010503005001 | 过梁 | 1. 混凝土种类：预拌商品混凝土<br>2. 混凝土强度等级：C25<br>3. 支模高度：3.6m内 | $m^3$ | 0.94 | 476.99 | 448.37 | |
| 17 | 010505001001 | 有梁板 | 1. 混凝土种类：预拌商品混凝土<br>2. 混凝土强度等级：C30<br>3. 板厚：110mm<br>4. 支模高度：4.09m | $m^3$ | 16.64 | 390.78 | 6502.58 | |
| 18 | 010505007001 | 天沟(檐沟)、挑檐板 | 1. 混凝土种类：预拌商品混凝土<br>2. 混凝土强度等级：C25<br>3. 底板体积、厚度：2.62$m^3$、120mm厚<br>4. 竖板体积：1.34$m^3$ | $m^3$ | 3.96 | 639.18 | 2531.15 | |
| 19 | 010507001001 | 散水、坡道 | 1. 素土夯实<br>2.100厚碎石垫层或150厚3：7灰土<br>3. 素水泥浆一道(内参建筑胶)<br>4.60mm厚C20预拌细石混凝土面层<br>5.20厚1：2.5水泥浆砂浆面层压光<br>6. 参J08-2006-30/1<br>7. 计算部位：散水 | $m^2$ | 19.52 | 63.36 | 1236.79 | |
| 20 | 010507004001 | 台阶 | 1. 踏步高、宽：150mm、350mm<br>2. 混凝土种类：预拌商品混凝土<br>3. 混凝土强度等级：C15、共1.98$m^3$ | $m^2$ | 6.88 | 121.39 | 835.16 | |
| 21 | 010507007001 | 其他构件 | 1. 计算部位：窗台<br>2. 混凝土种类：预拌商品混凝土<br>3. 混凝土强度等级：C25 | $m^3$ | 0.41 | 431.31 | 176.84 | |
| 22 | 010507007002 | 其他构件 | 1. 计算部位：窗眉<br>2. 混凝土种类：预拌商品混凝土<br>3. 强度等级：C25 | $m^3$ | 0.12 | 461.99 | 55.44 | |
| 23 | 010515001001 | 现浇构件钢筋 | 1. 钢筋种类、规格：冷拔钢丝，直径4mm<br>2. 计算部位：屋面 | t | 0.131 | 5483.70 | 718.36 | |
| | | | 本页小计 | | | | 12504.69 | |

## 分部分项工程和单价措施项目清单与计价表

工程名称：某传达室　　　　标段：　　　　第 4 页　共 10 页

| 序号 | 项目编码 | 项目名称 | 项目特征描述 | 计量单位 | 工程量 | 金额(元) | | |
|---|---|---|---|---|---|---|---|---|
| | | | | | | 综合单价 | 合价 | 其中 暂估价 |
| 24 | 010515001002 | 现浇构件钢筋 | 钢筋种类、规格：现浇混凝土构件钢筋 ϕ6mm 一级钢 | t | 0.136 | 4088.90 | 556.09 | |
| 25 | 010515001003 | 现浇构件钢筋 | 钢筋种类、规格：现浇混凝土构件钢筋 ϕ10，二级钢 | t | 0.337 | 4134.80 | 1393.43 | |
| 26 | 010515001004 | 现浇构件钢筋 | 钢筋种类、规格：现浇混凝土构件钢筋 ϕ6，三级钢 | t | 0.078 | 4476.50 | 349.17 | |
| 27 | 010515001005 | 现浇构件钢筋 | 钢筋种类、规格：现浇混凝土构件钢筋 ϕ8，三级钢 | t | 2.007 | 4199.06 | 8427.51 | |
| 28 | 010515001006 | 现浇构件钢筋 | 钢筋种类、规格：现浇混凝土构件钢筋 ϕ10，三级钢 | t | 0.021 | 4066.46 | 85.40 | |
| 29 | 010515001007 | 现浇构件钢筋 | 钢筋种类、规格：现浇混凝土构件钢筋 ϕ12，三级钢 | t | 0.421 | 4030.76 | 1696.95 | |
| 30 | 010515001008 | 现浇构件钢筋 | 钢筋种类、规格：现浇混凝土构件钢筋 ϕ14，三级钢 | t | 0.772 | 3514.83 | 2713.45 | |
| 31 | 010515001009 | 现浇构件钢筋 | 钢筋种类、规格：现浇混凝土构件钢筋 ϕ16，三级钢 | t | 0.190 | 3468.93 | 659.10 | |
| 32 | 010515001010 | 现浇构件钢筋 | 钢筋种类、规格：现浇混凝土构件钢筋 ϕ18，三级钢 | t | 0.333 | 3468.93 | 1155.15 | |
| 33 | 010515001011 | 现浇构件钢筋 | 钢筋种类、规格：现浇混凝土构件钢筋 ϕ20，三级钢 | t | 0.963 | 3468.93 | 3340.58 | |
| 34 | 010515001012 | 现浇构件钢筋 | 钢筋种类、规格：现浇混凝土构件钢筋 ϕ22，三级钢 | t | 0.090 | 3468.93 | 312.20 | |
| 35 | 010515001013 | 现浇构件钢筋 | 钢筋种类、规格：现浇混凝土构件钢筋 ϕ25，三级钢 | t | 0.119 | 3468.93 | 412.80 | |
| | | 分部小计 | | | | | 46637.63 | |
| | | 0106 金属结构工程 | | | | | | |
| 36 | 010606008001 | 钢梯 | 上屋面爬梯<br>1. 详 02J401-78<br>2. 防锈漆两遍<br>3. 聚酯磁漆一底两面 | t | 0.062 | 4699.93 | 291.40 | |
| 37 | 010607005001 | 砌块墙钢丝网加固 | 材料品种、规格：镀锌钢丝网、直径 0.7@10＊10 | $m^2$ | 67.59 | 14.83 | 1002.36 | |
| | | 分部小计 | | | | | 1293.76 | |
| | | 0108 门窗工程 | | | | | | |
| | | 本页小计 | | | | | 22395.59 | |

# 分部分项工程和单价措施项目清单与计价表

工程名称：某传达室　　标段：　　第5页　共10页

| 序号 | 项目编码 | 项目名称 | 项目特征描述 | 计量单位 | 工程量 | 金额(元) | | |
|---|---|---|---|---|---|---|---|---|
| | | | | | | 综合单价 | 合价 | 其中<br>暂估价 |
| 38 | 010801001001 | 木质门 | 1. 代号及洞口尺寸：M-1 900mm×2600mm<br>2. 成品木质门购入，包括所有配件<br>3. 其他详见施工图纸 | $m^2$ | 2.34 | 392.17 | 917.68 | |
| 39 | 010801001002 | 木质门 | 1. 代号及洞口尺寸：M-2 800mm×2600mm<br>2. 成品木质门购入包括图纸要求的所有部分<br>3. 其他详见施工图纸 | $m^2$ | 4.16 | 392.17 | 1631.43 | |
| 40 | 010801001003 | 木质门 | 1. 代号及洞口尺寸：FHM-1、FHM-2<br>2. 丙级防火门(包含所有配件)<br>3. 其他详见施工图纸 | $m^2$ | 7.80 | 361.68 | 2821.10 | |
| 41 | 010807001001 | 金属(塑钢、断桥)窗 | 1. 窗代号及洞口尺寸：C-1<br>2. 框、扇材质：80系列断桥隔热铝合金<br>3. 玻璃品种、厚度：6mm+12A+6mm厚白色透明中空玻璃 | $m^2$ | 16.20 | 496.25 | 8039.25 | |
| 42 | 010807001002 | 金属(塑钢、断桥)窗 | 1. 窗代号及洞口尺寸：C-2<br>2. 框、扇材质：80系列断桥隔热铝合金<br>3. 玻璃品种、厚度：6mm+12A+6mm厚白色透明中空玻璃 | $m^2$ | 1.35 | 496.25 | 669.94 | |
| | | | 分部小计 | | | | 14079.40 | |
| | | | 0109 屋面及防水工程 | | | | | |
| 43 | 010902001001 | 屋面卷材防水 | 1. 卷材品种、规格、厚度：SBS改性沥青防水层3厚<br>2. 防水层数：2层<br>3. 20厚1：3水泥砂浆保护层<br>4. 无卷边 | $m^2$ | 96.26 | 115.27 | 11095.89 | |
| | | | 本页小计 | | | | 25175.29 | |

## 分部分项工程和单价措施项目清单与计价表

工程名称:某传达室　　标段:　　第6页　共10页

| 序号 | 项目编码 | 项目名称 | 项目特征描述 | 计量单位 | 工程量 | 金额(元) 综合单价 | 合价 | 其中 暂估价 |
|---|---|---|---|---|---|---|---|---|
| 44 | 010902003001 | 屋面刚性层 | 1. 刚性层厚度:50mm<br>2. 混凝土种类:预拌商品混凝土细石混凝土<br>3. 混凝土强度等级:C30<br>4. 平面四周(沿墙和水沟边)设伸缝,缝宽10mm,缝内嵌改性沥青密封膏<br>5. 平面内间距≤3000mm设缩缝,缝内嵌改性沥青密封膏(缝表面热帖沥青卷材100mm宽) | $m^2$ | 96.26 | 40.39 | 3887.94 | |
| 45 | 010902004001 | 屋面排水管 | 1. 外排雨水斗、雨水管采用UPVC管(消音管)<br>2. 颜色同其相邻墙面<br>3. 雨水管公称直径均为DN100<br>4. 雨水口参见苏J03-2006-57,水斗、铸铁篦子及水落管做法见苏J03-2006-58 | m | 7.64 | 58.44 | 446.48 | |
| 46 | 010902005001 | 屋面排(透)气管 | 屋顶透气管出屋面参见苏J03-2006-1/46 | m | 0.90 | 68.32 | 61.49 | |
| 47 | 010902007001 | 屋面天沟、檐沟 | 1. 30厚C15细石混凝土找坡<br>2. 3厚水性环保型SBS防水卷材一道<br>3. 20厚1:2.5水泥砂浆保护层 | $m^2$ | 40.04 | 98.80 | 3955.95 | |
| 48 | 010903002001 | 墙面涂膜防水 | 1. 计算部位:沿房屋四周室外地坪上下各500mm的混凝土表面有可能接触冰冻处<br>2. 涂膜厚度、品种:涂水泥基渗透结晶型防水涂料1.0mm厚 | $m^2$ | 17.55 | 18.41 | 323.10 | |
| 49 | 010904001001 | 楼(地)面卷材防水 | 1. 刷冷底子油一道,二毡三油防潮层,撒绿豆砂一层热沥青粘牢<br>2. 反边高度150mm<br>3. 苏J01-2005-2-13 | $m^2$ | 17.76 | 53.25 | 945.72 | |
| | | 分部小计 | | | | | 20716.57 | |
| | | 0110保温、隔热、防腐工程 | | | | | | |
| 本页小计 | | | | | | | 9620.68 | |

## 分部分项工程和单价措施项目清单与计价表

工程名称：某传达室　　　　标段：　　　　第7页　共10页

| 序号 | 项目编码 | 项目名称 | 项目特征描述 | 计量单位 | 工程量 | 金额(元) | | |
|---|---|---|---|---|---|---|---|---|
| | | | | | | 综合单价 | 合价 | 其中<br>暂估价 |
| 50 | 011001001001 | 保温隔热屋面 | 1. 50厚挤塑板保温层(加胶粘剂和锚固钉)<br>2. 20厚1∶3水泥砂浆找平<br>3. 加气混凝土、泡沫混凝土找坡2%始厚30 | $m^2$ | 96.26 | 70.20 | 6757.45 | |
| | | 分部小计 | | | | | 6757.45 | |
| | | 0111 楼地面装饰工程 | | | | | | |
| 51 | 011101006001 | 平面砂浆找平层 | 1. 找平层厚度、砂浆配合比：20厚1∶3水泥砂浆<br>2. 计算部位：屋面SBS卷材下找平层 | $m^2$ | 96.26 | 17.07 | 1643.16 | |
| 52 | 011102003001 | 块料楼地面 | 1. 8～10厚600mm×600mm防滑地砖，水泥浆擦缝<br>2. 撒素水泥面(洒适量清水)<br>3. 20厚1∶2硬性水泥砂浆粘接层<br>4. 刷素水泥浆一道<br>5. 计算部位：除卫生间地面 | $m^2$ | 70.80 | 121.36 | 8592.29 | |
| 53 | 011102003002 | 块料楼地面 | 1. 8～10厚300mm×300mm地面砖，干水泥擦缝<br>2. 撒素水泥面(洒适量清水)<br>3. 20厚1∶2干硬性水泥砂浆(或建筑胶水泥砂浆)粘接层<br>4. 刷素水泥浆(或界面剂)一道<br>5. 40厚C20细石混凝土<br>6. 计算部位：卫生间地面 | $m^2$ | 12.54 | 132.45 | 1660.92 | |
| 54 | 011105003001 | 块料踢脚线 | 1. 踢脚线高度：150mm<br>2. 粘贴层厚度、材料种类：10厚1∶2水泥砂浆结合层<br>3. 面层材料品种、规格、颜色：10厚面砖(颜色同使用部位地面)<br>4. 界面处理：刷界面处理剂一道 | $m^2$ | 9.83 | 158.61 | 1559.14 | |
| | | 本页小计 | | | | | 20212.96 | |

## 分部分项工程和单价措施项目清单与计价表

工程名称：某传达室　　　标段：　　　第 8 页　共 10 页

| 序号 | 项目编码 | 项目名称 | 项目特征描述 | 计量单位 | 工程量 | 金额(元) | | |
|---|---|---|---|---|---|---|---|---|
| | | | | | | 综合单价 | 合价 | 其中<br>暂估价 |
| 55 | 011107002001 | 块料台阶面 | 1. 同质防滑地砖饰面<br>2. 1∶3 水泥砂浆座砌<br>3. 台阶展开面积:24.12$m^2$ | $m^2$ | 6.89 | 330.73 | 2278.73 | |
| 56 | 011108004001 | 水泥砂浆零星项目 | 1. 工程部位:台阶侧边<br>2. 面层厚度、砂浆厚度：8 厚 1∶2 水泥砂浆 | $m^2$ | 0.23 | 39.79 | 9.15 | |
| | | 分部小计 | | | | | 15743.39 | |
| | | 0112 墙、柱面装饰与隔断、幕墙工程 | | | | | | |
| 57 | 011201002001 | 墙面装饰抹灰 | 1. 墙体类型:砌块墙<br>2. 底层厚度、砂浆配合比：12 厚 1∶1∶6 水泥石灰砂浆打底<br>3. 面层厚度、砂浆配合比:5 厚 1∶0.3∶3 水泥石灰砂浆打底<br>4. 其中凸出墙面混凝土柱跺:24.83$m^2$<br>5. 计算部位:除卫生间外内墙 | $m^2$ | 158.13 | 23.06 | 3646.48 | |
| 58 | 011201002002 | 墙面装饰抹灰 | 1. 墙体类型:砌块墙<br>2. 底层厚度、砂浆配合比：20 厚 1∶2.5 水泥砂浆(掺 5%防水剂)找平层，每立方水泥砂浆内掺 0.9 千克聚丙烯抗裂纤维<br>3. 面层厚度、砂浆配合比:5 厚抗裂砂浆复合耐碱玻纤网格布一层(首层网格布二层)<br>4. 其中独立柱:16.22$m^2$<br>5. 计算部位:外墙面 | $m^2$ | 151.68 | 51.78 | 7853.99 | |
| | | 本页小计 | | | | | 13788.35 | |

## 分部分项工程和单价措施项目清单与计价表

工程名称：某传达室　　　　标段：　　　　第 9 页　共 10 页

| 序号 | 项目编码 | 项目名称 | 项目特征描述 | 计量单位 | 工程量 | 金额(元) | | |
|---|---|---|---|---|---|---|---|---|
| | | | | | | 综合单价 | 合价 | 其中<br>暂估价 |
| 59 | 011204003001 | 块料墙面 | 1. 墙体类型:砌块墙体<br>2. 5厚釉面砖白水泥浆擦缝<br>3. 6厚1∶0.1∶2.5水泥石灰浆结合层<br>4. 12厚1∶3水泥砂浆打底<br>5. 刷界面处理剂一道<br>6. 计算部位:卫生间内墙贴砖 | $m^2$ | 53.16 | 121.40 | 6453.62 | |
| | | 分部小计 | | | | | 17954.09 | |
| | | 0113 天棚工程 | | | | | | |
| 60 | 011301001001 | 天棚抹灰 | 1. 基层类型:现浇混凝土基层<br>2. 刷素水泥砂浆一道(内掺建筑胶)<br>3. 6厚1∶0.3∶3水泥灰石灰膏砂浆打底扫毛<br>4. 6厚1∶0.3∶3水泥灰石灰膏砂浆粉面<br>5. 计算部位:除卫生间外天棚 | $m^2$ | 112.63 | 19.84 | 2234.58 | |
| 61 | 011302001001 | 吊顶天棚 | 1. 0.8～1厚铝合金方板面层<br>2. 铝合金横撑T32×24×1.2中距500mm～600mm<br>3. 铝合金中龙骨T32×24×1.2中距500mm～600mm(边龙骨L27×16×1.2)<br>4. 大龙骨(60×30×1.5吊点附吊挂)中距小于1200mm<br>5. a8钢筋吊杆长1090mm中距900mm～1200mm<br>6. 钢筋混凝土板内预留a6铁环,双向中距900mm～1200mm | $m^2$ | 12.30 | 159.29 | 1959.27 | |
| | | 分部小计 | | | | | 4193.85 | |
| | | 0114 油漆、涂料、裱糊工程 | | | | | | |
| 62 | 011406001001 | 抹灰面油漆 | 1. 基层类型:抹灰面<br>2. 外墙腻子两遍(粗腻子一道,细腻子一道)<br>3. 真石漆(中层漆一道,封固底漆一道)<br>4. 部位:外墙 | $m^2$ | 157.87 | 83.06 | 13112.68 | |
| | | 本页小计 | | | | | 23760.15 | |

## 分部分项工程和单价措施项目清单与计价表

工程名称：某传达室　　　　标段：　　　　第 10 页　共 10 页

| 序号 | 项目编码 | 项目名称 | 项目特征描述 | 计量单位 | 工程量 | 金额(元) | | |
|---|---|---|---|---|---|---|---|---|
| | | | | | | 综合单价 | 合价 | 其中<br>暂估价 |
| 63 | 011406001002 | 抹灰面油漆 | 1. 基层类型:抹灰面<br>2. 乳胶漆二道<br>3. 计算部位:除卫生间外天棚 | $m^2$ | 112.63 | 16.91 | 1904.57 | |
| 64 | 011406001003 | 抹灰面油漆 | 1. 基层类型:抹灰面<br>2. 装饰面材料种类:刷乳胶漆二道<br>3. 计量部位:除卫生间外内墙面 | $m^2$ | 158.13 | 15.77 | 2493.71 | |
| | | 分部小计 | | | | | 17510.96 | |
| | | 分部分项合计 | | | | | 182409.37 | |
| 1 | 011701001001 | 综合脚手架 | | 项 | 1 | 5927.85 | 5927.85 | |
| 2 | 011701006001 | 满堂脚手架 | | 项 | 1 | 422.16 | 422.16 | |
| 3 | 011703001001 | 垂直运输 | | 项 | 10.00 | 399.34 | 3993.40 | |
| 4 | 011705001001 | 大型机械设备进出场及安拆 | | 项 | 1 | 4633.40 | 4633.40 | |
| 5 | 011702001001 | 模板 | | 项 | 1.00 | 35707.50 | 35707.50 | |
| | | 单价措施合计 | | | | | 50684.31 | |
| | | | | | | | | |
| | | | | | | | | |
| | | | | | | | | |
| | | | | | | | | |
| | | | | | | | | |
| | | | | | | | | |
| | | | | | | | | |
| 本页小计 | | | | | | | 55082.59 | |
| 合　计 | | | | | | | 233093.68 | |

# 分部分项工程费综合单价分析表

工程名称：某传达室　　　　标段：　　　　第1页　共13页

| 序号 | 定额编号 | 换 | 定额名称 | 单位 | 工程量 | 金额 | |
|---|---|---|---|---|---|---|---|
| | | | | | | 综合单价 | 合价 |
| 1 | 0101 | | 土石方工程 | | 1 | 4608.53 | 4608.53 |
| 2 | 010101001001 | | 平整场地<br>【项目特征】<br>土壤类别：一、二类土 | $m^2$ | 102.31 | 1.48 | 151.42 |
| 3 | 1－273 备注 1 | 换 | 平整场地（厚 300mm 以内）推土机 75kW 以内 | $1000m^2$ | 0.1799 | 842.23 | 151.52 |
| 4 | 010101004001 | | 挖基坑土方<br>【项目特征】<br>1. 土壤类别：一、二类土<br>2. 挖土深度：1.5m<br>3. 弃土运距：留足回填土，余土标底按 3km 考虑投标人自行考虑 | $m^3$ | 133.94 | 12.46 | 1668.89 |
| 5 | 1－224 备注 1 | 换 | 挖掘机挖底面积不大于 $20m^2$ 的基坑挖掘机挖土（斗容量 $1m^3$ 以内）反铲装车 | $1000m^3$ | 0.1205 | 5633.40 | 678.82 |
| 6 | 1－1 备注 1 | 换 | 人工挖一般土方，土壤类别一类土 | $m^3$ | 13.3940 | 22.19 | 297.21 |
| 7 | 1－263 备注 1 | 换 | 自卸汽车运土，运距在 3km 以内 | $1000m^3$ | 0.0422 | 16390.53 | 691.68 |
| 8 | 010103001001 | | 回填方<br>【项目特征】<br>1. 回填部位：基坑回填<br>2. 密实度要求：分层压实系数不小于 0.94<br>3. 填方来源、运距：原土回填 | $m^3$ | 81.52 | 32.81 | 2674.67 |
| 9 | 1－104 | | 回填土 基(槽)坑 夯填 | $m^3$ | 81.52 | 32.81 | 2674.67 |
| 10 | 010103001002 | | 回填方<br>【项目特征】<br>1. 回填部位：室内及室外平台部位<br>2. 密实度要求：符合设计和规范要求<br>3. 填方来源：原土 | $m^3$ | 10.23 | 11.10 | 113.55 |
| 11 | 1－101 | | 回填土 地面 松填 | $m^3$ | 10.2300 | 11.10 | 113.55 |
| 12 | 0104 | | 砌筑工程 | | 1 | 32913.74 | 32913.74 |
| 13 | 010402001001 | | 砌块墙<br>【项目特征】<br>1. 砌块品种、规格、强度等级：煤矸石烧结空心砖、200 厚（干重度不大于 $11kN/m^3$）、MU5<br>2. 墙体类型：内外墙<br>3. 砂浆强度等级：M5.0 混合砂浆 | $m^3$ | 28.05 | 410.75 | 11521.54 |
| 14 | 4－30 | | M5 KM1 空心砖墙 190mm×190mm×90mm 1 砖 | $m^3$ | 28.05 | 410.75 | 11521.54 |

# 分部分项工程费综合单价分析表

工程名称：某传达室　　　　标段：　　　　第 2 页　共 13 页

| 序号 | 定额编号 | 换 | 定额名称 | 单位 | 工程量 | 金额 | |
|---|---|---|---|---|---|---|---|
| | | | | | | 综合单价 | 合价 |
| 15 | 010404001001 | | 垫层<br>【项目特征】<br>1. 计算部位：所有室内地面垫层<br>2. 底层垫层材料种类、配合比、厚度：100 厚碎石或碎砖<br>3. 地基处理：素土夯实 | m³ | 8.33 | 1690.51 | 14081.95 |
| 16 | 1—99 | | 原土打底夯 地面 | 10m² | 8.3340 | 12.69 | 105.76 |
| 17 | 13—9 | | 垫层 碎石 干铺 | m³ | 83.3400 | 167.70 | 13976.12 |
| 18 | 010404001002 | | 垫层<br>【项目特征】<br>地面第二层垫层材料种类、配合比、厚度：60 厚 C15 混凝土，随捣随抹平 | m³ | 6.07 | 361.52 | 2194.43 |
| 19 | 13—13 | | C15 预拌混凝土 非泵送 不分格垫层 | m³ | 6.07 | 361.52 | 2194.43 |
| 20 | 010404001003 | | 垫层<br>【项目特征】<br>1. 计算部位：室外台阶垫层<br>2. 垫层材料种类、配合比、厚度：30～70 粒径碎石夯入土内，50mm 厚<br>3. 地基处理：素土夯实 | m³ | 0.61 | 167.70 | 102.30 |
| 21 | 13—9 | 换 | 垫层　碎石　干铺 | m³ | 0.61 | 167.70 | 102.30 |
| 22 | 010404001004 | | 垫层<br>【项目特征】<br>1. 计算部位：基础碎石垫层<br>2. 垫层材料种类、配合比、厚度：20～40 粒径碎石，500mm 厚 | m³ | 29.00 | 172.88 | 5013.52 |
| 23 | 4—99 | 换 | 基础垫层 碎石 干铺 | m³ | 29.00 | 172.88 | 5013.52 |
| 24 | 0105 | | 混凝土及钢筋混凝土工程 | | 1 | 46637.63 | 46637.63 |
| 25 | 010501001001 | | 垫层<br>【项目特征】<br>1. 混凝土种类：预拌商品混凝土<br>2. 混凝土强度等级：C15 | m³ | 4.40 | 353.72 | 1556.37 |
| 26 | 6—178 | 换 | 泵送现浇构件 C15 现浇垫层 | m³ | 4.4000 | 353.72 | 1556.37 |
| 27 | 010501003001 | | 独立基础<br>【项目特征】<br>1. 混凝土种类：预拌商品混凝土<br>2. 混凝土强度等级：C35 | m³ | 13.20 | 369.43 | 4876.48 |
| 28 | 6—185 | 换 | 泵送现浇构件 C35 现浇桩承台独立柱基 | m³ | 13.20 | 369.43 | 4876.48 |

## 分部分项工程费综合单价分析表

工程名称:某传达室　　标段:　　第3页　共13页

| 序号 | 定额编号 | 换 | 定额名称 | 单位 | 工程量 | 金额 | |
|---|---|---|---|---|---|---|---|
| | | | | | | 综合单价 | 合价 |
| 29 | 010502001001 | | 矩形柱<br>【项目特征】<br>1. 混凝土种类:预拌商品混凝土<br>2. 混凝土强度等级:C30<br>3. 外周长:1.6m内<br>4. 支模高度:5m以内 | $m^3$ | 5.20 | 420.45 | 2186.34 |
| 30 | 6−190 | | 泵送现浇构件 C30 现浇矩形柱 | $m^3$ | 5.2000 | 420.45 | 2186.34 |
| 31 | 010502001002 | | 矩形柱<br>【项目特征】<br>1. 混凝土种类:预拌商品混凝土<br>2. 混凝土强度等级:C30<br>3. 外周长:1.6m内<br>4. 支模高度:3.6m以内 | $m^3$ | 0.90 | 420.45 | 378.41 |
| 32 | 6−190 | | 泵送现浇构件 C30 现浇矩形柱 | $m^3$ | 0.90 | 420.45 | 378.41 |
| 33 | 010502002001 | | 构造柱<br>【项目特征】<br>1. 混凝土种类:预拌商品混凝土<br>2. 混凝土强度等级:C25<br>3. 层高:5m以内 | $m^3$ | 1.79 | 523.77 | 937.55 |
| 34 | 6−316 | 换 | 非泵送现浇构件 C25 构造柱 | $m^3$ | 1.7900 | 523.77 | 937.55 |
| 35 | 010503002001 | | 矩形梁<br>【项目特征】<br>1. 混凝土种类:预拌商品混凝土<br>2. 混凝土强度等级:C30<br>3. 支模高度:3.6m内<br>4. 计量部位:基础梁 | $m^3$ | 7.77 | 398.45 | 3095.96 |
| 36 | 6−194 | | 泵送现浇构件 C30 现浇单梁 框架梁 连续梁 | $m^3$ | 7.77 | 398.45 | 3095.96 |
| 37 | 010503005001 | | 过梁<br>【项目特征】<br>1. 混凝土种类:预拌商品混凝土<br>2. 混凝土强度等级:C25<br>3. 支模高度:3.6m内 | $m^3$ | 0.94 | 476.99 | 448.37 |
| 38 | 6−321 | 换 | 非泵送现浇构件 C25 过梁 | $m^3$ | 0.94 | 476.99 | 448.37 |
| 39 | 010505001001 | | 有梁板<br>【项目特征】<br>1. 混凝土种类:预拌商品混凝土<br>2. 混凝土强度等级:C30<br>3. 板厚:110mm<br>4. 支模高度:4.09m | $m^3$ | 16.64 | 390.78 | 6502.58 |
| 40 | 6−207 | | 泵送现浇构件 C30 现浇有梁板 | $m^3$ | 16.64 | 390.78 | 6502.58 |

## 分部分项工程费综合单价分析表

**工程名称：某传达室　　　标段：　　　第 4 页　共 13 页**

| 序号 | 定额编号 | 换 | 定额名称 | 单位 | 工程量 | 金额 | |
|---|---|---|---|---|---|---|---|
| | | | | | | 综合单价 | 合价 |
| 41 | 010505007001 | | 天沟(檐沟)、挑檐板<br>【项目特征】<br>1. 混凝土种类：预拌商品混凝土<br>2. 混凝土强度等级：C25<br>3. 底板体积、厚度：2.62m³、120mm厚<br>4. 竖板体积：1.34m³ | m³ | 3.96 | 639.18 | 2531.15 |
| 42 | 6-215 | 换 | 泵送现浇构件 C25 现浇水平挑檐 板式雨篷 | 10m² 水平投影面积 | 2.1833 | 405.34 | 884.98 |
| 43 | 6-218 | 换 | 泵送现浇构件 C25 现浇楼梯、雨篷、阳台、台阶混凝土含量每增减 | m³ | 2.4399 | 420.78 | 1026.66 |
| 44 | 6-219 | 换 | 泵送现浇构件 C25 现浇天、檐沟竖向挑板 | m³ | 1.3400 | 462.33 | 619.52 |
| 45 | 010507001001 | | 散水、坡道<br>【项目特征】<br>1. 素土夯实<br>2. 100厚碎石垫层或150厚3：7灰土<br>3. 素水泥浆一道(内掺建筑胶)<br>4. 60mm厚C20预拌细石混凝土面层<br>5. 20厚1：2.5水泥浆砂浆面层压光<br>6. 参J08-2006-30/1<br>7. 计算部位：散水 | m² | 19.52 | 63.36 | 1236.79 |
| 46 | 13-163 | | C20 混凝土散水 | 10m² 水平投影面积 | 1.9520 | 633.58 | 1236.75 |
| 47 | 010507004001 | | 台阶<br>【项目特征】<br>1. 踏步高、宽：150mm、350mm<br>2. 混凝土种类：预拌商品混凝土<br>3. 混凝土强度等级：C15、共1.98m³ | m² | 6.88 | 121.39 | 835.16 |
| 48 | 6-351 | 换 | 非泵送现浇构件 C15 台阶 | 10m² 水平投影面积 | 0.6880 | 640.32 | 440.54 |
| 49 | 6-342 | 换 | 非泵送现浇构件 C15 楼梯、雨篷、阳台、台阶混凝土含量每增减 | m³ | 0.9521 | 414.45 | 394.60 |
| 50 | 010507007001 | | 其他构件<br>【项目特征】<br>1. 计算部位：窗台<br>2. 混凝土种类：预拌商品混凝土<br>3. 混凝土强度等级：C25 | m³ | 0.41 | 431.31 | 176.84 |

# 分部分项工程费综合单价分析表

工程名称：某传达室　　标段：　　第5页　共13页

| 序号 | 定额编号 | 换 | 定额名称 | 单位 | 工程量 | 金额 | |
|---|---|---|---|---|---|---|---|
| | | | | | | 综合单价 | 合价 |
| 51 | 6—320 | 换 | 非泵送现浇构件 C25 圈梁 | $m^3$ | 0.41 | 431.31 | 176.84 |
| 52 | 010507007002 | | 其他构件<br>【项目特征】<br>1. 计算部位：窗眉<br>2. 混凝土种类：预拌商品混凝土<br>3. 强度等级：C25 | $m^3$ | 0.12 | 461.99 | 55.44 |
| 53 | 6—350 | 换 | 非泵送现浇构件 C25 小型构件 | $m^3$ | 0.12 | 461.99 | 55.44 |
| 54 | 010515001001 | | 现浇构件钢筋<br>【项目特征】<br>1. 钢筋种类、规格：冷拔钢丝，直径 4mm<br>2. 计算部位：屋面 | t | 0.131 | 5483.70 | 718.36 |
| 55 | 5—4 备注 5 | 换 | 现浇构件 冷轧带肋钢筋 | t | 0.131 | 5483.70 | 718.36 |
| 56 | 010515001002 | | 现浇构件钢筋<br>【项目特征】<br>钢筋种类、规格：现浇混凝土构件钢筋 $\phi$6mm，一级钢 | t | 0.136 | 4088.90 | 556.09 |
| 57 | 5—1 备注 5 | 换 | 现浇混凝土构件钢筋直径 $\phi$12mm 以内 | t | 0.1360 | 4088.90 | 556.09 |
| 58 | 010515001003 | | 现浇构件钢筋<br>【项目特征】<br>钢筋种类、规格：现浇混凝土构件钢筋 $\phi$10mm，二级钢 | t | 0.337 | 4134.80 | 1393.43 |
| 59 | 5—1 备注 5 | 换 | 现浇混凝土构件钢筋 直径 $\phi$12mm 以内 | t | 0.337 | 4134.80 | 1393.43 |
| 60 | 010515001004 | | 现浇构件钢筋<br>【项目特征】<br>钢筋种类、规格：现浇混凝土构件钢筋 $\phi$6mm，三级钢 | t | 0.078 | 4476.50 | 349.17 |
| 61 | 5—1 备注 5 | 换 | 现浇混凝土构件钢筋直径 $\phi$12mm 以内 | t | 0.078 | 4476.50 | 349.17 |
| 62 | 010515001005 | | 现浇构件钢筋<br>【项目特征】<br>钢筋种类、规格：现浇混凝土构件钢筋 $\phi$8mm，三级钢 | t | 2.007 | 4199.06 | 8427.51 |
| 63 | 5—1 备注 5 | 换 | 现浇混凝土构件钢筋 直径 $\phi$12mm 以内 | t | 2.0070 | 4199.06 | 8427.51 |
| 64 | 010515001006 | | 现浇构件钢筋<br>【项目特征】<br>钢筋种类、规格：现浇混凝土构件钢筋 $\phi$10mm，三级钢 | t | 0.021 | 4066.46 | 85.40 |
| 65 | 5—1 备注 5 | 换 | 现浇混凝土构件钢筋 直径 $\phi$12mm 以内 | t | 0.021 | 4066.46 | 85.40 |

## 分部分项工程费综合单价分析表

工程名称:某传达室　　　　标段:　　　　第6页 共13页

| 序号 | 定额编号 | 换 | 定额名称 | 单位 | 工程量 | 金额 | |
|---|---|---|---|---|---|---|---|
| | | | | | | 综合单价 | 合价 |
| 66 | 010515001007 | | 现浇构件钢筋<br>【项目特征】<br>钢筋种类、规格:现浇混凝土构件钢筋 $\phi$12,三级钢 | t | 0.421 | 4030.76 | 1696.95 |
| 67 | 5—1备注5 | 换 | 现浇混凝土构件钢筋直径 $\phi$12mm以内 | t | 0.4210 | 4030.76 | 1696.95 |
| 68 | 010515001008 | | 现浇构件钢筋<br>【项目特征】<br>钢筋种类、规格:现浇混凝土构件钢筋 $\phi$14,三级钢 | t | 0.772 | 3514.83 | 2713.45 |
| 69 | 5—2备注5 | 换 | 现浇混凝土构件钢筋直径 $\phi$25mm以内 | t | 0.7720 | 3514.83 | 2713.45 |
| 70 | 010515001009 | | 现浇构件钢筋<br>【项目特征】<br>钢筋种类、规格:现浇混凝土构件钢筋 $\phi$16,三级钢 | t | 0.190 | 3468.93 | 659.10 |
| 71 | 5—2备注5 | 换 | 现浇混凝土构件钢筋直径 $\phi$25mm以内 | t | 0.1900 | 3468.93 | 659.10 |
| 72 | 010515001010 | | 现浇构件钢筋<br>【项目特征】<br>钢筋种类、规格:现浇混凝土构件钢筋 $\phi$18,三级钢 | t | 0.333 | 3468.93 | 1155.15 |
| 73 | 5—2备注5 | 换 | 现浇混凝土构件钢筋直径 $\phi$25mm以内 | t | 0.3330 | 3468.93 | 1155.15 |
| 74 | 010515001011 | | 现浇构件钢筋<br>【项目特征】<br>钢筋种类、规格:现浇混凝土构件钢筋 $\phi$20,三级钢 | t | 0.963 | 3468.93 | 3340.58 |
| 75 | 5—2备注5 | 换 | 现浇混凝土构件钢筋直径 $\phi$25mm以内 | t | 0.9630 | 3468.93 | 3340.58 |
| 76 | 010515001012 | | 现浇构件钢筋<br>【项目特征】<br>钢筋种类、规格:现浇混凝土构件钢筋 $\phi$22,三级钢 | t | 0.090 | 3468.93 | 312.20 |
| 77 | 5—2备注5 | 换 | 现浇混凝土构件钢筋直径 $\phi$25mm以内 | t | 0.0900 | 3468.93 | 312.20 |
| 78 | 010515001013 | | 现浇构件钢筋<br>【项目特征】<br>钢筋种类、规格:现浇混凝土构件钢筋 $\phi$25,三级钢 | t | 0.119 | 3468.93 | 412.80 |
| 79 | 5—2备注5 | 换 | 现浇混凝土构件钢筋直径 $\phi$25mm以内 | t | 0.1190 | 3468.93 | 412.80 |
| 80 | 0106 | | 金属结构工程 | | 1 | 1293.76 | 1293.76 |

# 分部分项工程费综合单价分析表

工程名称:某传达室 标段: 第7页 共13页

| 序号 | 定额编号 | 换 | 定额名称 | 单位 | 工程量 | 金额 | |
|---|---|---|---|---|---|---|---|
| | | | | | | 综合单价 | 合价 |
| 81 | 010606008001 | | 钢梯<br>【项目特征】<br>上屋面爬梯<br>1. 详02J401－78<br>2. 防锈漆两遍<br>3. 聚酯磁漆一底两面 | t | 0.062 | 4699.93 | 291.40 |
| 82 | 7－58 | | U形爬梯制、安 | t | 0.0620 | 4153.24 | 257.50 |
| 83 | 17－136 | | 红丹防锈漆 第二遍 金属面 | 10m² | 0.2000 | 47.02 | 9.40 |
| 84 | 17－142 | 换 | 醇酸磁漆 第一遍 金属面 | 10m² | 0.2000 | 63.94 | 12.79 |
| 85 | 17－143 | 换 | 醇酸磁漆 第二遍 金属面 | 10m² | 0.2000 | 58.51 | 11.70 |
| 86 | 010607005001 | | 砌块墙钢丝网加固<br>【项目特征】<br>材料品种、规格:镀锌钢丝网、直径0.7@10×10 | m² | 67.59 | 14.83 | 1002.36 |
| 87 | 14－30 | | 保温砂浆及抗裂基层 热镀锌钢丝网 | 10m² | 6.759 | 148.15 | 1001.35 |
| 88 | 0108 | | 门窗工程 | | 1 | 14079.40 | 14079.40 |
| 89 | 010801001001 | | 木质门<br>【项目特征】<br>1. 代号及洞口尺寸:M－1 900×2600<br>2. 成品木质门购入,包括所有配件<br>3. 其他详见施工图纸 | m² | 2.34 | 392.17 | 917.68 |
| 90 | 16－31 | 换 | 成品木门 实拼门夹板面 | 10m² | 0.2340 | 3921.63 | 917.66 |
| 91 | 010801001002 | | 木质门<br>【项目特征】<br>1. 代号及洞口尺寸:M－2 800×2600<br>2. 成品木质门购入,包括图纸要求的所有部分<br>3. 其他详见施工图纸 | m² | 4.16 | 392.17 | 1631.43 |
| 92 | 16－31 | 换 | 成品木门 实拼门夹板面 | 10m² | 0.4160 | 3921.63 | 1631.40 |
| 93 | 010801001003 | | 木质门<br>【项目特征】<br>1. 代号及洞口尺寸:FHM－1、FHM－2<br>2. 丙级防火门(包含所有配件)<br>3. 其他详见施工图纸 | m² | 7.80 | 361.68 | 2821.10 |
| 94 | 9－32 | 换 | 特种门 成品门扇 木质防火门 | 10m² | 0.78 | 3616.82 | 2821.12 |

# 分部分项工程费综合单价分析表

工程名称:某传达室 标段: 第8页 共13页

| 序号 | 定额编号 | 换 | 定额名称 | 单位 | 工程量 | 金额 | |
|---|---|---|---|---|---|---|---|
| | | | | | | 综合单价 | 合价 |
| 95 | 010807001001 | | 金属(塑钢、断桥)窗<br>【项目特征】<br>1.窗代号及洞口尺寸:C—1<br>2.框、扇材质:80系列断桥隔热铝合金<br>3.玻璃品种、厚度:6mm+12A+6mm厚白色透明中空玻璃 | $m^2$ | 16.20 | 496.25 | 8039.25 |
| 96 | 16—3 | | 铝合金窗 推拉窗 | $10m^2$ | 1.62 | 4962.52 | 8039.28 |
| 97 | 010807001002 | | 金属(塑钢、断桥)窗<br>【项目特征】<br>1.窗代号及洞口尺寸:C—2<br>2.框、扇材质:80系列断桥隔热铝合金<br>3.玻璃品种、厚度:6mm+12A+6mm厚白色透明中空玻璃 | $m^2$ | 1.35 | 496.25 | 669.94 |
| 98 | 16—3 | | 铝合金窗 推拉窗 | $10m^2$ | 0.135 | 4962.52 | 669.94 |
| 99 | 0109 | | 屋面及防水工程 | | 1 | 20716.57 | 20716.57 |
| 100 | 010902001001 | | 屋面卷材防水<br>【项目特征】<br>1.卷材品种、规格、厚度:SBS改性沥青防水层3厚<br>2.防水层数:2层<br>3.20厚1:3水泥砂浆保护层<br>4.无卷边 | $m^2$ | 96.26 | 115.27 | 11095.89 |
| 101 | 10—33 | | 卷材屋面 SBS改性沥青防水卷材 热熔满铺法 双层 | $10m^2$ | 9.626 | 1005.93 | 9683.08 |
| 102 | 10—87 | | 刚性防水屋面 水泥砂浆 无分格缝 20mm厚 | $10m^2$ | 9.626 | 146.60 | 1411.17 |
| 103 | 010902003001 | | 屋面刚性层<br>【项目特征】<br>1.刚性层厚度:50mm<br>2.混凝土种类:预拌商品混凝土细石混凝土<br>3.混凝土强度等级:C30<br>4.平面四周(沿墙和水沟边)设伸缝,缝宽10mm,缝内嵌改性沥青密封膏<br>5.平面内间距不大于3000mm设缩缝,缝内嵌改性沥青密封膏(缝表面热帖沥青卷材100mm宽) | $m^2$ | 96.26 | 40.39 | 3887.94 |
| 104 | 10—83+[10—85]×2 | 换 | 刚性防水屋面 C20非泵送预拌细石混凝土 有分格缝 50mm厚 | $10m^2$ | 9.626 | 395.02 | 3802.46 |

## 分部分项工程费综合单价分析表

**工程名称：某传达室** **标段：** **第9页 共13页**

| 序号 | 定额编号 | 换 | 定额名称 | 单位 | 工程量 | 金额 | |
|---|---|---|---|---|---|---|---|
| | | | | | | 综合单价 | 合价 |
| 105 | 10—68 | | 卷材屋面 屋面分格缝上点粘300宽改性沥青卷材 | 10m | 0.5550 | 153.11 | 84.98 |
| 106 | 010902004001 | | 屋面排水管<br>【项目特征】<br>1. 外排雨水斗、雨水管采用UPVC管(消音管)<br>2. 颜色同其相邻墙面<br>3. 雨水管公称直径均为DN100<br>4. 雨水口参见苏J03—2006—57,水斗、铸铁篦子及水落管做法见苏J03—2006—58 | m | 7.64 | 58.44 | 446.48 |
| 107 | 10—202 | 换 | PVC管排水 PVC水落管 $\phi$110 | 10m | 0.764 | 320.98 | 245.23 |
| 108 | 10—206 | 换 | PVC管排水 PVC水斗 $\phi$110 | 10只 | 0.2000 | 423.61 | 84.72 |
| 109 | 10—220 | | 铸铁管排水 屋面挑檐铸铁弯头落水口 $\phi$100 | 10只 | 0.2000 | 582.57 | 116.51 |
| 110 | 010902005001 | | 屋面排(透)气管<br>【项目特征】<br>屋顶透气管出屋面参见苏J03—2006—1/46 | m | 0.90 | 68.32 | 61.49 |
| 111 | 11—25 | | 屋面保温层排汽管PVC管(苏J03—2006)②型 | 10个 | 0.3000 | 204.97 | 61.49 |
| 112 | 010902007001 | | 屋面天沟、檐沟<br>【项目特征】<br>1.30厚C15细石混凝土找坡<br>2.3厚水性环保型SBS防水卷材一道<br>3.20厚1:2.5水泥砂浆保护层 | m$^2$ | 40.04 | 98.80 | 3955.95 |
| 113 | 13—18 | | C20 细石混凝土找平层厚40mm | 10m$^2$ | 4.004 | 212.82 | 852.13 |
| 114 | 13—19 | | C20细石混凝土找平层 厚度每增(减)5mm | 10m$^2$ | 8.0080 | 23.67 | 189.55 |
| 115 | 10—32 | | 卷材屋面 SBS改性沥青防水卷材 热熔满铺法 单层 | 10m$^2$ | 4.004 | 575.10 | 2302.70 |
| 116 | 10—87 | 换 | 刚性防水屋面 水泥砂浆 无分格缝 20mm厚 | 10m$^2$ | 4.004 | 152.45 | 610.41 |
| 117 | 010903002001 | | 墙面涂膜防水<br>【项目特征】<br>1. 计算部位:沿房屋四周室外地坪上下各500mm的混凝土表面有可能接触冰冻处<br>2. 涂膜厚度、品种:涂水泥基渗透结晶型防水涂料1.0mm厚 | m$^2$ | 17.55 | 18.41 | 323.10 |
| 118 | 10—120 | 换 | 刷水泥基渗透结晶防水材料二～三遍(厚2mm) | 10m$^2$ | 1.755 | 184.15 | 323.18 |

## 分部分项工程费综合单价分析表

工程名称:某传达室　　　　标段:　　　　第10页　共13页

| 序号 | 定额编号 | 换 | 定额名称 | 单位 | 工程量 | 金额 | |
|---|---|---|---|---|---|---|---|
| | | | | | | 综合单价 | 合价 |
| 119 | 010904001001 | | 楼(地)面卷材防水<br>【项目特征】<br>1. 刷冷底子油一道,二毡三油防潮层,撒绿豆砂一层热沥青粘牢<br>2. 反边高度150mm<br>3. 苏J01—2005—2—13 | $m^2$ | 17.76 | 53.25 | 945.72 |
| 120 | 10—125 | 换 | 粘贴卷材纤维 沥青卷材(石油沥青粘贴) 二毡三油 平面 | $10m^2$ | 1.776 | 532.53 | 945.77 |
| 121 | 0110 | | 保温、隔热、防腐工程 | | 1 | 6757.45 | 6757.45 |
| 122 | 011001001001 | | 保温隔热屋面<br>【项目特征】<br>1. 50厚挤塑板保温层(加粘结剂和锚固钉)<br>2. 20厚1:3水泥砂浆找平<br>3. 加气混凝土、泡沫混凝土找坡2%始厚30 | $m^2$ | 96.26 | 70.20 | 6757.45 |
| 123 | 13—18 | 换 | C20 细石混凝土找平层厚40mm | $10m^2$ | 9.626 | 172.21 | 1657.69 |
| 124 | 13—19 | 换 | C20细石混凝土找平层 厚度每增(减)5mm | $10m^2$ | −48.1300 | 18.32 | −881.74 |
| 125 | 13—15 | | 找平层 水泥砂浆(厚20mm) 混凝土或硬基层上 | $10m^2$ | 9.626 | 136.13 | 1310.39 |
| 126 | 11—15 | 换 | 屋面、楼地面保温隔热 聚苯乙烯挤塑板(厚25mm) | $10m^2$ | 9.626 | 485.16 | 4670.15 |
| 127 | 0111 | | 楼地面装饰工程 | | 1 | 15743.39 | 15743.39 |
| 128 | 011101006001 | | 平面砂浆找平层<br>【项目特征】<br>1. 找平层厚度、砂浆配合比:20厚1:3水泥砂浆<br>2. 计算部位:屋面SBS卷材下找平层 | $m^2$ | 96.26 | 17.07 | 1643.16 |
| 129 | 13—16 | | 找平层 水泥砂浆(厚20mm) 在填充材料上 | $10m^2$ | 9.6260 | 170.66 | 1642.77 |
| 130 | 011102003001 | | 块料楼地面<br>【项目特征】<br>1. 8~10厚600mm×600mm防滑地砖,水泥浆擦缝<br>2. 撒素水泥面(洒适量清水)<br>3. 20厚1:2硬性水泥砂浆粘接层<br>4. 刷素水泥浆一道<br>5. 计算部位:除卫生间地面 | $m^2$ | 70.80 | 121.36 | 8592.29 |
| 131 | 13—81 | 换 | 楼地面单块0.4$m^2$以内地砖 干硬性水泥砂浆 | $10m^2$ | 7.08 | 1213.62 | 8592.43 |

## 分部分项工程费综合单价分析表

**工程名称:某传达室　　　　　　标段:　　　　　　第 11 页　共 13 页**

| 序号 | 定额编号 | 换 | 定额名称 | 单位 | 工程量 | 金额 | |
|---|---|---|---|---|---|---|---|
| | | | | | | 综合单价 | 合价 |
| 132 | 011102003002 | | 块料楼地面<br>【项目特征】<br>1. 8～10 厚 300mm×300mm 地面砖,干水泥擦缝<br>2. 撒素水泥面(洒适量清水)<br>3. 20 厚 1:2 干硬性水泥砂浆(或建筑胶水泥砂浆)粘接层<br>4. 刷素水泥浆(或界面剂)一道<br>5. 40 厚 C20 细石混凝土<br>6. 计算部位:卫生间地面 | $m^2$ | 12.54 | 132.45 | 1660.92 |
| 133 | 13—81 | 换 | 楼地面单块 0.4$m^2$ 以内地砖 干硬性水泥砂浆 | 10$m^2$ | 1.254 | 1111.62 | 1393.97 |
| 134 | 13—18 | | C20 细石混凝土找平层 厚 40mm | 10$m^2$ | 1.254 | 212.82 | 266.88 |
| 135 | 011105003001 | | 块料踢脚线<br>【项目特征】<br>1. 踢脚线高度:150mm<br>2. 粘贴层厚度、材料种类:10 厚 1:2 水泥砂浆结合层<br>3. 面层材料品种、规格、颜色:10 厚面砖(颜色同使用部位地面)<br>4. 界面处理:刷界面处理剂一道 | $m^2$ | 9.83 | 158.61 | 1559.14 |
| 136 | 13—95 | 换 | 地砖、橡胶塑料板 同质地砖踢脚线 水泥砂浆 | 10m | 6.5533 | 204.10 | 1337.53 |
| 137 | 14—32 | | 保温砂浆及抗裂基层 刷界面剂 加气混凝土面 | 10$m^2$ | 0.983 | 225.37 | 221.54 |
| 138 | 011107002001 | | 块料台阶面<br>【项目特征】<br>1. 同质防滑地砖饰面<br>2. 1:3 水泥砂浆座砌<br>3. 台阶展开面积:24.12$m^2$ | $m^2$ | 6.89 | 330.73 | 2278.73 |
| 139 | 13—93 | 换 | 地砖、橡胶塑料板 台阶 水泥砂浆 | 10$m^2$ | 1.5158 | 1503.26 | 2278.64 |
| 140 | 011108004001 | | 水泥砂浆零星项目<br>【项目特征】<br>1. 工程部位:台阶侧边<br>2. 面层厚度、砂浆厚度:8 厚 1:2 水泥砂浆 | $m^2$ | 0.23 | 39.79 | 9.15 |
| 141 | 14—18 | 换 | 抹水泥砂浆 零星项目 | 10$m^2$ | 0.0230 | 397.73 | 9.15 |
| 142 | 0112 | | 墙、柱面装饰与隔断、幕墙工程 | | 1 | 17954.09 | 17954.09 |
| 143 | 011201002001 | | 墙面装饰抹灰<br>【项目特征】<br>1. 墙体类型:砌块墙<br>2. 底层厚度、砂浆配合比:12 厚 1:1:6 水泥石灰砂浆打底<br>3. 面层厚度、砂浆配合比:5 厚 1:0.3:3 水泥石灰砂浆打底<br>4. 其中凸出墙面混凝土柱跺:24.83$m^2$<br>5. 计算部位:除卫生间外内墙 | $m^2$ | 158.13 | 23.06 | 3646.48 |

# 分部分项工程费综合单价分析表

**工程名称:某传达室**　　　　**标段:**　　　　**第 12 页　共 13 页**

| 序号 | 定额编号 | 换 | 定额名称 | 单位 | 工程量 | 金额 | |
|---|---|---|---|---|---|---|---|
| | | | | | | 综合单价 | 合价 |
| 144 | 14—38 | | 抹混合砂浆 砖墙内墙 | $10m^2$ | 13.3300 | 216.18 | 2881.68 |
| 145 | 14—47 | | 抹混合砂浆 矩形混凝土柱、梁面 | $10m^2$ | 2.4830 | 308.39 | 765.73 |
| 146 | 011201002002 | | 墙面装饰抹灰<br>【项目特征】<br>1. 墙体类型:砌块墙<br>2. 底层厚度、砂浆配合比:20 厚 1∶2.5 水泥砂浆(渗 5%防水剂)找平层,每立方水泥砂浆内掺 0.9 千克聚丙烯抗裂纤维<br>3. 面层厚度、砂浆配合比:5 厚抗裂砂浆复合耐碱玻纤网格布一层(首层网格布二层)<br>4. 其中独立柱:16.22$m^2$<br>5. 计算部位:外墙面 | $m^2$ | 151.68 | 51.78 | 7853.99 |
| 147 | 14—8 | 换 | 抹水泥砂浆 砖墙外墙 | $10m^2$ | 13.5460 | 265.46 | 3595.92 |
| 148 | 14—23 | 换 | 抹水泥砂浆 矩形混凝土柱、梁面 | $10m^2$ | 1.6220 | 326.16 | 529.03 |
| 149 | 14—28+[14—29]×1 | 换 | 保温砂浆及抗裂基层 墙面耐碱玻纤网格布 两层 | $10m^2$ | 15.1680 | 86.36 | 1309.91 |
| 150 | 14—35 | | 保温砂浆及抗裂基层 抗裂砂浆抹面 4mm(网格布) | $10m^2$ | 15.1680 | 159.26 | 2415.66 |
| 151 | 011204003001 | | 块料墙面<br>【项目特征】<br>1. 墙体类型:砌块墙体<br>2.5 厚釉面砖白水泥浆擦缝<br>3.6 厚 1∶0.1∶2.5 水泥石灰浆结合层<br>4.12 厚 1∶3 水泥砂浆打底<br>5. 刷界面处理剂一道<br>6. 计算部位:卫生间内墙贴砖 | $m^2$ | 53.16 | 121.40 | 6453.62 |
| 152 | 14—80 | 换 | 单块面积 0.06$m^2$ 以内墙砖 砂浆粘贴 墙面 | $10m^2$ | 5.3160 | 1214.01 | 6453.68 |
| 153 | 0113 | | 天棚工程 | | 1 | 4193.85 | 4193.85 |
| 154 | 011301001001 | | 天棚抹灰<br>【项目特征】<br>1. 基层类型:现浇混凝土基层<br>2. 刷素水泥砂浆一道(内掺建筑胶)<br>3. 6 厚 1∶0.3∶3 水泥灰石灰膏砂浆打底扫毛<br>4. 6 厚 1∶0.3∶3 水泥灰石灰膏砂浆粉面<br>5. 计算部位:除卫生间外天棚 | $m^2$ | 112.63 | 19.84 | 2234.58 |

## 分部分项工程费综合单价分析表

工程名称:某传达室 标段: 第13页 共13页

| 序号 | 定额编号 | 换 | 定额名称 | 单位 | 工程量 | 金额 | |
|---|---|---|---|---|---|---|---|
| | | | | | | 综合单价 | 合价 |
| 155 | 15－87 | | 混凝土天棚 混合砂浆面 现浇 | $10m^2$ | 11.263 | 198.26 | 2233.00 |
| 156 | 011302001001 | | 吊顶天棚<br>【项目特征】<br>1. 0.8－1厚铝合金方板面层<br>2. 铝合金横撑 T32×24×1.2 中距 500－600<br>3. 铝合金中龙骨 T32×24×1.2 中距 500－600(边龙骨 L27×16×1.2)<br>4. 大龙骨(60×30×1.5 吊点附吊挂)中距＜1200<br>5. a8 钢筋吊杆长 1090mm 中距 900－1200<br>6. 钢筋混凝土板内预留 a6 铁环,双向中距 900－1200 | $m^2$ | 12.30 | 159.29 | 1959.27 |
| 157 | 15－34 | 换 | 天棚吊筋 吊筋规格 $\phi$8mm H=750mm | $10m^2$ | 1.23 | 54.73 | 67.32 |
| 158 | 15－17 | 换 | 装配式T型(不上人型)铝合金龙骨 面层规格500mm×500mm简单 | $10m^2$ | 1.23 | 651.76 | 801.66 |
| 159 | 15－51 | 换 | 铝合金(浮搁式)方板天棚面层平板 | $10m^2$ | 1.23 | 886.26 | 1090.10 |
| 160 | 0114 | | 油漆、涂料、裱糊工程 | | 1 | 17510.96 | 17510.96 |
| 161 | 011406001001 | | 抹灰面油漆<br>【项目特征】<br>1. 基层类型:抹灰面<br>2. 外墙腻子两遍(粗腻子一道,细腻子一道)<br>3. 真石漆(中层漆一道,封固底漆一道)<br>4. 部位:外墙 | $m^2$ | 157.87 | 83.06 | 13112.68 |
| 162 | 17－218 | | 外墙真石漆 胶带分格 | $10m^2$ | 15.787 | 830.67 | 13113.79 |
| 163 | 011406001002 | | 抹灰面油漆<br>【项目特征】<br>1. 基层类型:抹灰面<br>2. 乳胶漆二道<br>3. 计算部位:除卫生间外天棚 | $m^2$ | 112.63 | 16.91 | 1904.57 |
| 164 | 17－176 备注1×－1 备注2×－1 备注4 | 换 | 内墙面 在抹灰面上 901胶混合腻子批、刷乳胶漆各三遍 | $10m^2$ | 11.263 | 169.08 | 1904.35 |
| 165 | 011406001003 | | 抹灰面油漆<br>【项目特征】<br>1. 基层类型:抹灰面<br>2. 装饰面材料种类:刷乳胶漆二道<br>3. 计量部位:除卫生间外内墙面 | $m^2$ | 158.13 | 15.77 | 2493.71 |
| 166 | 17－176 备注1×－1 备注2×－1 | 换 | 内墙面 在抹灰面上 901胶混合腻子批、刷乳胶漆各三遍 | $10m^2$ | 15.813 | 157.69 | 2493.55 |
| 合计 | | | | | | | 182409.37 |

# 总价措施项目清单与计价表

工程名称：某传达室　　　　　　　　标段：　　　　　　　　第1页　共1页

| 序号 | 项目编码 | 项目名称 | 计算基础 | 费率(%) | 金额(元) | 调整费率(%) | 调整后金额(元) | 备注 |
|---|---|---|---|---|---|---|---|---|
| 1 | 011707001001 | 安全文明施工费 |  | 100.000 | 6992.81 |  |  |  |
| 1.1 |  | 基本费 | 分部分项合计＋单价措施项目合计－设备费 | 3.000 | 6992.81 |  |  |  |
| 1.2 |  | 增加费 | 分部分项合计＋单价措施项目合计－设备费 |  |  |  |  |  |
| 2 | 011707002001 | 夜间施工 | 分部分项合计＋单价措施项目合计－设备费 |  |  |  |  |  |
| 3 | 011707003001 | 非夜间施工照明 | 分部分项合计＋单价措施项目合计－设备费 |  |  |  |  |  |
| 4 | 011707004001 | 二次搬运 | 分部分项合计＋单价措施项目合计－设备费 |  |  |  |  |  |
| 5 | 011707005001 | 冬雨期施工 | 分部分项合计＋单价措施项目合计－设备费 |  |  |  |  |  |
| 6 | 011707006001 | 地上、地下设施、建筑物的临时保护设施 | 分部分项合计＋单价措施项目合计－设备费 |  |  |  |  |  |
| 7 | 011707007001 | 已完工程及设备保护 | 分部分项合计＋单价措施项目合计－设备费 |  |  |  |  |  |
| 8 | 011707008001 | 临时设施 | 分部分项合计＋单价措施项目合计－设备费 | 1.000 | 2330.94 |  |  |  |
| 9 | 011707009001 | 赶工措施 | 分部分项合计＋单价措施项目合计－设备费 |  |  |  |  |  |
| 10 | 011707010001 | 工程按质论价 | 分部分项合计＋单价措施项目合计－设备费 |  |  |  |  |  |
| 11 | 011707011001 | 住宅分户验收 | 分部分项合计＋单价措施项目合计－设备费 |  |  |  |  |  |
| 12 | 011707012001 | 特殊条件下施工增加费 | 分部分项合计＋单价措施项目合计－设备费 |  |  |  |  |  |

# 其他项目清单与计价汇总表

工程名称：某传达室　　标段：　　第1页　共1页

| 序号 | 项目名称 | 金额(元) | 结算金额(元) | 备注 |
|---|---|---|---|---|
| 1 | 暂列金额 | | | |
| 2 | 暂估价 | | | |
| 2.1 | 材料暂估价 | | | |
| 2.2 | 专业工程暂估价 | | | |
| 3 | 计日工 | | | |
| 4 | 总承包服务费 | | | |
| | | | | |
| | | | | |
| | | | | |
| | | | | |
| | | | | |
| | | | | |
| | | | | |
| | | | | |
| | | | | |
| | | | | |
| | | | | |
| | | | | |
| | | | | |
| | | | | |
| | | | | |
| | | | | |
| | | | | |
| | | | | |
| | | | | |
| | | | | |
| | | | | |
| | | | | |
| | | | | |
| | | | | |
| | | | | |
| | | | | |
| | | | | |
| 合　计 | | | | |

# 规费、税金项目计价表

**工程名称：某传达室　　标段：　　第1页　共1页**

| 序号 | 项目名称 | 计算基础 | 计算基数(元) | 计算费率(%) | 金额(元) |
|---|---|---|---|---|---|
| 1 | 规费 | 工程排污费＋社会保险费＋住房公积金 | 8484.61 | 100.000 | 8484.61 |
| 1.1 | 社会保险费 | 分部分项工程费＋措施项目费＋其他项目费－工程设备费 | 242417.43 | 3.000 | 7272.52 |
| 1.2 | 住房公积金 | 分部分项工程费＋措施项目费＋其他项目费－工程设备费 | 242417.43 | 0.500 | 1212.09 |
| 1.3 | 工程排污费 | 分部分项工程费＋措施项目费＋其他项目费－工程设备费 | 242417.43 | | |
| 2 | 税金 | 分部分项工程费＋措施项目费＋其他项目费＋规费－按规定不计税的工程设备金额 | 250902.04 | 3.480 | 8731.39 |
| | | | | | |
| 合　计 | | | | | 17216.00 |

## 承包人供应主要材料一览表

工程名称:某传达室　　标段:　　第1页　共4页

| 序号 | 材料编码 | 材料名称 | 规格、型号等要求 | 单位 | 数量 | 单价(元) | 合价(元) | 备注 |
|---|---|---|---|---|---|---|---|---|
| 1 | 01010100 | 钢筋 | 综合 | t | 0.065100 | 2491.00 | 162.16 | |
| 2 | 01010100～1 | 钢筋 ϕ10mm 二级钢 | 综合 | t | 0.343740 | 2622.00 | 901.29 | |
| 3 | 01010100～10 | 钢筋 ϕ20mm 三级钢 | 综合 | t | 0.982260 | 2462.00 | 2418.32 | |
| 4 | 01010100～11 | 钢筋 ϕ25mm 三级钢 | 综合 | t | 0.121380 | 2462.00 | 298.84 | |
| 5 | 01010100～12 | 钢筋 ϕ22mm 三级钢 | 综合 | t | 0.091800 | 2462.00 | 226.01 | |
| 6 | 01010100～2 | 钢筋 ϕ6mm 一级钢 | 综合 | t | 0.138720 | 2577.00 | 357.48 | |
| 7 | 01010100～3 | 钢筋 ϕ6mm 三级钢 | 综合 | t | 0.079560 | 2957.00 | 235.26 | |
| 8 | 01010100～4 | 钢筋 ϕ8mm 三级钢 | 综合 | t | 2.047140 | 2685.00 | 5496.57 | |
| 9 | 01010100～5 | 钢筋 ϕ10mm 三级钢 | 综合 | t | 0.021420 | 2555.00 | 54.73 | |
| 10 | 01010100～6 | 钢筋 ϕ12mm 三级钢 | 综合 | t | 0.429420 | 2520.00 | 1082.14 | |
| 11 | 01010100～7 | 钢筋 ϕ14mm 三级钢 | 综合 | t | 0.787440 | 2507.00 | 1974.11 | |
| 12 | 01010100～8 | 钢筋 ϕ16mm 三级钢 | 综合 | t | 0.193800 | 2462.00 | 477.14 | |
| 13 | 01010100～9 | 钢筋 ϕ18mm 三级钢 | 综合 | t | 0.339660 | 2462.00 | 836.24 | |
| 14 | 01010300～1 | 冷轧带肋钢筋直径 4mm | | t | 0.133620 | 3170.00 | 423.58 | |
| 15 | 01090101～1 | 圆钢 a8 | | kg | 5.268951 | 2.58 | 13.58 | |
| 16 | 01210315 | 等边角钢 | ∟ 40×4 | kg | 1.968000 | 3.28 | 6.45 | |
| 17 | 01510705 | 角铝 | ∟ 25×25×1 | m | 7.945800 | 6.00 | 47.67 | |
| 18 | 02090101 | 塑料薄膜 | | $m^2$ | 135.345350 | 0.80 | 108.28 | |
| 19 | 02110301 | XPS 聚苯乙烯挤塑板 | | $m^3$ | 5.005520 | 750.00 | 3754.14 | |
| 20 | 02270105 | 白布 | | $m^2$ | 0.008000 | 4.00 | 0.03 | |
| 21 | 02330105 | 草袋子 | | 只 | 10.000000 | 1.00 | 10.00 | |
| 22 | 03032113 | 塑料胀管螺钉 | | 套 | 604.971000 | 0.10 | 60.50 | |
| 23 | 03070123 | 膨胀螺栓 | M10×110 | 套 | 16.309800 | 0.80 | 13.05 | |
| 24 | 03110106 | 螺杆 | $L$=250 ϕ8 | 根 | 16.309800 | 0.35 | 5.71 | |
| 25 | 03270202 | 砂纸 | | 张 | 0.204000 | 1.10 | 0.22 | |
| 26 | 03410205 | 电焊条 | J422 | kg | 29.312540 | 5.80 | 170.01 | |
| 27 | 03510201 | 钢钉 | | kg | 0.408900 | 7.00 | 2.86 | |
| 28 | 03510701 | 铁钉 | | kg | 136.207229 | 4.50 | 612.93 | |
| 29 | 03550101 | 钢丝网 | | $m^2$ | 74.349000 | 5.00 | 371.75 | |
| 30 | 03570216 | 镀锌铁丝 | 8号 | kg | 52.197568 | 5.50 | 287.09 | |
| 31 | 03570217 | 镀锌铁丝 | 8号～12号 | kg | 5.000000 | 5.50 | 27.50 | |
| 32 | 03570237 | 镀锌铁丝 | 22号 | kg | 29.415154 | 5.50 | 161.78 | |
| 33 | 03633315 | 合金钢钻头 | 一字形 | 根 | 3.311910 | 8.00 | 26.50 | |

# 承包人供应主要材料一览表

工程名称：某传达室　　　　　　　　　标段：　　　　　　　　　　　　第 2 页　共 4 页

| 序号 | 材料编码 | 材料名称 | 规格、型号等要求 | 单位 | 数量 | 单价(元) | 合价(元) | 备注 |
|---|---|---|---|---|---|---|---|---|
| 34 | 03652403 | 合金钢切割锯片 | | 片 | 0.387653 | 80.00 | 31.01 | |
| 35 | 04010611 | 水泥 | 32.5 级 | kg | 11131.483732 | 0.35 | 3929.41 | |
| 36 | 04010701 | 白水泥 | | kg | 152.083880 | 0.70 | 106.46 | |
| 37 | 04030105 | 细砂 | | t | 0.288780 | 64.00 | 18.48 | |
| 38 | 04030107 | 中砂 | | t | 40.347933 | 65.00 | 2622.62 | |
| 39 | 04050203 | 碎石 | 5～16mm | t | 20.291126 | 59.00 | 1197.18 | |
| 40 | 04050207 | 碎石 | 5～40mm | t | 140.770840 | 59.00 | 8305.48 | |
| 41 | 04050207～1 | 碎石 | 30～70mm | t | 1.006500 | 59.00 | 59.38 | |
| 42 | 04050207～2 | 碎石 | 20～40mm | t | 47.850000 | 59.00 | 2823.15 | |
| 43 | 04090120 | 石灰膏 | | m³ | 0.978364 | 188.00 | 183.93 | |
| 44 | 04090602 | 滑石粉 | | kg | 97.229916 | 0.65 | 63.20 | |
| 45 | 04130913 | KM1 砖 | 190×190×90 | 百块 | 75.735000 | 85.00 | 6437.48 | |
| 46 | 04135500 | 标准砖 | 240×115×53 | 百块 | 5.890500 | 42.00 | 247.40 | |
| 47 | 05030600 | 普通木成材 | | m³ | 0.027092 | 1600.00 | 43.35 | |
| 48 | 05250501 | 木柴 | | kg | 7.494720 | 1.10 | 8.24 | |
| 49 | 05250502 | 锯(木)屑 | | m³ | 0.649968 | 55.00 | 35.75 | |
| 50 | 06612143～1 | 5 厚釉面砖 | 200×300 | m² | 54.489000 | 60.00 | 3269.34 | |
| 51 | 06650101 | 同质地砖 | | m² | 15.961374 | 70.00 | 1117.30 | |
| 52 | 06650101～1 | 600×600 防滑地砖 | | m² | 72.216000 | 70.00 | 5055.12 | |
| 53 | 06650101～2 | 8～10 厚 300×300 地砖 | | m² | 12.790800 | 60.00 | 767.45 | |
| 54 | 06650101～3 | 同质地砖(踢脚) | | m² | 10.026549 | 50.00 | 501.33 | |
| 55 | 08050501～1 | 0.8～1 厚铝合金方板 | 600×600×0.6 | m² | 12.915000 | 75.00 | 968.63 | |
| 56 | 08230105 | 玻璃纤维网格布 | | m² | 326.112000 | 2.50 | 815.28 | |
| 57 | 08310113～1 | 轻钢龙骨(大)60×30×1.5 | 50×15×1.2 | m | 16.445100 | 6.50 | 106.89 | |
| 58 | 08330107 | 大龙骨垂直吊件(轻钢) | 45 | 只 | 18.450000 | 0.50 | 9.23 | |
| 59 | 08330305 | 铝合金 T 形龙骨次接件 | | 只 | 2.460000 | 0.75 | 1.85 | |
| 60 | 08330307 | 铝合金 T 形龙骨主接件 | | 只 | 7.380000 | 1.10 | 8.12 | |
| 61 | 08330709 | 铝合金 T 形龙骨挂件 | | 个 | 18.450000 | 0.60 | 11.07 | |
| 62 | 08350201～1 | 铝合金 T 形主龙骨 32×24×1.2 | | m | 31.082100 | 5.50 | 170.95 | |
| 63 | 08350202～1 | 铝合金 T 形副龙骨 32×24×1.2 | | m | 32.508900 | 4.50 | 146.29 | |
| 64 | 09010103～1 | 配电室成品木质门 | | m² | 6.565000 | 350.00 | 2297.75 | |
| 65 | 09010234～1 | 木质防火门 | | m² | 7.878000 | 320.00 | 2520.96 | |

# 承包人供应主要材料一览表

工程名称：某传达室　　　　标段：　　　　第3页　共4页

| 序号 | 材料编码 | 材料名称 | 规格、型号等要求 | 单位 | 数量 | 单价(元) | 合价(元) | 备注 |
|---|---|---|---|---|---|---|---|---|
| 66 | 09093511 | 铝合金全玻推拉窗 | | $m^2$ | 16.848000 | 420.00 | 7076.16 | |
| 67 | 09493560 | 镀锌铁脚 | | 个 | 136.890000 | 1.70 | 232.71 | |
| 68 | 10031503 | 钢压条 | | kg | 7.087600 | 5.00 | 35.44 | |
| 69 | 11010304 | 内墙乳胶漆 | | kg | 92.870680 | 9.00 | 835.84 | |
| 70 | 11010319 | 仿石型外墙涂料 | | kg | 710.415000 | 10.00 | 7104.15 | |
| 71 | 11010323 | 水性封底漆 | | kg | 55.254500 | 25.00 | 1381.36 | |
| 72 | 11030303 | 防锈漆 | | kg | 0.204600 | 10.40 | 2.13 | |
| 73 | 11030304 | 红丹防锈漆 | | kg | 0.256000 | 10.40 | 2.66 | |
| 74 | 11030746 | 水泥基渗透结晶防水涂料 | | kg | 21.060000 | 12.00 | 252.72 | |
| 75 | 11111503～1 | 聚酯磁漆 | | kg | 0.460000 | 23.00 | 10.58 | |
| 76 | 11112512 | 透明罩光漆 | | kg | 63.148000 | 40.00 | 2525.92 | |
| 77 | 11430327 | 大白粉 | | kg | 97.229916 | 0.85 | 82.65 | |
| 78 | 11450513 | 醇酸漆稀释剂 | X6 | kg | 0.120000 | 15.00 | 1.80 | |
| 79 | 11550105 | 石油沥青 | 30号 | kg | 103.029312 | 5.00 | 515.15 | |
| 80 | 11570552 | SBS聚酯胎乙烯膜卷材 | δ3mm | $m^2$ | 276.261000 | 36.00 | 9945.40 | |
| 81 | 11573505 | 石油沥青油毡 | 350号 | $m^2$ | 42.588480 | 3.90 | 166.10 | |
| 82 | 11573519 | 改性沥青卷材 | δ3mm | $m^2$ | 1.864800 | 36.00 | 67.13 | |
| 83 | 11590504 | 聚氯乙烯热熔密封胶 | | kg | 0.015000 | 12.50 | 0.19 | |
| 84 | 11590914 | 硅酮密封胶 | | L | 2.544750 | 80.00 | 203.58 | |
| 85 | 11592505 | SBS封口油膏 | | kg | 13.071080 | 7.00 | 91.50 | |
| 86 | 11592705 | APP高强嵌缝膏 | | kg | 35.519940 | 8.80 | 312.58 | |
| 87 | 12010103 | 汽油 | | kg | 6.564096 | 7.90 | 51.86 | |
| 88 | 12030107 | 油漆溶剂油 | | kg | 9.243540 | 14.00 | 129.41 | |
| 89 | 12330300 | 界面剂 | | kg | 16.848620 | 11.50 | 193.76 | |
| 90 | 12330505 | APP及SBS基层处理剂 | | kg | 48.386500 | 8.00 | 387.09 | |
| 91 | 12333551 | PU发泡剂 | | L | 4.606875 | 30.00 | 138.21 | |
| 92 | 12370331 | 石油液化气 | | kg | 12.326220 | 6.80 | 83.82 | |
| 93 | 12410142 | 改性沥青粘结剂 | | kg | 0.421800 | 7.90 | 3.33 | |
| 94 | 12410703 | 羧甲基纤维素 | | kg | 9.476600 | 2.50 | 23.69 | |
| 95 | 12413501 | 胶水 | | kg | 0.191520 | 12.50 | 2.39 | |
| 96 | 12413518 | 901胶 | | kg | 70.820989 | 2.50 | 177.05 | |
| 97 | 14310615～1 | PVC-U排水管 | *dn*100 | m | 7.792800 | 18.50 | 144.17 | |
| 98 | 14313525 | PVC排汽管 | *dn*50 | m | 1.110000 | 5.60 | 6.22 | |
| 99 | 15054506 | 挑檐铸铁弯头落水 | $\phi$100mm | 个 | 2.020000 | 36.58 | 73.89 | |

# 承包人供应主要材料一览表

**工程名称：某传达室　　　　标段：　　　　第 4 页　共 4 页**

| 序号 | 材料编码 | 材料名称 | 规格、型号等要求 | 单位 | 数量 | 单价(元) | 合价(元) | 备注 |
|---|---|---|---|---|---|---|---|---|
| 100 | 15170308～1 | PVC 塑料管束节 | $dn100$ | 个 | 4.133360 | 6.86 | 28.35 | |
| 101 | 15170906 | PVC 塑料管 90°弯头 | $dn50$ | 个 | 6.000000 | 3.50 | 21.00 | |
| 102 | 15170916～1 | PVC 塑料管 135°弯头 | $dn100$ | 个 | 0.435480 | 8.17 | 3.56 | |
| 103 | 15371708 | 镀锌铁丝 U 形卡 | | 个 | 94.626000 | 0.21 | 19.87 | |
| 104 | 15372507～1 | PVC 塑料抱箍 | $\phi100$ | 副 | 10.138400 | 5.00 | 50.69 | |
| 105 | 15372531 | 金属抱箍 | | 副 | 3.000000 | 3.00 | 9.00 | |
| 106 | 17310706 | 双螺母双垫片 | $\phi8$ | 副 | 16.309800 | 0.60 | 9.79 | |
| 107 | 30090307～1 | PVC 塑料落水斗 | $\phi100$ | 只 | 2.040000 | 25.00 | 51.00 | |
| 108 | 31110301 | 棉纱头 | | kg | 1.614880 | 6.50 | 10.50 | |
| 109 | 31150101 | 水 | | $m^3$ | 119.718130 | 6.20 | 742.25 | |
| 110 | 31150701 | 煤 | | kg | 14.989440 | 1.10 | 16.49 | |
| 111 | 32010502 | 复合木模板 | 18mm | $m^2$ | 89.306360 | 30.00 | 2679.19 | |
| 112 | 32011111 | 组合钢模板 | | kg | 2.236000 | 5.00 | 11.18 | |
| 113 | 32020115 | 卡具 | | kg | 55.946706 | 4.88 | 273.02 | |
| 114 | 32020132 | 钢管支撑 | | kg | 194.971084 | 3.50 | 682.40 | |
| 115 | 32030303 | 脚手钢管 | | kg | 158.257030 | 3.50 | 553.90 | |
| 116 | 32030504 | 底座 | | 个 | 0.640590 | 4.80 | 3.07 | |
| 117 | 32030513 | 脚手架扣件 | | 个 | 26.112100 | 5.70 | 148.84 | |
| 118 | 32090101 | 周转木材 | | $m^3$ | 3.776645 | 1850.00 | 6986.79 | |
| 119 | 34020931 | 沥青木枕 | | $m^3$ | 0.080000 | 1377.50 | 110.20 | |
| 120 | 80071105 | 抗裂砂浆 | ZL | $m^3$ | 0.621888 | 1600.00 | 995.02 | |
| 121 | 80212102 | 预拌混凝土(泵送型) C15 | | $m^3$ | 4.466000 | 273.00 | 1219.22 | |
| 122 | 80212104 | 预拌混凝土(泵送型) C25 | | $m^3$ | 5.825353 | 285.00 | 1660.23 | |
| 123 | 80212105 | 预拌混凝土(泵送型) C30 | | $m^3$ | 30.937200 | 290.00 | 8971.79 | |
| 124 | 80212106 | 预拌混凝土(泵送型) C35 | | $m^3$ | 13.464000 | 305.00 | 4106.52 | |
| 125 | 80212114 | 预拌混凝土(非泵送型) C15 | | $m^3$ | 8.244855 | 269.00 | 2217.87 | |
| 126 | 80212115 | 预拌混凝土(非泵送型) C20 | | $m^3$ | 0.981852 | 273.00 | 268.05 | |
| 127 | 80212116 | 预拌混凝土(非泵送型) C25 | | $m^3$ | 3.271500 | 275.00 | 899.66 | |
| 128 | 80212117 | 预拌混凝土(非泵送型)C30 | | $m^3$ | 3.908156 | 282.00 | 1102.10 | |
| | | | | | | | | |
| | | | | | | | | |
| | | | | | | | | |
| | 合计 | | | | | | 130616.19 | |

# 参考文献

[1] 中华人民共和国住房和城乡建设部. 建设工程工程量清单计价规范 GB 50500—2013 [S]. 北京：中国计划出版社，2012.

[2] 中华人民共和国住房和城乡建设部. 房屋建筑与装饰工程计量规范 GB 500854—2013 [S]. 北京：中国计划出版社，2012.

[3] 江苏省住房和城乡建设厅. 江苏省建筑与装饰工程计价表 [M]. 北京：知识产权出版社，2014.

[4] 江苏省住房和城乡建设厅. 江苏省建设工程工程量清单计价项目指引 [M]. 北京：知识产权出版社，2004.

[5] 中华人民共和国住房和城乡建设部.《建设工程工程量清单计价规范》宣贯辅导教材 [M]. 北京：中国计划出版社，2008.

[6] 陈卓. 建筑工程工程量清单与计价 [M]. 武汉：武汉理工大学出版社，2010.

[7] 李希伦. 建设工程工程量清单计价编制实用手册 [M]. 北京：中国计划出版社，2003.

[8] 田永复. 建筑装饰工程概预算 [M]. 北京：中国建筑工业出版社，2000.

[9] 杜训. 国际工程估价 [M]. 北京：中国建筑工业出版社，1996.

[10] 孙昌玲. 土木工程造价 [M]. 北京：中国建筑工业出版社，2000.

[11] 倪俭，孙仲莹. 建筑工程造价题解 [M]. 南京：东南大学出版社，2000.

[12] 沈杰. 模筑工程定额与预算 [M]. 南京：东南大学出版社，1999.

[13] 唐连珏. 工程造价人员进修必读 [M]. 北京：中国建筑工业出版社，1997.

[14] 蒋传辉. 建设工程造价管理 [M]. 南昌：江西高校出版社，1999.

[15] 陈建国. 工程计量与造价管理 [M]. 上海：同济大学出版社，2001.

[16] 纪传印. 建筑工程计量与计价 [M]. 重庆：重庆大学出版社，2011.

[17] 姜慧，吴强. 工程造价 [M]. 北京：中国水利水电出版社，2006.

[18] 李学田，覃爱萍. 工程建设定额与实务 [M]. 北京：中国水利水电出版社，2008.